HZ BOOKS

华章图书

一本打开的书，
一扇开启的门，
通向科学殿堂的阶梯，
托起一流人才的基石。

模型参考自适应控制导论

[美] 尼汉·T. 阮（Nhan T. Nguyen） 著

赵良玉 石忠佼 译

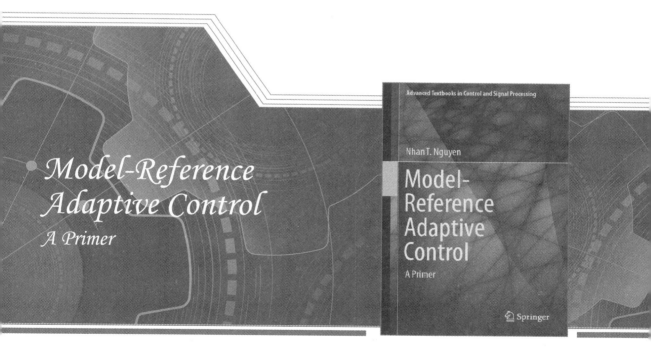

机械工业出版社
China Machine Press

图书在版编目（CIP）数据

模型参考自适应控制导论 /（美）尼汉·T. 阮（Nhan T. Nguyen）著；赵良玉，石忠佼译 .
—北京：机械工业出版社，2020.1
（国外工业控制与智能制造丛书）
书名原文：Model-Reference Adaptive Control: A Primer

ISBN 978-7-111-64339-5

I. 模… II. ①尼… ②赵… ③石… III. 参考模型自适应控制 IV. TP273

中国版本图书馆 CIP 数据核字（2019）第 279152 号

本书版权登记号：图字 01-2018-8786

　　本书是作者结合 30 多年来的主要研究成果及教学经验编写而成的。第 1 章简要介绍了模型参
考自适应控制理论的研究进展及目前遇到的一些挑战。第 2～4 章介绍了本书用到的基础数学知识，
包含非线性系统的基本概念以及用于稳定性分析的李雅普诺夫方法。第 5 章介绍模型参考自适应控
制的基本理论。第 6 章和第 7 章分别介绍最小二乘参数辨识和函数近似及其在模型参考自适应控制
中的应用。第 8 章和第 9 章阐述自适应控制的鲁棒性问题并给出了多种有效提升鲁棒性的设计方法。
第 10 章介绍多种自适应控制方法在航空航天飞行控制中的应用实例。

　　本书既可以作为高等院校相关专业高年级本科生、硕士研究生和低年级博士研究生的教材，也
可以作为相关领域工程技术人员的参考书。

出版发行：机械工业出版社（北京市西城区百万庄大街 22 号　邮政编码：100037）
责任编辑：赵亮宇　　　　　　　　　　　　　　　责任校对：殷　虹
印　　刷：大厂回族自治县益利印刷有限公司　　　版　　次：2020 年 1 月第 1 版第 1 次印刷
开　　本：185mm×260mm　1/16　　　　　　　　印　　张：23
书　　号：ISBN 978-7-111-64339-5　　　　　　　定　　价：139.00 元

客服电话：（010）88361066　88379833　68326294　　投稿热线：（010）88379604
华章网站：www.hzbook.com　　　　　　　　　　　　读者信箱：hzjsj@hzbook.com

版权所有·侵权必究
封底无防伪标均为盗版
本书法律顾问：北京大成律师事务所　韩光 / 邹晓东

出版者的话

文艺复兴以来，源远流长的科学精神和逐步形成的学术规范，使西方国家在自然科学的各个领域取得了垄断性的优势；也正是这样的优势，使美国在信息技术发展的六十多年间名家辈出、独领风骚。在商业化的进程中，美国的产业界与教育界越来越紧密地结合，信息学科中的许多泰山北斗同时身处科研和教学的最前线，由此而产生的经典科学著作，不仅擘划了研究的范畴，还揭示了学术的源变，既遵循学术规范，又自有学者个性，其价值并不会因年月的流逝而减退。

近年，在全球信息化大潮的推动下，我国的信息产业发展迅猛，对专业人才的需求日益迫切。这对我国教育界和出版界都既是机遇，也是挑战；而专业教材的建设在教育战略上显得举足轻重。在我国信息技术发展时间较短的现状下，美国等发达国家在其信息科学发展的几十年间积淀和发展的经典教材仍有许多值得借鉴之处。因此，引进一批国外优秀教材将对我国教育事业的发展起到积极的推动作用，也是与世界接轨、建设真正的世界一流大学的必由之路。

机械工业出版社华章公司较早意识到"出版要为教育服务"。自 1998 年开始，我们就将工作重点放在了遴选、移译国外优秀教材上。经过多年的不懈努力，我们与 Pearson、McGraw-Hill、Elsevier、John Wiley & Sons、CRC、Springer 等世界著名出版公司建立了良好的合作关系，从它们现有的数百种教材中甄选出 Alan V. Oppenheim、Thomas L. Floyd、Charles K. Alexander、Behzad Razavi、John G. Proakis、Stephen Brown、Allan R. Hambley、Albert Malvino、Peter Wilson、H. Vincent Poor、Hassan K. Khalil、Gene F. Franklin、Rex Miller 等大师名家的经典教材，以"国外电子与电气工程技术丛书"和"国外工业控制与智能制造丛书"为系列出版，供读者学习、研究及珍藏。这些书籍在读者中树立了良好的口碑，并被许多高校采用为正式教材和参考书籍。其影印版"经典原版书库"作为姊妹篇也越来越多被实施双语教学的学校所采用。

权威的作者、经典的教材、一流的译者、严格的审校、精细的编辑，这些因素使我们的图书有了质量的保证。随着计算机科学与技术专业学科建设的不断完善和教材改革的逐渐深化，教育界对国外计算机教材的需求和应用都将步入一个新的阶段，我们的目标是尽善尽美，而反馈的意见正是我们达到这一终极目标的重要帮助。华章公司欢迎老师和读者对我们的工作提出建议或给予指正，我们的联系方法如下：

华章网站：www.hzbook.com
电子邮件：hzjsj@hzbook.com
联系电话：（010）88379604
联系地址：北京市西城区百万庄南街 1 号
邮政编码：100037

华章教育

华章科技图书出版中心

译 者 序

诞生于 20 世纪 50 年代初期的自适应控制技术是一类在不确定性条件下试图改善控制系统性能的先进控制技术，该技术目前已经得到了广泛而深入的研究，并取得了令世人瞩目的研究成果，在航空航天、机器人、工业控制等领域也得到了一定程度的应用和试验验证。但一个无法回避的事实是，目前还没有任何自适应控制技术应用于安全至上或人在回路的实际系统。正因为如此，国内外专家学者对自适应控制技术的研究仍然如火如荼，一些新的自适应控制技术也层出不穷。

本书的作者 Nhan T. Nguyen 是自适应控制技术（尤其是模型参考自适应控制技术）领域的著名学者，同时是美国航空航天局（NASA）艾姆斯研究中心的首席科学家。他从业超过 30 年，领导并参与了自适应控制技术在 NASA 先进柔性飞机方面的应用和飞行试验，积累了丰富的理论知识和实践经验，提出了最优控制修正和双目标最优控制修正等先进鲁棒自适应控制技术。本书除了简要介绍李雅普诺夫稳定性理论等非线性系统分析的基础数学知识之外，还详细介绍了模型参考自适应控制的核心知识及诸多已被广泛接受和应用的自适应控制技术，逐一介绍了常用的提高自适应控制系统鲁棒性的改进方法，如死区法、投影法、σ 修正、e 修正等，同时介绍了自适应回路重构和 $\mathcal{L}_1$ 自适应控制这两种现今比较著名的自适应控制方法。难能可贵的是，书中专门用一章内容介绍自适应控制技术在航空航天领域的应用实例，详细介绍多种典型自适应控制技术在 NASA 刚性/柔性飞机上的应用过程，并从多个角度对比分析其优劣势，相信对于提高我国同类飞行器的控制系统设计水平具有重要的参考价值和推动作用。

翻译本书的目的是为国内从事自适应控制技术，尤其是从事模型参考自适应控制技术研究的专家学者提供一本有益的参考书和工具书，为从事自适应控制技术教学的同行提供一本优秀教材。衷心感谢作者、Springer 出版社及机械工业出版社的信任，尤其感谢机械工业出版社朱捷编辑的大力支持。在翻译本书的过程中，北京理工大学飞行器控制系统实验室的研究生荆家玮做了大量符号、公式和图表的校对工作，在此对她的付出表示感谢。

我们十分珍惜翻译此书的机会，但由于水平有限，书中难免有疏漏和不妥之处，欢迎读者批评指正。

译 者
2019 年 5 月于北京

本书根据作者所讲授研究生课程的一系列讲义编写而成，囊括了作者在 NASA 艾姆斯研究中心工作期间开发的全新研究素材，面向的读者主要是硕士研究生和低年级博士研究生。目前已有很多非常优秀的先进自适应控制教材，它们为博士和博士后研究人员提供了深入严谨的数学控制理论。本书旨在介绍应用控制理论及其应用案例，特别是通过应用案例向读者提供充分理解自适应控制理论的相关知识，同时通过一些例题和问题集来帮助读者更好地理解这些研究素材。对于选用本书作为教材进行授课的老师，可通过链接 http://www.springer.com/book/9783319563923 免费下载很多相关问题的解决方案。在教学过程中，这样的教材可以帮助刚刚开始研究生学习生涯的同学更好地理解并认识自适应控制的丰富知识，而不会被自适应控制理论所要求的真实分析数学所吓倒。正是出于这个目的，笔者决定撰写这本书。

自适应控制是一个已经得到较为充分研究的主题方向，也正因为如此，该领域存在大量研究文献，而且许多新成果目前仍在不断发展。本书无意将自适应控制理论的所有最新研究进展都结合起来，因为这是巨大的工作量，远远超出了本书的范畴。但是，本书将努力提供模型参考自适应控制的基础知识与已被广泛接受的自适应控制技术，包括基于最小二乘法的参数估计和基于神经网络的不确定性近似。本书的后半部分主要讨论鲁棒自适应控制，包括模型参考自适应控制的鲁棒性问题。提高系统鲁棒性的标准方法也同样在本书后半部分介绍，除了一些已经较为完善的方法 (如死区、投影、σ 修正、e 修正等) 以外，还涵盖了一些最新的鲁棒自适应控制方法。这些新方法涉及作者在最优控制修正和双目标最优控制修正方面的研究工作，以及比较著名的两种自适应控制方法 —— 自适应回路重构和 $\mathcal{L}_1$ 自适应控制。笔者深刻地认识到几乎没有办法对鲁棒自适应控制理论的所有最新研究成果做一次完整的探索，关于其他自适应控制方法，读者可以阅读各章末尾"参考文献"部分列出的相关文献。最后，本书包含专门的应用案例一章，特别需要说明的是，这些自适应飞行控制的应用案例正是来自笔者所在的本领域研究机构。

致谢

衷心感谢 NASA 航空研究任务局在航空安全研究过程中为笔者提供了投身自适应控制理论研究的机会，感谢 NASA 艾姆斯研究中心和 NASA 阿姆斯特朗（原德莱顿）飞行研究中心的所有同事，他们在自适应飞行控制器研究和测试期间给予了大力支持。特别感谢 NASA

艾姆斯研究中心的 Joseph Totah 和 Kalmanje Krishnakumar，他们使笔者可以从事这项研究。衷心感谢 NASA 阿姆斯特朗飞行研究中心的 John Bosworth、Curtis Hanson 以及 John Burken，感谢他们在自适应控制飞行测试验证期间提供帮助。同时感谢 Anthony Calise 教授、Naira Hovakimyan 教授和 Kumpati Narendra 教授，感谢他们允许笔者将他们非常优秀的研究成果纳入本书。还要感谢 NASA 艾姆斯研究中心的 Stephen Jacklin，感谢其在自适应控制验证过程中深入而有见地的指导。最后，向家人致以崇高的谢意，正因为有了家人的支持，笔者才可以自由地从事本书的写作及相关工作的研究。

Nhan T. Nguyen
美国加利福尼亚圣克拉拉
2016 年 12 月

关于作者

    Nhan T. Nguyen 博士是一名在 NASA 艾姆斯研究中心从业长达 31 年的高级研究科学家。他是 NASA 智能系统部先进控制与可进化系统研究组的技术小组组长，该智能系统部有 22 位从事航空航天飞行控制领域研究的专家学者。他目前正领导一个项目组为柔性飞行器研究和开发先进的气动伺服弹性控制技术。2007—2010 年，他在年预算为 2100 万美元的 NASA 一体化柔性飞机控制（Integrated Resilient Aircraft Control，IRAC）项目中担任项目科学家，这是一个由 NASA、工业界和学术界共同发起和资助的先进自适应控制研究项目。在 2005—2006 年，他担任 IRAC 项目的执行项目负责人。2010 年，他在最优控制修正自适应控制方面的研究成果，通过 NASA F-18 研究型飞机的一次成功飞行试验得到终极验证。他曾获得 NASA 杰出科学成就奖章、NASA 杰出成就奖章、两次 NASA 艾姆斯优秀工程师荣誉称号以及其他超过 50 个 NASA 职业奖项。他拥有 4 个美国专利授权以及其他两个正在审查期的专利申请，拥有超过 15 个 NASA 发明，发表了 200 多篇由同行评审的技术论文。他还是拥有 50 位教授会员的美国航空航天学会（AIAA）智能系统技术委员会的主席，并两次获得 AIAA 卓越服务奖。

关于译者

赵良玉，北京理工大学宇航学院副教授，主要从事飞行动力学与控制等领域的研究工作，承担和参与国家自然科学基金、国防973、航空科学基金等项目10余项，发表SCI/EI检索论文30余篇，出版专著1部，获国防科技进步一等奖1项。

石忠佼，博士，就读于北京理工大学航空宇航科学与技术学科，2017—2019年美国圣母大学电子信息工程系访问学者。主要从事自适应控制、随机优化及其应用研究，参与国家自然科学基金、国防973等项目多项，发表SCI/EI检索论文10余篇。

目 录

第 1 章

绪　论

引言　本章简要介绍了模型参考自适应控制理论的最新研究进展。自适应控制是一种颇具前景的控制技术,可以在系统老化或存在建模不确定性的情况下改善控制系统性能。在过去十年中,随着政府研究基金持续增加,研究人员在自适应控制理论和新型自适应控制方法方面均取得了一些进展。其中一些新提出的自适应控制方法不仅提升了系统的性能和鲁棒性,还进一步提高了模型参考自适应控制作为未来控制技术的可行性。全尺寸飞机和无人驾驶飞行器上的飞行测试验证,增强了人们将模型参考自适应控制作为未来飞行器飞行控制技术的信心。尽管在自适应控制方面的研究已经进行了五十年,但由于许多技术问题仍未得到妥善解决,目前还没有任何自适应控制系统应用于安全至上或者人在回路的生产系统。作为一种非线性控制方法,自适应控制系统设计缺乏公认的性能指标是其无法得到广泛认可的主要障碍。开发一种公认可信的自适应控制系统,是目前自适应控制领域亟须解决的技术挑战。

自适应控制是一个在控制理论界得到几十年深入研究的主题方法。可以在航空航天或其他诸多领域中发现很多自适应控制的应用案例,但在安全至上的生产系统中却很少或根本没有得到应用。本章的主要学习目标是:

- 了解自适应控制的发展历史以及当前的研究热点。

- 认识到尽管该领域取得了许多研究进展,但自适应控制技术的应用却并不普遍,且应用范围极其有限。
- 认识到验证、确认和认证是进一步提升自适应控制技术可信度、拓展其应用领域的重要技术手段。

1.1　背景介绍

自适应控制是一类处理不确定性系统的非线性控制方法。这些不确定性可能来自系统动力学自身无法预见的变化或者外部干扰。自适应控制系统可以广义地描述为能够基于被控对象所接收到的输入在线调整控制器设计参数,如控制增益,以适应系统不确定性的一种控制系统,如图 1-1 所示。其中,将可调参数称为自适应参数,将通过一组数学方程进行描述的调整机制称为自适应律。大多数情况下,典型的自适应律是非线性的。这种非线性使得许多传统线性时不变控制系统的设计和分析方法,如伯德图、相位裕度和增益裕度、特征根分析等,无法直接应用于自适应控制系统的设计和分析。

自适应控制的历史可以追溯到 20 世纪 50 年代初期,当时人们热衷于为高性能飞机设计一种可以适用于大空域飞行条件的先进自动驾驶仪 [1]。经过大量的研究和开发工作,增益调度控制由于可以根据飞机所处的飞行环境并利用现有的经典控制方法进行控制增益的选择,获得了人们的普遍认可,而自适应控制由于其固有的非线性特性并没有得到广泛应用。

20 世纪 60 年代，现代控制理论和李雅普诺夫稳定性理论的出现促成了自适应控制理论的发展。Whitaker 等人利用灵敏度方法和 MIT 法则设计出了模型参考自适应控制，但是缺乏对自适应控制自身特性的理解和稳定性证明。在 1967 年，NASA 将自适应控制器应用于三架名为 X-15 的实验性高超音速飞机上，并进行了飞行试验 [2-3]。在完成了几次成功的试飞之后，这款高超音速飞机遭遇了一次毁灭性的坠机事件，正是这次灾难性事件以及一些技术瓶颈削弱了人们对自适应控制的兴趣。

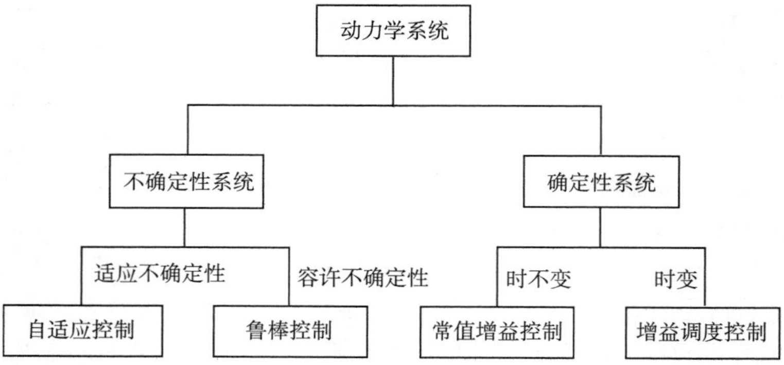

2

```
              ┌──────────┐
              │ 动力学系统 │
              └──────────┘
         ┌──────────┴──────────┐
    ┌──────────┐          ┌──────────┐
    │ 不确定性系统 │          │ 确定性系统 │
    └──────────┘          └──────────┘
    ┌─────┴─────┐        ┌─────┴─────┐
  适应不确定性  容许不确定性   时不变       时变
 ┌────────┐ ┌────────┐ ┌────────┐ ┌────────┐
 │ 自适应控制 │ │ 鲁棒控制 │ │常值增益控制│ │增益调度控制│
 └────────┘ └────────┘ └────────┘ └────────┘
```

图 1-1　动力学系统的自动控制技术分类

在 20 世纪 70 年代，李雅普诺夫稳定性理论成为模型参考自适应控制的理论基础。李雅普诺夫稳定性理论与模型参考自适应控制的结合被视为自适应控制领域的一大突破。但好景不长，到了 20 世纪 80 年代就有人发现即使李雅普诺夫理论能够保证自适应控制的稳定性，但面对存在小扰动或未建模动态的情况时，自适应控制仍可能表现出不稳定的现象 [4]。这使得人们认识到模型参考自适应控制对系统建模精度及实际系统与所建模型之间的不匹配很敏感。这种缺乏鲁棒性的表现，催生了 σ 修正法 [5] 和 e 修正法，以提升自适应控制的稳定性 [6]，这些鲁棒修正模式也代表了一类新的"鲁棒自适应控制"。

从 20 世纪 90 年代至今，关于自适应控制的研究一直十分活跃。引入神经网络作为自适应机制 [7-12]，使得一类称为"智能控制"或者"神经网络自适应控制"的自适应方法得到了发展，虽然这些方法是基于神经网络来逼近模型不确定性，但其基本框架与模型参考自适应控制并无二致。[13-21]

在接下来的十年，自适应控制研究又迎来了新的发展时期，NASA [22] 和美国其他政府机构均增加了研究经费，NASA 一直是自适应控制技术发展的积极参与者，如图 1-2 所示。在此期间，随着研究经费的增加，研究人员在自适应控制理论和新的自适应控制方法等方面均取得了一些成果。由于篇幅有限，我们无法逐一列举所有取得的进展。读者可以发现，在这些新提出的自适应控制方法中，有相当一部分是在 NASA 的资助下完成的，包括 Santillo 和 Bernstein 提出的基于回溯成本优化的自适应控制 [23-24]，Stepanyan 和 Krishnakumar 提出的参考模型修正自适应控制 [25-26]，Calise 和 Yucelen 提出的自适应回路重构 [27-28]，Nguyen 提出的有界线性稳定性分析度量驱动自适应控制 [29-30]，Lavretsky 提出的组合/复合模型参考自适应控制 [31-32]，Yucelen 和 Calise 提出的无导数模型参考自适应控制 [33-34]，Nguyen 提出的混合自适应控制 [35-37]，Kim 等人提出的 K 修正 [38]，Yucelen 和 Calise 提出的卡尔曼滤波修正 [39-40]，Hovakimyan 和 Cao 提出的 $\mathcal{L}_1$ 自适应控制 [41-43]，Nguyen 提出的最小二

3

乘自适应控制 [44-45]，Chowdhary 和 Johnson 提出的并发学习最小二乘自适应控制 [46-47]，Balaskrishnan 提出的修正状态观测器的自适应控制 [48]，Guo 和 Tao 提出的多变量模型参考自适应控制 [49]，Nguyen 提出的最优控制修正 [50-51] 以及多目标最优控制修正 [52-53]，Volyanskyy 等人提出的 Q 修正 [54-55] 以及 Kim 等人提出的参数依赖黎卡提方程自适应控制 [56]。这些新的自适应控制方法大都可以提高系统的性能和鲁棒性，并进一步提高模型参考自适应控制作为未来控制技术的可行性。

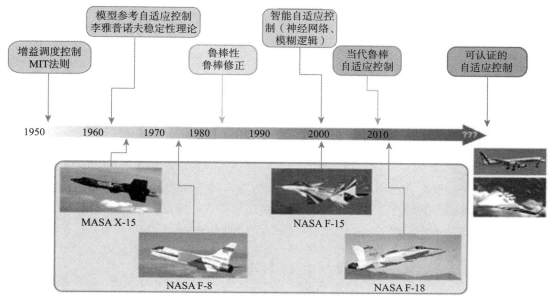

图 1-2　自适应控制研究的时间历程

在飞行验证方面，NASA 研制了一套基于 Calise 和 Rysdyk 所提出的 sigma-pi 神经网络自适应控制的智能飞行控制系统 [13]，并于 21 世纪初期在阿姆斯特朗（原德莱顿）飞行研究中心利用 F-15 飞机进行了飞行测试，展示了神经网络自适应控制的性能 [57-58]。2010 年，在 NASA 阿姆斯特朗飞行研究中心的一架 F/A-18 飞机上开展了另一项飞行测试，用于验证一种基于最优控制修正的新型简化自适应飞行控制器 [59-62]。2009 年，NASA 艾姆斯研究中心对几种自适应控制方法进行了一项飞行员在环的高精度飞行模拟研究 [63-64]。同年，在 NASA 兰利研究中心的 AirSTAR 飞机上进行了 $\mathcal{L}_1$ 自适应控制器的飞行试验 [65]，在海军研究生院（Naval Postgraduate School）的一架无人机上也进行了 $\mathcal{L}_1$ 自适应控制器的飞行试验 [66]。2010 年，通过在 Beechcraft Bonanza 电传飞行试验平台上进行飞行测试，对模型参考自适应控制进行了评估 [67]。这些飞行实验以及随后的许多试验都增强了人们对模型参考自适应控制作为一种潜在的航空飞行器飞行控制技术的信心。同时也可以看出，仍然需要进一步的飞行测试来完善自适应控制技术。

自适应控制的研究目前仍然如火如荼。介绍当前所有的研究进展超出了本书的讨论范围。感兴趣的读者可以在参考文献中找到更多的关于自适应控制在飞机 [68-79]、宇宙飞船 [21,80-83]、无人机 [15,47,65-66,84]、空间结构 [85-86]、机器人系统 [18,87]、弹药系统 [88]、液压系统 [89] 等方面的应用。

目前，对自适应控制的研究普遍缺乏处理存在于多种系统设计和操作中的集成效应的

4

能力。这些效应包括但不限于：未建模动态造成的复杂不确定性 [4,90]、意外操作和结构损坏引起系统动力学的显著变化 [36,76,91]、未知的部件故障和异常 [80,92-94]、高设计复杂度 [59]、新型执行机构和传感器 [79,95]、多场耦合 [85-86,96-98] 等。

自适应控制在航空航天领域发挥着重要作用。当飞行器在结构损坏、控制面失效或者非标称条件飞行时，飞行器会遭遇多种耦合效应，如空气动力学、飞行器动力学、结构动力学以及推力等之间的耦合。这些耦合效应会给飞行控制系统的性能带来多种不确定性。因此，即使自适应控制系统在标称飞行条件下是稳定的，但在存在不确定性的情况下，自适应控制可能无法提供足够的稳定性 [99-100]。例如，传统的飞机飞行控制系统通过气动伺服弹性（ASE）陷波滤波器来防止控制信号激发机翼的气动弹性模态。然而，如果飞机动力学出现了显著变化，气动弹性模态频率的变化足以使气动伺服弹性陷波滤波器失效，这可能就会导致控制信号激发机翼的气动弹性模态，从而对飞行员操纵飞机造成困难。自适应控制面临的另一个问题是其容纳慢速或退化的飞行控制执行机构的能力，例如受损的飞行控制面或发动机作为飞行控制执行机构 [79,101]。由于执行机构的动力学较慢，执行机构之间的速度不同可能会使自适应控制出现问题，并可能导致飞行员诱导振荡（PIO）[102]。

为充分解决这些耦合效应导致的问题，需要在自适应控制研究中开发一套集成设计方法。这些集成方法需要在自适应控制和系统建模方面开发新的基础多学科方法。在高增益自适应情况下，未建模动态是自适应控制系统不确定性的重要来源及诱发不稳定性的关键因素。在未来的自适应控制研究中，应通过对这些二阶动力学结构的基本理解，将多学科方法纳入自适应控制系统的设计中。随着对系统不确定性的进一步理解，有望开发出更有效的自适应控制方法，以提高系统在不确定性作用下的鲁棒性。

1.2 自适应飞行控制系统的验证和确认

尽管人们在自适应控制领域已进行了五十余年的研究，但事实仍然是，目前还没有任何自适应控制系统应用于安全至上或人在回路的生产系统中，如民航客机等 [99,103-106]。但是，自适应控制已经成功应用于武器系统中 [88]。造成这一现状的问题就在于自适应控制系统很难进行认证，并且现有的线性时不变（LTI）控制系统的认证方法无法直接应用于非线性自适应控制系统。于是，在 21 世纪的第一个十年里，人们开始研发一套适用于自适应控制系统的评价指标 [14,107-115]。这项研究的目标是为自适应控制建立一套类似于线性时不变系统中的超调、调节时间、相位裕度和增益裕度的性能和稳定性指标。这些指标如果被大家接受，可能会为自适应控制系统的认证铺平道路，并使得自适应控制有可能成为安全至上和人在回路生产系统的未来控制技术。

建立一套适用于自适应控制系统的认证体系是一项亟须解决的瓶颈问题。对于具有学习算法的自适应控制系统来说，在能够证明它们是高度安全和可靠的之前，它们并不会成为未来的主流发展方向。因此，必须建立一套严格的自适应控制软件验证和确认的方法，以确保自适应控制系统不会发生软件故障，从而说明自适应控制系统能够按要求运行并消除意外情况，同时能够满足美国联邦航空管理局（FAA）等监管机构的认证要求 [104-105]。

自适应控制系统能够对预先设计的飞行控制系统进行修改，这既是它的一大优势，同时也是一大劣势。一方面，自适应控制系统具备容纳系统退化的能力是其主要优点，因为传统的增益调度控制方法往往无法对在飞行包线之外的非标称飞行状态进行控制。另一方面，未建模动态和高增益自适应过程会给自适应控制带来严重的问题，因为自适应控制系统对这些潜在的问题以及许多诸如执行机构动力学和外部干扰等问题非常敏感。为通过认证，自适应飞行控制系统必须能够证明在上述因素以及其他因素 —— 如时间延迟、系统约束以及测量噪声的作用下，仍然可以保证令人满意的全局性能。

6

1.2.1　自适应飞行控制系统的仿真验证

仿真是自适应控制系统验证的一个组成部分 [104–105,116–117]。自适应控制系统的许多方面，特别是收敛性和稳定性，只能通过在仿真中模拟重要的非线性动力学特性来进行系统性能分析。例如，飞机的失速过程无法表示为线性模型，因为这种效应是高度非线性以及不稳定的。仿真技术是一种能够快速完成以下任务的方法：

- 不同自适应控制算法的评估和比较。
- 调整控制增益和更新律的权重。
- 确定每一步长下的适应过程。
- 评估过程噪声和测量噪声对自适应参数收敛的影响。
- 确定稳定边界。
- 使用真实飞行计算机硬件进行验证。
- 在飞行模拟器中进行自适应控制的驾驶评估。
- 对改进自适应过程的特殊技术进行仿真，例如添加持续激励以改善参数识别和收敛特性，以及在跟踪误差收敛到指定容差内或在指定次数的迭代之后停止自适应过程。

不同仿真之间的主要区别体现在被控对象的建模精度上。高精度仿真需要自适应控制系统更为复杂的数学模型以及昂贵的控制器硬件设备。通过将简单线性模型的仿真结果与高精度非线性模型的仿真结果进行对比，以确保使用线性模型进行的性能分析仍然适用。为了节省成本，通常会尽量使用较低精度的测试平台。

在台式机上进行的仿真通常是最低精度的仿真，因为这种仿真通常只包括控制律以及被控对象的线性或者非线性动力学。在早期的控制律设计和分析中，或者计算线性增益裕度和相位裕度时，通常采用线性模型。将系统传递函数由一个矩阵变换为另一个具有不同频率的矩阵来模拟被控对象模型的变化。通过改变每次的变化量可确定系统的稳定边界。与此同时，可以对自适应控制算法中的系统参数进行评估。台式机仿真环境为比较不同的自适应控制算法和控制器结构提供了一种快速、便捷的方式，只有最有希望得到应用的设计才需要高精度的仿真模拟。

在控制回路的仿真中，高精度的仿真测试平台通常需要真实的飞行硬件设备（甚至是真实的飞机），且往往运行在带有驾驶舱和舱外图形显示的专用计算环境中 [117–118]。这种仿真可能包括一个与飞行员进行交互的固定基座或运动基座驾驶舱。运动基座模拟器为飞行员额外提供了实际飞行中的物理（运动及视线）信息 [63]。通常来说，这种仿真包含了非线性飞机动力学的软件模型、执行机构模型以及传感器模型。真实机载计算机的使用是这类仿真的一大优势，因为不同的计算设备在处理异常以及计算过程中都会有所不同。真实的飞机或者测试专用飞机都可以为高精度仿真提供真实的执行机构动力学、传感器噪声、实际飞行电传以及一些结构之间的交互作用。这些测试平台允许对飞行硬件的所有接口、时序测试以及各种故障模式和影响分析（FMEA）测试进行完整的检查，这在低精度仿真中是不可能实现的。

7

1.2.2   自适应控制系统的评价指标

尽管人们在自适应控制研究方面取得了诸多进展，自适应控制也展现出了其独有的优势，但有效验证和确认方法的缺乏仍然是将自适应控制技术应用到安全至上（safety-critical）和人在回路（human-rated）生产系统中的一大障碍。这一障碍可以归结为缺乏适用于评估自适应控制性能和稳定性的指标。为了使成熟的自适应控制技术应用于未来的安全至上和人在回路的生产系统，建立一套适用于评价自适应控制性能和稳定性的指标是自适应控制研究中的一个重要方向。自适应控制的稳定性指标是评估系统对未建模动态、时间延迟、高增益学习和外部干扰鲁棒性的重要考虑因素。因此，为自适应控制系统建立一套合适的稳定性和性能指标是开发可靠验证和确认方法的第一步，进而会使自适应控制软件获得认证。

建立适用于自适应控制系统的性能和稳定性指标的另一好处是可以促进指标驱动自适应控制的发展。指标驱动自适应控制是指在某些情况下，为了保持控制系统的运行安全，需要在稳定性和性能之间进行权衡的一种控制方法 [30]。该领域的研究成果为在线计算稳定性指标提供了一些初步的分析方法，从而可以调整自适应控制系统的自适应参数，提高闭环系统的稳定裕度 [29]。

一般情况下，线性时不变系统的增益裕度和相位裕度不适用于非线性的自适应控制系统。因此，出现了一些适用于自适应控制系统的性能和稳定性指标 [14,109–110,112,115]。在文献 [103] 中，将参数的灵敏度作为用于神经网络输出的度量指标。文献 [108] 研究了基于李雅普诺夫分析和无源性理论的稳定性度量方法。从优化方法中也可以得到自适应控制系统稳定性和鲁棒性的评价指标 [107,119]。在文献 [120–121] 中，将时滞裕度作为一种自适应控制系统的稳定性指标。

将自适应控制技术应用于航空航天飞行器以处理不确定性时仍存在一些未解决的问题。这些问题包含但不限于：（1）自适应控制可实现的稳定性指标与不确定性边界的关系；（2）执行机构存在静态或者动态饱和状态时的自适应；（3）纵向和横向运动之间由于故障、损坏以及不同的自适应速率导致的交叉耦合；（4）采用非传统执行机构（如发动机）时的在线重构和控制分配；（5）具有不同时延的执行机构系统时间尺度分离，如传统的控制面和发动机。

1.3   小结

在过去的几十年中，自适应控制是一个得到较多研究的主题。自适应控制是一种很有应用前景的控制技术，可以在由系统退化以及建模不确定性导致的不确定性情况下提升控制系统性能。在过去十年间，研究人员在自适应控制理论的研究中取得了一些进展，并提出了许多新颖的自适应控制方法。这些新提出的自适应控制方法能够提高系统性能和鲁棒性，从而提升了模型参考自适应控制作为未来控制技术的可行性。自适应控制在全尺寸飞行器和无人机上进行的飞行试验验证，增强了人们对模型参考自适应控制有可能成为航空航天飞行器飞行控制新技术的信心。

尽管如此，自适应控制的许多技术问题仍未解决，还不适用于安全至上或人在回路的生产系统。作为一种非线性控制方法，与线性控制系统相比，缺乏被广泛接受的评价指标是自适应控制系统设计获得认证的主要障碍。

参考文献

[1] Åström, K.J., & Wittenmark, B. (2008). *Adaptive control*: Dover Publications Inc.

[2] Jenkins, D.R. (2000). Hypersonics Before the Shuttle: A Concise History of the X-15 Research Airplane, NASA SP-2000-4518.

[3] Staff of the Flight Research Center. (1971). Experience with the X-15 Adaptive Flight Control System, NASA TN D-6208.

[4] Rohrs, C. E., Valavani, L., Athans, M., & Stein, G. (1985). Robustness of continuous-time adaptive control algorithms in the presence of unmodeled dynamics. *IEEE Transactions on Automatic Control, AC-30*(9), 881-889.

[5] Ioannou, P., & Kokotovic, P. (1984). Instability analysis and improvement of robustness of adaptive control. *Automatica, 20*(5), 583-594.

[6] Narendra, K. S. & Annaswamy, A. M. (1987). A new adaptive law for robust adaptation without persistent excitation. *IEEE Transactions on Automatic Control, AC-32*(2), 134-145.

[7] Cybenko, G. (1989). Approximation by superpositions of a sigmoidal function. *Mathematics of Control Signals Systems, 2*, 303-314.

[8] Lee, T., & Jeng, J. (1998). The Chebyshev-Polynomials-based unified model neural networks for function approximation. *IEEE Transactions on Systems, Man, and Cybernetics, Part B: Cybernetics*, 28(6), 925-935.

[9] Micchelli, C. A. (1986). Interpolation of scattered data: distance matrices and conditionally positive definite functions. *Constructive Approximation, 2*, 11-12.

[10] Moody, J. (1992). *The effective number of parameters: An analysis of generalization and regularization in nonlinear learning systems*. Advances in Neural Information Processing Systems (Vol. 4). San Mateo: Morgan Kaufmann Publishers.

[11] Suykens, J., Vandewalle, J., & deMoor, B. (1996). *Artificial neural networks for modeling and control of non-linear systems*: Dordrecht: Kluwer Academic Publisher.

[12] Wang, X., Huang, Y., & Nguyen, N. (2010). Robustness quantification of recurrent neural network using unscented transform. *Elsevier Journal of Neural Computing, 74*(1-3).

[13] Calise, A.J., & Rysdyk, R.T.(1998). Nonlinear adaptive flight control using neural networks. *IEEE Control System Magazine, 18*(6), 1425.

[14] Ishihara, A., Ben-Menahem, S., & Nguyen, N. (2009). Protection ellipsoids for stability analysis of feedforward neural-net controllers. In *International Joint Conference on Neural Networks*.

[15] Johnson, E.N., Calise, A.J., El-Shirbiny, H.A., & Rysdyk, R.T. (2000). Feedback linearization with neural network augmentation applied to X-33 attitude control. In *AIAA Guidance, Navigation, and Control Conference, AIAA-2000-4157, August, 2000*.

[16] Kim, B.S., & Calise, A.J. (1997). Nonlinear flight control using neural networks. *Journal of Guidance, Control, and Dynamics, 20*(1), 26-33.

[17] Lam, Q., Nguyen, N., & Oppenheimer, M. (2012). Intelligent adaptive flight control using optimal control modification and neural network as control augmentation layer and robustness enhancer. In *AIAA Infotech@Aerospace conference, AIAA-2012-2519, June, 2012*.

[18] Lewis, F. W., Jagannathan, S., & Yesildirak, A. (1998). *Neural network control of robot manipulators and non-linear systems*. Boca Raton: CRC.

[19] Rysdyk, R. T., Nardi, F., & Calise, A. J. (1999). Robust adaptive nonlinear flight control applications using neural networks. In *American Control Conference*.

9

[20] Steinberg, M. L. (1999). A comparison of intelligent, adaptive, and nonlinear flight control laws. In *AIAA Guidance, Navigation, and Control Conference, AIAA-1999-4044, August, 1999.*

[21] Zou, A., Kumar, K., & Hou,Z. (2010). Attitude control of spacecraft using chebyshev neural networks. *IEEE Transactions on Neural Networks*, *21*(9), 1457-1471.

[22] Krishnakumar, K., Nguyen,N., & Kaneshige, J. (2010,December). Integrated resilient aircraft control. In *Encyclopedia of Aerospace Engineering* (Vol. 8). New Jersey: Wiley. ISBN: 978-0-470-75440-5.

[23] Santillo, M. A. & Bernstein, D. S. (2008). A retrospective correction filter for discrete-time adaptive control of non-minimum phase systems. In *IEEE Conference on Decision and Control, December, 2008.*

[24] Santillo, M. A., & Bernstein, D. S. (2010). Adaptive control based on retrospective cost optimization. *AIAA Journal of Guidance, Control, and Dynamics, 33*(2), 289-304.

[25] Stepanyan V. & Krishnakumar, K. (2010). MRAC revisited: Guaranteed performance with reference model modification. In *American Control Conference.*

[26] Stepanyan, V., & Krishnakumar, K. (2012). Adaptive control with reference model modification. *AIAA Journal of Guidance, Control, and Dynamics, 35*(4), 1370-1374.

[27] Calise, A. J., Yucelen, T., Muse, J., & Yang, B. (2009). A loop recovery method for adaptive control. In *AIAA Guidance, Navigation, and Control Conference, AIAA-2009-5967, August 2009.*

[28] Calise,A. J., &Yucelen,T. (2012).Adaptive loop transfer recovery. *AIAA Journal of Guidance, Control, and Dynamics, 35*(3), 807-815.

[29] Nguyen, N., Bakhtiari-Nejad, M., & Huang, Y. (2007). Hybrid adaptive flight control with bounded linear stability analysis. In *AIAA Guidance, Navigation, and Control Conference, AIAA-2007-6422, August 2007.*

[30] Bakhtiari-Nejad, M., Nguyen, N., & Krishnakumar, K. (2009). Adjustment of adaptive gain with bounded linear stability analysis to improve time-delay margin for metrics-driven adaptive control. In *AIAA Infotech@Aerospace Conference, AIAA-2009-1801, April 2009.*

[31] Lavretsky, E. (2009). Combined/composite model reference adaptive control. In *AIAA Guidance, Navigation, and Control Conference, AIAA-2009-6065, August 2009.*

[32] Lavretsky, E. (2009). Combined/composite model reference adaptive control. *IEEE Transactions on Automatic Control, 54*(11), 2692-2697.

[33] Yucelen, T., & Calise, A. J. (2010). Derivative-free model reference adaptive control. In *AIAA Guidance, Navigation, and [11, 5] Control Conference, AIAA-2009-5858, August 2010.*

[34] Yucelen, T., & Calise, A. J. (2011). Derivative-free model reference adaptive control. *AIAA Journal of Guidance, Control, and Dynamics, 34*(4), 933-950.

[35] Nguyen, N., Krishnakumar, K., Kaneshige, J., & Nespeca, P. (2006). Dynamics and adaptive control for stability recovery of damaged asymmetric aircraft. In *AIAA Guidance, Navigation, and Control Conference, AIAA-2006-6049, August 2006.*

[36] Nguyen, N., Krishnakumar, K., Kaneshige, J., & Nespeca, P. (2008). Flight dynamics modeling and hybrid adaptive control of damaged asymmetric aircraft. *AIAA Journal of Guidance, Control, and Dynamics, 31*(3), 751-764.

[37] Nguyen, N. (2011). *Hybrid adaptive flight control with model inversion adaptation.* In Advances in Flight Control Systems. Croatia: Intech Publishing. ISBN 978-953-307-218-0.

[38] Kim, K., Yucelen, T., & Calise, A. J. (2010). *K*-modification in adaptive control. In *AIAA Infotech@Aerospace Conference, AIAA-2010-3321, April 2010.*

[39] Yucelen, T., & Calise, A. J. (2009). A Kalman filter optimization approach to direct adaptive control. In *AIAA Guidance, Navigation, and Control Conference, AIAA-2010-7769, August 2009.*

[40] Yucelen, T., & Calise, A. J. (2010). A Kalman filter modification in adaptive control. *AIAA Journal of Guidance, Control, and Dynamics, 33*(2), 426-439.

[41] Cao, C., & Hovakimyan, N. (2007). Guaranteed transient performance with $\mathcal{L}_1$ adaptive controller for systems with unknown time-varying parameters and bounded disturbances: Part I. In *American Control Conference, July 2007*.

[42] Cao, C., & Hovakimyan, N. (2008). Design and analysis of a novel $\mathcal{L}_1$ adaptive control architecture with guaranteed transient performance. *IEEE Transactions on Automatic Control, 53*(2), 586-591.

[43] Hovakimyan, N., & Cao, C. (2010). $\mathcal{L}_1$ *Adaptive control theory: Guaranteed robustness with fast adaptation.* Society for Industrial and Applied Mathematics.

[44] Nguyen, N.,Burken, J., & Ishihara,A. (2011).Least-squares adaptive control using Chebyshev orthogonal polynomials. In *AIAA Infotech@Aerospace Conference, AIAA-2011-1402, March 2011*.

[45] Nguyen, N. (2013). Least-squares model reference adaptive control with Chebyshev orthogonal polynomial approximation. *AIAA Journal of Aerospace Information Systems, 10*(6), 268-286.

[46] Chowdhary, G., & Johnson, E. (2010). Least squares based modification for adaptive control. In *IEEE Conference on Decision and Control, December 2010*.

[47] Chowdhary, G., & Johnson, E. (2011). Theory and flight-test validation of a concurrent learning adaptive controller. *AIAA Journal of Guidance, Control, and Dynamics, 34*(2), 592-607.

[48] Balakrishnan, S. N., Unnikrishnan, N., Nguyen, N., & Krishnakumar, K. (2009). Neuroadaptive model following controller design for non-affine and non- square aircraft systems. In *AIAA Guidance, Navigation, and Control Conference, AIAA-2009-5737, August 2009*.

[49] Guo, J., & Tao, G. (20011). A Multivariable MRAC design for aircraft systems under failure and damage conditions. In *American Control Conference, June 2011*.

[50] Nguyen, N., Krishnakumar, K., & Boskovic, J. (2008). An optimal control modification to model-reference adaptive control for fast adaptation. In *AIAA Guidance, Navigation, and Control Conference, AIAA 2008-7283, August 2008*.

[51] Nguyen, N. (2012). Optimal control modification for robust adaptive control with large adaptive gain. *Systems and Control Letters, 61*(2012), 485-494.

[52] Nguyen, N. (2014). Multi-objective optimal control modification adaptive control method for systems with input and unmatched uncertainties. In *AIAA Guidance, Navigation, and Control Conference, AIAA-2014-0454, January 2014*.

[53] Nguyen, N., & Balakrishnan, S. N. (2014). Bi-objective optimal control modification adaptive control for systems with input uncertainty. *IEEE/CAA Journal of Automatica Sinica, 1*(4), 423-434.

[54] Volyanskyy, K. Y., & Calise, A. J. (2006). A novel q-modification term for adaptive control. In *American Control Conference, June 2006*.

[55] Volyanskyy, K. Y., Haddad, W. M., & Calise, A. J. (2009). A new neuroadaptive control architecture for nonlinear uncertain dynamical systems: Beyond σ - and *e*-modifications. *IEEE Transactions on Neural Networks, 20,* 1707-1723.

[56] Kim, K., Yucelen, T., Calise, A.J., & Nguyen, N. (2011). Adaptive output feedback control for an aeroelastic generic transport model: A parameter dependent Riccati equation approach. In *AIAA Guidance, Navigation, and Control Conference, AIAA-2011-6456, August 2011*.

[57] Bosworth, J., & Williams-Hayes, P. S. (2007). Flight test results from the NF-15B IFCS project with adaptation to a simulated stabilator failure. In *AIAA Infotech@Aerospace Conference, AIAA-2007-2818, May 2007*.

11

[58] Williams-Hayes, P. S. Flight test implementation of a second generation intelligent flight control system. In *NASA TM-2005-213669.*

[59] Hanson, C., Johnson, M., Schaefer, J., Nguyen, N., & Burken, J. (2011). Handling qualities evaluations of low complexity model reference adaptive controllers for reduced pitch and roll damping scenarios. In *AIAA Guidance, Navigation, and Control Conference, AIAA-2011-6607, August 2011.*

[60] Hanson, C., Schaefer, J., Johnson, M., & Nguyen, N. Design of low complexity model reference adaptive controllers. In *NASA-TM-215972.*

[61] Nguyen, N., Hanson, C., Burken, J., & Schaefer, J. (2016). Normalized optimal control modification and flight experiments on NASA F/A-18 aircraft. *AIAA Journal of Guidance, Control,and Dynamics.*

[62] Schaefer, J., Hanson , C., Johnson, M., & Nguyen, N. (2011). Handling qualities of model reference adaptive controllers with varying complexity for pitch-roll coupled failures. In *AIAA Guidance, Navigation, and Control Conference, AIAA-2011-6453, August 2011.*

[63] Campbell, S., Kaneshige, J., Nguyen, N., & Krishnakumar, K. (2010). An adaptive control simulation study using pilot handling qualities evaluations. In *AIAA Guidance, Navigation, and Control Conference, AIAA-2010-8013, August 2010.*

[64] Campbell, S., Kaneshige, J., Nguyen, N., & Krishnakumar, K. (2010). Implementation and evaluation of multiple adaptive control technologies for a generic transport aircraft simulation. In *AIAA Infotech@Aerospace Conference, AIAA-2010-3322, April 2010.*

[65] Gregory, I. M, Cao, C., Xargay, E., Hovakimyan, N., & Zou, X. (2009). $\mathcal{L}_1$ adaptive control design for NASA AirSTAR flight test vehicle. In *AIAA Guidance, Navigation, and Control Conference, AIAA-2009-5738, August 2009.*

[66] Kitsios, I., Dobrokhodov, V., Kaminer, I., Jones, K., Xargay, E., Hovakimyan, N., Cao, C., Lizarraga,M., Gregory, I., Nguyen, N., & Krishnakumar, K. (2009). Experimental validation of a metrics driven $\mathcal{L}_1$ adaptive control in the presence of generalized unmodeled dynamics. In *AIAA Guidance, Navigation, and Control Conference, AIAA-2009-6188, August 2009.*

[67] Steck, J., Lemon, K., Hinson, B., Kimball, D., & Nguyen, N. (2010). Model reference adaptive fight control adapted for general aviation: Controller gain simulation and preliminary flight testing on a bonanza fly-by-wire Testbed. In *AIAA Guidance, Navigation, and Control Conference, AIAA-2010-8278, August 2010.*

[68] Bhattacharyya, S., Krishnakumar, K., & Nguyen, N. (2012). Adaptive autopilot designs for improved tracking and stability. In *AIAA Infotech@Aerospace Conference, AIAA-2012-2494, June 2012.*

[69] Burken, J., Nguyen, N., & Griffin, B. (2010). Adaptive flight control design with optimal control modification for F-18 aircraft model. In *AIAA Infotech@Aerospace Conference, AIAA-2010-3364, April 2010.*

[70] Campbell, S., Nguyen, N., Kaneshige, J., & Krishnakumar, K. (2009). Parameter estimation for a hybrid adaptive flight controller. In *AIAA Infotech@Aerospace Conference, AIAA-2009-1803, April 2009.*

[71] Chen, S., Yang, Y., Balakrishnan, S. N., Nguyen, N., & Krishnakumar, K. (2009). SNAC convergence and use in adaptive autopilot design. In *International Joint Conference on Neural Networks, June 2009.*

[72] Eberhart, R. L., & Ward, D. G. (1999). Indirect adaptive flight control system interactions. *International Journal of Robust and Nonlinear Control, 9*, 1013-1031.

[73] Hinson, B., Steck, J., Rokhsaz, K., & Nguyen, N. (2011).Adaptive control of an elastic general aviation aircraft. In *AIAA Guidance, Navigation, and Control Conference, AIAA-2011-6560, August 2011.*

[74] Lemon, K., Steck, J., Hinson, B., Rokhsaz, K., & Nguyen, N. (2011). Application of a six degree of freedom adaptive controller to a general aviation aircraft. In *AIAA Guidance, Navigation, and Control Conference, AIAA-2011-6562, August 2011.*

[75] Nguyen, N., Tuzcu, I., Yucelen, T., & Calise, A. (2011). Longitudinal dynamics and adaptive control application for an aeroelastic generic transport model. In *AIAA Atmospheric Flight Mechanics Conference, AIAA-2011-6319, August 2011.*

[76] Rajagopal, K., Balakrishnan, S.N., Nguyen, N., & Krishnakumar, K. (2010). Robust adaptive control of a structurally damaged aircraft. In *AIAA Guidance, Navigation, and Control Conference, AIAA-2010-8012, August 2010.*

[77] Reed, S., Steck, J., & Nguyen, N. (2011). Demonstration of the optimal control modification for general aviation: Design and simulation. In *AIAA Guidance, Navigation, and Control Conference, AIAA-2011-6254, August 2011.*

[78] Reed, S., Steck, J., & Nguyen, N. (2014). Demonstration of the optimal control modification for 6-DOF control of a general aviation aircraft. In *AIAA Guidance, Navigation, and Control Conference, AIAA-2014-1292, January 2014.*

[79] Stepanyan, V., , Nguyen, N., & Krishnakumar, K. (2009). Adaptive control of a transport aircraft using differential thrust. In *AIAA Guidance, Navigation, and Control Conference,AIAA-2009-5741, August 2009.*

[80] Boskovic, J., Jackson, J., Mehra, R., & Nguyen, N. (2009). Multiple-model adaptive fault tolerant control of a planetary lander. *AIAA Journal of Guidance, Control, and Dynamics, 32(6), 1812-1826.*

[81] Lam, Q., & Nguyen, N. (2013). Pointing control accuracy and robustness enhancement of an optical payload system using a direct adaptive control combined with an optimal control modification. In *AIAA Infotech@Aerospace Conference, AIAA-2013-5041, August 2013.*

[82] Lefevre B., & Jha, R. (2009). Hybrid adaptive launch vehicle ascent flight control. In *AIAA Guidance, Navigation, and Control Conference, AIAA-2009-5958, August 2009.*

[83] Swei, S., & Nguyen, N. (2016). Adaptive estimation of disturbance torque for orbiting spacecraft using recursive least squares method. In *AIAA Infotech@Aerospace Conference, AIAA-2016-0399, January 2016.*

[84] Hovakimyan, N., Kim, N., Calise, A. J., Prasad, J. V. R., & Corban, E. J. (2001). Adaptive output feedback for high-bandwidth control of an unmanned helicopter. In *AIAA Guidance, Navigation and Control Conference, AIAA-2001-4181, August 2001.*

[85] Nguyen, N., Swei, S., & Ting, E. (2015). Adaptive linear quadratic gaussian optimal control modification for flutter suppression of adaptive wing. In *AIAA Infotech@Aerospace Conference, AIAA 2015-0118, January 2015.*

[86] Kumar, M., Rajagopal, K., Balakrishnan, S. N., & Nguyen, N. (2014). Reinforcement learning based controller synthesis for flexible aircraftwings. *IEEE/CAA Journal of Automatica Sinica, 1(4), 435-448.*

[87] Ishihara, A., Al-Ali, K., Kulkarni, N., & Nguyen, N. (2009). Modeling Error Driven Robot Control. In *AIAA Infotech@Aerospace Conference, AIAA-2009-1974, April 2009.*

[88] Sharma, M., Calise, A., & Corban, J. E. (2000). Application of an adaptive autopilot design to a family of guided munitions. In *AIAA Guidance, Navigation, and Control Conference, AIAA-2000-3969, August 2000.*

[89] Nguyen, N., Bright, M., & Culley, D. (2007). Adaptive feedback optimal control of flow separation on stators by air injection. *AIAA Journal, 45(6).*

[90] Nguyen, N. (2013). Adaptive control for linear uncertain systems with unmodeled dynamicsrevisited via optimal control modification. In *AIAA Guidance, Navigation, and Control Conference, AIAA-2013-4988, August 2013.*

[91] Lemaignan, B. (2005). Flying with no flight controls: handling qualities analyses of the baghdad event. In *AIAA Atmospheric Flight Mechanics Conference, AIAA-2005-5907, August 2005.*

[92] Nguyen, N. (2012). Bi-objective optimal control modification adaptive control for systems with input un-

13

certainty. In *AIAA Guidance, Navigation, and Control Conference, AIAA-2012-4615, August 2012.*

[93] Nguyen, N. (2010). Optimal control modification adaptive law for time-scale separated systems. In *American Control Conference, June 2010.*

[94] Stepanyan, V., & Nguyen, N. (2009). Control of systems with slow actuators using time scale separation. In *AIAA Guidance, Navigation, and ControlConference, AIAA-2009-6272, August 2009.*

[95] Nguyen, N., & Stepanyan, V. (2010). Flight-propulsion response requirements for directional stability and control. In *AIAA Infotech@Aerospace Conference, AIAA-2010-3471, April 2010.*

[96] Tuzcu, I., & Nguyen, N. (2009). Aeroelastic modeling and adaptive control of generic transport model. In *AIAA Atmospheric Flight Mechanics, AIAA-2010-7503, August 2010.*

[97] Tuzcu, I., & Nguyen, N. (2010). Modeling and control of generic transport model. In *51st AIAA/ASME/ASCE/AHS/ASC Structures, Structural Dynamics, and Materials Conference, AIAA-2010-2622, April 2010.*

[98] Yucelen, T., Kim, K., Calise, A., & Nguyen, N. (2011). Derivative-free output feedback adaptive control of an aeroelastic generic transport model. In *AIAA Guidance, Navigation, and Control Conference, AIAA-2011-6454, August 2011.*

[99] Nguyen, N., & Jacklin, S. (2010). Stability, convergence, and verification and validation challenges of neural net adaptive flight control. In *Applications of Neural Networks in High Assurance Systems Studies in Computational Intelligence* (Vol. 268, pp. 77-110). Berlin: Springer.

[100] Nguyen, N., & Jacklin, S. (2007). Neural net adaptive flight control stability, verification and validation challenges, and future research. In *International Joint Conference on Neural Networks, August 2007.*

[101] Nguyen, N., Ishihara, A., Stepanyan, V., & Boskovic, J. (2009). Optimal control modification for robust adaptation of singularly perturbed systems with slow actuators. In *AIAA Guidance, Navigation, and Control Conference, AIAA-2009-5615, August 2009.*

[102] Gilbreath, G. P. (2001). Prediction of Pilot-Induced Oscillations (PIO) due to Actuator Rate Limiting Using the Open-Loop Onset Point (OLOP) Criterion. In M.S. Thesis, Air Force Institute of Technology, Wright-Patterson Air Force Base, Ohio, 2001.

[103] Schumann, J., & Liu, Y. (2007). Tools and methods for the verification and validation of adaptive aircraft control systems. In *IEEE Aerospace Conference, March 2007.*

[104] Jacklin, S. (2009). Closing the certification gaps in adaptive flight control software. In *AIAA Guidance, Navigation, and Control Conference, AIAA-2008-6988, August 2008.*

[105] Jacklin, S. A., Schumann, J. M., Gupta, P. P., Richard, R., Guenther, K., & Soares, F. (2005). Development of advanced verification and validation procedures and tools for the certification of learning systems in aerospace applications. In *AIAA Infotech@aerospace Conference, September 2005.*

[106] Jacklin, S. A. (2015). Survey of verification and validation techniques for small satellite software development. In *Space Tech Expo Conference, May 2015.*

[107] Crespo, L. G., Kenny, S. P., & Giesy, D. P. (2008). Figures of merit for control verification. In *AIAA Guidance, Navigation, and Control Conference, AIAA 2008-6339, August 2008.*

[108] Hodel, A. S., Whorton, M., & Zhu, J. J. (2008). Stability metrics for simulation and flight software assessment and monitoring of adaptive control assist compensators. In *AIAA Guidance, Navigation, and Control Conference, AIAA 2008-7005, August 2008.*

[109] Ishihara, A., Ben-Menahem, S., & Nguyen, N. (2009). Time delay margin computation via the Razumikhin method for an adaptive control system. In *AIAA Guidance, Navigation, and Control Conference, AIAA-2009-5969, August 2009.*

14

[110] Ishihara,A., Ben-Menahem, S.,& Nguyen, N. (2009). Time delay margin estimation for direct adaptive control of a linear system. In *IASTED International Conference on Identification, Control and Applications, August 2009.*

[111] Ishihara, A., Nguyen, N., & Stepanyan, V. (2010). Time delay margin estimation for adaptiveouter-loop longitudinal aircraft control. In *AIAA Infotech@Aerospace Conference, AIAA-2010-3455, April 2010.*

[112] Nguyen, N., & Summers, E. (2011). On time delay margin estimation for adaptive control and robust modification adaptive laws. In *AIAA Guidance, Navigation, and Control Conference, AIAA-2011-6438, August 2011.*

[113] Nguyen, N., & Boskovic, J. (2008). Bounded linear stability margin analysis of nonlinear hybrid adaptive control. In *American Control Conference, June 2008.*

[114] Rajagopal, K., Balakrishnan, S. N., Nguyen, N., &Krishnakumar, K. (2013). Time delay margin analysis ofmodified state observer based adaptive control. In *AIAA Guidance, Navigation, and Control Conference, AIAA-2013-4755, August 2013.*

[115] Stepanyan, V., Krishnakumar, K., Nguyen, N., & Van Eykeren, L. (2009). Stability and performance metrics for adaptive flight control. In *AIAA Guidance, Navigation, and Control Conference, AIAA-2009-5965, August 2009.*

[116] Belcastro, C., & Belcastro, C. (2003).On the validation of safety critical aircraft systems, part I: Analytical and simulation methods. In *AIAA Guidance, Navigation, and Control Conference, AIAA-2003-5559, August 2003.*

[117] Belcastro, C., & Belcastro, C. (2003). On the validation of safety critical aircraft systems, Part II: Analytical and simulation methods. In *AIAA Guidance, Navigation, and Control Conference, AIAA-2003-5560, August 2003.*

[118] Duke, E. L., Brumbaugh, R.W., & Disbrow, D. (1989). A rapid prototyping facility for flightresearch in advanced systems concepts. In *IEEE Computer, May 1989.*

[119] Matsutani, M., Jang, J., Annaswamy, A., Crespo, L. G., Kenny, S. P. (2008). An adaptive control technology for safety of a GTM-like aircraft. In *NASA CR-2008-1, December 2008.*

[120] Annaswamy, A., Jang, J., & Lavretsky, E. (2008). Stability margins for adaptive controllers in the presence of time-delay. In *AIAA Guidance, Navigation, and Control Conference, AIAA 2008-6659, August 2008.*

[121] Li, D., Patel, V. V., Cao, C., Hovakimyan, N., & Wise, K. (2007). Optimization of the timedelay margin of $\mathcal{L}_1$ adaptive controller via the design of the underlying filter. In *AIAA Guidance, Navigation, and Control Conference, AIAA 2007-6646, August 2007.*

第 2 章

非线性系统

引言 本章将对非线性系统进行简要概述。非线性系统在本质上比线性系统更为复杂。非线性系统具有一些在线性系统中无法观察到的复杂特性，如多平衡点、极限环、有限逃逸时间及混沌现象等。线性化可以提供平衡点邻域内的局部稳定性信息，但非线性系统在整个解空间的全局稳定性仍难以分析。因为非线性系统的局部特性可以通过其线性化系统在平衡点邻域内的特性来近似，所以非线性系统的相平面分析与其线性化系统的相平面分析有着密切的关系。与线性系统不同的是，非线性系统可以具有多个平衡点，这就导致非线性系统的轨迹可能表现出不可预测的特性。

非线性系统十分常见，大多数现实世界中的系统都是非线性的。在一定程度上，线性系统可以看作非线性系统在其解空间中的近似。本章的学习目标如下：

- 了解平衡和线性化的概念。
- 评估平衡点的局部稳定性。

图 2-1 显示了一个典型的控制系统结构框图。

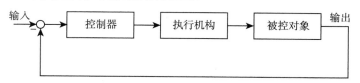

图 2-1　典型的控制系统结构框图

控制器的目标是使系统（也称为被控对象）的输出能够追踪或者跟随一个给定的指令输入。这样的系统通常可以用一个初始状态为 $x(t_0) = x_0$ 的非线性模型来描述：

$$\dot{x} = f(x, u, t) \tag{2.1}$$

式中 $x = [x_1(t)\, x_2(t) \cdots x_n(t)]^T \in \mathbb{R}^n$ 为状态向量，$u = [u_1(t)\, u_2(t) \cdots u_m(t)]^T \in \mathbb{R}^m$ 为控制向量，$t \in \mathbb{R}^+$ 是时间，$f() = [f_1()\, f_2() \cdots f_n()]^T \in \mathbb{R}^n$ 是一个非线性的转移函数。

系统的输出或者响应通常可以表示为

$$y = h(x, u, t) \tag{2.2}$$

式中 $y(t) = [y_1(t)\, y_2(t) \cdots y_l(t)]^T \in \mathbb{R}^l$ 是系统的输出，$h() = [h_1()\, h_2() \cdots h_l()]^T \in \mathbb{R}^l$ 是一个非线性的输出函数。

式（2.1）和式（2.2）共同构成了系统的状态空间模型。

当 $m = l = 1$ 时，系统是一个单输入单输出（SISO）系统。当 $m \neq 1$ 并且 $l \neq 1$ 时，系统是一个多输入多输出（MIMO）系统。系统也可能是单输入多输出（SIMO）或者多输入单输出（MISO）的。

当系统显式地依赖于时间 t 时，如式（2.1）和式（2.2）所示，系统是非自治或者时变的。否则，系统是自治或者时不变的。

非线性系统的一个特例是线性仿射控制系统，可以表示为

$$\dot{x} = f(x, t) + g(x, t)u \tag{2.3}$$

$$y = h(x, t) \tag{2.4}$$

相较于非线性系统，线性时变（LTV）系统的状态空间形式可描述为

$$\dot{x} = A(t)x + B(t)u \tag{2.5}$$

$$y = C(t)x + D(t)u \tag{2.6}$$

式中矩阵 $A(t)$、$B(t)$、$C(t)$ 和 $D(t)$ 都是时间 t 的函数。

当上述矩阵均为常值时，系统就是线性时不变（LTI）的：

$$\dot{x} = Ax + Bu \tag{2.7}$$

$$y = Cx + Du \tag{2.8}$$

因为针对线性时不变系统已经有大量的设计和分析工具，所以对线性时不变系统的分析更加容易，这也导致许多控制系统的设计仍然基于线性时不变模型来进行。

状态空间形式的线性时不变系统的通解可以表示为

$$x = e^{A(t-t_0)}x_0 + \int_{t_0}^{t} e^{A(t-\tau)}Bu(\tau)\mathrm{d}\tau \tag{2.9}$$

$$y = Ce^{A(t-t_0)}x_0 + C\int_{t_0}^{t} e^{A(t-\tau)}Bu(\tau)\mathrm{d}\tau + Du(t) \tag{2.10}$$

式中 e^{At} 是矩阵的指数函数，可由拉氏反变换得到

$$e^{At} = \mathscr{L}^{-1}\left[(sI - A)^{-1}\right] \tag{2.11}$$

例 2.1

- 考虑二阶弹簧–质量块–阻尼器系统

$$m\ddot{x} + c\dot{x} + k(x)x = bu$$

式中 m、c 和 b 都是常数，$k(x)$ 是一个非线性的弹簧函数，$u(x, \dot{x}) = f(x, \dot{x})$ 是一个非线性的状态反馈控制器。此时，系统是一个自治的非线性时不变系统。

- 考虑弹簧–质量块–阻尼器系统

$$m\ddot{x} + c\dot{x} + k(x)x = bu$$

式中 $u(x, \dot{x}, t) = f(x, \dot{x}, t)$ 是一个非线性的状态反馈指令跟随控制器。此时，系统是一个非自治的非线性时变系统。

- 考虑弹簧–质量块–阻尼器系统

$$m\ddot{x} + c\dot{x} + k(t)x = bu$$

式中 $k(t)$ 是一个时变弹簧函数。若 $u(x, \dot{x}, t)$ 是一个非线性状态反馈指令跟随控制器，则此系统为非自治的非线性时变系统；若 $u(x, \dot{x}, t)$ 是一个线性状态反馈指令跟随控制器，则此系统为非自治的线性时变系统。

在图 2-1 中，控制器模块代表着反馈控制，如比例–积分–微分（PID）控制。控制器的输出是实际执行控制任务的伺服系统或者执行机构的输入。在许多控制系统中采用的典型执行机构是伺服电动机，其将执行机构的指令信号转换成旋转或者平移运动。当执行机构的指令信号超过某些约束时，如幅值饱和或速率限制，执行机构将成为非线性特性的来源。这些非线性源甚至可以使线性时不变控制系统变为非线性控制系统。通常来说，为使线性系统保持原有的线性特性，应该避免出现执行机构的幅值饱和现象。因此，应该选择适当的执行机构带宽使其远大于系统的控制带宽，并且合理地设计控制增益，使其不会导致执行机构出现幅值饱和或速率限制的现象。如果设计合理，执行机构的输出将紧跟执行机构的输入指令。在理想状态下，执行机构的影响可以在初始设计过程中忽略。

例 2.2 考虑一个二阶系统

$$G(s) = \frac{X(s)}{U(s)} = \frac{b}{s^2 + 2\zeta\omega_n s + \omega_n^2}$$

其执行机构受以下幅值饱和及速率限制的约束：

$$u(t) = \text{sat}\,(u_c(t)) = \begin{cases} u_{\min} & u_c(t) < u_{\min} \\ u_c(t) & u_{\min} \leqslant u_c(t) \leqslant u_{\max} \\ u_{\max} & u_c(t) > u_{\max} \end{cases}$$

$$u(t) = \text{rate}\,(u_c(t)) = \begin{cases} u(t - \Delta t) + \lambda_{\min}\Delta t & \dot{u}_c(t) < \lambda_{\min} \\ u_c(t) & \lambda_{\min} \leqslant \dot{u}_c(t) \leqslant \lambda_{\max} \\ u(t - \Delta t) + \lambda_{\max}\Delta t & \dot{u}_c(t) > \lambda_{\max} \end{cases}$$

式中 sat() 称为饱和函数，rate() 称为速率限制函数，$\dot{u}_c(t)$ 是执行机构的压摆率或转换速率，计算公式为

$$\dot{u}_c(t) = \frac{u_c(t) - u_c(t - \Delta t)}{\Delta t}$$

因为当超过幅值或速率限制时，输入和输出之间不再是线性映射关系，所以饱和函数和速率限制函数是非线性不连续的函数。

执行机构指令 $u_c(t)$ 是反馈控制器的输出。在这个例子中，我们的目标是使 $x(t)$ 能够跟踪正弦输入信号

$$r(t) = a \sin(\omega t)$$

控制器采用 PID 控制结构

$$U_c(s) = \left(k_p + \frac{k_i}{s} + k_d s \right) E(s)$$

式中 $E(s) = R(s) - X(s)$。

在不考虑执行机构幅值饱和的理想状态下，闭环系统的传递函数为

$$\frac{X(s)}{R(s)} = \frac{b k_d s^2 + b k_p s + b k_i}{s^3 + (2\zeta\omega_n + b k_d)\,s^2 + \left(\omega_n^2 + b k_p\right)s + b k_i}$$

即使控制器是线性的，当存在执行机构幅值饱和时，系统响应也会变为非线性的。图 2-2 是将输入信号 $r(t) = \sin t$ 的幅值限制在 ± 1 之间时，被控对象 $G(s) = \dfrac{5}{s^2 + 5s + 6}$ 在控制器 $U(s) = \left(15 + \dfrac{8}{s} + 5s\right) E(s)$ 作用下的闭环系统响应。

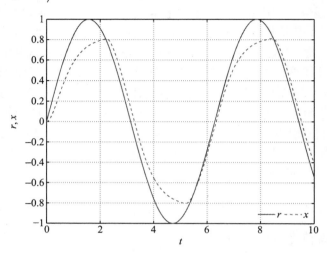

图 2-2　幅值饱和下的系统响应

2.1　平衡点和线性化

所有非线性自治系统都具有一组平衡点，并且在平衡点处系统会表现出一定的稳定性。用 x^* 表示平衡点，对于自治系统来说，平衡点是方程

$$f(x^*) = 0 \tag{2.12}$$

的实根。

因为平衡点是自治非线性系统的根，所以只要系统状态从平衡点处开始，在将来任何时刻都将保持在平衡点处不变。

与只有一个平衡点的线性系统不同，非线性系统可以有多个独立的平衡点。在一定条件下，我们可以对非线性系统在其平衡点处进行线性化，并通过线性化系统揭示非线性系统在这些平衡点处的一些重要的局部稳定性，从而达到研究非线性系统特性的目的。线性系统一般不能预测远离平衡点的非线性系统的行为。

考虑如下自治系统

$$\dot{x} = f(x) \tag{2.13}$$

其解可以表示为

$$x = x^* + \tilde{x} \tag{2.14}$$

式中 $\tilde{x}(t)$ 是解 $x(t)$ 在平衡点 x^* 处的一个小扰动。

因此，式（2.13）可以写成

$$\dot{x}^* + \dot{\tilde{x}} = f(x^* + \tilde{x}) \tag{2.15}$$

在平衡点处（$\dot{x}^* = 0$）进行泰勒级数展开，得到非线性系统式（2.13）在平衡点 x^* 处的线性化表达式为

$$\dot{\tilde{x}} = f(x^* + \tilde{x}) = f(x^*) + J(x^*)\tilde{x} + \cdots \approx J(x^*)\tilde{x} \tag{2.16}$$

式中 $J(x^*)$ 是函数 $f(x)$ 在平衡点 x^* 处的雅可比矩阵

$$J(x^*) = \left.\frac{\partial f}{\partial x}\right|_{x=x^*} = \begin{bmatrix} \dfrac{\partial f_1}{\partial x_1} & \dfrac{\partial f_1}{\partial x_2} & \cdots & \dfrac{\partial f_1}{\partial x_n} \\ \dfrac{\partial f_2}{\partial x_1} & \dfrac{\partial f_2}{\partial x_2} & \cdots & \dfrac{\partial f_2}{\partial x_n} \\ \vdots & \vdots & & \vdots \\ \dfrac{\partial f_n}{\partial x_1} & \dfrac{\partial f_n}{\partial x_2} & \cdots & \dfrac{\partial f_n}{\partial x_n} \end{bmatrix}_{x=x^*} \tag{2.17}$$

例 2.3 考虑一个无摩擦的旋转摆模型，如图 2-3 所示。系统的运动方程为

$$\ddot{\theta} + \frac{g}{l}\sin\theta - \omega^2 \sin\theta\cos\theta = 0$$

定义 $x_1(t) = \theta(t)$，$x_2(t) = \dot{\theta}(t)$，可以得到系统运动方程的状态空间表达式

$$\begin{bmatrix} \dot{x}_1 \\ \dot{x}_2 \end{bmatrix} = \begin{bmatrix} x_2 \\ -\dfrac{g}{l}\sin x_1 + \omega^2 \sin x_1 \cos x_1 \end{bmatrix}$$

通过使 $\dot{x}_1(t) = 0$，$\dot{x}_2(t) = 0$，可以得到平衡点表达式为

22

$$x_1^* = \begin{cases} \arccos\left(\dfrac{g}{l\omega^2}\right), & \omega \geqslant \sqrt{\dfrac{g}{l}} \\ 0, \pi, & \omega < \sqrt{\dfrac{g}{l}} \end{cases}$$

$$x_2^* = 0$$

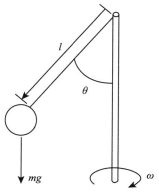

图 2-3　旋转摆

从物理意义上来说，当旋转角速度 ω 超过一定值 $\sqrt{\dfrac{g}{l}}$ 时，摆锤与立柱之间会产生一个固定的角度 θ，使得施加在摆锤上的离心力与其质量平衡，此时系统处于第一个平衡点处。

当旋转角速度 ω 足够低时，摆锤位于另外两个平衡点处，即垂直平面的底部或者顶部的位置。因此，旋转摆这个非线性模型具有三个平衡点。

可以通过计算雅可比矩阵对运动方程进行线性化。系统的雅可比矩阵可以表示为

$$J = \begin{bmatrix} 0 & 1 \\ -\dfrac{g}{l}\cos x_1 + \omega^2\left(\cos^2 x_1 - \sin^2 x_1\right) & 0 \end{bmatrix}$$

在三个平衡点处，计算得到的雅可比矩阵分别为

$$J\left(\arccos\left(\frac{g}{l\omega^2}\right), 0\right) = \begin{bmatrix} 0 & 1 \\ \dfrac{g^2}{l^2\omega^2} - \omega^2 & 0 \end{bmatrix}$$

$$J(0, 0) = \begin{bmatrix} 0 & 1 \\ -\dfrac{g}{l} + \omega^2 & 0 \end{bmatrix}$$

$$J(\pi, 0) = \begin{bmatrix} 0 & 1 \\ \dfrac{g}{l} + \omega^2 & 0 \end{bmatrix}$$

23

如图 2-4 所示，当旋转角速度 $\omega < \sqrt{\dfrac{g}{l}}$ 时，线性化运动方程的解和非线性运动方程的解吻合较好；当摆角 $\theta(t)$ 较大时，线性化运动方程解的精度会受到影响。这体现出线性化的一个缺点：当解远离平衡点时，小扰动假设不再成立。因此必须验证线性化解的有效性，以确保通过线性化方程得到的解能够很好地近似非线性方程在平衡点邻域内的运动特性。

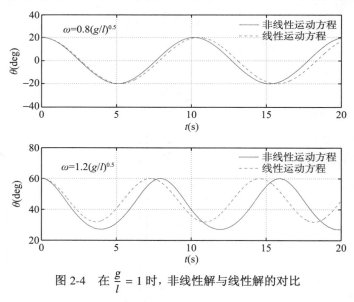

图 2-4　在 $\dfrac{g}{l} = 1$ 时，非线性解与线性解的对比

2.2　局部稳定性和相平面分析

虽然可以通过线性化的手段得到非线性系统在平衡点邻域内的局部稳定性信息，但是仍然难以分析非线性系统在整个解空间上的全局稳定性。对于线性时不变系统来说，原点就

是系统唯一的平衡点。对于线性化后的系统来说，原点对应于进行线性化处理时的非线性系统平衡点。若线性时不变系统转移矩阵 A 的特征根均具有负实部，那么此系统是绝对稳定的。即

$$\Re(\lambda(A)) < 0 \tag{2.18}$$

此时，A 是赫尔维茨矩阵。也可以将其定义为 $\lambda(A) \in \mathbb{C}^-$，其中 $\mathbb{C}^-$ 表示具有负实部的复数空间。

相图是系统状态的轨迹图，可以用于研究二阶非线性系统的特性。相图也可用于研究线性化后的系统特性，从而研究非线性系统的局部稳定性。对于一个二阶线性时不变系统来说，有两个系统的特征根，分别定义为 λ_1 和 λ_2。平衡点邻域内的系统状态轨迹将根据 λ_1 和 λ_2 的取值表现出不同的特性。

24

1. 稳定或不稳定节点

稳定或不稳定节点会在两个特征根 λ_1 和 λ_2 均为实数同号时出现。当 $\lambda_1 < 0$ 且 $\lambda_2 < 0$ 时，节点是稳定的节点，所有轨迹均会收敛到稳定的节点。当 $\lambda_1 > 0$ 且 $\lambda_2 > 0$ 时，节点是不稳定的节点，所有轨迹均从不稳定的节点向外发散。图 2-5 描述了稳定节点和不稳定节点的特性。

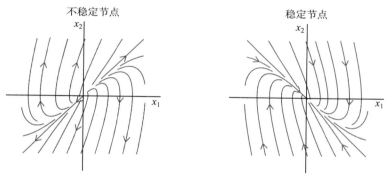

图 2-5 节点相图

2. 鞍点

鞍点会在两个特征根 λ_1 和 λ_2 均为实数但符号相反时出现。因为其中一个特征值对应于不稳定的极点，所以一半的轨迹会偏离鞍点的中心，如图 2-6 所示。此时，系统处于临界稳定状态。

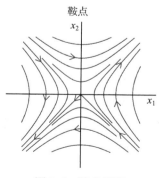

图 2-6 鞍点相图

3. 稳定或不稳定的焦点

稳定或不稳定的焦点会在两个特征根 λ_1 和 λ_2 为共轭复数时出现。当两个特征根都具有负实部（$\mathrm{Re}(\lambda_1) < 0$，$\mathrm{Re}(\lambda_2) < 0$）时，焦点为稳定焦点，所有轨迹会呈螺旋状收敛到焦点；当两个特征根都具有正实部（$\mathrm{Re}(\lambda_1) > 0$，$\mathrm{Re}(\lambda_2) > 0$）时，焦点为不稳定焦点，所有轨迹会呈螺旋状从焦点向外发散，如图 2-7 所示。

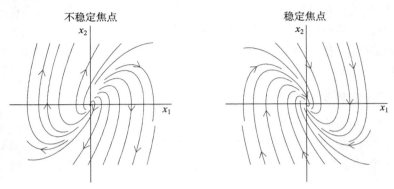

图 2-7   焦点相图

4. 中心

中心会在两个特征根 λ_1 和 λ_2 只有纯虚部时出现。所有的轨迹均是以原点为中心的同心曲线，如图 2-8 所示。

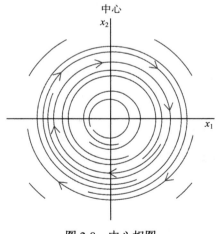

图 2-8   中心相图

由于非线性系统的局部特性可以通过其线性化系统在平衡点邻域内的特性来近似，所以非线性系统的相平面分析与其线性化系统的相平面分析有着密切的关系。但与线性系统不同的是，非线性系统可以具有多个平衡点，这就导致非线性解的轨迹可能表现出不可预测的特性。例如，即使非线性系统的初始点位于稳定平衡点附近，但如果在解空间中仍然存在不稳定的平衡点，则无法保证随后的轨迹将收敛到稳定的节点或焦点。

例 2.4   据例 2.3 可知，线性化系统的特征根为

$$\lambda_{1,2}\left[J\left(x_1^* = \arccos\left(\frac{g}{l\omega^2}\right)\right)\right] = \pm i\sqrt{\omega^2 - \frac{g^2}{l^2\omega^2}}$$

$$\lambda_{1,2}\left[J\left(x_1^* = 0\right)\right] = \pm i\sqrt{\frac{g}{l} - \omega^2}$$

$$\lambda_{1,2}\left[J\left(x_1^* = \pi\right)\right] = \pm\sqrt{\frac{g}{l} + \omega^2}$$

26

如图 2-9 所示，前两个平衡点是中心点，最后一个平衡点是鞍点。

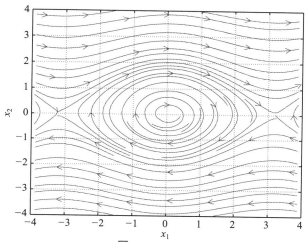

图 2-9   当 $\frac{g}{l} = 1$、$\omega = 0.8\sqrt{\frac{g}{l}}$ 时，$\ddot{\theta} + \frac{g}{l}\sin\theta - \omega^2\sin\theta\cos\theta = 0$ 的相图

2.3   其他非线性现象

    非线性系统与线性系统有着本质的区别，因为非线性系统可以表现出许多复杂的特性 [1]。多个独立的平衡点是一个已经讨论过的区别于线性系统的重要复杂特性。非线性系统还有许多其他复杂特性，例如有限逃逸时间、极限环等。

1. 有限逃逸时间

    不稳定线性系统的状态只有当时间趋于无穷时才会达到无穷。对于非线性系统来说，存在一个有趣的现象——非线性系统的状态可能在有限的时间内达到无穷。此时非线性系统的解具有有限逃逸时间特性。

    例 2.5   初值为 $x(0) = 1$ 的非线性系统

$$\dot{x} = x^2$$

的解为

$$x(t) = -\frac{1}{t-1}$$

其定义域仅为 $t \in [0, 1)$。这个解的有限逃逸时间为 $t = 1$。

27

2. 极限环

对于一些非线性系统，极限环是由相平面中的闭合轨迹表示的周期性非线性解，使得其附近的所有轨迹或收敛到它或向外发散。极限环根据其附近的轨迹特性，可以分为稳定极限环、不稳定极限环和临界稳定极限环。稳定极限环和稳定平衡点是仅有的两种"常规"吸引子。

例 2.6   范德波尔振荡器方程

$$\ddot{x} - \mu\left(1 - x^2\right)\dot{x} + x = 0$$

有一个稳定的极限环，如图 2-10 所示。

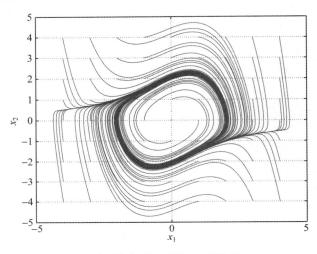

图 2-10   范德波尔振荡器的稳定极限环，$\mu = 0.5$

2.4   小结

非线性系统可以具有多个独立的平衡点。在一定条件下，我们可以在非线性系统的平衡点处对其进行线性化，并通过线性化揭示非线性系统在这些平衡点处的一些重要的局部稳定性，从而达到研究非线性系统特性的目的。由于线性化是在非线性系统平衡点处的近似，因此无法预测出远离平衡点的系统特性。非线性系统与线性系统有着本质的区别，因为非线性系统可以表现出许多复杂的特性，例如有限逃逸时间、极限环、混沌等。虽然线性化可以提供平衡点邻域内的局部稳定性信息，但非线性系统在整个状态空间的全局稳定性仍难以分析。由于非线性系统的局部特性可以通过其线性化系统在平衡点邻域内的特性来近似，所以非线性系统的相平面分析与其线性化系统的相平面分析有着密切的关系。与线性系统不同的是，非线性系统可以具有多个平衡点，这就导致非线性系统的轨迹可能表现出不可预测的特性。

2.5   习题

1. 考虑如下具有幅值饱和及速率限制的 PID 控制系统：

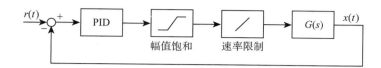

$$G(s) = \frac{5}{s^2 + 5s + 6}$$

式中, 控制增益分别为 $k_p = 15$、$k_i = 8$、$k_d = 5$。执行机构的幅值和速率都限制在 -1 与 1 之间。

(a) 在不考虑执行机构的幅值饱和及速率限制时, 求理想闭环系统的特征根。

(b) 搭建输入指令为 $r(t) = \sin t$ 时的系统 Simulink 模型。设定仿真时间 $t = 10$s, 画出输入信号、理想输出信号 (不考虑执行机构的幅值饱和及速率限制) 以及实际输出信号的波形图。同时给出执行机构指令信号 $u_c(t)$ 和被控对象输入信号 $u(t)$ 的波形图。

(c) 讨论速率限制对系统的影响。

2. 给定

$$\ddot{\theta} + c\dot{\theta} + 2\sin\theta - 1 = 0$$

(a) 当 $-\pi \leqslant \theta(t) \leqslant \pi$ 时, 求系统的所有平衡点。

(b) 在平衡点处对系统进行线性化, 并求特征根。

(c) 在相平面内对平衡点进行分类, 并画出非线性系统的相图。

3. 给定

$$\begin{bmatrix} \dot{x}_1 \\ \dot{x}_2 \end{bmatrix} = \begin{bmatrix} -x_1 + x_1 x_2 \\ x_2 - x_1 x_2 \end{bmatrix}$$

再次解答习题 2 中的问题。

4. 请以解析形式给出如下非线性系统在初值为 $x(0) = x_0$ 时的解。

$$\dot{x} = |x| x^2$$

(a) 当 $x_0 = 1$ 时, 上式的解存在有限逃逸时间吗? 若存在, 请给出。

(b) 当 $x_0 = -1$ 时, 上式的解存在有限逃逸时间吗? 若存在, 请给出。

(c) 讨论初始条件 x_0 对系统稳定性的影响。

29 ~ 30

参考文献

[1] Khalil, H.K. (2001). *Nonlinear systems*. Upper Saddle River: Prentice-Hall.

第 3 章

数学基础

引言　本章介绍了自适应控制理论的一些数学基础。首先，定义了向量和矩阵的范数。其次，通过 Cauchy 定理和 Lipschitz 条件证明了非线性微分方程解的存在性和唯一性。然后，引入自适应控制理论中的一类重要函数——正值函数，并定义了实值函数的正定性。最后，给出了正定矩阵的一些性质。

为了引入后续关于自适应控制的基本概念和原理，首先需要了解一些基本的数学概念。本章的学习目标是对以下概念有一个基本了解：

- 作为向量和矩阵度量的范数。
- 常微分方程解的存在性和唯一性与 Lipschitz 条件的关系。
- 正定函数是一类用于构建自适应控制稳定性的重要函数。

3.1　向量范数和矩阵范数

3.1.1　向量范数

状态向量 $x = [x_1 \ x_2 \ \cdots \ x_n]^{\top}$ 是 n 维欧几里得空间 $\mathbb{R}^n$ 的一个实数集。欧几里得空间是一个具有"距离"度量的计量空间，通常用范数来描述这个距离。如果满足以下条件，则在 $\mathbb{R}$ 上定义的实值函数 $\|x\|$ 称为 x 的范数：

1. 非负性

$$\|x\| \geqslant 0 \quad \forall x \in \mathbb{R}^n \tag{3.1}$$

2. 正定性

$$\|x\| = 0 \tag{3.2}$$

当且仅当 $x = 0$。

3. 齐次性

$$\|\alpha x\| = |\alpha| \, \|x\| \tag{3.3}$$

对于任意标量 α 均成立。

4. 三角不等式

$$\|x + y\| \leqslant \|x\| + \|y\| \tag{3.4}$$

如果正实函数 $\|x\|$ 除了上述第二项以外的其他条件均满足，则称 $\|x\|$ 为半范数。

定义复数空间 $\mathbb{C}^n$ 中向量 $x \in \mathbb{C}^n$ 的 p–范数为

$$\|x\|_p = \left(\sum_{i=1}^n |x_i|^p \right)^{1/p} \tag{3.5}$$

式中 $p = 1, 2, \cdots, \infty$

当 $p = 1, 2, \infty$ 时，定义向量 x 的 1–范数、2–范数及无穷范数为

$$\|x\|_1 = \sum_{i=1}^n |x_i| \tag{3.6}$$

$$\|x\|_2 = \sqrt{\sum_{i=1}^n |x_i|^2} \tag{3.7}$$

$$\|x\|_\infty = \max_{1 \leqslant i \leqslant n} |x_i| \tag{3.8}$$

通常 2–范数也称为欧几里得范数，描述了向量 x 到原点的距离。

在 n 维欧几里得空间 $\mathbb{R}^n$ 中，定义向量的内积为

$$\langle x, y \rangle = \sum_{i=1}^n x_i y_i \tag{3.9}$$

在欧几里得空间 $\mathbb{R}^2$ 和 $\mathbb{R}^3$ 中，内积也叫作点积。内积也是欧几里得空间中的一种度量，因为

$$\langle x, x \rangle = \|x\|_2^2 \tag{3.10}$$

具有点积运算的欧几里得空间称为内积空间。

设 x 和 y 为任意两个向量，则内积的 Cauchy-Schwartz 不等式表示为

$$\langle x, y \rangle \leqslant \|x\|_2 \|y\|_2 \tag{3.11}$$

∎

例 3.1   验证函数 $\|x\|_2$ 满足范数条件，其中 $x \in \mathbb{R}^n$。

首先，函数 $\|x\|_2$ 可以表示为

$$\|x\|_2 = \sqrt{x_1^2 + x_2^2 + \cdots + x_n^2}$$

显而易见，$\|x\|_2 \geqslant 0$，当且仅当 $x_i = 0$，$\forall i = 1, 2, \cdots, n$ 时，$\|x\|_2 = 0$。因此，函数 $\|x\|_2$ 满足非负性和正定性条件。

由于

$$\|\alpha x\|_2 = \sqrt{(\alpha x_1)^2 + (\alpha x_2)^2 + \cdots + (\alpha x_n)^2} = |\alpha| \sqrt{x_1^2 + x_2^2 + \cdots + x_n^2} = |\alpha| \, \|x\|_2$$

所以，正实函数 $\|x\|_2$ 满足齐次性条件。

设 $y \in \mathbb{R}^n$，那么

$$\begin{aligned}
\|x + y\|_2^2 &= (x_1 + y_1)^2 + (x_2 + y_2)^2 + \cdots + (x_n + y_n)^2 \\
&= x_1^2 + x_2^2 + \cdots + x_n^2 + 2x_1y_1 + 2x_2y_2 + \cdots + 2x_ny_n + y_1^2 + y_2^2 + \cdots + y_n^2 \\
&= \|x\|_2^2 + 2\langle x, y \rangle + \|y\|_2^2
\end{aligned}$$

利用 Cauchy-Schwartz 不等式，上式可以写成

$$\|x + y\|_2^2 \leqslant \|x\|_2^2 + 2\|x\|_2\|y\|_2 + \|y\|_2^2 = (\|x\|_2 + \|y\|_2)^2$$

对上式等号两端进行开方就得到了三角不等式

$$\|x + y\|_2 \leqslant \|x\|_2 + \|y\|_2$$

由此可得，函数 $\|x\|_2$ 满足所有的范数条件。　　　　　　　　　　　　■

当 $x(t)$ 是时间 t 的函数时，定义 $\mathscr{L}_p$ 范数为

$$\|x\|_p = \left(\int_0^\infty \sum_{i=1}^n |x(t)|^p \mathrm{d}t \right)^{1/p} \tag{3.12}$$

假设积分存在，那么 x 属于具有 $\mathscr{L}_p$ 范数的空间，即 $x \in \mathscr{L}_p$。

33

特别地，分别定义 $\mathscr{L}_1$、$\mathscr{L}_2$ 和 $\mathscr{L}_\infty$ 范数为

$$\|x\|_1 = \int_{t_0}^\infty \sum_{i=1}^n |x_i(t)| \, \mathrm{d}t \tag{3.13}$$

$$\|x\|_2 = \sqrt{\int_{t_0}^\infty \sum_{i=1}^n |x_i(t)|^2 \, \mathrm{d}t} \tag{3.14}$$

$$\|x\|_\infty = \sup_{t \geqslant t_0} \max_{1 \leqslant i \leqslant n} |x_i(t)| \tag{3.15}$$

其中符号 sup 表示在时间 t 范围内的上确界，也就是参数的最大值。

例 3.2　设

$$x = \begin{bmatrix} 2\mathrm{e}^{-t} \\ -\mathrm{e}^{-2t} \end{bmatrix}$$

在 $t \geqslant 0$ 时成立。

如图 3-1 所示为函数 $x(t)$ 的 $\mathscr{L}_1$、$\mathscr{L}_2$ 和 $\mathscr{L}_\infty$ 范数的积分。

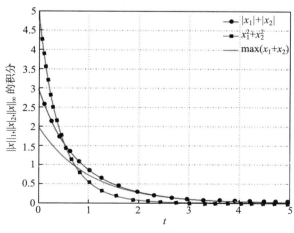

图 3-1　$\mathscr{L}_p$ 范数的积分

函数 $x(t)$ 的 $\mathscr{L}_1$、$\mathscr{L}_2$ 和 $\mathscr{L}_\infty$ 范数也可以通过解析解的形式写出：

$$\|x\|_1 = \int_0^\infty \left(2\mathrm{e}^{-t} + \mathrm{e}^{-2t}\right) \mathrm{d}t = \frac{5}{2}$$

$$\|x\|_2 = \sqrt{\int_0^\infty \left(4\mathrm{e}^{-2t} + \mathrm{e}^{-4t}\right) \mathrm{d}t} = \sqrt{\frac{9}{4}} = \frac{3}{2}$$

$$\|x\|_\infty = 2$$

例 3.3　函数 $x(t) = \sin t$ 没有 $\mathscr{L}_1$ 和 $\mathscr{L}_2$ 范数，因为 $\sin t$ 在 $t \in [0, \infty)$ 上的积分不存在。然而，$x(t)$ 的 $\mathscr{L}_\infty$ 范数存在，等于 1，所以 $x(t) \in \mathscr{L}_\infty$。

3.1.2　矩阵范数

设 $A \in \mathbb{C}^m \times \mathbb{C}^n$ 为一个 $m \times n$ 的复数矩阵，那么定义矩阵 A 的诱导 p–范数为

$$\|A\|_p = \sup_{x \neq 0} \frac{\|Ax\|_p}{\|x\|_p} \tag{3.16}$$

特别地，当 $p = 1, 2, \infty$ 时，定义矩阵 A 的 1–范数、2–范数及无穷范数为

$$\|A\|_1 = \max_{1 \leqslant j \leqslant n} \sum_{i=1}^m |a_{ij}| \tag{3.17}$$

$$\|A\|_2 = \sqrt{\lambda_{\max}(A^*A)} \tag{3.18}$$

$$\|A\|_\infty = \max_{1 \leqslant i \leqslant m} \sum_{j=1}^n |a_{ij}| \tag{3.19}$$

式中 a_{ij} 是矩阵 A 的一个元素，A^* 是 A 的复共轭转置矩阵。如果 $A \in \mathbb{R}^m \times \mathbb{R}^n$ 是一个实值矩阵，那么 $A^* = A^\mathsf{T}$。

另一种矩阵范数是 Frobenius 范数，这种范数不是上文中提到的诱导范数，其定义为

$$\|A\|_F = \sqrt{\mathrm{trace}(A^*A)} = \sqrt{\sum_{i=1}^m \sum_{j=1}^n |a_{ij}|^2} \tag{3.20}$$

其中 trace 运算符是计算一个方阵所有对角元素之和，即

$$\mathrm{trace}(A) = \sum_{i=1}^n a_{ii} \tag{3.21}$$

矩阵的范数有如下的性质：

$$\rho(A) \leqslant \|A\| \tag{3.22}$$

$$\|A + B\| \leqslant \|A\| + \|B\| \tag{3.23}$$

$$\|AB\| \leqslant \|A\|\,\|B\| \tag{3.24}$$

式中 A 和 B 是任意具有适当维数的矩阵，ρ 是方阵的谱半径，定义为

$$\rho(A) = \max_{1 \leqslant i \leqslant n} |\lambda_i| \tag{3.25}$$

式中 λ_i 是矩阵 A 的第 i 个特征根。

例 3.4 计算下述矩阵 A 的范数:

$$A = \begin{bmatrix} 1+i & 0 \\ 2 & -1 \end{bmatrix}$$

矩阵 A 的 1–范数为

$$\|A\|_1 = \max_{1 \leqslant j \leqslant 2} \sum_{i=1}^{2} |a_{ij}| = \max(|1+i|+2, |-1|) = \max(\sqrt{2}+2, 1) = 3.4142$$

矩阵 A 的 2–范数为

$$A^* = \begin{bmatrix} 1-i & 2 \\ 0 & -1 \end{bmatrix}$$

$$A^*A = \begin{bmatrix} 1-i & 2 \\ 0 & -1 \end{bmatrix} \begin{bmatrix} 1+i & 0 \\ 2 & -1 \end{bmatrix} = \begin{bmatrix} 6 & -2 \\ -2 & 1 \end{bmatrix}$$

$$\lambda_{1,2}(A^*A) = 0.2984, 6.7016$$

$$\|A\|_2 = \sqrt{\lambda_{\max}(A^*A)} = 2.5887$$

矩阵 A 的无穷范数为

$$\|A\|_\infty = \max_{1 \leqslant i \leqslant 2} \sum_{j=1}^{2} |a_{ij}| = \max(|1+i|, 2+|-1|) = \max(\sqrt{2}, 3) = 3$$

矩阵 A 的 Frobenius 范数为

$$\|A\|_F = \sqrt{\text{trace}(A^*A)} = \sqrt{6+1} = 2.6458$$

矩阵 A 的谱半径为

$$\lambda_{1,2}(A) = -1, 1+i$$

$$\rho(A) = \max(|-1|, |1+i|) = \sqrt{2} = 1.4142$$

因此

$$\rho(A) \leqslant \|A\|$$

3.2 紧集

紧集是一种表示包含数学对象集合区间的数学描述。紧集是欧几里得空间 $\mathbb{R}^n$ 中闭合并且有界的子集。在研究李雅普诺夫稳定性理论时,通常使用紧集的概念来表示闭环自适应控制系统所有轨迹的集合。

例 3.5 定义集合 $\mathscr{S} \subset \mathbb{R}^2$,有

$$\mathscr{S} = \left\{ x \in \mathbb{R}^2 : |x_1| \leqslant a, |x_2| \leqslant b; a > 0, b > 0 \right\}$$

为一个紧集,代表着 $\mathbb{R}^2$ 空间中一个封闭的矩形区域,如图 3-2 所示。

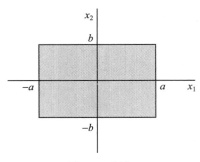

图 3-2 紧集

另一方面，使得 $\mathscr{S} \cup \mathscr{S}^c = \mathbb{R}^2$（$\mathscr{S}$ 和 $\mathscr{S}^c$ 的并集是 $\mathbb{R}^2$）成立的补集

$$\mathscr{S}^c = \left\{ x \in \mathbb{R}^2 : |x_1| > a, |x_2| > b \right\}$$

为一个开集，故不是紧集。

3.3 存在性和唯一性

一个非线性微分方程可能存在也可能不存在唯一的连续依赖于初始条件的解。非线性微分方程必须满足一定的要求，才能保证唯一解的存在性。存在性和唯一性是任何非线性微分方程的基本属性。

3.3.1 Cauchy 定理

非线性微分方程解的存在性由 Cauchy 定理进行阐述：

定理 3.1 给定方程

$$\dot{x} = f(x, t) \tag{3.26}$$

其初始条件为 $x(t_0) = x_0$，若 $f(x, t)$ 在闭区间中至少是分段连续的：

$$|t - t_0| \leqslant T, \|x - x_0\| \leqslant R \tag{3.27}$$

式中 $T > 0$ 和 $R > 0$ 都是正常数，那么存在 $t_1 > t_0$ 使得式 (3.26) 至少存在一个解，并且此解在时间区间 $[t_0, t_1]$ 内是连续的。 ∎

从几何上讲，这仅仅意味着 $f(x, t)$ 在闭区间内的连续性，而此闭区间中包含着使 $f(x, t)$ 至少存在一个连续解的初始条件，如图 3-3 所示。从初始条件 $x(t_0) = x_0$ 开始的连续解 $x(t; t_0, x_0)$ 的梯度，是函数 $f(x, t)$ 在轨迹 $x(t)$ 上任一点的值。为确保梯度的存在，$f(x, t)$ 必须是一个连续函数。

例 3.6 考虑微分方程

$$\dot{x} = \frac{1}{x - 1}$$

其初始条件为 $x(0) = 1$。很显然，$f(x)$ 在 $x = 1$ 处是不连续的，因为对于任意时间 t，$f(x)$ 的定义域为 $x(t) > 1$ 和 $x(t) < 1$。因此，在这个初始条件下方程无解。现在假设 $x(0) = -1$。那么，$f(x)$ 的定义域为 $x(t) \leqslant -1$ 和 $t \geqslant 0$，其中包含有 $x_0 = -1$。所以，对于 $x(t) \leqslant -1$ 和 $t \geqslant 0$，方程有解。

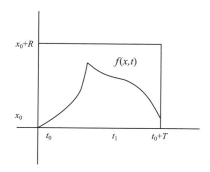

图 3-3　$f(x, t)$ 在闭区间的连续性

38

注意，解的存在并不意味着解是唯一的。唯一性的要求是由 Lipschitz 条件决定的，这在下面的定理中进行阐述。

3.3.2　全局 Lipschitz 条件

非线性微分方程解的唯一性可以用以下定理表示：

定理 3.2　设 $f(x, t)$ 对时间 t 是分段连续的，并且存在一个正常数 L 使得

$$\|f(x_2, t) - f(x_1, t)\| \leqslant L\|x_2 - x_1\| \tag{3.28}$$

对于所有的 x_1、$x_2 \in \mathbb{R}^n$ 和 $t \in [t_0, t_1]$ 成立，那么式（3.26）在 $t \in [t_0, t_1]$ 上有唯一的解。■

其中，不等式（3.28）称为 Lipschitz 条件，常数 L 称为 Lipschitz 常数。如果 x_1 和 x_2 是欧几里得空间 $\mathbb{R}^2$ 中的任意两个点，那么 $f(x, t)$ 是全局 Lipschitz 的。从几何上讲，如图 3-4 所示，Lipschitz 条件基本上等价于函数 $f(x, t)$ 关于 $x(t)$ 偏导数或者雅可比矩阵的连续性和有界性。

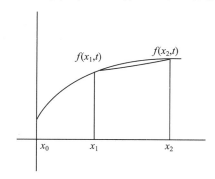

图 3-4　Lipschitz 条件

39

例 3.7　假设微分方程

$$\dot{x} = 3x^{\frac{2}{3}}$$

的初始条件为 $x(0) = 0$，则其不仅有一个解为 $x(t) = t^3$，还有一个零解 $x(t) = 0$，即上述方程的解不唯一。

故方程 $f(x) = 3x^{\frac{2}{3}}$ 并不满足全局 Lipschitz 条件，因为 $f(x)$ 的导数

$$f'(x) = 2x^{-\frac{1}{3}}$$

在 $x = 0$ 处无界。

例 3.8

- 函数 $f(x) = x$ 是全局 Lipschitz 的，因为它的导数对于所有的 $x(t) \in \mathbb{R}$ 连续并且有界。Lipschitz 常数 L 为 1。
- 函数 $f(x) = \sin x$ 是全局 Lipschitz 的，因为它的导数对于所有的 $x(t) \in \mathbb{R}$ 连续并且有界。Lipschitz 常数 L 为 1。
- 函数 $f(x) = x^2$ 不是全局 Lipschitz 的，因为它的导数 $f'(x) = 2x$ 在 $x(t) \in \mathbb{R}$ 上随着 $x(t) \to \pm\infty$ 不是有界的。

∎

值得注意的是，全局 Lipschitz 条件是非常严格的，因为具有此条件的函数在 $x(t) \in \mathbb{R}$ 上关于 $x(t) \to \pm\infty$ 的导数必须有界。许多非线性物理模型不能满足这个条件，因为对于大多数的物理模型来说，通常存在变量的上下限。这些变量的限制使得 $x(t)$ 仅仅占据欧几里得空间的一个子集，而不是整个欧几里得空间 $\mathbb{R}^n$。这就催生了限制性较小、任何非线性微分方程都能够轻易满足的局部 Lipschitz 条件。

3.3.3 局部 Lipschitz 条件

非线性微分方程在有限邻域中的解的唯一性可以通过以下定理来说明：

定理 3.3 设 $f(x,t)$ 对时间 t 是分段连续的，并且存在一个正常数 L 使得

$$\|f(x_2,t) - f(x_1,t)\| \leqslant L \|x_2 - x_1\| \tag{3.29}$$

对于 $t \in [t_0, t_1]$ 以及某些位于 x_0 有限邻域中的 x_1 和 x_2 成立，那么式 (3.26) 在有限时间间隔 $t \in [t_0, t_0 + \delta]$ 内有唯一解，其中 $t_0 + \delta < t_1$。 ∎

局部 Lipschitz 条件仅仅要求函数 $f(x,t)$ 关于 $x(t)$ 的偏微分在 x_0 的有限邻域内有界且连续，而不是在整个欧几里得空间 $\mathbb{R}^n$ 内。因此，它是一种限制较少且容易满足的条件。在大多数情况下，局部 Lipschitz 条件是许多连续非线性函数的合理假设。

例 3.9 初值为 $x(0) = 1$ 的微分方程

$$\dot{x} = 3x^{\frac{2}{3}}$$

在 x_0 的有限邻域内，例如 $x(t) \in [1,2]$，有唯一的解 $x(t) = (t+1)^3$。由于函数 $f(x)$ 的导数对于所有 $x(t) \in [1,2]$ 有界且连续，所以 $f(x)$ 满足局部 Lipschitz 条件。

例 3.10 函数 $f(x) = x^2$ 对于任意有限邻域 $x(t) \in [x_1, x_2]$ 都满足局部 Lipschitz 条件，其中 x_1 和 x_2 是有限值。

3.4 正定、对称和反对称矩阵

3.4.1 正定矩阵和函数

非线性系统的李雅普诺夫稳定性理论经常提到正定函数，它是一个二次型函数

$$V(x) = x^\top P x \tag{3.30}$$

式中 $V(x) \in \mathbb{R}$ 是一个标量函数，$x \in \mathbb{R}^n$ 是一个向量，$P \in \mathbb{R}^n \times \mathbb{R}^n$ 是一个 $n \times n$ 矩阵。

定义 3.1　如果 $V(x) > 0$，那么认为二次型标量函数 $V(x)$ 是正定的；如果对于所有的 $x \neq 0$ 均有 $V(x) \geqslant 0$，那么认为 $V(x)$ 是半正定的。相反，如果 $V(x) < 0$，那么认为 $V(x)$ 是负定的；如果对于所有的 $x \neq 0$ 均有 $V(x) \leqslant 0$，那么认为 $V(x)$ 是半负定的。

定义 3.2　如果存在一个函数 $V(x)$ 使得

$$V(x) = x^\top P x > 0 \tag{3.31}$$

成立，那么认为矩阵 P 是正定矩阵，定义为 $P > 0$。因此，$P > 0$ 意味着 $V(x) > 0$。　■

| 41 |

我们同样可以用定义（半）正（负）定函数的方式来定义（半）正（负）定矩阵。

正定矩阵 P 具有如下性质：

- P 是一个对称矩阵，即

$$P = P^\top \tag{3.32}$$

- 矩阵 P 的所有特征根都是正实数，即 $\lambda(P) > 0$。
- 与标量常数相乘得到的积具有与标量常数相同的符号，即如果 $\alpha > 0$，那么 $\alpha P > 0$；如果 $\alpha < 0$，那么 $\alpha P < 0$。
- 设 A 是具有适当维数的任意矩阵，那么

$$A^\top P A > 0 \tag{3.33}$$

- 设 Q 是一个与 P 同维的正定矩阵，那么

$$P + Q > 0 \tag{3.34}$$

- 二次型函数 $V(x)$ 的上下界由下式确定：

$$\lambda_{\min}(P)\|x\|_2^2 \leqslant V(x) \leqslant \lambda_{\max}(P)\|x\|_2^2 \tag{3.35}$$

式中 $\lambda_{\min}(\cdot)$ 和 $\lambda_{\max}(\cdot)$ 分别代表矩阵的最小和最大特征根。式（3.35）的几何形式如图 3-5 所示。

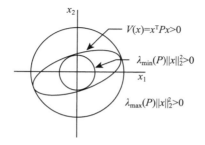

图 3-5　正定二次型函数的上下界

通过改变不等式的符号可以将上述性质应用于负定矩阵。

| 42 |

例 3.11

- 单位阵 I 是一个正定矩阵。

- 矩阵

$$P = \begin{bmatrix} 5 & 3 \\ 3 & 2 \end{bmatrix}$$

是正定的，因为 $\lambda_{1,2}(P) = 0.1459, 6.8541 > 0$。

- 设任意矩阵

$$A = \begin{bmatrix} 1 & -1 & 0 \\ 0 & 2 & 1 \end{bmatrix}$$

那么

$$A^\top P A = \begin{bmatrix} 1 & 2 \\ 2 & 5 \end{bmatrix} > 0$$

因为 $\lambda_{1,2}(A^\top P A) = 0.1716, 5.8284 > 0$。

- 定义二次型函数 $V(x)$ 为

$$V(x) = x^\top P x = 5x_1^2 + 6x_1 x_2 + 2x_2^2$$

虽然初看起来似乎不是正定的，但通过将平方项补全，可以看出 $V(x) > 0$：

$$V(x) = 5x_1^2 - \left(\frac{3}{\sqrt{2}}x_1\right)^2 + \left(\frac{3}{\sqrt{2}}x_1\right)^2 + 2\left(\frac{3}{\sqrt{2}}x_1\right)\left(\sqrt{2}x_2\right) + 2x_2^2$$

$$= \frac{1}{2}x_1^2 + \left(\frac{3}{\sqrt{2}}x_1 + \sqrt{2}x_2\right)^2 > 0$$

3.4.2 反对称矩阵

定义 3.3 如果一个矩阵 $Q \in \mathbb{R}^n \times \mathbb{R}^n$ 满足

$$Q = -Q^\top \tag{3.36}$$

那么，称矩阵 Q 为反对称矩阵或斜对称矩阵。∎

矩阵 Q 的元素满足

$$q_{ij} = -q_{ji} \tag{3.37}$$

$$q_{ii} = 0 \tag{3.38}$$

反对称矩阵 Q 有如下性质：

- 如果矩阵的维数 n 是偶数，那么 Q 的特征根是纯虚数；如果 n 是奇数，那么 Q 的特征根是纯虚数和 0。
- 如果 n 是偶数，那么 Q 是奇异的，或者 $\det(Q) = 0$。
- 设 A 是一个具有适当维数的任意矩阵，那么 $A^\top Q A$ 也是一个反对称矩阵。
- 设 $V(x)$ 是一个由 Q 构成的标量二次型函数，那么

$$V(x) = x^\top Q x = 0 \tag{3.39}$$

例 3.12　矩阵

$$Q = \begin{bmatrix} 0 & -4 & -1 \\ 4 & 0 & -1 \\ 1 & 1 & 0 \end{bmatrix}$$

是一个反对称矩阵。它的特征根是 $\lambda_{1,2,3}(Q) = 0, \pm 4.2426i$。矩阵 Q 是奇异的，因为其中一个特征根为 0，等价于 $\det(Q) = 0$。

二次型函数

$$V(x) = x^\top Q x = 4x_1 x_2 + x_1 x_3 + x_2 x_3 - 4x_1 x_2 - x_1 x_3 - x_2 x_3$$

等于 0。

任意方阵 $A \in \mathbb{R}^n \times \mathbb{R}^n$ 可以分解成对称和反对称两部分：

$$A = M + N \tag{3.40}$$

式中 M 是 A 的对称分量，N 是 A 的反对称分量，分别定义为

$$M = \frac{1}{2}\left(A + A^\top\right) \tag{3.41}$$

$$N = \frac{1}{2}\left(A - A^\top\right) \tag{3.42}$$

如果 $V(x)$ 是一个由矩阵 A 构成的二次型函数，那么

$$V(x) = x^\top A x = \frac{1}{2} x^\top \left(A + A^\top\right) x \tag{3.43}$$

44

3.5　小结

要掌握自适应控制理论，需要对矩阵代数的数学基础有基本的了解。掌握更先进的自适应控制理论，则需要在实际分析中有坚实的数学基础，这超出了本书的范围。在本章中，首先定义了各种类型的向量和矩阵范数，然后介绍了非线性微分方程解的存在性和唯一性需要的连续条件和 Lipschitz 条件。由于正值函数是自适应控制理论中的一类重要函数，因此在最后定义了实值函数的正定性并给出了正定矩阵的性质。

3.6　习题

1. 验证 $x \in \mathbb{R}^n$ 时，1–范数

$$\|x\|_1 = \sum_{i=1}^{n} |x_i|$$

是否满足范数条件。

2. 以解析形式计算矩阵

$$A = \begin{bmatrix} 1 & 0 & -2 \\ 4 & 0 & 2 \\ -1 & 3 & 2 \end{bmatrix}$$

的 1–范数、2–范数、无穷及 Frobenius 范数，并通过 MATLAB 中的 norm 命令验证所得答案。

注意: MATLAB 也可用来计算矩阵的特征根。

3. 将矩阵 A 分解成对称部分 P 和反对称部分 Q, 并写出二次型函数 $V(x) = x^\top Px$, 判断 $V(x)$ 是 (半) 正定、(半) 负定或都不是。

4. 设集合 $\mathscr{C} \subset \mathbb{R}^2$ 为

$$\mathscr{C} = \left\{ x \in \mathbb{R}^2 : x_1^2 + 4x_2^2 - 1 < 0 \right\}$$

判断集合 $\mathscr{C}$ 是否为紧集, 给出补集 $\mathscr{C}^c$ 的定义, 并画出在 $\mathbb{R}^2$ 空间中集合 $\mathscr{C}$ 表示的区域。

5. 判断以下 3 个式子中 $f(x)$ 是否满足全局 Lipschitz 条件或者在 $x = x_0$ 处是否满足局部 Lipschitz 条件:

(a) $\dot{x} = \sqrt{x^2 + 1}$, $x_0 = 0$。

(b) $\dot{x} = -x^3$, $x_0 = 1$。

(c) $\dot{x} = \sqrt{x^3 + 1}$, $x_0 = 0$。

45 ~ 46

第 4 章

李雅普诺夫稳定性理论

引言 本章讨论了非线性系统的稳定性。首先，定义了非线性系统平衡点的李雅普诺夫稳定性、渐近稳定性和指数稳定性。然后，引入了李雅普诺夫直接法这个非线性系统稳定性分析不可或缺的工具。其中，Barbashin-Krasovskii 定理提供了一种全局稳定性分析的方法；LaSalle 不变集定理提供了一种分析具有不变集自治系统的方法。最后，在非自治系统的稳定性中引入一致稳定、一致有界和一致最终有界的概念。结合了实值函数一致连续性的Barbalat 引理，是一种分析自适应控制系统渐近稳定性的重要数学工具。

稳定性是任何反馈控制动态系统的重要指标。线性时不变系统的稳定性可以通过很多成熟的方法进行分析，例如特征根分析、根轨迹法、相位裕度和增益裕度等。对于非线性系统来说，李雅普诺夫稳定性理论是分析其稳定性的一种强有力工具。因此，李雅普诺夫稳定性理论是自适应控制研究的核心内容 [1-4]。本章的学习目标是对以下几点有一个基本了解：

- 自治系统和非自治系统的各种稳定性概念，如局部稳定、渐近稳定、指数稳定、一致稳定以及一致有界。
- 用于分析非线性系统稳定性的李雅普诺夫直接法和 LaSalle 不变集定理。
- 用于分析非自治系统的一致连续概念和 Barbalat 引理。

4.1 稳定的概念

考虑一个自治系统

$$\dot{x} = f(x) \tag{4.1}$$

其中，初始条件为 $x(t_0) = x_0$；函数 $f(x)$ 在 $\mathbb{R}^n$ 的子集 $\mathscr{D}$ 中满足局部 Lipschitz 条件；在平衡点 x^* 处存在解 $x(t; t_0, x_0)$，并且在区域 $B_R = \{x(t) \in \mathbb{R}^n : \|x\| < R\} \subset \mathscr{D}$ 中是唯一的。区域 B_R 可以认为是 $\mathbb{R}^n$ 中一个原点在 $x = x^*$ 的超球面。通常，超球面在文献中也称为球 B_R。由于 x^* 是一个常值向量，为方便起见，将自治系统的平衡点移动到 $x = 0$。定义 $y(t) = x(t) - x^*$，那么

$$\dot{y} = f(y + x^*) \triangleq g(y) \tag{4.2}$$

的平衡点就是原点 $y^* = 0$。

因此，为方便起见，可以认为由式（4.1）描述的自治系统的平衡点是 $x^* = 0$。

例 4.1 系统

$$\begin{bmatrix} \dot{x}_1 \\ \dot{x}_2 \end{bmatrix} = \begin{bmatrix} -x_1 + x_1 x_2 \\ x_2 - x_1 x_2 \end{bmatrix}$$

的一组平衡点是 $x_1^* = 1$，$x_2^* = 1$。

通过定义 $y_1(t) = x_1(t) - 1$ 及 $y_2(t) = x_2(t) - 1$，可得变换后的系统为

$$\begin{bmatrix} \dot{y}_1 \\ \dot{y}_2 \end{bmatrix} = \begin{bmatrix} -(y_1 + 1) + (y_1 + 1)(y_2 + 1) \\ (y_2 + 1) - (y_1 + 1)(y_2 + 1) \end{bmatrix} = \begin{bmatrix} y_1 y_2 + y_2 \\ -y_1 y_2 - y_1 \end{bmatrix}$$

4.1.1　稳定性定义

定义 4.1　如果对于任意 $R > 0$，存在 $r(R) > 0$ 使得

$$\|x_0\| < r \Rightarrow \|x\| < R, \forall t \geqslant t_0 \tag{4.3}$$

成立，那么从初始条件 $x(t_0) = x_0$ 开始的系统平衡点 $x^* = 0$ 是稳定的（李雅普诺夫意义下的稳定）。否则，平衡点是不稳定的。　　　■

　　稳定性概念本质上意味着对于一个给定系统，若初始条件在原点附近，那么系统的轨迹就可以任意程度地接近原点，如图 4-1 所示。

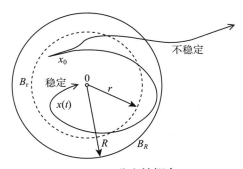

图 4-1　稳定性概念

　　值得注意的是，线性系统不稳定意味着系统的解随着时间 $t \to \infty$ 呈指数形式增长，这是因为位于复平面右侧的不稳定极点使得系统状态变得无界。对于非线性系统，平衡点处的不稳定并不一定导致无界的系统状态。例如，例 2.6 中的范德波尔振荡器就存在一个包含不稳定平衡点的稳定极限环。由于系统轨迹不能任意程度地接近这个平衡点，所以理论上来说这个平衡点是不稳定的。如果我们选择任意一个完全位于极限环内的圆 B_R，那么无论初始条件多么接近原点，系统的轨迹最终都将从圆 B_R 中脱离，如图 4-2 所示。然而，随着时间 $t \to \infty$，系统的轨迹会趋近于极限环并保持在那里。

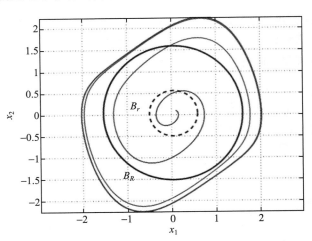

图 4-2　范德波尔振荡器的不稳定原点

4.1.2　渐近稳定

李雅普诺夫意义下的稳定性并没有要求非线性系统的轨迹最终收敛到原点。例如，没有摩擦的理想弹簧–质量块系统如果受到干扰，那么其将永远呈现为正弦运动状态，即系统虽然在李雅普诺夫意义下稳定，但并不收敛到原点。渐近稳定性是一个比李雅普诺夫稳定性更强的稳定性概念，定义如下：

定义 4.2　如果存在 $r > 0$，使得

$$\|x_0\| < r \Rightarrow \lim_{t \to \infty} \|x\| = 0 \tag{4.4}$$

成立，那么平衡点 $x^* = 0$ 是渐近稳定的。　　　　　　　　　　　　　　　　■

若所有始于球 B_R 内部的轨迹最终都会收敛到原点，那么这个原点称为吸引的。对于一个二阶系统，系统的焦点和稳定节点都是吸引的。满足这个特性的最大区域称为吸引区，定义为

$$\mathscr{R}_A = \left\{ x(t) \in \mathscr{D} : \lim_{t \to \infty} x(t) = 0 \right\} \tag{4.5}$$

注意，对于球 B_R 内的任意初始条件来说，上述定义的渐近稳定性均是一个局部的概念。如果系统的平衡点对于所有初始条件 $x_0 \in \mathbb{R}^n$ 都是渐近稳定的，就认为这个平衡点是大范围渐近稳定的，等同于全局渐近稳定性。

例 4.2　初始条件为 $x(0) = x_0 > 0$ 的系统

$$\dot{x} = -x^2$$

的平衡点是渐近稳定的，因为系统的解

$$x(t) = \frac{x_0}{x_0 t + 1}$$

在时间 $t \to \infty$ 时趋近于 0。吸引区是

$$\mathscr{R}_A = \left\{ x(t) \in \mathbb{R}^+ : x(t) = \frac{x_0}{x_0 t + 1}, x_0 > 0 \right\}$$

值得注意的是，当初始条件 $x_0 < 0$ 时，平衡点是不稳定的，并且存在有限逃逸时间 $t = -1/x_0$。因此，系统的平衡点在 $x(t) \in \mathbb{R}^+$ 时是渐近稳定的，但不是大范围渐近稳定的。

4.1.3　指数稳定

可以通过将非线性微分方程的解与指数衰减函数进行比较，来估计非线性微分方程解的收敛速度 [2,4]。这就产生了指数稳定性的概念，其定义如下：

定义 4.3　如果存在两个严格正定常数 α 和 β，使得

$$\|x\| \leqslant \alpha \|x_0\| \mathrm{e}^{-\beta(t-t_0)}, \forall x \in B_R,\ t \geqslant t_0 \tag{4.6}$$

成立，那么系统平衡点 $x^* = 0$ 是指数稳定的。　　　　　　　　　　　　　　■

该定义给出了某些靠近原点的初始点 x_0 的局部指数稳定定义。如果原点对于所有的初始条件 $x_0 \in \mathbb{R}^n$ 是指数稳定的，那么称平衡点为大范围指数收敛，常数 β 称为收敛速度。

值得注意的是，指数稳定意味着渐近稳定，但反之不成立。

例 4.3　微分方程

$$\dot{x} = -x\left(1 + \sin^2 x\right)$$

的初始条件为 $x(0) = 1$，并且当 $x(t) > 0$ 时，上下界受限于

$$-2|x| \leqslant |\dot{x}| \leqslant -|x|$$

如图 4-3 所示，此时系统解的上下界为

$$\mathrm{e}^{-2t} \leqslant |x(t)| \leqslant \mathrm{e}^{-t}$$

因此，系统的平衡点是指数稳定的，收敛速度为 1。

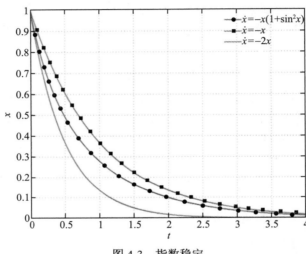

图 4-3　指数稳定

4.2　李雅普诺夫直接法

4.2.1　缘起

考虑如图 4-4 所示的带有摩擦的弹簧–质量块–阻尼器系统。

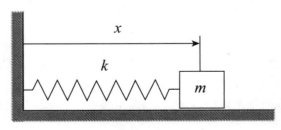

图 4-4　弹簧–质量块系统

当没有外力作用时，系统的运动方程为

$$m\ddot{x} + c\dot{x} + kx = 0 \tag{4.7}$$

式中 m 为质量，$c > 0$ 是摩擦系数，k 是弹簧常数或称为弹簧的弹性系数。

将上述系统写成状态空间形式为

$$
\begin{bmatrix} \dot{x}_1 \\ \dot{x}_2 \end{bmatrix} = \begin{bmatrix} x_2 \\ -\dfrac{c}{m}x_2 - \dfrac{k}{m}x_1 \end{bmatrix}
\tag{4.8}
$$

其中，$x_1(t) = x(t)$，$x_2(t) = \dot{x}(t)$。系统有一个位于原点 $(0,0)$ 处的平衡点，也就是位移和速度都为 0 的静止状态。

弹簧–质量块–阻尼器系统具有两种类型的机械能：动能和势能。其中质量块的动能可以表示为

$$
T = \frac{1}{2}mv^2 = \frac{1}{2}m\dot{x}^2 = \frac{1}{2}mx_2^2
\tag{4.9}
$$

弹簧的势能可以表示为

$$
U = \frac{1}{2}kx^2 = \frac{1}{2}kx_1^2
\tag{4.10}
$$

弹簧–质量块–阻尼器系统的机械能是动能和势能的总和。因此，定义系统的机械能函数为

$$
E = T + U = \frac{1}{2}mx_2^2 + \frac{1}{2}kx_1^2
\tag{4.11}
$$

式（4.11）所示的机械能函数是一个二次型的正定函数。

系统的滑动摩擦力也对质量块做功。一般情况下称这种由耗散力做的功为非保守功，而其他类型的功为保守功，势能就是保守功的一种形式。通常定义功函数为

$$
W = \oint F \cdot \mathrm{d}x
\tag{4.12}
$$

式中 F 是作用在质量块上的力，并使质量块移动一个无穷小的距离 $\mathrm{d}x$，然后在质量块遍历的路径上对力 F 进行积分就得到该力对质量块做的功。

系统的滑动摩擦力对质量块做的功为

$$
W = \int c\dot{x}\mathrm{d}x = \int c\dot{x}^2\mathrm{d}t = \int cx_2^2\mathrm{d}t
\tag{4.13}
$$

系统的总能量是所有机械能和做功的总和，因此

$$
E + W = \frac{1}{2}mx_2^2 + \frac{1}{2}kx_1^2 + \int cx_2^2\mathrm{d}t
\tag{4.14}
$$

根据热力学第一定律，封闭系统的总能量既不会产生也不会被破坏。也就是说系统的总能量守恒，且等于一个常数，即

$$
E + W = \mathrm{const}
\tag{4.15}
$$

或等同于

$$
\dot{E} + \dot{W} = 0
\tag{4.16}
$$

能量守恒定律可以很容易地通过弹簧–质量块–阻尼器系统进行验证：

$$
\dot{E} + \dot{W} = mx_2\dot{x}_2 + kx_1\dot{x}_1 + \frac{\mathrm{d}}{\mathrm{d}t}\int cx_2^2\mathrm{d}t = mx_2\left(-\frac{c}{m}x_2 - \frac{k}{m}x_1\right) + kx_1x_2 + cx_2^2 = 0
\tag{4.17}
$$

机械能函数对时间的导数可以表示为

$$\dot{E} = mx_2\dot{x}_2 + kx_1\dot{x}_1 = mx_2\left(-\frac{c}{m}x_2 - \frac{k}{m}x_1\right) + kx_1x_2 = -cx_2^2 \leqslant 0 \tag{4.18}$$

式中 $c > 0$。

$\dot{E}$ 只是半负定的原因是 $\dot{E}$ 对任意的 $x_1 \neq 0$ 都可以为零。

因此，对于一个耗散系统来说，正定的能量函数对时间的导数是半负定的，即

$$\dot{E} \leqslant 0 \tag{4.19}$$

也就是说系统的平衡点是稳定的。因此，可以通过验证能量函数对时间的导数是否小于零来研究动态系统的稳定性。李雅普诺夫稳定性理论就是从能量概念而来的。实际上，能量函数就是一个李雅普诺夫函数。虽然能量函数对于给定的物理系统是唯一的，但李雅普诺夫函数可以是任意对时间的导数为（半）负定的正定函数。

李雅普诺夫直接法是一种无须求解系统的动力学方程，就可以直接评估非线性系统平衡点稳定性的强有力工具。该方法基于机械系统的能量概念提出，从弹簧–质量块–阻尼器的例子中可以看出：

- 能量函数是一个正定函数。
- 当系统平衡点稳定时，能量函数对时间的导数是半负定的。

Aleksandr Mikhailovich Lyapunov（1857—1918）意识到，只要能找到一类称为李雅普诺夫函数的正定函数，即可在不求解系统能量函数的情况下证明系统的稳定性。

定义 4.4   若函数 $V(x)$ 满足下述条件：

- $V(x)$ 是正定的，即

$$V(x) > 0 \tag{4.20}$$

并且具有连续的一阶偏导数。

- $\dot{V}(x)$ 至少是半负定的，即

$$\dot{V}(x) = \frac{\partial V}{\partial x}\dot{x} = \frac{\partial V}{\partial x}f(x) \leqslant 0 \tag{4.21}$$

或

$$\dot{V}(x) \leqslant 0 \tag{4.22}$$

那么该函数就是一个李雅普诺夫函数。   ∎

从几何意义上看，李雅普诺夫函数可以通过一个碗状的曲面来说明，如图 4-5 所示。李雅普诺夫函数可以表示为一条从碗顶部开始逐渐向碗底部移动的曲线。因此，李雅普诺夫函数的值在碗底部减小到零，代表了一个稳定的平衡点。

例 4.4   对于弹簧–质量块–阻尼器系统，能量函数显然是一个李雅普诺夫函数。现在考虑一个李雅普诺夫候选函数

$$V(x) = x_1^2 + x_2^2 > 0$$

对时间的导数为

$$\dot{V}(x) = 2x_1\dot{x}_1 + 2x_2\dot{x}_2 = 2x_1x_2 + 2x_2\left(-\frac{c}{m}x_2 - \frac{k}{m}x_1\right) = 2x_1x_2\left(1 - \frac{k}{m}\right) - 2\frac{c}{m}x_2^2$$

由于 $x_1 x_2$ 项的存在使得 $\dot{V}(x)$ 不是（半）负定的。因此，候选函数 $V(x)$ 不是一个李雅普诺夫函数。

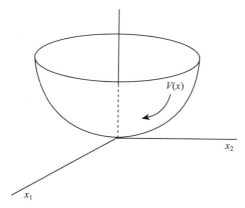

图 4-5　李雅普诺夫函数示意图

在许多系统中，找到一个李雅普诺夫函数并非易事。目前还没有一个普适的方法来构造任意系统的李雅普诺夫函数。也许，对任意一个系统来说，能量函数是最明显的李雅普诺夫函数。但如果不知道非线性系统的物理特性，也就很难构造出该系统的能量函数。

例 4.5　考虑一个有摩擦的摆模型，其运动方程为

$$ml^2\ddot{\theta} + c\dot{\theta} + mgl\sin\theta = 0$$

写成状态空间形式为

$$\begin{bmatrix} \dot{x}_1 \\ \dot{x}_2 \end{bmatrix} = \begin{bmatrix} x_2 \\ -\dfrac{c}{ml^2}x_2 - \dfrac{g}{l}\sin x_1 \end{bmatrix}$$

式中 $x_1 = \theta(t)$，$x_2 = \dot{\theta}(t)$。

从系统运动方程中很难看出李雅普诺夫候选函数的形式。尝试一个二次型函数

$$V(x) = x_1^2 + x_2^2$$

但不会使导数 $\dot{V}(x) \leqslant 0$，这是因为

$$\dot{V}(x) = 2x_1\dot{x}_1 + 2x_2\dot{x}_2 = 2x_1x_2 + 2x_2\left(-\frac{c}{ml^2}x_2 - \frac{g}{l}\sin x_1\right) \nleqslant 0$$

由系统运动方程可知，摆的动能和势能分别为

$$T = \frac{1}{2}ml^2x_2^2$$

$$U = mgl(1 - \cos x_1)$$

这时，得到系统的能量函数为

$$E = T + U = \frac{1}{2}ml^2x_2^2 + mgl(1 - \cos x_1) > 0$$

将此函数作为一个李雅普诺夫函数，可得 $\dot{V}(x)$ 为

$$\dot{V}(x) = ml^2x_2\dot{x}_2 + mgl\sin x_1\dot{x}_1 = ml^2x_2\left(-\frac{c}{ml^2}x_2 - \frac{g}{l}\sin x_1\right) + mgl\sin x_1 x_2 = -cx_2^2 \leqslant 0$$

因此，只要系统的李雅普诺夫函数存在，那么其能量函数总可以当作李雅普诺夫函数。∎

总之，可以看出李雅普诺夫直接法是一种研究非线性系统平衡点稳定性的有效方法。

4.2.2   局部稳定的李雅普诺夫定理

定理 4.1   设 $x^* = 0$ 是系统的一个平衡点。若对于所有的 $x(t) \in B_R$，存在一个李雅普诺夫函数 $V(x) > 0$ 使得 $\dot{V}(x) \leqslant 0$，那么这个平衡点是李雅普诺夫意义下的局部稳定。此外，若对于所有的 $x(t) \in B_R$，存在 $\dot{V}(x) < 0$，那么该平衡点是局部渐近稳定的。∎

值得注意的是，李雅普诺夫直接方法只是系统稳定的充分条件。当李雅普诺夫候选函数不满足稳定条件时，并不一定意味着系统的平衡点是不稳定的，只能说明尚未找到一个合适的李雅普诺夫函数。该方法的一个例外是系统的能量函数，它可以提供系统稳定的充分必要条件。

例 4.6   对于例 4.5 中的摆模型来说，$\dot{V}(x)$ 是半负定的，因此平衡点是局部稳定的。∎

例 4.7   考虑系统

$$\begin{bmatrix} \dot{x}_1 \\ \dot{x}_2 \end{bmatrix} = \begin{bmatrix} x_1^3 + x_1 x_2^2 - x_1 \\ x_2^3 + x_1^2 x_2 - x_2 \end{bmatrix}$$

选择一个李雅普诺夫候选函数

$$V(x) = x_1^2 + x_2^2$$

此时

$$\dot{V}(x) = 2x_1 \dot{x}_1 + 2x_2 \dot{x}_2 = 2x_1 \left(x_1^3 + x_1 x_2^2 - x_1 \right) + 2x_2 \left(x_2^3 + x_1^2 x_2 - x_2 \right)$$
$$= 2 \left(x_1^2 + x_2^2 \right) \left(x_1^2 + x_2^2 - 1 \right)$$

观察可得，对于所有的 $x \in B_R$，存在 $\dot{V}(x) < 0$。其中

$$B_R = \left\{ x(t) \in \mathscr{D} \subset \mathbb{R}^2 : x_1^2 + x_2^2 < 1 \right\}$$

因此，该平衡点是渐近稳定的。在吸引区 B_R 内，所有轨迹都收敛到该平衡点。

例 4.8   对于一个弹簧–质量块–阻尼器系统，考虑一个李雅普诺夫候选函数

$$V(x) = x^\top P x > 0$$

式中 $x = [x_1(t) \ \ x_2(t)]^\top$。试确定矩阵 $P = P^\top > 0$ 使得系统渐近稳定，即 $\dot{V}(x) < 0$。

将 $V(x)$ 展开为

$$V(x) = \begin{bmatrix} x_1 & x_2 \end{bmatrix} \begin{bmatrix} p_{11} & p_{12} \\ p_{12} & p_{22} \end{bmatrix} \begin{bmatrix} x_1 \\ x_2 \end{bmatrix} = p_{11} x_1^2 + 2p_{12} x_1 x_2 + p_{22} x_2^2$$

式中 p_{ij} 是矩阵 P 的元素。计算 $\dot{V}(x)$ 得

$$\dot{V}(x) = 2p_{11} x_1 \dot{x}_1 + 2p_{12} \left(x_1 \dot{x}_2 + \dot{x}_1 x_2 \right) + 2p_{22} x_2 \dot{x}_2$$
$$= 2p_{11} x_1 x_2 + 2p_{12} x_1 \left(-\frac{c}{m} x_2 - \frac{k}{m} x_1 \right) + 2p_{12} x_2^2 + 2p_{22} x_2 \left(-\frac{c}{m} x_2 - \frac{k}{m} x_1 \right)$$
$$= -2p_{12} \frac{k}{m} x_1^2 + 2 \left(p_{11} - p_{12} \frac{c}{m} - p_{22} \frac{k}{m} \right) x_1 x_2 + 2 \left(p_{12} - p_{22} \frac{c}{m} \right) x_2^2$$

由于 $\dot{V}(x) < 0$，可以选择

$$\dot{V}(x) = -2x_1^2 - 2x_2^2$$

使对应项系数相等，得

$$p_{12} \frac{k}{m} = 1 \Rightarrow p_{12} = \frac{m}{k}$$

$$p_{12} - p_{22} \frac{c}{m} = -1 \Rightarrow p_{22} = \frac{m}{c}(p_{12} + 1) = \frac{m}{c}\left(\frac{m}{k} + 1\right)$$

$$p_{11} - p_{12} \frac{c}{m} - p_{22} \frac{k}{m} = 0 \Rightarrow p_{11} = p_{12} \frac{c}{m} + p_{22} \frac{k}{m} = \frac{c}{k} + \frac{m}{c} + \frac{k}{c}$$

当 $m > 0$、$c > 0$ 且 $k > 0$ 时，可验证矩阵

$$P = \begin{bmatrix} \dfrac{c}{k} + \dfrac{m}{c} + \dfrac{k}{c} & \dfrac{m}{k} \\ \dfrac{m}{k} & \dfrac{m}{c}\left(\dfrac{m}{k} + 1\right) \end{bmatrix}$$

是一个正定矩阵。

因此，系统是渐近稳定的。值得注意的是，由于系统是一个线性系统，所以该系统在全局范围内渐近稳定。

另一种解决方法如下。

将系统看作

$$\dot{x} = Ax$$

其中

$$A = \begin{bmatrix} 0 & 1 \\ -\dfrac{k}{m} & -\dfrac{c}{m} \end{bmatrix}$$

是一个具有负实部特征根的赫尔维茨矩阵。

计算 $\dot{V}(x)$，得

$$\dot{V}(x) = \dot{x}^{\top} P x + x^{\top} P \dot{x}$$

将 $\dot{x} = Ax$ 代入上式，得

$$\dot{V}(x) = x^{\top} A^{\top} P x + x^{\top} P A x = x^{\top} \left(A^{\top} P + P A\right) x < 0$$

当且仅当线性矩阵不等式（LMI）

$$A^{\top} P + P A < 0$$

成立时，$\dot{V}(x) < 0$。

或者，可以将上述 LMI 写为线性矩阵方程

$$A^{\top} P + P A = -Q$$

式中 $Q = Q^{\top} > 0$ 是一个正定矩阵，该方程称为代数李雅普诺夫方程。

因此，设 $Q = 2I$，其中 I 是一个单位阵，对本例来说，应该是一个 2×2 的方阵，可得

$$\dot{V}(x) = -2x^{\top}x = -2x_1^2 - 2x_2^2$$

根据式

$$A^{\top}P + PA = -2I$$

可以求解出矩阵 P。

通常，可以利用数值方法求解李雅普诺夫方程。当矩阵维度小于 4 时，可以解析形式求解此方程。对于该示例，可得

$$\begin{bmatrix} 0 & -\dfrac{k}{m} \\ 1 & -\dfrac{c}{m} \end{bmatrix} \begin{bmatrix} p_{11} & p_{12} \\ p_{12} & p_{22} \end{bmatrix} + \begin{bmatrix} p_{11} & p_{12} \\ p_{12} & p_{22} \end{bmatrix} \begin{bmatrix} 0 & 1 \\ -\dfrac{k}{m} & -\dfrac{c}{m} \end{bmatrix} = \begin{bmatrix} -2 & 0 \\ 0 & -2 \end{bmatrix}$$

展开可得

$$\begin{bmatrix} -2p_{12}\dfrac{k}{m} & p_{11} - p_{12}\dfrac{c}{m} - p_{22}\dfrac{k}{m} \\ p_{11} - p_{12}\dfrac{c}{m} - p_{22}\dfrac{k}{m} & 2\left(p_{12} - p_{22}\dfrac{c}{m}\right) \end{bmatrix} = \begin{bmatrix} -2 & 0 \\ 0 & -2 \end{bmatrix}$$

通过对应项相等可求解得到 p_{ij}。

4.2.3 指数稳定的李雅普诺夫定理

定理 4.2 设 $x^* = 0$ 是系统的一个平衡点，若对于所有 $x(t) \in B_R$，存在一个李雅普诺夫函数 $V(x) > 0$ 使得 $\dot{V}(x) < 0$，并且存在两个正常数 η 和 β 使得

$$V(x) \leqslant \eta\|x\|^2 \tag{4.23}$$

和

$$\dot{V}(x) \leqslant -\beta V(x) \tag{4.24}$$

同时成立，那么该平衡点是局部指数稳定的。

例 4.9 考虑初始条件为 $x(0) = 1$ 的系统

$$\dot{x} = -x\left(1 + \sin^2 x\right)$$

选择一个李雅普诺夫候选函数

$$V(x) = x^2 = \|x\|^2$$

因此可得

$$V(0) = x_0^2 = 1$$

计算 $\dot{V}(x)$ 可得

$$\dot{V}(x) = 2x\dot{x} = -2x^2\left(1 + \sin^2 x\right) \leqslant -2\|x\|^2 = -2V(x) < 0$$

对 $\dot{V}(x)$ 进行积分，可得

$$V(t) \leqslant V(0)\mathrm{e}^{-2t}$$

或可以写成

$$x^2 \leqslant e^{-2t}$$

上式等价于

$$|x| \leqslant e^{-t}$$

4.2.4　径向无界函数

定义 4.5　如果一个连续正值函数 $\varphi(x) \in \mathbb{R}^+$ 满足

- $\varphi(0) = 0$。
- 对于所有的 $x(t) \leqslant R$ 或者 $x(t) < \infty$，$\varphi(x)$ 是严格递增的。

那么函数 $\varphi(x)$ 属于 $\mathscr{K}$ 类函数，即 $\varphi(x) \in \mathscr{K}$。

定义 4.6　如果一个连续正值函数 $\varphi(x) \in \mathbb{R}^+$ 满足

- $\varphi(0) = 0$。
- 对于所有的 $x(t) < \infty$，$\varphi(x)$ 是严格递增的。
- $\lim_{x \to \infty} \varphi(x) = \infty$。

那么函数 $\varphi(x)$ 属于 $\mathscr{K}\mathscr{R}$ 类函数，即 $\varphi(x) \in \mathscr{K}\mathscr{R}$。

定义 4.7　如果对于所有的 $x(t) \in \mathbb{R}^n$，存在一个函数 $\varphi(\|x\|) \in \mathscr{K}\mathscr{R}$ 使得 $V(x) \geqslant \varphi(\|x\|)$，那么称连续正值函数 $V(x) \in \mathbb{R}^+$ 为径向无界函数，其中 $V(0) = 0$。因此，当 $\|x\|$ 趋近于无穷时，函数 $V(x)$ 也趋近于无穷大，即

$$\text{当} \|x\| \to \infty \text{时}, V(x) \to \infty \tag{4.25}$$

4.2.5　全局渐近稳定的 Barbashin-Krasovskii 定理

如果在 $\mathscr{D} \subset \mathbb{R}^n$ 的有限区域 B_R 内，函数 $f(x)$ 满足局部 Lipschitz 条件，并且对于所有的 $x \in B_R$ 存在一个正定函数 $V(x) > 0$ 使得 $\dot{V}(x) < 0$，那么称平衡点在李雅普诺夫意义下局部渐近稳定，并且存在一个吸引区 $\mathscr{R}_A \subset \mathscr{D} \subset \mathbb{R}^n$，使得在吸引区内的所有系统轨迹都会收敛到原点。另一方面，大范围渐近稳定是一个全局的概念，要求吸引区拓展到整个欧几里得空间 $\mathbb{R}^n$。因此，要求 $V(x) > 0$ 对所有的 $x \in \mathbb{R}^n$ 均成立。

大范围稳定还要求 $V(x)$ 满足额外的限制条件，即需要 $V(x)$ 是径向无界函数。函数 $V(x)$ 的径向无界性保证了大范围内的所有系统轨迹均在 $\|x\| \to \infty$ 时收敛到原点。李雅普诺夫全局稳定条件可以通过以下 Barbashin-Krasovskii 定理来说明 [2,4]： 61

定理 4.3　如果对于所有的 $x(t) \in \mathbb{R}^n$，存在一个径向无界的李雅普诺夫函数 $V(x) > 0$ 使得 $\dot{V}(x) < 0$ 成立，那么称平衡点 $x^* = 0$ 是大范围渐近稳定的。

例 4.10　考虑一个标量线性系统

$$\dot{x} = -ax$$

其中 $a > 0$，原点是一个大范围渐近稳定的平衡点。选择李雅普诺夫候选函数为

$$V_1(x) = \frac{x^2}{1+x^2} > 0$$

因为 $V_1(0) = 0$，并且对所有的 $x(t) < \infty$，$V_1(x)$ 严格递增，所以 $V_1(x) \in \mathscr{K}$。但又因为 $\lim_{x \to \infty} V_1(x) = 1$，所以 $V_1(x) \notin \mathscr{K}\mathscr{R}$。这意味着使用此李雅普诺夫候选函数无法分析该系统

在原点的全局渐近稳定性,因为当 $\|x\| \to \infty$ 时,有

$$\dot{V}_1(x) = \frac{2x\dot{x}}{1+x^2} - \frac{2x^3\dot{x}}{(1+x^2)^2} = \frac{-2ax^2}{(1+x^2)^2} \to 0$$

这意味着原点不是渐近稳定的。因此,原点虽然是稳定的,但不是大范围渐近稳定的,这与之前的结论相矛盾。

现在考虑另一个李雅普诺夫候选函数

$$V_2(x) = x^2 > 0$$

因为存在一个函数 $\varphi(\|x\|) = \alpha x^2 \in \mathscr{KR}$,其中 $\alpha < 1$,对于所有的 $x(t) < \infty$,使得 $V_2(x) \geqslant \varphi(\|x\|)$,所以 $V_2(x)$ 是一个径向无界函数。可以使用该径向无界李雅普诺夫函数来分析原点的全局渐近稳定性。计算 $\dot{V}(x)$,得

$$\dot{V}_2(x) = 2x\dot{x} = -2ax^2 < 0$$

这意味着原点确实是大范围渐近稳定的。

4.2.6 LaSalle 不变集定理

系统的渐近稳定要求 $\dot{V}(x) < 0$。然而,对于弹簧–质量块–阻尼器系统来说,如果选择能量函数作为李雅普诺夫函数,则有 $\dot{V}(x) \leqslant 0$。但很显然,系统在由滑动摩擦导致的耗散力作用下是渐近稳定的。当自治系统的渐近稳定平衡点仅满足李雅普诺夫条件 $\dot{V} \leqslant 0$ 时,LaSalle 不变集定理可以回答这个看似矛盾的问题。

定义 4.8 对于自治系统,如果从集合 $\mathscr{M}$ 内某一点出发的所有轨迹都将永远保持在集合 $\mathscr{M}$ 内,则称集合 $\mathscr{M}$ 是不变的 [2,4],即

$$x(0) \in \mathscr{M} \Rightarrow x(t) \in \mathscr{M}, \forall t \geqslant t_0 \tag{4.26}$$

例 4.11

- 系统的平衡点是一个不变集,因为根据定义,$x(t) = x^*$ 是一个自治系统的常数解,即

$$x(t) = x(t_0) = x^* \in \mathscr{M}, \forall t \geqslant t_0$$

- 吸引区 $\mathscr{R}_A$ 是一个不变集,因为 $\mathscr{R}_A$ 中的所有轨迹将永远保持在 $\mathscr{R}_A$ 中,并随着 $t \to \infty$ 收敛至原点。

$$\mathscr{R}_A = \left\{ x(t) \in \mathscr{M} : \lim_{t \to \infty} x(t) = 0 \right\}$$

- 范德波尔振荡器的极限环是一个不变集,因为极限环上的任意一点都将永远保持在极限环上。

- 整个欧几里得空间 $\mathbb{R}^n$ 是一个平凡的不变集,因为所有轨迹一定属于 $\mathbb{R}^n$ 内的一个子空间。

∎

LaSalle 不变集定理表述如下:

定理 4.4　给定一个自治系统，设 $V(x) > 0$ 是一个具有一阶连续偏导数的正定函数，在有限区域 $B_R \subset \mathscr{D}$ 内满足 $\dot{V}(x) \leqslant 0$。设 $\mathscr{R}$ 是令 $\dot{V}(x) = 0$ 的所有点的集合。设 $\mathscr{M}$ 是 $\mathscr{R}$ 内最大的不变集。那么当 $t \to \infty$ 时，始于 B_R 的所有解都趋近于 $\mathscr{M}$。

例 4.12　考虑系统

$$\begin{bmatrix} \dot{x}_1 \\ \dot{x}_2 \end{bmatrix} = \begin{bmatrix} -x_1^3 - x_1 x_2^2 + x_1 \\ -x_2^3 - x_1^2 x_2 + x_2 \end{bmatrix}$$

选择一个李雅普诺夫候选函数

$$V(x) = x_1^2 + x_2^2$$

然后计算 $\dot{V}(x)$，得

$$\begin{aligned}
\dot{V}(x) &= 2x_1\left(-x_1^3 - x_1 x_2^2 + x_1\right) + 2x_2\left(-x_2^3 - x_1^2 x_2 + x_2\right) \\
&= -2x_1^2\left(x_1^2 + x_2^2 - 1\right) - 2x_2^2\left(x_1^2 + x_2^2 - 1\right) \\
&= -2\left(x_1^2 + x_2^2\right)\left(x_1^2 + x_2^2 - 1\right)
\end{aligned}$$

在集合 $\mathscr{S}$

$$\mathscr{S} = \left\{ x(t) \in B_R : x_1^2 + x_2^2 - 1 > 0 \right\}$$

内，$\dot{V}(x) < 0$。但是，在其补集

$$\mathscr{S}^c = \left\{ x(t) \in B_R : x_1^2 + x_2^2 - 1 \leqslant 0 \right\}$$

内，$\dot{V}(x) \geqslant 0$，其中 $\mathscr{S}^c$ 表示包含原点的一个圆。因此，原点是不稳定的。

设 $\mathscr{R}$ 是令 $\dot{V}(x) = 0$ 的所有点的集合。那么集合

$$\mathscr{R} = \left\{ x(t) \in B_R : g(x) = x_1^2 + x_2^2 - 1 = V(x) - 1 = 0 \right\}$$

实际上表示有界解 $x(t)$，因为集合 $\mathscr{S}^c$ 内部或者外部的所有轨迹都会向集合 $\mathscr{R}$ 移动并保持在集合 $\mathscr{R}$ 内，如图 4-6 所示。因此，集合 $\mathscr{R}$ 是一个不变集。也可以通过对函数 $g(x)$ 求导来验证这一点：

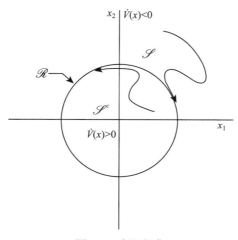

图 4-6　有界解集

$$\dot{g}(x) = \frac{\mathrm{d}}{\mathrm{d}t}(V-1) = \dot{V}(x) = 0, \forall x(t) \in \mathscr{R}$$

其中 $g(x)$ 表示集合 $\mathscr{R}$ 内的轨迹。

通过定义

$$\dot{V} = -2V(V-1)$$

可以求得李雅普诺夫函数的解析解。上式等价于

$$\frac{\mathrm{d}V}{V(V-1)} = -2\mathrm{d}t$$

利用部分分式展开，上式可以表示为

$$\left(\frac{1}{V-1} - \frac{1}{V}\right)\mathrm{d}V = -2\mathrm{d}t$$

进而得到如下通解：

$$V(t) = \frac{V_0}{V_0 - (V_0 - 1)\,\mathrm{e}^{-2t}}$$

如图 4-7 所示，当 $t \to \infty$ 时，$V(t)$ 趋近于常数解

$$\lim_{t \to \infty} V(t) = 1$$

也就是集合 $\mathscr{R}$。因此可得集合 $\mathscr{R}$ 是所有可能解 $x(t)$ 的边界集。因此，$x(t) \in \mathscr{L}_\infty$，即 $x(t)$ 是有界的。

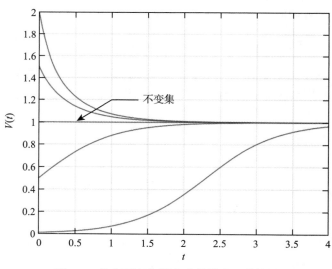

图 4-7　趋向不变集的李雅普诺夫函数轨迹

例 4.13 考虑弹簧-质量块-阻尼器系统。选择能量函数作为李雅普诺夫函数

$$V(x) = \frac{1}{2}mx_2^2 + \frac{1}{2}kx_1^2$$

可得

$$\dot{V}(x) = mx_2\dot{x}_2 + kx_1\dot{x}_1 = -cx_2^2 \leqslant 0$$

由于 $\dot{V}(x)$ 是半负定的, 所以原点只是李雅普诺夫意义下的稳定, 而不是预期的渐近稳定。设 $\mathscr{R}$ 是令 $\dot{V}(x) = 0$ 的所有点的集合。那么

$$\mathscr{R} = \left\{ x(t) \in \mathbb{R}^2 : \dot{V}(x) = 0 \Rightarrow x_2 = 0 \right\}$$

是 x_1 轴上所有点的集合。这意味着位于该轴上的任意一点均满足

$$m\dot{x}_2 + kx_1 = 0$$

或者

$$\dot{x}_2 = \ddot{x}_1 = -\frac{k}{m}x_1$$

如果 $x_1(t) \neq 0$, 那么在集合 $\mathscr{R}$ 内, $\ddot{x}_1(t) \neq 0$ 且 $\mathrm{sgn}(\ddot{x}_1) = -\mathrm{sgn}(x_1)$, 其中 $\mathrm{sgn}()$ 是一个符号函数, 当括号内元素为正时, 函数值为 1; 当括号内元素为负时, 函数值为 0 或者 –1。这意味着该轴上的点不能保持在集合 $\mathscr{R}$ 内, 因为加速度 $\ddot{x}_1$ 会使该点向原点移动, 除非这个点就是原点。

寻找不变集的另一种方法是计算描述集合 $\mathscr{R}$ 的函数导数, 并令其等于 0。因此可得

$$\dot{x}_2 = 0$$

上式当且仅当 $x_1(t) = 0$ 时成立。

因此, 不变集 $\mathscr{M} \subset \mathscr{R}$ 是一个只包含原点的集合。根据 LaSalle 不变集定理, 当 $t \to \infty$ 时, 所有轨迹将趋近于原点, 也就是说原点是渐近稳定的。　　■

从这个例子中可以得到一个关于 LaSalle 不变集定理的推论:

推论 4.1　　设 $V(x) > 0$ 是一个具有一阶连续偏导数的正定函数, 在有限区域 $B_R \subset \mathscr{D}$ 内满足 $\dot{V}(x) \leqslant 0$。设 $\mathscr{R} = \left\{ x(t) \in B_R : \dot{V}(x) = 0 \right\}$, 并且除了平凡解 $x = 0$ 外没有其他解位于集合 $\mathscr{R}$ 内, 则原点是渐近稳定的。此外, 如果 $V(x) > 0$ 是一个正定的径向无界函数, 且 $\mathscr{R} = \left\{ x(t) \in \mathbb{R}^n : \dot{V}(x) = 0 \right\}$, 那么原点是大范围渐近稳定的。

66

4.2.7　微分李雅普诺夫方程

李雅普诺夫方程与最优控制理论有着密切的关系。特别地, 李雅普诺夫方程可以视为线性二次型调节器 (LQR) 最优控制问题的黎卡提方程特例。考虑初始条件为 $x(t_0) = x_0$ 的线性时不变系统:

$$\dot{x} = Ax \tag{4.27}$$

式中 $x \in \mathbb{R}^n$ 且 $A \in \mathbb{R}^n \times \mathbb{R}^n$。

找到一个使下列二次型性能函数最小化的条件是很有意义的:

$$\min J = \int_{t_0}^{t_f} x^\top Q x \mathrm{d}t \tag{4.28}$$

式中 $Q > 0 \in \mathbb{R}^n \times \mathbb{R}^n$ 是一个正定矩阵。

上式可通过最优控制理论中的庞特里亚金极大值原理进行求解[5-6]。定义该系统的 Hamiltonian 函数为

$$H = x^\top Q x + \lambda^\top (Ax + Bu) \tag{4.29}$$

式中 $\lambda \in \mathbb{R}^n$ 称为伴随向量或共态向量。

伴随方程由

$$\dot{\lambda} = -\frac{\partial H^\top}{\partial x} = -Qx - A^\top \lambda \tag{4.30}$$

给出，并满足横截（终端时间）条件

$$\lambda\left(t_f\right) = 0 \tag{4.31}$$

设 $\lambda(t)$ 的解具有如下形式

$$\lambda(t) = P(t)x \tag{4.32}$$

其中 $P(t) \in \mathbb{R}^n \times \mathbb{R}^n$ 是一个时变矩阵。

然后，将系统动力学方程代入伴随方程，得

$$\dot{P}x + PAx = -Qx - A^\top Px \tag{4.33}$$

约去等式两边的 $x(t)$，得到微分李雅普诺夫方程

$$\dot{P} + PA + A^\top P + Q = 0 \tag{4.34}$$

并满足终端条件 $P\left(t_f\right) = 0$。

与微分黎卡提方程

$$\dot{P} + PA + A^\top P - PBR^{-1}B^\top P + Q = 0 \tag{4.35}$$

对比可得，微分李雅普诺夫方程是微分黎卡提方程在 $R \to \infty$ 时的一个特例。

值得注意的是，微分李雅普诺夫方程是由终端横截条件反演得到的。通过将其转换为剩余时间（time-to-go）变量 $\tau = t_f - t$，得

$$\frac{\mathrm{d}P}{\mathrm{d}\tau} = PA + A^\top P + Q \tag{4.36}$$

其在剩余时间坐标系下满足约束 $P(0) = 0$。

如果 A 是赫尔维茨矩阵，令 $t_f \to \infty$，即对应终端时间为无限时间，那么微分李雅普诺夫方程的时变解趋近于代数李雅普诺夫方程

$$PA + A^\top P + Q = 0 \tag{4.37}$$

的常数解。

常数解 P 可通过下式求得

$$P = \lim_{\tau \to \infty} \int_0^\tau \mathrm{e}^{A^\top \tau} Q \mathrm{e}^{A\tau} \mathrm{d}\tau \tag{4.38}$$

其中 $Q > 0$ 是正定的，因为此解必须是一个稳定解，即满足

$$\lim_{\tau \to \infty} \mathrm{e}^{A\tau} = 0 \tag{4.39}$$

故要求 A 是赫尔维茨矩阵。

例 4.14 设

$$A = \begin{bmatrix} 0 & 1 \\ -4 & -4 \end{bmatrix}, \quad Q = \begin{bmatrix} 1 & 0 \\ 0 & 1 \end{bmatrix}$$

以数值形式求解矩阵 P。

剩余时间的微分李雅普诺夫方程可以用任意一种数值积分方法进行求解，如欧拉法或龙格–库塔法。比如，利用欧拉法求解李雅普诺夫方程

$$P_{i+1} = P_i + \Delta\tau \left(P_i A + A^\top P_i + Q \right)$$

其中 i 表示 $P(\tau)$ 在时间 $\tau_i = i\Delta\tau$ 时的值。

对上式进行积分，直到其收敛至给定的误差范围内。图 4-8 给出了微分李雅普诺夫方程解的收敛过程。最终得到方程的解为

$$P = \begin{bmatrix} 1.125 & 0.125 \\ 0.125 & 0.15625 \end{bmatrix}$$

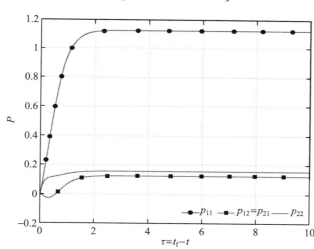

图 4-8　李雅普诺夫方程的数值解

4.3　非自治系统的稳定性

大多数关于自治系统的李雅普诺夫稳定性概念都可以应用于非自治系统，只是需要考虑一些额外的因素 [2,4]。

考虑初始条件为 $x(t_0) = t_0$ 的非自治系统

$$\dot{x} = f(x, t) \tag{4.40}$$

式中 $f(x,t)$ 在 $\mathscr{D} \times [0, \infty)$ 中是局部 Lipschitz 的，且 $\mathscr{D} \subset \mathbb{R}^n$。

原点作为平衡点的概念现在具有了不同的含义，即平衡点 x^* 对于所有 $t \geq t_0$ 必须是时不变的，并且满足

$$f(x^*, t) = 0 \tag{4.41}$$

否则，系统就没有李雅普诺夫意义下的"真正"平衡点。

例 4.15

- 系统

$$\dot{x} = g(t)h(x)$$

有一个平衡点 x^*，位于

$$h(x^*) = 0$$

- 系统

$$\dot{x} = g(t)h(x) + \mathrm{d}(t)$$

没有真正的平衡点，因为为满足 $\dot{x}(t) = 0$，$h(x)$ 必须是时间 t 的函数。这与平衡点的定义相互矛盾，除非存在常数 α 使得 $g(t) = \alpha \mathrm{d}(t)$。

4.3.1　一致稳定

非自治系统的李雅普诺夫稳定性定义如下：

定义 4.9　如果对于任意的 $R > 0$，存在 $r(R, t_0) > 0$ 使得

$$\|x_0\| < r \Rightarrow \|x\| < R, \forall t \geqslant t_0 \tag{4.42}$$

成立，则称平衡点 $x^* = 0$ 是稳定的（李雅普诺夫意义下的稳定）。　■

　　注意，这个定义与自治系统稳定性定义的不同之处在于，包含 x_0 的半径为 r 的球可能取决于初始时间 t_0。因此，原点的稳定性也可能取决于初始时间。

　　一致稳定的概念是非自治系统特有的。一致稳定意味着球的半径 $r = r(R)$ 不依赖于初始时间，同样，平衡点的稳定性也不依赖于初始时间。对于自治系统来说，稳定性是不取决于初始时间的。这个特性非常有用，因为有了它就可以不用检验初始时间对非自治系统稳定性的影响。

　　定义 4.10　若非自治系统的李雅普诺夫函数 $V(x, t)$ 满足：

$$V(0, t) = 0 \tag{4.43}$$

且

$$0 < V(x, t) \leqslant W(x) \tag{4.44}$$

其中 $W(x) > 0$ 是一个正定函数，那么称 $V(x, t)$ 是一个正定的减函数。

　　例 4.16　李雅普诺夫候选函数

$$V(x, t) = \left(1 + \sin^2 t\right)\left(x_1^2 + x_2^2\right)$$

是有界的，由于

$$0 < V(x, t) \leqslant 2\left(x_1^2 + x_2^2\right) = W(x)$$

且 $W(x) > 0$，所以 $V(x, t)$ 是一个正定的减函数。　■

　　非自治系统的李雅普诺夫直接法可用如下定理描述：

定理 4.5 当 $t \geq 0$ 时，如果对于所有 $x(t) \in B_R$，存在一个正定的减函数 $V(x,t)$ 使得

$$\dot{V}(x,t) = \frac{\partial V}{\partial x} f(x,t) + \frac{\partial V}{\partial t} \leq 0 \tag{4.45}$$

成立，那么称原点在李雅普诺夫意义下是一致稳定的。此外，如果 $\dot{V}(x,t) < 0$，那么称原点是一致渐近稳定的；再者，如果将区域 B_R 扩展到整个欧几里得空间 $\mathbb{R}^n$，则称原点是大范围一致渐近稳定的。

4.3.2 一致有界

当非自治系统不存在平衡点时，其稳定性通过有界性的概念来定义 [2,4]。

定义 4.11 如果对于任意的 $R > 0$，存在不依赖于初始时间 t_0 的 $r(R) > 0$，使得

$$\|x_0\| < r \Rightarrow \|x\| \leq R, \forall t \geq t_0 \tag{4.46}$$

成立，则称非自治系统的解是一致有界的。

此外，如果对于任意的 $R > 0$，存在不依赖于初始时间 t_0 和 R 的 $r > 0$，使得

$$\|x_0\| < r \Rightarrow \|x\| \leq R, \forall t \geq t_0 + T \tag{4.47}$$

成立，其中 $T = T(r)$ 是初始时间 t_0 后的某个时间间隔，则称系统的解是一致最终有界的。■

一致最终有界的概念可以简单理解为，依据定义 4.11，系统的解最初可能不是一致有界的，但经过一段时间后逐渐变为了一致最终有界。当系统的解是一致有界的，则称常数 R 为界；当系统的解是一致最终有界的，称常数 R 是最终界。

依据下述定理，李雅普诺夫直接法可以应用于非自治系统：

定理 4.6 设 $V(x,t)$ 是 $\|x\| \geq R$ 和 $t \in [0,\infty)$ 时的一个李雅普诺夫函数。如果存在函数 $\varphi_1(\|x\|) \in \mathscr{KR}$ 和 $\varphi_2(\|x\|) \in \mathscr{KR}$ 使得 [2]

- $\varphi_1(\|x\|) \leq V(x,t) \leq \varphi_2(\|x\|)$
- $\dot{V}(x,t) \leq 0$

对于所有的 $\|x\| \geq R$ 和 $t \in [0,\infty)$ 成立，则称非自治系统 (4.40) 的解是一致有界的。另外，如果还存在函数 $\varphi_3(\|x\|) \in \mathscr{KR}$ 使得

- $\dot{V}(x,t) \leq -\varphi_3(\|x\|)$

对所有的 $\|x\| \geq R$ 和 $t \in [0,\infty)$ 成立，则称解是一致最终有界的。

例 4.17 考虑初值为 $x(0) = x_0$ 的系统

$$\dot{x} = -x + 2\sin t$$

该系统没有平衡点。方程的解为

$$x = (x_0 + 1)\mathrm{e}^{-t} + \sin t - \cos t$$

如果 $\|x_0\| < r$，并且由于 $\mathrm{e}^{-t} \leq 1$ 和 $|\sin t - \cos t| \leq \sqrt{2}$，可得

$$\|x\| \leq \|x_0 + 1\| + \sqrt{2} < r + 1 + \sqrt{2} = R$$

因此，根据定义 4.11 可以选择 $r(R) = R - 1 - \sqrt{2}$，进而得到系统的解是一致有界的。当 $x_0 = 1$ 时，系统的界为 $R = 2 + \sqrt{2}$。

此外，当 $t \to \infty$ 时，系统的解趋近于

$$x \to \sin t - \cos t$$

因此

$$\|x\| \leqslant \sqrt{2} = R$$

与 r 无关。如图 4-9 所示，该系统的解是一致最终有界的，且最终界为 $\sqrt{2}$。

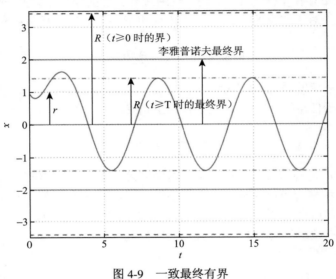

图 4-9　一致最终有界

现在，可以用李雅普诺夫直接法来确定解的一致有界性。考虑该系统的一个李雅普诺夫候选函数

$$V(x) = x^2 > 0$$

对于该李雅普诺夫候选函数，总是可以找到 $\varphi_1(\|x\|) \in \mathcal{KR}$ 和 $\varphi_2(\|x\|) \in \mathcal{KR}$，使得 $\varphi_1(\|x\|) \leqslant V(x) \leqslant \varphi_2(\|x\|)$。例如，选择 $\varphi_1(\|x\|) = ax^2$ 和 $\varphi_2(\|x\|) = bx^2$，其中 $a < 1$，$b > 1$。

然后有

$$\dot{V}(x) = 2x\dot{x} = 2x(-x + 2\sin t) \leqslant -2x^2 + 4\|x\|$$

进而可得

$$\dot{V}(x) \leqslant -2V(x) + 4\sqrt{V(x)}$$

设 $W(t) = \sqrt{V(t)} = \|x\|$，得

$$\dot{W} = \frac{\dot{V}}{2\sqrt{V}} = -\sqrt{V} + 2 \leqslant -W + 2$$

$W(t)$ 的解满足

$$W \leqslant (\|x_0\| - 2)\,\mathrm{e}^{-t} + 2$$

因此

$$\lim_{t \to \infty} \|x\| = \lim_{t \to \infty} W \leqslant 2 = R$$

73

此时，选择

$$\varphi_3(\|x\|) = 2\|x\|^2 - 4\|x\|$$

由于 $\varphi_3(\|x\|) \in \mathscr{K}\mathscr{R}$（请读者自行验证），可得

$$\dot{V}(x) \leqslant -\varphi_3(\|x\|)$$

如果 $-2x^2 + 4\|x\| \leqslant 0$ 或者 $\|x\| \geqslant 2$，则 $\dot{V}(x) \leqslant 0$。因此，根据定理 4.6 可得，系统的解是一致最终有界的，且李雅普诺夫最终界为 2。值得注意的是，李雅普诺夫最终界总是比实际解的最终界更保守，如图 4.9 所示。

还有另一种方法来说明 $x(t)$ 是一致最终有界的。通过补全平方项，$\dot{V}(x)$ 可以表示为

$$\dot{V}(x) \leqslant -2(\|x\| - 1)^2 + 2$$

如果 $-2(\|x\| - 1)^2 + 2 \leqslant 0$ 或者 $\|x\| \geqslant 2$，则 $\dot{V}(x) \leqslant 0$。因为 $\dot{V}(x) \leqslant 0$ 位于紧集 $\|x\| \leqslant 2$ 之外，而 $\dot{V}(x) > 0$ 位于紧集 $\|x\| \leqslant 2$ 之内，所以解 $x(t)$ 是一致最终有界的。由于在紧集之外 $\dot{V}(x) \leqslant 0$，所以任意起始于紧集之外的轨迹都会收敛到最终界 $\|x\| = 2$ 上。相反，由于在紧集之内 $\dot{V}(x) > 0$，所以任意起始于紧集之内的轨迹都会远离原点，但最终也会被吸引到最终界 $\|x\| = 2$ 上。

4.3.3　Barbalat 引理

只有当 $\dot{V}(x)$ 是半负定时，才可以用 LaSalle 不变集定理来证明一个自治系统平衡点的渐近稳定性。但这个定理不能用于非自治系统。因此，非自治系统的渐近稳定性证明要比自治系统难得多。Barbalat 引理是一种可以在一定程度上解决这种情况的数学工具 [4]。

首先，需要引入一致连续的概念。定义函数的一致连续性如下：

定义 4.12　如果对于任意 $\varepsilon > 0$，存在 $\delta(\varepsilon) > 0$，使得

$$|t_2 - t_1| < \delta \Rightarrow |f(t_2) - f(t_1)| < \varepsilon, \forall t_1, t_2 \tag{4.48}$$

成立，则称函数 $f(t) \in \mathbb{R}$ 在集合 $\mathscr{D}$ 上是一致连续的。　　　■

以下陈述等价于一致连续的定义：

74

- 设函数 $f(t)$ 在闭区间 $t \in [t_1, t_2]$ 内是连续的。那么 $f(t)$ 在 $t \in [t_1, t_2]$ 内是一致连续的。
- 设函数 $f(t)$ 在集合 $\mathscr{D}$ 上可微，并存在常数 $M > 0$ 使得对于所有 t，$|\dot{f}(t)| < M$ 成立。那么 $f(t)$ 在集合 $\mathscr{D}$ 上一致连续。

简而言之，可微函数 $f(t)$ 的一致连续性要求导数 $\dot{f}(t)$ 存在并且有界。

例 4.18

- 函数 $f(t) = t^2$ 在 $t \in [0, \infty)$ 内连续但不是一致连续，因为 $\dot{f}(t)$ 在 $t \in [0, \infty)$ 内不是有界的。
- 函数 $f(t) = t^2$ 在 $t \in [0, 1]$ 内是一致连续的，因为 $\dot{f}(t)$ 在 $t \in [0, 1]$ 内连续。

- 函数 $f(t) = \sqrt{t}$ 在区间 $t \in [0, \infty)$ 上的导数 $\dot{f}(t) = \dfrac{1}{2\sqrt{t}}$ 虽然无界，但由于该区间是包含无穷的半开区间，所以并不能轻易得出 $f(t)$ 在 $t \in [0, \infty)$ 内是否一致连续的结论。实际上，这个函数在 $t \in [0, \infty)$ 内是一致连续的。首先，将上述区间分解为两个子区间 $t \in [0, a]$ 和 $t \in [a, \infty)$，其中 $a > 0$。然后，因为 $f(t)$ 在 $t \in [0, a]$ 内连续，所以 $f(t)$ 在 $t \in [0, a]$ 内是一致连续的；因为 $\dot{f}(t) = \dfrac{1}{2\sqrt{t}}$ 在 $t \in [a, \infty)$ 内有界，所以 $f(t)$ 在 $t \in [a, \infty)$ 内也是一致连续的。因此可得，$f(t)$ 在区间 $t \in [0, \infty)$ 内是一致连续的。

- 考虑一个稳定的线性时不变系统

$$\dot{x} = Ax + Bu$$

其中，初值 $x(t_0) = x_0$，输入 $u(t)$ 是连续有界的。系统是指数稳定的，解为

$$x = \mathrm{e}^{-A(t-t_0)} x_0 + \int_{t_0}^{t} \mathrm{e}^{A(t-\tau)} Bu(\tau)\mathrm{d}\tau$$

因此，$x(t)$ 是一个连续有界的信号，其导数 $\dot{x}(t)$ 在 $t \in [0, \infty)$ 内也有界。进而可得，$x(t)$ 是一致连续的。如果 $u(t)$ 的导数有界，那么任意输出信号

$$y = Cx + Bu$$

也是一致连续的。此时，称该系统是有界输入有界输出（BIBO）稳定的。　■

现将 Barbalat 引理表述如下：

引理 4.1　如果当 $t \to \infty$ 时，一个可微函数 $f(t)$ 的极限存在且为有限值，并且 $\dot{f}(t)$ 是一致连续的，那么 $\lim_{t \to \infty} \dot{f}(t) = 0$。

例 4.19

- 当 $t \to \infty$ 时，函数 $f(t) = \mathrm{e}^{-t^2}$ 的极限有限。为确定其一阶导数 $\dot{f}(t) = -2t\mathrm{e}^{-t^2}$ 是一致连续的，需要判断其二阶导数 $\ddot{f}(t)$ 在 $t \in [0, \infty)$ 内是否有界。实际上，二阶导数 $\ddot{f}(t) = -2\mathrm{e}^{-t^2} + 4t^2\mathrm{e}^{-t^2}$ 是有界的，因为指数项 e^{-t^2} 的收敛速度比平方项 t^2 要快得多。因此，$\lim_{t \to \infty} \dot{f}(t) = 0$。实际上，也可以利用 L'Hospital 法则验证 $\lim_{t \to \infty} -2t\mathrm{e}^{-t^2} = 0$。

- 当 $t \to \infty$ 时，虽然函数 $f(t) = \dfrac{1}{t}\sin\left(t^2\right)$ 趋近于 0，但其导数 $\dot{f}(t) = -\dfrac{1}{t^2}\sin\left(t^2\right) + 2\cos\left(t^2\right)$ 的极限不存在。因此可见，即使在 $t \to \infty$ 时可微函数 $f(t)$ 的极限存在并有限，也不一定意味着 $\lim_{t \to \infty} \dot{f}(t) = 0$，因为 $\dot{f}(t)$ 可能不是一致连续的，即 $f(t)$ 的导数有界或等价于 $\ddot{f}(t)$ 有界。因此，函数 $f(t) = \dfrac{1}{t}\sin\left(t^2\right)$ 不满足 Barbalat 引理。

- 当 $t \to \infty$ 时，虽然函数 $f(t) = \sin(\ln t)$ 的导数 $\dot{f}(t) = \dfrac{1}{t}\cos(\ln t)$ 趋近于 0，但 $f(t)$ 不存在有限的极限。因此，$\lim_{t \to \infty} \dot{f}(t) = 0$ 也不一定意味着可微函数 $f(t)$ 的极限存在并有限。所以，Barbalat 引理的逆不成立。

现在，将 Barbalat 引理扩展到李雅普诺夫直接法，并通过下述的类李雅普诺夫引理来检验非自治系统的渐近稳定性 [4]：

引理 4.2　如果正定函数 $V(x, t)$ 在 $t \to \infty$ 时存在有限的极限，$\dot{V}(x, t)$ 在区间 $t \in [0, \infty)$ 内半负定且一致连续，那么在 $t \to \infty$ 时，存在 $\dot{V}(x, t) \to 0$。

例 4.20　考虑一个简单的自适应控制系统

$$\dot{x} = -ax + b\left[u + \theta^* w(t)\right]$$

式中 $a > 0$，$w(t) \in \mathscr{L}_\infty$ 是一个有界的时变扰动，θ^* 是一个未知的常数。

为了消除时变扰动对系统的影响，设计自适应控制器

$$u = -\theta(t)w(t)$$

式中 $\theta(t)$ 为用来估计 θ^* 的自适应参数。

如果在 $t \to \infty$ 时，存在 $\theta(t) \to \theta^*$，则自适应控制器能够完美地消除扰动影响，并且闭环系统趋近于理想参考模型

$$\dot{x}_m = -ax_m$$

式中 x_m 是状态 $x(t)$ 的理想响应。

自适应参数由下式进行计算

$$\dot{\theta} = -bew(t)$$

式中 $e(t) = x_m(t) - x(t)$ 是跟踪误差，由跟踪误差方程

$$\dot{e} = \dot{x}_m - \dot{x} = -ae + b\tilde{\theta}w(t)$$

描述其动力学特性。式中 $\tilde{\theta} = \theta - \theta^*$ 是参数的估计误差。

由于扰动项 $w(t)$ 的存在，使得跟踪误差系统是一个非自治系统。两个参数 $e(t)$ 和 $\theta(t)$ 都受跟踪误差方程 $\dot{e}(t)$ 和自适应律 $\dot{\theta}(t)$ 的影响。为说明系统是稳定的，选择如下包含变量 $e(t)$ 和 $\tilde{\theta}(t)$ 的李雅普诺夫候选函数：

$$V(e, \theta) = e^2 + \tilde{\theta}^2$$

然后，可得

$$\dot{V}(e, \tilde{\theta}) = 2e[-ae + b\tilde{\theta}w(t)] + 2\tilde{\theta}[-bew(t)] = -2ae^2 \leqslant 0$$

虽然 $\dot{V}(e, \theta)$ 是半负定的，且有 $e(t) \in \mathscr{L}_\infty$ 和 $\theta(t) \in \mathscr{L}_\infty$，即它们都是有界的，但仍然无法使用 LaSalle 不变集定理来说明跟踪误差 $e(t)$ 会收敛到 0。这时，Barbalat 引理就派上了用场。首先，当 $t \to \infty$ 时，$V(e, \tilde{\theta})$ 必须存在有限的极限。由于 $\dot{V}(e, \tilde{\theta}) \leqslant 0$，得

$$
\begin{aligned}
V\left(e(t \to \infty), \tilde{\theta}(t \to \infty)\right) - V\left(e(t_0), \tilde{\theta}(t_0)\right) &= \int_{t_0}^{\infty} \dot{V}(e, \tilde{\theta})\mathrm{d}t \\
&= -2a\int_{t_0}^{\infty} e^2(t)\mathrm{d}t = -2a\|e\|_2^2
\end{aligned}
$$

$$
\begin{aligned}
V\left(e(t \to \infty), \tilde{\theta}(t \to \infty)\right) &= V\left(e(t_0), \tilde{\theta}(t_0)\right) - 2a\|e\|_2^2 \\
&= e^2(t_0) + \tilde{\theta}^2(t_0) - 2\|e\|_2^2 < \infty
\end{aligned}
$$

所以，$V(e, \tilde{\theta})$ 在 $t \to \infty$ 时存在有限的极限。由于 $\|e\|_2$ 存在，所以 $e(t) \in \mathscr{L}_2 \cap \mathscr{L}_\infty$。

接下来，$\dot{V}(e, \tilde{\theta})$ 必须是一致连续的。这可以通过验证 $\dot{V}(e, \tilde{\theta})$ 的导数是否有界来完成。$\ddot{V}(e, \tilde{\theta})$ 可以表示为

$$\ddot{V}(e, \tilde{\theta}) = -4ae[-ae + b\tilde{\theta}w(t)]$$

因为由 $\dot{V}(e, \tilde{\theta}) \le 0$ 可得 $e(t) \in \mathscr{L}_2 \cap \mathscr{L}_\infty$ 且 $\tilde{\theta}(t) \in \mathscr{L}_\infty$，由假设可得 $w(t) \in \mathscr{L}_\infty$，所以 $\ddot{V}(e, \tilde{\theta}) \in \mathscr{L}_\infty$，故 $\dot{V}(e, \tilde{\theta})$ 是一致连续的。根据 Barbalat 引理可得 $\dot{V}(e, \tilde{\theta}) \to 0$，进而可得当 $t \to \infty$ 时，$e(t) \to 0$。注意，我们并不能得出系统是渐近稳定的结论，因为虽然当 $t \to \infty$ 时，$e(t) \to 0$，但 $\tilde{\theta}(t)$ 仅仅是有界的。

4.4 小结

李雅普诺夫稳定性理论是非线性系统和自适应控制理论的基础。本章介绍了自治系统和非自治系统的各种稳定性概念。李雅普诺夫直接法是分析非线性系统稳定性不可或缺的工具。Barbashin-Krasovskii 定理给出了一种分析全局稳定性的方法。LaSalle 不变集定理为分析具有不变集的系统稳定性提供了另一种补充工具。非自治系统的稳定性涉及一致稳定、一致有界和一致最终有界的概念。Barbalat 引理是一种结合实值函数一致连续性概念来分析自适应控制系统稳定性的重要数学工具。

4.5 习题

1. 给定系统

$$\left[\begin{array}{c} \dot{x}_1 \\ \dot{x}_2 \end{array}\right] = \left[\begin{array}{c} x_1\left(x_1^2 + x_2^2 - 1\right) - x_2 \\ x_1 + x_2\left(x_1^2 + x_2^2 - 1\right) \end{array}\right]$$

   (a) 计算系统的所有平衡点，在平衡点处对系统进行线性化并对平衡点进行分类。

   (b) 利用李雅普诺夫候选函数

$$V(x) = x_1^2 + x_2^2$$

   来确定各平衡点在李雅普诺夫意义下的稳定性，并计算出相应的吸引区（如果存在）。

2. 给定初值为 $x(0) = 1$ 的系统

$$\dot{x} = x\left(-1 + \frac{1}{2}\sin x\right)$$

   (a) 计算解的上下界。

   (b) 利用李雅普诺夫候选函数

$$V(x) = x^2$$

   来确定李雅普诺夫意义下的稳定性，并以时间显式函数的形式给出 $V(x)$ 的上界。

3. 利用李雅普诺夫候选函数

$$V(x) = x_1^2 + x_2^2$$

   来研究系统

$$\left[\begin{array}{c} \dot{x}_1 \\ \dot{x}_2 \end{array}\right] = \left[\begin{array}{c} (x_2 - x_1)\left(x_1^2 + x_2^2\right) \\ (x_1 + x_2)\left(x_1^2 + x_2^2\right) \end{array}\right]$$

   原点的稳定性。

4. 给定系统

$$\dot{x} = Ax$$

（a）　以解析形式求李雅普诺夫方程

$$A^\top P + PA = -2I$$

的解 P。其中

$$A = \begin{bmatrix} 0 & 1 \\ -4 & 4 \end{bmatrix}$$

并利用 MATLAB 函数 lyap 验证所得结果。

（b）　判断 P 是（半）正定还是（半）负定，并分析系统原点的稳定性。

5. 给定系统

$$\begin{bmatrix} \dot{x}_1 \\ \dot{x}_2 \end{bmatrix} = \begin{bmatrix} x_1\left(1 - x_1^2 - x_2^2\right) + x_2 \\ -x_1 + x_2\left(1 - x_1^2 - x_2^2\right) \end{bmatrix}$$

（a）　利用李雅普诺夫候选函数

$$V(x) = x_1^2 + x_2^2$$

来判断原点在李雅普诺夫意义下的稳定性。

（b）　找到一个系统的不变集。

（c）　求解获得时间显式函数 $V(t)$，并分别以初值 $V(0) = 0.01$、0.5、1、1.5、2 画出 $V(t)$ 的轨迹。

79

6. 给定矩阵

$$A = \begin{bmatrix} 0 & 1 & 0 \\ -1 & -1 & -2 \\ 1 & 0 & -1 \end{bmatrix}$$

判断矩阵 A 是否为赫尔维茨矩阵。如果是，在初始条件 $P(0) = 0$ 时，利用欧拉法对微分李雅普诺夫方程

$$\frac{\mathrm{d}P}{\mathrm{d}\tau} = PA + A^\top P + I$$

进行积分求解矩阵 P，其中 τ 是剩余时间。在同一张图上绘制矩阵 P 所有 6 个元素的轨迹，并利用 MATLAB 函数 lyap 在最后的时间节点对结果进行验证。

7. 利用李雅普诺夫直接法来确定初始条件为 $x(0) = 1$ 的方程

$$\dot{x} = -x + \cos t \sin t$$

的解 $x(t)$ 的最终界，并绘制出 $0 \leqslant t \leqslant 20$ 时系统状态 $x(t)$ 的轨迹图。

8. 考虑非自治系统

$$\dot{x} = (-2 + \sin t)x - \cos t$$

（a）　利用非自治系统的李雅普诺夫理论说明系统是一致最终有界的，并给出 $\|x\|$ 的最终界。

（b）　通过对微分方程进行数值积分绘制出系统的解，并说明其满足最终界。

9. 考虑

$$\dot{x} = -\left(1 + \sin^2 t\right)x + \cos t$$

(a) 利用李雅普诺夫候选函数

$$V(x) = x^2$$

来确定 $\dot{V}(x)$ 的上界, 其中 $\dot{V}(x)$ 是 $V(x)$ 的函数。

(b) 设 $W = \sqrt{V}$, 求解获得时间显式函数不等式 $W(t)$, 并确定系统的最终界。

(c) 说明系统是一致最终有界的。

10. 考虑如下函数:

(a) $f(t) = \sin\left(e^{-t^2}\right)$

(b) $f(t) = e^{-\sin^2 t}$

绘制出 $f(t)$ 在 $t \in [0, 5]$ 内的轨迹图。判断函数 $f(t)$ 在 $t \to \infty$ 时的极限是否存在, $\dot{f}(t)$ 是否为一致连续。如果是, 利用 Barbalat 引理说明当 $t \to \infty$ 时, $\dot{f}(t) \to 0$, 并通过求取 $\dot{f}(t)$ 在 $t \to \infty$ 时的极限来验证。

11. 考虑如下自适应控制系统

$$\dot{e} = -e + \theta x$$
$$\dot{\theta} = -xe$$

式中 $e = x_m - x$ 是给定的参考信号 $x_m(t)$ 与系统状态 $x(t)$ 之间的跟踪误差, 其中 $x_m(t)$ 有界, 即 $x_m(t) \in \mathscr{L}_\infty$。证明该自适应系统是稳定的, 并且当 $t \to \infty$ 时, 有 $e(t) \to 0$。

参考文献

[1] Åström, K.J. (2008). *and Wittenmark B.* Adaptive control: Dover Publications Inc.

[2] Khalil, H.K.(2001). *Nonlinear systems.* Upper Saddle River: Prentice-Hall.

[3] Ioannu, P. A., & Sun, J. (1996). *Robust Adaptive Control.* Upper Saddle River: Prentice-Hall, Inc.

[4] Slotine, J.-J., & Li, W. (1991). *Applied nonlinear control.* Upper Saddle River: Prentice-Hall, Inc.

[5] Anderson,B., &Moore,J.(1971). *Linear optimal control.* Upper Saddle River: Prentice-Hall, Inc.

[6] Bryson, A. E., & Ho, Y. C. (1979). *Applied optimal control: optimization, estimation, and control.* New Jersey: Wiley Inc.

第 5 章

模型参考自适应控制

引言 本章介绍了模型参考自适应控制的基本理论。首先，定义了各种类型的不确定性，并介绍了模型参考自适应控制系统的基本组成。其次，提出了一阶单输入单输出系统、二阶单输入单输出系统和多输入多输出系统的自适应控制理论。然后，对直接自适应控制和间接自适应控制两种方法进行了讨论。其中，前者直接在线调整控制增益，而后者则对未知系统参数进行估计，然后将其用于控制增益的更新。最后，指出渐近跟踪是模型参考自适应控制的基本性质，且能够在自适应参数有界的情况下，保证跟踪误差在有限的时间内趋于零。

在为系统设计控制器时，设计人员通常希望对系统的物理行为有所了解。通常，这种了解是以数学模型的形式呈现。对于许多实际应用来说，由于系统的参数变化导致物理系统的建模永远不可能是完美的。这些参数变化通常来自系统的非线性、不精确建模或非精确测量导致的参数不确定性、来自工作环境的外部干扰不确定性及其他不确定性等。首先，建模专家应尽可能地减少系统的不确定性。然后，控制器设计者利用所得数学模型来设计控制器。设计得到的控制器应能够结合性能指标和稳定裕度等手段对未考虑到的系统不确定性进行抑制。

当系统的不确定性超过了期望容限，并可能会对控制器的性能产生不利影响时，自适应控制可以在减少系统不确定性对控制器性能的影响方面发挥重要作用。可能需要使用自适应控制的情况包括：非标称操作导致的意外后果，例如系统故障或高度不确定的工作条件，以及使建模成本增加的复杂系统行为。本章的学习目标如下：

- 对系统的不确定性和典型模型参考自适应控制系统的组成及其功能有一个基本的了解。
- 能够应用各种模型参考自适应控制技术：一阶系统、二阶系统和多输入多输出系统的直接和间接自适应控制。
- 利用李雅普诺夫直接法和 Barbalat 引理，对模型参考自适应控制进行李雅普诺夫稳定性证明。
- 认识到模型参考自适应控制虽然能够实现渐近跟踪，但只能保证自适应参数有界。

如图 5-1 所示为一个典型模型参考自适应控制系统的框图。

自适应控制通常可以分为两类：直接自适应控制和间接自适应控制[1-2]。两种类型的自适应控制也经常结合起来使用，形成复合[2-3]、组合或混合直接–间接自适应控制架构[4]。典型的直接自适应控制器可以表示为

$$u = k_x(t)x + k_r(t)r \tag{5.1}$$

式中 $k_x(t)$ 和 $k_r(t)$ 是可调控制增益。控制增益的调节机制通过自适应律来实现。因此，直接自适应控制实际上是直接调节控制系统的反馈控制机制以抵消任何不想要的系统不确定性，

从而可以在控制系统存在显著不确定性的情况下恢复其性能。

与之不同的是，间接自适应控制器则是通过间接调节控制增益的方式来达到同样的目标，可以表示为

$$u = k_x(p(t))x + k_r(p(t))r \tag{5.2}$$

式中 $p(t)$ 是通过在线估计以更新控制增益的系统参数。

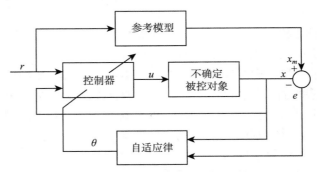

图 5-1   模型参考自适应控制系统

84

例 5.1   考虑二阶线性时不变系统

$$\ddot{x} + 2\zeta\omega_n\dot{x} + \omega_n^2 x = u$$

设计一个控制器使得系统输出 $x(t)$ 能够跟踪常值指令 $r(t)$，并满足闭环系统关于阻尼 ζ_m 和带宽频率 ω_m 的性能要求。采用 PD（比例–微分）控制器

$$u = k_p e + k_d \dot{e} + k_r r$$

式中 $e = r - x$，为达到以下闭环特性：

$$\ddot{x} + (2\zeta\omega_n + k_d)\,\dot{x} + \left(\omega_n^2 + k_p\right)x = \left(k_r + k_p\right)r$$

选择控制器参数

$$\omega_n^2 + k_p = \omega_m^2 \Rightarrow k_p = \omega_m^2 - \omega_n^2$$

$$2\zeta\omega_n + k_d = 2\zeta_m\omega_m \Rightarrow k_d = 2\left(\zeta_m\omega_m - \zeta\omega_n\right)$$

$$k_r = \omega_n^2$$

那么，当 $t \to \infty$ 时，系统输出 $x(t)$ 能够追踪指令 $r(t)$。

设开环系统的自然频率 ω_n 突变到一个可能未知的值 ω_n^*。如果继续使用原来的控制增益，则现在的闭环系统将具有截然不同的性能。为使得闭环系统的性能不变，理想的控制增益应为

$$k_p^* = \omega_m^2 - \omega_n^{*2} = k_p + \omega_n^2 - \omega_n^{*2}$$

$$k_d^* = 2\left(\zeta_m\omega_m - \zeta\omega_n^*\right) = k_d + 2\zeta\left(\omega_n - \omega_n^*\right)$$

$$k_r^* = \omega_n^{*2} = k_r - \omega_n^2 + \omega_n^{*2}$$

直接自适应控制器在不知道不确定参数 ω_n^* 的情况下，试图直接将原始控制增益 k_p、k_d 和 k_r 分别调整至对应的理想控制增益 k_p^*、k_d^* 和 k_r^*。而另一方面，间接自适应控制器则试图通过在线估计不确定参数 ω_n^* 来调整控制增益，即在假设估计得到的参数是真值的情况下，使用 ω_n^* 的估计值来重新计算控制增益，通常称这种方法为确定性等价原则。

5.1 模型参考自适应控制系统的组成

5.1.1 不确定被控对象

自适应控制可以处理具有各种不确定性的线性或非线性被控对象，这些不确定性可以是结构不确定性、非结构不确定性或未建模动态。

1）结构不确定性是指一种功能特性已知但系统参数具有不确定性的情况，故通常也称结构不确定性为参数不确定性。

例 5.2　考虑具有不确定弹簧常数的弹簧–质量块–阻尼器系统

$$m\ddot{x} + c\dot{x} + k^*x = u$$

式中 k^* 是一个不确定的参数，则此系统是一个结构不确定或参数不确定系统。与 k^* 相关的函数 $x(t)$ 是结构不确定性情况下呈现的已知特性。

2）非结构不确定性是指功能特性和参数均存在不确定性的一种情况。

例 5.3　考虑具有未知弹簧特性的弹簧–质量块–阻尼器系统

$$m\ddot{x} + c\dot{x} + f^*(x, k^*) = u$$

式中 $f^*()$ 是一个不确定函数，则此系统是一个非结构不确定系统。

3）未建模动态是指被控对象模型未包含一些表征系统内部或外部动力学特性的不确定性，这些不确定性可能是一些不可测量的、不可观测的或者由于错误假设而忽略掉的因素。

例 5.4　考虑如下具有未建模动态的线性弹簧–质量块–阻尼器系统

$$m\ddot{x} + c\dot{x} + k^*x = c_1y + u$$
$$\dot{y} = c_2x + c_3y$$

式中 y 是未建模的系统内部状态，c_i（i=1、2、3）表示系统参数。

4）匹配不确定性是一种结构不确定性，可由多输入多输出线性仿射控制系统的控制输入进行匹配：

$$\dot{x} = f(x) + B\left[u + \Theta^{*\top}\Phi(x)\right] \tag{5.3}$$

式中 $x \in \mathbb{R}^n$ 是状态向量，$u \in \mathbb{R}^m$ 是控制向量，$B \in \mathbb{R}^n \times \mathbb{R}^m$ 是控制输入矩阵，$\Theta^* \in \mathbb{R}^p \times \mathbb{R}^m$ 是不确定参数矩阵，$\Phi(x) \in \mathbb{R}^p$ 是已知的有界回归函数。

由于函数 $\Theta^{*\top}\Phi(x)$ 的值出现在控制输入矩阵 B 的作用范围内，因此称其为参数匹配不确定性。根据线性代数可知，矩阵 B 的列空间由所有 Bu 的乘积构成。当参数不确定性是匹配的，且在理想自适应的情况下，控制输入能够完全抵消该不确定性。

例 5.5　下述线性时不变系统

$$\begin{bmatrix} \dot{x}_1 \\ \dot{x}_2 \end{bmatrix} = \begin{bmatrix} -1 & 1 \\ -1 & -2 \end{bmatrix} \begin{bmatrix} x_1 \\ x_2 \end{bmatrix} + \begin{bmatrix} 1 \\ 1 \end{bmatrix} \left(u + \begin{bmatrix} \delta_1 & \delta_2 \end{bmatrix} \begin{bmatrix} x_1 \\ x_2 \end{bmatrix} \right)$$

中的参数不确定性是匹配不确定性，其中 δ_1 和 δ_2 是不确定参数。

5）非匹配不确定性是一种无法通过多输入多输出线性仿射控制系统的控制输入进行匹配的不确定性，如

$$\dot{x} = f(x) + Bu + \Theta^{*\top}\Phi(x) \tag{5.4}$$

如果控制输入矩阵 $B \in \mathbb{R}^n \times \mathbb{R}^m$ 是一个非方"高"矩阵，即 $n > m$；或者 $B \in \mathbb{R}^n \times \mathbb{R}^m$ 是一个逆矩阵不存在的非满秩方阵，则参数不确定性无法匹配。在这种情况下，控制输入不能通过自适应控制完全抵消不确定性。否则，可以通过下述伪逆变换将非匹配不确定性转换为匹配不确定性：

$$\dot{x} = f(x) + B\left[u + B^\top\left(BB^\top\right)^{-1}\Theta^{*\top}\Phi(x)\right] \tag{5.5}$$

式中 $B^\top\left(BB^\top\right)^{-1}$ 是满秩非方"宽"矩阵 $B \in \mathbb{R}^n \times \mathbb{R}^m$ 的右伪逆矩阵，其中 B 满足 $n < m$ 且 $\text{rank}(B) = n$；或者对于满秩方阵 B，有 $B^\top\left(BB^\top\right)^{-1} = B^{-1}$。

例 5.6 下述线性时不变系统

$$\begin{bmatrix} \dot{x}_1 \\ \dot{x}_2 \end{bmatrix} = \begin{bmatrix} -1 & 1 \\ -1 & -2 \end{bmatrix}\begin{bmatrix} x_1 \\ x_2 \end{bmatrix} + \begin{bmatrix} 1 \\ 1 \end{bmatrix}u + \begin{bmatrix} \delta_{11}x_1 + \delta_{12}x_2 \\ \delta_{21}x_1 + \delta_{22}x_2 \end{bmatrix}$$

中的参数不确定性是非匹配不确定性，因为 B 是一个"高"矩阵。直观上来说，"高"矩阵 B 表示控制输入的数量小于状态变量的数量。因此，控制输入很难消除所有状态变量中的不确定性。

例 5.7 下述线性时不变系统

$$\begin{bmatrix} \dot{x}_1 \\ \dot{x}_2 \end{bmatrix} = \begin{bmatrix} -1 & 1 \\ -1 & -2 \end{bmatrix}\begin{bmatrix} x_1 \\ x_2 \end{bmatrix} + \begin{bmatrix} 1 & -1 & 2 \\ 1 & 2 & -1 \end{bmatrix}\begin{bmatrix} u_1 \\ u_2 \\ u_3 \end{bmatrix} + \begin{bmatrix} \delta_{11} & \delta_{12} \\ \delta_{21} & \delta_{22} \end{bmatrix}\begin{bmatrix} x_1 \\ x_2 \end{bmatrix}$$

中的参数不确定性实际上是匹配不确定性，因为 B 是满秩"宽"矩阵，存在伪逆矩阵

$$B^\top\left(BB^\top\right)^{-1} = \frac{1}{3}\begin{bmatrix} 1 & 1 \\ 0 & 1 \\ 1 & 0 \end{bmatrix}$$

因此，上述系统可以表示为

$$\begin{bmatrix} \dot{x}_1 \\ \dot{x}_2 \end{bmatrix} = \begin{bmatrix} -1 & 1 \\ -1 & -2 \end{bmatrix}\begin{bmatrix} x_1 \\ x_2 \end{bmatrix} + \begin{bmatrix} 1 & -1 & 2 \\ 1 & 2 & -1 \end{bmatrix}\left(\begin{bmatrix} u_1 \\ u_2 \\ u_3 \end{bmatrix} + \frac{1}{3}\begin{bmatrix} \delta_{11} + \delta_{21} & \delta_{12} + \delta_{22} \\ \delta_{21} & \delta_{22} \\ \delta_{11} & \delta_{12} \end{bmatrix}\begin{bmatrix} x_1 \\ x_2 \end{bmatrix}\right)$$

6）控制输入不确定性是一种存在于多输入多输出线性仿射控制系统的控制输入矩阵中的不确定性

$$\dot{x} = f(x) + B\Lambda u \tag{5.6}$$

式中 Λ 是一个正对角矩阵，其对角元素代表控制输入有效性的不确定性，可能存在于幅值或符号中，或二者兼有。当存在幅值的不确定性时，可能会出现控制饱和现象，进而导致控制器的性能下降。当存在符号的不确定性时，可能会出现控制反转现象并且可能导致系统的不稳定。

另外一种控制输入不确定性的形式是

$$\dot{x} = f(x) + (B + \Delta B)u \tag{5.7}$$

但这种形式在自适应控制中不常见。

5.1.2 参考模型

参考模型用来确定自适应控制系统对指令输入的期望响应,它本质上是一个用于实现期望指令跟踪的指令成型滤波器。由于自适应控制是一种指令跟随或指令跟踪控制方法,所以自适应过程是基于参考模型与实际系统输出之间的跟踪误差进行的,因此必须适当地设计参考模型,使得自适应控制系统能够跟踪其输出。通常将参考模型设计为线性时不变系统,但也可将其设计为非线性系统,尽管非线性设计总是会带来许多复杂问题。线性时不变参考模型应该能够包含所有重要性能参数,如上升时间、调节时间以及鲁棒性,如相位稳定裕度和增益稳定裕度。

例 5.8 在例 5.1 中,自适应控制系统的参考模型可以是一个二阶系统

$$\ddot{x}_m + 2\zeta_m\omega_m\dot{x}_m + \omega_m^2 x_m = \omega_m^2 r$$

式中 x_m 是一个仅仅依赖于参考指令输入 $r(t)$ 的模型参考信号。 ∎

将跟踪误差定义为

$$e = x_m - x \tag{5.8}$$

自适应控制系统的目标是适应系统的不确定性,以使系统跟踪误差尽可能小。在理想情况下,当跟踪误差 $e(t) \to 0$ 时,系统状态会完美地跟踪模型参考信号,即 $x(t) \to x_m(t)$。

5.1.3 控制器

控制器的设计必须能够在没有不确定性的情况下,保证标称被控对象的总体系统性能和稳定性。因此,可以将其当作一个基准控制器或者标称控制器,控制器的类型取决于控制器的设计目标。控制器可以是线性的,也可以是非线性的,但对于真实系统来说,非线性控制器通常更难设计、分析以及进行最终的验证。控制器可以是带有自适应控制器的标称控制器,也可以是单独的自适应控制器。自适应增强控制器的设计更为普遍,鲁棒性通常也比完全自适应控制设计的更好。

5.1.4 自适应律

自适应律是一组能够显式表述如何调整自适应参数以使跟踪误差尽可能小的数学关系。自适应律可以是线性时变的,也可以是非线性的。无论哪种情况,通常都需要借助李雅普诺夫稳定性理论来分析自适应控制系统的稳定性。目前已经出现了许多不同种类的自适应律,每一种都有其优点和缺点。最终,自适应控制系统的设计都会归结为性能和鲁棒性之间的权衡。这种权衡可以通过适当地选择自适应律及调优参数来实现。

5.2 一阶单输入单输出系统的直接模型参考自适应控制

考虑初始条件为 $x(0) = x_0$ 的一阶非线性单输入单输出系统

$$\dot{x} = ax + b[u + f(x)] \tag{5.9}$$

式中 $f(x)$ 是结构匹配不确定性，可以表示为线性参数化的形式

$$f(x) = \sum_{i=1}^{p} \theta_i^* \phi_i(x) = \Theta^{*\top} \Phi(x) \tag{5.10}$$

式中 $\Theta^* = [\,\theta_1 \quad \theta_2 \quad \cdots \quad \theta_p\,]^\top \in \mathbb{R}^p$ 是未知常数向量，$\Phi(x) = [\,\phi_1(x) \quad \phi_2(x) \quad \cdots \quad \phi_p(x)\,]^\top \in \mathbb{R}^p$ 是已知的有界基函数。

5.2.1 案例 I：a 和 b 未知，但 b 的符号已知

选择初始条件为 $x_m(0) = x_{m_0}$ 的参考模型

$$\dot{x}_m = a_m x_m + b_m r \tag{5.11}$$

式中 $a_m < 0$、$r \in \mathcal{L}_\infty$ 是一个分段连续的有界参考指令，因此 x_m 是一致有界的模型参考信号。

首先，定义一个能够完全抵消不确定性并使得 $x(t)$ 能够跟踪 $x_m(t)$ 的理想控制器

$$u^* = k_x^* x + k_r^* r(t) - \Theta^{*\top} \Phi(x) \tag{5.12}$$

式中上标"$*$"表示未知的理想常值。

将上式代入被控对象中，得到理想的闭环系统

$$\dot{x} = (a + bk_x^*)\, x + bk_r^* r \tag{5.13}$$

通过对比理想闭环系统和参考模型，根据下述模型匹配条件得到理想增益 k_x^* 和 k_r^* 为

$$a + bk_x^* = a_m \tag{5.14}$$

$$bk_r^* = b_m \tag{5.15}$$

事实证明 k_x^* 和 k_r^* 的解总是存在，因为有两个未知数和两个独立的方程。

实际的自适应控制器是对理想控制器的估计，其目标是能够逼近理想控制器。将

$$u = k_x(t) x + k_r(t) r - \Theta^\top(t) \Phi(x) \tag{5.16}$$

作为自适应控制器，式中 $k_x(t)$、$k_r(t)$ 和 $\Theta(t)$ 分别是 k_x^*、k_r^* 和 Θ^* 的估计值。

因为在不知道系统未知参数 a、b 和 Θ^* 的情况下直接对 $k_x(t)$、$k_r(t)$ 和 $\Theta(t)$ 进行估计，所以该自适应控制器是一种直接自适应控制器。

定义估计误差为

$$\tilde{k}_x(t) = k_x(t) - k_x^* \tag{5.17}$$

$$\tilde{k}_r(t) = k_r(t) - k_r^* \tag{5.18}$$

$$\tilde{\Theta}(t) = \Theta(t) - \Theta^* \tag{5.19}$$

将估计误差代入被控对象模型中，得

$$\dot{x} = \left(\underbrace{a + bk_x^*}_{a_m} + b\tilde{k}_x\right) x + \left(\underbrace{bk_r^*}_{b_m} + b\tilde{k}_r\right) r - b\tilde{\Theta}^\top \Phi(x) \tag{5.20}$$

设 $e(t) = x_m(t) - x(t)$ 为跟踪误差，然后可以得到闭环跟踪误差动力学方程

$$\dot{e} = \dot{x}_m - \dot{x} = a_m e - b\tilde{k}_x x - b\tilde{k}_r r + b\tilde{\Theta}^\top \Phi(x) \tag{5.21}$$

指令 $r(t)$ 的存在使得跟踪误差动力学方程是一个非自治系统。

接下来要设计自适应律以在线调整 $k_x(t)$、$k_r(t)$ 和 $\Theta(t)$，这可以通过李雅普诺夫稳定性证明来完成。

证明 选择李雅普诺夫候选函数

$$V\left(e, \tilde{k}_x, \tilde{k}_r, \tilde{\Theta}\right) = e^2 + |b|\left(\frac{\tilde{k}_x^2}{\gamma_x} + \frac{\tilde{k}_r^2}{\gamma_r} + \tilde{\Theta}^\top \Gamma^{-1} \tilde{\Theta}\right) > 0 \tag{5.22}$$

式中 $\gamma_x > 0$ 和 $\gamma_r > 0$ 是 $k_x(t)$ 和 $k_r(t)$ 的自适应 (或学习) 速率；$\Gamma = \Gamma^\top > 0 \in \mathbb{R}^p \times \mathbb{R}^p$ 是 $\Theta(t)$ 的正定自适应速率矩阵。

计算 $\dot{V}\left(e, \tilde{k}_x, \tilde{k}_r, \tilde{\Theta}\right)$，得

$$\begin{aligned}
\dot{V}\left(e, \tilde{k}_x, \tilde{k}_r, \tilde{\Theta}\right) &= 2e\dot{e} + |b|\left(\frac{2\tilde{k}_x\dot{\tilde{k}}_x}{\gamma_x} + \frac{2\tilde{k}_r\dot{\tilde{k}}_r}{\gamma_r} + 2\tilde{\Theta}^\top \Gamma^{-1}\dot{\tilde{\Theta}}\right) \\
&= 2a_m e^2 + 2\tilde{k}_x\left(-ebx + |b|\frac{\dot{\tilde{k}}_x}{\gamma_x}\right) + 2\tilde{k}_r\left(-ebr + |b|\frac{\dot{\tilde{k}}_r}{\gamma_r}\right) \\
&\quad + 2\tilde{\Theta}^\top\left[eb\Phi(x) + |b|\Gamma^{-1}\dot{\tilde{\Theta}}\right]
\end{aligned} \tag{5.23}$$

由于 $b = |b| \operatorname{sgn} b$，如果下述条件满足

$$-ex \operatorname{sgn} b + \frac{\dot{\tilde{k}}_x}{\gamma_x} = 0 \tag{5.24}$$

$$-er \operatorname{sgn} b + \frac{\dot{\tilde{k}}_r}{\gamma_r} = 0 \tag{5.25}$$

$$e\Phi(x) \operatorname{sgn} b + \Gamma^{-1}\dot{\tilde{\Theta}} = 0 \tag{5.26}$$

那么 $\dot{V}\left(e, \tilde{k}_x, \tilde{k}_r, \tilde{\Theta}\right) \leqslant 0$。

因为 k_x^*、k_r^* 和 Θ^* 是常数，所以根据式 (5.17)~式 (5.19) 可得 $\dot{\tilde{k}}_x = \dot{k}_x$、$\dot{\tilde{k}}_r = \dot{k}_r$ 和 $\dot{\tilde{\Theta}} = \dot{\Theta}$。因此，得到各参数的自适应律为

$$\dot{k}_x = \gamma_x xe \operatorname{sgn} b \tag{5.27}$$

$$\dot{k}_r = \gamma_r re \operatorname{sgn} b \tag{5.28}$$

$$\dot{\Theta} = -\Gamma\Phi(x)e \operatorname{sgn} b \tag{5.29}$$

然后可得

$$\dot{V}\left(e, \tilde{k}_x, \tilde{k}_r, \tilde{\Theta}\right) = 2a_m e^2 \leqslant 0 \tag{5.30}$$

因为 $\dot{V}\left(e, \tilde{k}_x, \tilde{k}_r, \tilde{\Theta}\right) \leqslant 0$，所以 $e(t)$、$k_x(t)$、$k_r(t)$ 和 $\Theta(t)$ 是有界的。所以

$$\lim_{t \to \infty} V\left(e, \tilde{k}_x, \tilde{k}_r, \tilde{\Theta}\right) = V\left(e_0, \tilde{k}_{x_0}, \tilde{k}_{r_0}, \tilde{\Theta}_0\right) + 2a_m\|e\|_2^2 \tag{5.31}$$

式中 $e_0 = e(0)$，$\tilde{k}_{x_0} = \tilde{k}_x(0)$，$\tilde{k}_{r_0} = \tilde{k}_r(0)$，$\tilde{\Theta}_0 = \tilde{\Theta}(0)$。

因此，当 $t \to \infty$ 时，$V\left(e, \tilde{k}_x, \tilde{k}_r, \tilde{\Theta}\right)$ 存在有限的极限。由于 $\|e\|_2$ 存在，所以 $e(t) \in \mathscr{L}_2 \cap \mathscr{L}_\infty$，但是 $\|\dot{e}\| \in \mathscr{L}_\infty$。

可以通过判断 $\dot{V}\left(e, \tilde{k}_x, \tilde{k}_r, \tilde{\Theta}\right)$ 的导数是否有界，从而判断它是否一致连续。计算 $\ddot{V}\left(e, \tilde{k}_x, \tilde{k}_r, \tilde{\Theta}\right)$，得

$$\ddot{V}\left(e, \tilde{k}_x, \tilde{k}_r, \tilde{\Theta}\right) = 4a_m e \dot{e} = 4a_m e \left[a_m e - b\tilde{k}_x x - b\tilde{k}_r r + b\tilde{\Theta}^\top \Phi(x)\right] \tag{5.32}$$

由于 $\dot{V}\left(e, \tilde{k}_x, \tilde{k}_r, \tilde{\Theta}\right) \leqslant 0$，所以 $e(t)$、$k_x(t)$、$k_r(t)$ 和 $\Theta(t)$ 是有界的；因为 $e(t)$ 和 $x_m(t)$ 有界，所以 $x(t)$ 也是有界的；由于 $x(t)$ 有界，可得 $\Phi(x)$ 有界；$r(t)$ 是有界的参考指令信号；综上所述，$\ddot{V}\left(e, \tilde{k}_x, \tilde{k}_r, \tilde{\Theta}\right)$ 是有界的。因此，$\dot{V}\left(e, \tilde{k}_x, \tilde{k}_r, \tilde{\Theta}\right)$ 是一致连续的。根据 Barbalat 引理，$\dot{V}\left(e, \tilde{k}_x, \tilde{k}_r, \tilde{\Theta}\right) \to 0$，因此当 $t \to \infty$ 时，$e(t) \to 0$。跟踪误差是渐近稳定的，但是整个自适应控制系统不是渐近稳定的，因为参数 $k_x(t)$、$k_r(t)$ 和 $\Theta(t)$ 只是有界的。　　■

5.2.2　案例 II：a 和 b 均已知

如果 a 和 b 已知，那么控制增益 k_x 和 k_r 不需要进行估计，因为它们也是已知的，可以通过模型匹配条件求得

$$k_x = \frac{a_m - a}{b} \tag{5.33}$$

$$k_r = \frac{b_m}{b} \tag{5.34}$$

此时，自适应控制器可以表示为

$$u = k_x x + k_r r - \Theta^\top(t)\Phi(x) \tag{5.35}$$

式中只有 $\Theta(t)$ 需要调整。

进而，得到跟踪误差动力学方程为

$$\dot{e} = a_m e + b\tilde{\Theta}^\top \Phi(x) \tag{5.36}$$

自适应律为

$$\dot{\Theta} = -\Gamma \Phi(x)eb \tag{5.37}$$

证明　为证明上述自适应律是稳定的，选择李雅普诺夫候选函数

$$V(e, \tilde{\Theta}) = e^2 + \tilde{\Theta}^\top \Gamma^{-1} \tilde{\Theta} > 0 \tag{5.38}$$

然后可得

$$\dot{V}(e, \tilde{\Theta}) = 2e\dot{e} + 2\tilde{\Theta}^\top \Gamma^{-1} \dot{\tilde{\Theta}} = 2a_m e^2 + 2eb\tilde{\Theta}^\top \Phi(x) - 2\tilde{\Theta}^\top eb\Phi(x) = 2a_m e^2 \leqslant 0 \tag{5.39}$$

依据 Barbalat 引理可得跟踪误差是渐近稳定的，也就是当 $t \to \infty$ 时，$e(t) \to 0$。　　■

例 5.9　设 $a = 1$，$b = 1$，$a_m = -1$，$b_m = 1$，$r(t) = \sin t$，$f(x) = \theta^* x(t)$，其中 θ^* 是一个未知常数，但是为了进行仿真，将其设为 $\theta^* = 0.1$。计算得到控制增益为

$$k_x = \frac{a_m - a}{b} = -2$$

$$k_r = \frac{b_m}{b} = 1$$

自适应控制器为

$$u = -2x + r - \theta x$$
$$\dot{\theta} = -\gamma x e b$$

式中 $\gamma = 1$ 是 $\theta(t)$ 的自适应速率。

虽然被控对象是线性的，但控制器却是非线性的。图 5-2 给出了自适应控制器的结构图。

94

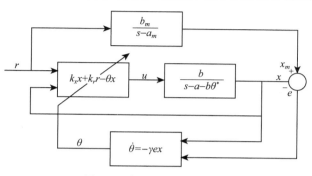

图 5-2　自适应控制结构图

如图 5-3 所示是自适应控制系统响应图。从图中可以看出，当 $t \to \infty$ 时，跟踪误差 $e(t) \to 0$，系统状态 $x(t) \to x_m(t)$。尽管收敛过程十分缓慢，估计值 $\theta(t)$ 也会收敛于不确定参数 θ^* 的真实值。可以通过增大自适应速率来提高收敛速度，但是大的自适应速率 γ 会导致系统对噪声和未建模动态的灵敏度增加，从而导致系统不稳定。换句话说，大的自适应速率 γ 能提高跟踪性能，但同时会降低系统的鲁棒性。在实际的设计过程中，必须仔细选择适当的自适应速率以保证系统既具有足够的鲁棒性，同时也能达到期望的跟踪性能。

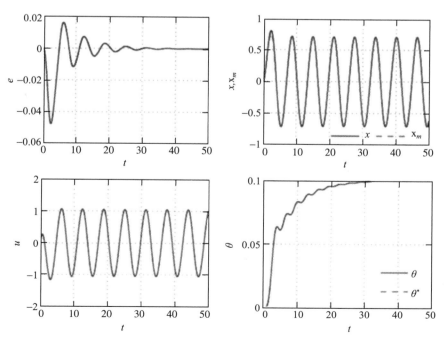

图 5-3　自适应控制系统响应

5.3 一阶单输入单输出系统的间接模型参考自适应控制

考虑 5.2.1 节中 a 和 b 未知，但 b 符号已知的系统。如果能得到参数 a 和 b 的估计值，那么根据模型匹配条件就可以得到控制增益 k_x 和 k_r。因此，间接自适应控制就是通过估计系统参数来更新控制增益。由此可得，间接自适应控制本质上是一种参数辨识的方法。

设

$$k_x(t) = \frac{a_m - \hat{a}(t)}{\hat{b}(t)} \tag{5.40}$$

$$k_r(t) = \frac{b_m}{\hat{b}(t)} \tag{5.41}$$

定义估计误差 $\tilde{a}(t) = \hat{a}(t) - a$ 和 $\tilde{b}(t) = \hat{b}(t) - b$。此时，将被控对象模型表示为

$$\dot{x} = ax + (\hat{b} - \tilde{b})\left[u + \Theta^{*\top}\Phi(x)\right] \tag{5.42}$$

将式（5.16）、式（5.40）和式（5.41）代入式（5.42）中，可得

$$
\begin{aligned}
\dot{x} =& ax + \hat{b}\left[\frac{a_m - \hat{a}}{\hat{b}}x + \frac{b_m}{\hat{b}}r - \Theta^{\top}\Phi(x) + \Theta^{*\top}\Phi(x)\right] \\
& - \tilde{b}\left[\frac{a_m - \hat{a}}{\hat{b}}x + \frac{b_m}{\hat{b}}r - \Theta^{\top}\Phi(x) + \Theta^{*\top}\Phi(x)\right] \\
=& (a_m - \tilde{a})x + b_m r - b\tilde{\Theta}^{\top}\Phi(x) - \tilde{b}\left(\frac{a_m - \hat{a}}{\hat{b}}x + \frac{b_m}{\hat{b}}r\right)
\end{aligned}
\tag{5.43}
$$

定义

$$\bar{u} = k_x(t)x + k_r(t)r \tag{5.44}$$

然后，得到跟踪误差动力学方程为

$$\dot{e} = \dot{x}_m - \dot{x} = a_m e + \tilde{a}x + \tilde{b}\bar{u} + b\tilde{\Theta}^{\top}\Phi(x) \tag{5.45}$$

下面介绍利用李雅普诺夫直接法来寻找自适应律。

证明　考虑李雅普诺夫候选函数

$$V(e, \tilde{a}, \tilde{b}, \tilde{\Theta}) = e^2 + \frac{\tilde{a}^2}{\gamma_a} + \frac{\tilde{b}^2}{\gamma_b} + |b|\tilde{\Theta}^{\top}\Gamma^{-1}\tilde{\Theta} > 0 \tag{5.46}$$

式中 $\gamma_a > 0$ 和 $\gamma_b > 0$ 分别是 $\hat{a}(t)$ 和 $\hat{b}(t)$ 的自适应速率。

然后，计算 $\dot{V}(e, \tilde{a}, \tilde{b}, \tilde{\Theta})$ 得

$$
\begin{aligned}
\dot{V}(e, \tilde{a}, \tilde{b}, \tilde{\Theta}) =& 2e\dot{e} + \frac{2\tilde{a}\dot{\tilde{a}}}{\gamma_a} + \frac{2\tilde{b}\dot{\tilde{b}}}{\gamma_b} + 2|b|\tilde{\Theta}^{\top}\Gamma^{-1}\dot{\tilde{\Theta}} \\
=& 2a_m e^2 + 2\tilde{a}\left(xe + \frac{\dot{\tilde{a}}}{\gamma_a}\right) + 2\tilde{b}\left(\bar{u}e + \frac{\dot{\tilde{b}}}{\gamma_b}\right) \\
& + 2|b|\tilde{\Theta}^{\top}\left[\Phi(x)e\,\mathrm{sgn}\,b + \Gamma^{-1}\dot{\tilde{\Theta}}\right]
\end{aligned}
\tag{5.47}
$$

由于 a 和 b 是常数，所以 $\dot{\tilde{a}} = \dot{\hat{a}}$、$\dot{\tilde{b}} = \dot{\hat{b}}$。因此，可得自适应律为

$$\dot{\hat{a}} = -\gamma_a xe \tag{5.48}$$

$$\dot{\hat{b}} = -\gamma_b \bar{u} e \tag{5.49}$$

96

$$\dot{\Theta} = -\Gamma \Phi(x) e \operatorname{sgn} b \tag{5.50}$$

然后, 可得

$$\dot{V}(e, \tilde{a}, \tilde{b}, \tilde{\Theta}) = 2a_m e^2 \leqslant 0 \tag{5.51}$$

由于 $\dot{V}(e, \tilde{a}, \tilde{b}, \tilde{\Theta}) \leqslant 0$, 所以 $e(t)$、$\hat{a}(t)$、$\hat{b}(t)$ 和 $\Theta(t)$ 是有界的, 进而可得

$$\lim_{t \to \infty} V\left(e, \tilde{k}_x, \tilde{k}_r, \tilde{\Theta}\right) = V\left(e_0, \tilde{a}_0, \tilde{b}_0, \tilde{\Theta}_0\right) + 2a_m \|e\|_2^2 \tag{5.52}$$

式中 e_0 和 $\tilde{\Theta}_0$ 与之前的定义相同, $\tilde{a}(0) = a_0$, $\tilde{b}(0) = b_0$。

因此, 当 $t \to \infty$ 时, $V\left(e, \tilde{a}, \tilde{b}, \tilde{\Theta}\right)$ 存在有限的极限。由于 $\|e\|_2$ 存在, 所以 $e(t) \in \mathscr{L}_2 \cap \mathscr{L}_\infty$, 但是 $\|\dot{e}\| \in \mathscr{L}_\infty$。

可以通过判断 $\dot{V}\left(e, \tilde{a}, \tilde{b}, \tilde{\Theta}\right)$ 的导数是否有界, 从而判断它是否一致连续。计算 $\ddot{V}\left(e, \tilde{a}, \tilde{b}, \tilde{\Theta}\right)$, 得

$$\ddot{V}(e, \tilde{a}, \tilde{b}, \tilde{\Theta}) = 4a_m e \dot{e} = 4a_m e \left[a_m e + \tilde{a} x + \tilde{b} \bar{u} + b \tilde{\Theta}^\top \Phi(x)\right] \tag{5.53}$$

由于 $\dot{V}\left(e, \tilde{a}, \tilde{b}, \tilde{\Theta}\right) \leqslant 0$, 所以 $e(t)$、$\hat{a}(t)$、$\hat{b}(t)$ 和 $\Theta(t)$ 是有界的; 因为 $e(t)$ 和 $x_m(t)$ 有界, 所以 $x(t)$ 也是有界的; 由于 $x(t)$ 有界, 可得 $\bar{u}(t)$ 和 $\Phi(x)$ 有界; $r(t)$ 是有界的参考指令信号。综上所述, $\ddot{V}\left(e, \tilde{a}, \tilde{b}, \tilde{\Theta}\right)$ 是有界的。因此, $\dot{V}\left(e, \tilde{a}, \tilde{b}, \tilde{\Theta}\right)$ 是一致连续的。根据 Barbalat 引理, $\dot{V}\left(e, \tilde{a}, \tilde{b}, \tilde{\Theta}\right) \to 0$, 因此当 $t \to \infty$ 时, $e(t) \to 0$。所以跟踪误差是渐近稳定的。 ∎

值得注意的是 $\hat{b}(t) = 0$ 的情况也存在, 在这种情况下, 控制增益会出现 "爆炸"。因此, 间接模型参考自适应控制的鲁棒性可能没有直接模型参考自适应控制的鲁棒性高。为了防止这种情况的发生, 必须修改 $\hat{b}(t)$ 的自适应律, 使得参数自适应在不包含 $\hat{b}(t) = 0$ 的 $\mathbb{R}$ 的闭合子区间中发生。一种修正技术是投影法, 其假设 b 先验已知 [2]。

假设 b 的下界已知, 即 $0 < b_0 \leqslant |b|$, 那么利用投影法修正后的自适应律为

$$\dot{\hat{b}} = \begin{cases} -\gamma_b \bar{u} e, & \text{若} |\hat{b}| > b_0 \text{ 或若} |\hat{b}| = b_0 \text{ 且} \dfrac{\mathrm{d}|\hat{b}|}{\mathrm{d}t} \geqslant 0 \\ 0, & \text{其他} \end{cases} \tag{5.54}$$

97

投影法本质上是一种约束优化, 将在第 9 章中详细介绍。简单地说, 投影法是一种只允许自适应参数在先验边界内进行自适应的一种方法。对修正后的自适应律简单解释如下:

假设已知 b 的下界为 b_0, 即 $|b| \geqslant b_0$。只要 $|\hat{b}| > b_0$, 那么可以正常使用未修正的自适应律。现在假设 $|\hat{b}| = b_0$, 需要考虑两种情况: $\dfrac{\mathrm{d}|\hat{b}|}{\mathrm{d}t} < 0$ 和 $\dfrac{\mathrm{d}|\hat{b}|}{\mathrm{d}t} \geqslant 0$。

1) 如果 $\dfrac{\mathrm{d}|\hat{b}|}{\mathrm{d}t} < 0$, 那么 $|\hat{b}|$ 是减函数, 并且在某个时刻 $t + \Delta t$ 满足 $|\hat{b}| < b_0$, 这会违反 $|\hat{b}| \geqslant b_0$ 的约束。因此, 为满足参数 b 的约束, $\dfrac{\mathrm{d}|\hat{b}|}{\mathrm{d}t} = 0$。

2) 如果 $\dfrac{\mathrm{d}|\hat{b}|}{\mathrm{d}t} \geqslant 0$, 那么 $|\hat{b}|$ 是非减函数, 且 $|\hat{b}| \geqslant b_0$。因此, 未修正的自适应控制律可以正常使用。

修正后的自适应律可以保证 $|\hat{b}|$ 总是大于或等于 b_0。

证明   由于修正了自适应律, $\dot{V}(e, \tilde{a}, \tilde{b}, \tilde{\Theta})$ 不再是一成不变的, 而是依赖于 $|\hat{b}|$ 和 $\dfrac{d|\hat{b}|}{dt}$。因此

$$\dot{V}(e, \tilde{a}, \tilde{b}, \tilde{\Theta}) = 2a_m e^2 + 2\tilde{b}\left(\bar{u}e + \frac{\dot{\hat{b}}}{\gamma_b}\right)$$

$$= \begin{cases} 2a_m e^2 \leqslant 0, & \text{若} |\hat{b}| \geqslant b_0 \text{ 或若} |\hat{b}| = b_0 \text{ 且} \dfrac{d|\hat{b}|}{dt} \geqslant 0 \\ a_m e^2 + 2\tilde{b}\bar{u}e, & \text{若} |\hat{b}| = b_0 \text{ 且} \dfrac{d|\hat{b}|}{dt} < 0 \end{cases} \tag{5.55}$$

考虑上式的第二种情况 $|\hat{b}| = b_0$ 且 $\dfrac{d|\hat{b}|}{dt} < 0$, 此时 $\dot{V}(e, \tilde{a}, \tilde{b}, \tilde{\Theta})$ 的符号未定。条件 $\dfrac{d|\hat{b}|}{dt} < 0$ 使得

$$\frac{d|\hat{b}|}{dt} = \dot{\hat{b}}\,\text{sgn}\,b = -\gamma_b \bar{u}e\,\text{sgn}\,b < 0 \Rightarrow \bar{u}e\,\text{sgn}\,b > 0 \tag{5.56}$$

由于 $|\hat{b}| = b_0$, 所以

$$2\tilde{b}\bar{u}e = 2(\hat{b} - b)\bar{u}e = 2\left[|\hat{b}|\,\text{sgn}\,b - |b|\,\text{sgn}\,b\right]\bar{u}e = 2(b_0 - |b|)\,\bar{u}e\,\text{sgn}\,b \tag{5.57}$$

因为 $|b| \geqslant b_0$, 这意味着 $|b| = b_0 + \delta > 0$, 其中 $\delta \geqslant 0$, 因此 $\bar{u}e\,\text{sgn}\,b > 0$, 这使得

$$2\tilde{b}\bar{u}e = 2(b_0 - b_0 - \delta)\,\bar{u}e\,\text{sgn}\,b = -2\delta\bar{u}e\,\text{sgn}\,b \leqslant 0 \tag{5.58}$$

因此

$$\dot{V}(e, \tilde{a}, \tilde{b}, \tilde{\Theta}) = 2a_m e^2 + 2\tilde{b}\bar{u}e = 2a_m e^2 - 2\delta\bar{u}e\,\text{sgn}\,b \leqslant 2a_m e^2 \leqslant 0 \tag{5.59}$$

由 Barbalat 引理, 可以得到当 $t \to \infty$ 时, $e(t) \to 0$。   ∎

5.4   二阶单输入单输出系统的直接模型参考自适应控制

考虑一个二阶非线性单输入单输出系统

$$\ddot{y} + 2\zeta\omega_n\dot{y} + \omega_n^2 y = b\left[u + f(y, \dot{y})\right] \tag{5.60}$$

式中 ζ 和 ω_n 是未知参数, $f(y, \dot{y}) = \Theta^{*\mathsf{T}}\Phi(y, \dot{y})$ 的定义与式 (5.10) 类似。

设 $x_1(t) = y(t)$, $x_2 = \dot{y}(t)$ 且 $x(t) = [\,x_1(t)\quad x_2(t)\,]^\mathsf{T} \in \mathbb{R}^2$。系统的状态方程为

$$\dot{x} = Ax + B\left[u + \Theta^*\Phi(x)\right] \tag{5.61}$$

式中

$$A = \begin{bmatrix} 0 & 1 \\ -\omega_n^2 & -2\zeta\omega_n \end{bmatrix}, B = \begin{bmatrix} 0 \\ b \end{bmatrix} \tag{5.62}$$

设 $x_{m_1}(t) = y_m(t)$, $x_{m_2} = \dot{y}_m(t)$ 且 $x_m(t) = [\,x_{m_1}(t)\quad x_{m_2}(t)\,]^\mathsf{T} \in \mathbb{R}^2$。定义参考模型为

$$\dot{x}_m = A_m x_m + B_m r \tag{5.63}$$

式中 $r \in \mathbb{R}$ 是有界指令信号, $A_m \in \mathbb{R}^2 \times \mathbb{R}^2$ 已知且为赫尔维茨矩阵, $B_m \in \mathbb{R}^2$ 也已知。

5.4.1 案例 I：A 和 B 未知，但 b 的符号已知

首先，定义理想控制器为

$$u^* = K_x^* x + k_r^* r - \Theta^{*\top} \Phi(x) \tag{5.64}$$

式中 $K_x^* \in \mathbb{R}^2$ 和 $k_r^* \in \mathbb{R}$ 是理想的未知常值增益。

将理想闭环系统与参考模型进行对比，可得模型匹配条件为

$$A + BK_x^* = A_m \tag{5.65}$$

$$Bk_r^* = B_m \tag{5.66}$$

通常，不能总是假设 K_x^* 和 k_r^* 存在，因为矩阵 A、A_m、B 和 B_m 可能具有不同的结构，使得 K_x^* 和 k_r^* 的解不一定存在。在大多数情况下，如果 A 和 B 已知，那么可以通过任意的非自适应控制技术设计 K_x^* 和 k_r^*，使得闭环系统稳定，同时能够跟踪给定指令。然后，根据 A、B、K_x^* 和 k_r^* 设计出 A_m 和 B_m。

例 5.10 考虑如下二阶单输入单输出系统和参考模型

$$A = \begin{bmatrix} 0 & 1 \\ -1 & -1 \end{bmatrix}, B = \begin{bmatrix} 0 \\ 1 \end{bmatrix}, A_m = \begin{bmatrix} 0 & 1 \\ -16 & -2 \end{bmatrix}, B_m = \begin{bmatrix} 0 \\ 2 \end{bmatrix}$$

利用伪逆求解矩阵 K_x^* 和 k_r^* 得

$$K_x^* = \left(B^\top B \right)^{-1} B^\top (A_m - A) = \begin{bmatrix} 0 & 1 \end{bmatrix} \left(\begin{bmatrix} 0 & 1 \\ -16 & -2 \end{bmatrix} - \begin{bmatrix} 0 & 1 \\ -1 & -1 \end{bmatrix} \right) = \begin{bmatrix} -15 & -1 \end{bmatrix}$$

$$k_r^* = \left(B^\top B \right)^{-1} B^\top B_m = 2$$

现在，假设

$$A_m = \begin{bmatrix} 1 & 1 \\ -16 & -2 \end{bmatrix}$$

可得 K_x^* 的解与上述一致（请读者自行验证），但是模型匹配条件不再成立，因为

$$A + BK = \begin{bmatrix} 0 & 1 \\ -16 & -2 \end{bmatrix} \neq A_m$$

■

因此，假设存在满足模型匹配条件的未知常值矩阵 K_x^* 和 k_r^* 是很重要的。对于二阶单输入单输出系统来说，如果 A_m 和 B_m 分别具有与 A 和 B 相同的结构，那么模型匹配条件满足。

设计全状态反馈自适应控制器

$$u = K_x(t)x + k_r(t)r - \Theta^\top \Phi(x) \tag{5.67}$$

式中 $K_x(t) \in \mathbb{R}^2$ 且 $k_r(t) \in \mathbb{R}$。

设 $\tilde{K}_x(t) = K_x(t) - K_x^*$、$\tilde{k}_r(t) = k_r(t) - k_r^*$ 和 $\tilde{\Theta}(t) = \Theta(t) - \Theta^*$ 为估计误差，那么闭环系统可以表示为

$$\dot{x} = \left(\underbrace{A + BK_x^*}_{A_m} + B\tilde{K}_x \right)x + \left(\underbrace{Bk_r^*}_{B_m} + B\tilde{k}_r \right)r - B\tilde{\Theta}^\top \Phi(x) \tag{5.68}$$

从而，得到闭环跟踪误差动力学方程为

$$\dot{e} = \dot{x}_m - \dot{x} = A_m e - B\tilde{K}_x x - B\tilde{k}_r r + B\tilde{\Theta}^\top \Phi(x) \tag{5.69}$$

式中 $e = x_m - x \in \mathbb{R}^2$。

证明　为设计自适应律，选择李雅普诺夫候选函数

$$V\left(e, \tilde{K}_x, \tilde{k}_r, \tilde{\Theta}\right) = e^\top P e + |b|\left(\tilde{K}_x \Gamma_x^{-1} \tilde{K}_x^\top + \frac{\tilde{k}_r^2}{\gamma_r} + \tilde{\Theta}^\top \Gamma_\Theta^{-1} \tilde{\Theta}\right) > 0 \tag{5.70}$$

式中 $\Gamma_x = \Gamma_x^\top > 0 \in \mathbb{R}^2 \times \mathbb{R}^2$ 是 $K_x(t)$ 的一个正定自适应速率矩阵；$P = P^\top > 0 \in \mathbb{R}^2 \times \mathbb{R}^2$ 是如下李雅普诺夫方程的解：

$$PA_m + A_m^\top P = -Q \tag{5.71}$$

式中 $Q = Q^\top > 0 \in \mathbb{R}^2 \times \mathbb{R}^2$。

然后，计算 $\dot{V}\left(e, \tilde{K}_x, \tilde{k}_r, \tilde{\Theta}\right)$ 得

$$\dot{V}\left(e, \tilde{K}_x, \tilde{k}_r, \tilde{\Theta}\right) = \dot{e}^\top P e + e^\top P \dot{e} + |b|\left(2\tilde{K}_x \Gamma_x^{-1} \dot{\tilde{K}}_x^\top + \frac{2\tilde{k}_r \dot{\tilde{k}}_r}{\gamma_r} + 2\tilde{\Theta}^\top \Gamma_\Theta^{-1} \dot{\tilde{\Theta}}\right) \tag{5.72}$$

将跟踪误差动力学方程代入上式得

$$\begin{aligned}
\dot{V}\left(e, \tilde{K}_x, \tilde{k}_r, \tilde{\Theta}\right) =& e^\top \left(PA_m + A_m^\top P\right) e + 2e^\top PB\left[-\tilde{K}_x x - \tilde{k}_r r + \tilde{\Theta}^\top \Phi(x)\right] \\
&+ |b|\left(2\tilde{K}_x \Gamma_x^{-1} \dot{\tilde{K}}_x^\top + \frac{2\tilde{k}_r \dot{\tilde{k}}_r}{\gamma_r} + 2\tilde{\Theta}^\top \Gamma_\Theta^{-1} \dot{\tilde{\Theta}}\right)
\end{aligned} \tag{5.73}$$

设 p_{ij}（$i = 1$、2，$j = 1$、2）是矩阵 P 的元素，注意

$$2e^\top PB = 2e^\top \bar{P} b \in \mathbb{R} \tag{5.74}$$

式中 $\bar{P} = \begin{bmatrix} p_{12} & p_{22} \end{bmatrix}^\top$

101

然后，$\dot{V}\left(e, \tilde{K}_x, \tilde{k}_r, \tilde{\Theta}\right)$ 可以表示为

$$\begin{aligned}
\dot{V}\left(e, \tilde{K}_x, \tilde{k}_r, \tilde{\Theta}\right) =& -e^\top Q e + 2|b|\operatorname{sgn}(b)\left[-\tilde{K}_x x - \tilde{k}_r r + \tilde{\Theta}^\top \Phi(x)\right] e^\top \bar{P} \\
&+ |b|\left(2\tilde{K}_x \Gamma_x^{-1} \dot{\tilde{K}}_x^\top + \frac{2\tilde{k}_r \dot{\tilde{k}}_r}{\gamma_r} + 2\tilde{\Theta}^\top \Gamma_\Theta^{-1} \dot{\tilde{\Theta}}\right)
\end{aligned} \tag{5.75}$$

或者

$$\begin{aligned}
\dot{V}\left(e, \tilde{K}_x, \tilde{k}_r, \tilde{\Theta}\right) =& -e^\top Q e + 2|b|\tilde{K}_x\left(-xe^\top \bar{P}\operatorname{sgn} b + \Gamma_x^{-1}\dot{\tilde{K}}_x^\top\right) \\
&+ 2|b|\tilde{k}_r\left(-re^\top \bar{P}\operatorname{sgn} b + \frac{\dot{\tilde{k}}_r}{\gamma_r}\right) \\
&+ 2|b|\tilde{\Theta}^\top \left[\Phi(x)e^\top \bar{P}\operatorname{sgn} b + \Gamma_\Theta^{-1}\dot{\tilde{\Theta}}\right]
\end{aligned} \tag{5.76}$$

进而可得如下自适应律

$$\dot{K}_x^\top = \Gamma_x x e^\top \bar{P}\operatorname{sgn} b \tag{5.77}$$

$$\dot{k}_r = \gamma_r r e^\top \bar{P}\operatorname{sgn} b \tag{5.78}$$

$$\dot{\Theta} = -\Gamma_\Theta \Phi(x) e^\top \bar{P} \operatorname{sgn} b \tag{5.79}$$

使得

$$\dot{V}\left(e, \tilde{K}_x, \tilde{k}_r, \tilde{\Theta}\right) = -e^\top Q e \leqslant -\lambda_{\min}(Q)\|e\|_2^2 \leqslant 0 \tag{5.80}$$

成立。

由于 $\dot{V}\left(e, \tilde{K}_x, \tilde{k}_r, \tilde{\Theta}\right) \leqslant 0$，所以 $e(t)$、$K_x(t)$、$k_r(t)$ 和 $\Theta(t)$ 是有界的。然后，得

$$\lim_{t \to \infty} V\left(e, \tilde{K}_x, \tilde{k}_r, \tilde{\Theta}\right) = V\left(e_0, \tilde{K}_{x_0}, \tilde{k}_{r_0}, \tilde{\Theta}_0\right) - \lambda_{\min}(Q)\|e\|_2^2 \tag{5.81}$$

因此，当 $t \to \infty$ 时，$V\left(e, \tilde{K}_x, \tilde{k}_r, \tilde{\Theta}\right)$ 存在有限的极限。由于 $\|e\|_2$ 存在，所以 $e(t) \in \mathscr{L}_2 \cap \mathscr{L}_\infty$，但是 $\|\dot{e}\| \in \mathscr{L}_\infty$。

可以通过判断 $\dot{V}\left(e, \tilde{K}_x, \tilde{k}_r, \tilde{\Theta}\right)$ 的导数是否有界，从而判断它是否一致连续，其中

$$\begin{aligned} \ddot{V}\left(e, \tilde{K}_x, \tilde{k}_r, \tilde{\Theta}\right) &= -\dot{e}^\top Q e - e^\top Q \dot{e} = -e^\top \left(QA + A^\top Q\right) e \\ &\quad - 2e^\top Q\left[A_m e - B\tilde{K}_x x - B\tilde{k}_r r + B\tilde{\Theta}^\top \Phi(x)\right] \end{aligned} \tag{5.82}$$

由于 $\dot{V}\left(e, \tilde{K}_x, \tilde{k}_r, \tilde{\Theta}\right) \leqslant 0$，所以 $e(t)$、$K_x(t)$、$k_r(t)$ 和 $\Theta(t)$ 是有界的；因为 $e(t)$ 和 $x_m(t)$ 有界，所以 $x(t)$ 也是有界的；由于 $x(t)$ 有界，可得 $\Phi(x)$ 有界；$r(t)$ 是有界的参考指令信号。综上所述，$\ddot{V}\left(e, \tilde{K}_x, \tilde{k}_r, \tilde{\Theta}\right)$ 是有界的。因此，$\dot{V}\left(e, \tilde{K}_x, \tilde{k}_r, \tilde{\Theta}\right)$ 是一致连续的。根据 Barbalat 引理，$\dot{V}\left(e, \tilde{K}_x, \tilde{k}_r, \tilde{\Theta}\right) \to 0$，因此当 $t \to \infty$ 时，$e(t) \to 0$。所以跟踪误差是渐近稳定的。∎

例 5.11　为如下二阶系统设计一个自适应控制器

$$\ddot{y} + 2\zeta\omega_n \dot{y} + \omega_n^2 y = b\left[u + \Theta^{*\top}\Phi(y)\right]$$

式中 $\zeta > 0$、$\omega_n > 0$、$b > 0$ 和 $\Theta^{*\top} = [\theta_1^* \quad \theta_2^*]$ 均为未知参数，并且

$$\Phi(y) = \begin{bmatrix} 1 \\ y^2 \end{bmatrix}$$

给定参考模型

$$\ddot{y}_m + 2\zeta_m \omega_m \dot{y}_m + \omega_m^2 y_m = b_m r$$

式中 $\zeta_m = 0.5$，$\omega_m = 2$，$b_m = 4$，$r = \sin(2t)$。为了进行仿真，设未知参数 $\zeta = -0.5$，$\omega_n = 1$，$b = 1$，$\Theta^{*\top} = [0.5 \quad -0.1]$。

开环系统具有位于右半平面的特征根 $\lambda(A) = \dfrac{1 \pm \sqrt{3}}{2}$，因此是不稳定的。存在理想的控制增益 K_x^* 和 k_r^*，有

$$K_x^* = \left(B^\top B\right)^{-1} B^\top (A_m - A) = [-3 \quad -3]$$

$$k_r^* = \frac{b_m}{b} = 4$$

设 $Q = I$，李雅普诺夫方程（5.71）的解为

$$P = \begin{bmatrix} \dfrac{3}{2} & \dfrac{1}{8} \\[2mm] \dfrac{1}{8} & \dfrac{5}{16} \end{bmatrix} \Rightarrow \bar{P} = \begin{bmatrix} \dfrac{1}{8} \\[2mm] \dfrac{5}{16} \end{bmatrix}$$

设 $\Gamma_x = \text{diag}(\gamma_{x_1}, \gamma_{x_2})$，$\Gamma_\Theta = \text{diag}(\gamma_{\theta_1}, \gamma_{\theta_2})$，则自适应律为

$$\dot{K}_x^\top = \begin{bmatrix} \dot{k}_{x_1} \\ \dot{k}_{x_2} \end{bmatrix} = \Gamma_x x e^\top \bar{P} \underbrace{\text{sgn}(b)}_{1} = \begin{bmatrix} \gamma_{x_1} & 0 \\ 0 & \gamma_{x_2} \end{bmatrix} \begin{bmatrix} x_1 \\ x_2 \end{bmatrix} \begin{bmatrix} e_1 & e_2 \end{bmatrix} \begin{bmatrix} \dfrac{1}{8} \\ \dfrac{5}{16} \end{bmatrix}$$

$$= \left(\frac{1}{8}e_1 + \frac{5}{16}e_2\right) \begin{bmatrix} \gamma_{x_1} x_1 \\ \gamma_{x_2} x_2 \end{bmatrix}$$

103

$$\dot{k}_r = \gamma_r r e^\top \bar{P} \,\text{sgn}\, b = \left(\frac{1}{8}e_1 + \frac{5}{16}e_2\right)\gamma_r r$$

$$\dot{\Theta} = \begin{bmatrix} \dot{\theta}_1 \\ \dot{\theta}_2 \end{bmatrix} = -\Gamma_\Theta \Theta(x) e^\top \bar{P} \,\text{sgn}\, b = -\begin{bmatrix} \gamma_{\theta_1} & 0 \\ 0 & \gamma_{\theta_2} \end{bmatrix} \begin{bmatrix} 1 \\ x_1^2 \end{bmatrix} \begin{bmatrix} e_1 & e_2 \end{bmatrix} \begin{bmatrix} \dfrac{1}{8} \\ \dfrac{5}{16} \end{bmatrix}$$

$$= -\left(\frac{1}{8}e_1 + \frac{5}{16}e_2\right) \begin{bmatrix} \gamma_{\theta_1} \\ \gamma_{\theta_2} x_1^2 \end{bmatrix}$$

在仿真中，所有的初始值都设为 0，自适应速率为 100。仿真结果如图 5-4 和图 5-5 所示。

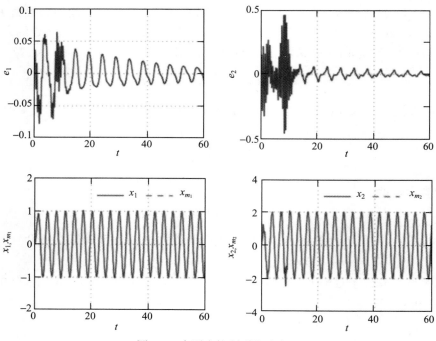

图 5-4　自适应控制系统响应

值得注意的是，虽然被控对象能够在很短的时间内准确跟踪参考模型，但是自适应增益 $K_x(t)$ 和 $k_r(t)$ 以及自适应参数 $\Theta(t)$ 收敛得相对较慢，且当这些参数收敛时，并没有收敛到对应的真实值，比如 $k_{x_2}(t)$ 和 $k_r(t)$。这是模型参考自适应的特性之一：无法保证自适应参数收敛到其真实值。

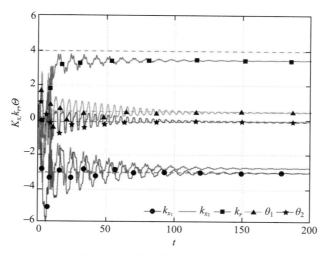

图 5-5 自适应增益和自适应参数

5.4.2 案例 II：A 和 B 均已知

如果 A 和 B 均已知，并且假设存在 K_x 和 k_r 满足模型匹配条件

$$A + BK_x = A_m \tag{5.83}$$

$$Bk_r = B_m \tag{5.84}$$

对于二阶系统来说，如果 A_m 和 B_m 分别具有与 A 和 B 相同的结构，那么可以利用伪逆求解得到 K_x 和 k_r。

设自适应控制器为

$$u = K_x x + k_r r - \Theta^\top \Phi(x) \tag{5.85}$$

然后，闭环系统可以表示为

$$\dot{x} = (A + BK_x)\,x + Bk_r r - B\tilde{\Theta}^\top \Phi(x) \tag{5.86}$$

跟踪误差动力学方程为

$$\dot{e} = A_m e + B\tilde{\Theta}^\top \Phi(x) \tag{5.87}$$

证明 选择李雅普诺夫候选函数

$$V(e, \tilde{\Theta}) = e^\top P e + \tilde{\Theta}^\top \Gamma^{-1} \tilde{\Theta}^\top \tag{5.88}$$

然后计算 $\dot{V}(e, \tilde{\Theta})$，得到

$$\dot{V}(e, \tilde{\Theta}) = -e^\top Q e + 2 e^\top P B \tilde{\Theta}^\top \Phi(x) + 2\tilde{\Theta}^\top \Gamma^{-1} \dot{\tilde{\Theta}} \tag{5.89}$$

由于 $e^\top P B \in \mathbb{R}$ 是一个标量，所以

$$\begin{aligned} \dot{V}(e, \tilde{\Theta}) &= -e^\top Q e + 2\tilde{\Theta}^\top \Phi(x) e^\top P B + 2\tilde{\Theta}^\top \Gamma^{-1} \dot{\tilde{\Theta}} \\ &= -e^\top Q e + 2\tilde{\Theta}^\top \left[\Phi(x) e^\top P B + \Gamma^{-1} \dot{\tilde{\Theta}} \right] \end{aligned} \tag{5.90}$$

104

105

因此，得到如下自适应律

$$\dot{\Theta} = -\Gamma \Phi(x) e^{\top} P B \tag{5.91}$$

然后，有

$$\dot{V}(e, \tilde{\Theta}) = -e^{\top} Q e \leqslant -\lambda_{\min}(Q) \|e\|^2 \tag{5.92}$$

因此，$e(t)$ 和 $\Theta(t)$ 是有界的。与上一节相同，根据 Barbalat 引理可得 $\dot{V}(e, \tilde{\Theta})$ 是一致连续的，所以当 $t \to \infty$ 时，$\dot{V}(e, \tilde{\Theta}) \to 0$。因此，跟踪误差是渐近稳定的，即当 $t \to \infty$ 时，$e(t) \to 0$。∎

5.5　二阶单输入单输出系统的间接模型参考自适应控制

二阶系统的间接参考模型自适应控制与一阶系统类似。考虑 5.4.1 节中 A 和 B 未知，但 b 符号已知的二阶系统。设存在矩阵 K_x 和 k_r 满足模型匹配条件，A_m 和 B_m 分别具有与 A 和 B 相同的结构，而且可以估计得到 A 和 B。设

$$A = \begin{bmatrix} 0 & 1 \\ -\omega_n^2 & -2\zeta\omega_n \end{bmatrix}, B = \begin{bmatrix} 0 \\ b \end{bmatrix}, A_m = \begin{bmatrix} 0 & 1 \\ -\omega_m^2 & -2\zeta_m\omega_m \end{bmatrix}, B_m = \begin{bmatrix} 0 \\ b_m \end{bmatrix} \tag{5.93}$$

106

模型匹配条件为

$$\hat{A}(t) + \hat{B}(t) K_x(t) = A_m \tag{5.94}$$

$$\hat{B}(t) k_r(t) = B_m \tag{5.95}$$

其中 $K_x(t)$ 和 $k_r(t)$ 由下式计算得到

$$\begin{aligned} K_x = \left(\hat{B}^{\top}\hat{B}\right)^{-1} \hat{B}^{\top} \left(A_m - \hat{A}\right) &= \frac{1}{\hat{b}^2} \begin{bmatrix} 0 & \hat{b} \end{bmatrix} \begin{bmatrix} 0 & 0 \\ -\omega_m^2 + \hat{\omega}_n^2 & -2\zeta_m\omega_m + 2\hat{\zeta}\hat{\omega}_n \end{bmatrix} \\ &= \frac{1}{\hat{b}} \begin{bmatrix} -\omega_m^2 + \hat{\omega}_n^2 & -2\zeta_m\omega_m + 2\hat{\zeta}\hat{\omega}_n \end{bmatrix} \end{aligned} \tag{5.96}$$

$$k_r = \left(\hat{B}^{\top}\hat{B}\right)^{-1} \hat{B}^{\top} B_m = \frac{1}{\hat{b}^2} \begin{bmatrix} 0 & \hat{b} \end{bmatrix} \begin{bmatrix} 0 \\ b_m \end{bmatrix} = \frac{b_m}{\hat{b}} \tag{5.97}$$

式中 $\hat{A}$、$\hat{B}$、$\hat{\omega}_n$ 和 $\hat{\zeta}$ 分别是 A、B、ω_n 和 ζ 的估计值。

设 $\tilde{A}(t) = \hat{A}(t) - A$ 和 $\tilde{B}(t) = \hat{B}(t) - B$ 是估计误差。此时，被控对象模型可以写成

$$\dot{x} = \left(\hat{A} - \tilde{A}\right) x + \left(\hat{B} - \tilde{B}\right) \left[u + \Theta^{*\top} \Phi(x)\right] \tag{5.98}$$

然后，将式（5.67）、式（5.96）和式（5.97）代入式（5.98）中，得到

$$\begin{aligned} \dot{x} =& (\hat{A} - \tilde{A}) x + \hat{B} \left[K_x x + k_r r - \Theta^{\top} \Phi(x) + \Theta^{*\top} \Phi(x)\right] \\ & - \tilde{B} \left[K_x x + k_r r - \Theta^{\top} \Phi(x) + \Theta^{*\top} \Phi(x)\right] \\ =& \Big(\underbrace{\hat{A} + \hat{B}K_x}_{A_m} - \tilde{A}\Big) x + \underbrace{\hat{B}k_r}_{B_m} r - B\tilde{\Theta}^{\top}\Phi(x) - \tilde{B}(K_x x + k_r r) \end{aligned} \tag{5.99}$$

设

$$\bar{u} = K_x(t) x + k_r(t) r \tag{5.100}$$

然后，可得跟踪误差动力学方程

$$\dot{e} = \dot{x}_m - \dot{x} = A_m e + \tilde{A}x + \tilde{B}\bar{u} + B\tilde{\Theta}^\top \Phi(x) \tag{5.101}$$

证明 与前文一样，选择李雅普诺夫候选函数

$$V(e, \tilde{A}, \tilde{B}, \tilde{\Theta}) = e^\top P e + \text{trace}\left(\tilde{A}\Gamma_A^{-1}\tilde{A}^\top\right) + \frac{\tilde{B}^\top \tilde{B}}{\gamma_b} + |b|\tilde{\Theta}^\top \Gamma_\Theta^{-1}\tilde{\Theta} \tag{5.102}$$

式中 $\Gamma_A = \Gamma_A^\top > 0 \in \mathbb{R}^2 \times \mathbb{R}^2$ 是 $\hat{A}$ 的正定自适应速率矩阵。

注意，李雅普诺夫函数中矩阵的迹是将矩阵乘积映射到一个标量。

计算 $\dot{V}(e, \tilde{A}, \tilde{B}, \tilde{\Theta})$ 得

$$\begin{aligned} \dot{V}(e, \tilde{A}, \tilde{B}, \tilde{\Theta}) = & -e^\top Q e + 2e^T P\left[\tilde{A}x + \tilde{B}\bar{u} + B\tilde{\Theta}^\top \Phi(x)\right] \\ & + \text{trace}\left(2\tilde{A}\Gamma_A^{-1}\dot{\tilde{A}}^\top\right) + \frac{2\tilde{B}^\top \dot{\tilde{B}}}{\gamma_b} + 2|b|\tilde{\Theta}^\top \Gamma_\Theta^{-1}\dot{\tilde{\Theta}} \end{aligned} \tag{5.103}$$

现在，考虑两个向量 $C = [c_1 \quad c_2 \quad \cdots \quad c_n]^\top \in \mathbb{R}^n$ 和 $D = [d_1 \quad d_2 \quad \cdots \quad d_n]^\top \in \mathbb{R}^n$ 乘积的迹运算。其中，$C^\top D = D^\top C \in \mathbb{R}$，$CD^\top \in \mathbb{R}^n \times \mathbb{R}^n$。然后，可得迹运算的一个性质如下：

$$\text{trace}\left(CD^\top\right) = C^\top D = D^\top C \tag{5.104}$$

可将上式两端展开进行验证

$$C^\top D = D^\top C = \sum_{i=1}^{n} c_i d_i \tag{5.105}$$

$$CD^\top = \left\{c_i d_j\right\}, i, j = 1, 2, \cdots, n \tag{5.106}$$

迹运算符是对所有对角元素进行求和。因此

$$\text{trace}\left(CD^\top\right) = \sum_{i=1}^{j} c_i d_i = C^\top D = D^\top C \tag{5.107}$$

现在，利用迹运算的特点，得到下式：

$$2\left(e^\top P\right)(\tilde{A}x) = \text{trace}\left(2\tilde{A}xe^\top P\right) \tag{5.108}$$

同样，由于 $e^\top PB$ 和 $e^\top P\tilde{B}$ 为标量（请读者自行验证），可得

$$2\left(e^\top P\right)(\tilde{B}) = 2\tilde{B}^\top P e \tag{5.109}$$

和

$$2\left(e^\top PB\right)\left[\tilde{\Theta}^\top \Phi(x)\right] = 2\tilde{\Theta}^\top \Phi(x)e^\top PB = 2\tilde{\Theta}^\top \Phi(x)e^\top \bar{P}|b|\,\text{sgn}(b) \tag{5.110}$$

其中 $\bar{P}$ 的定义与前文相同。因此

$$\begin{aligned} \dot{V}(e, \tilde{A}, \tilde{B}, \tilde{\Theta}) = & -e^\top Q e + \text{trace}\left[2\tilde{A}\left(xe^\top P + \Gamma_A^{-1}\dot{\tilde{A}}^\top\right)\right] + 2\tilde{B}^\top\left(Pe\bar{u} + \frac{\dot{\tilde{B}}}{\gamma_b}\right) \\ & + 2|b|\tilde{\Theta}^\top\left[\Phi(x)e^\top \bar{P}\,\text{sgn}\,b + \Gamma_\Theta^{-1}\dot{\tilde{\Theta}}\right] \end{aligned} \tag{5.111}$$

得到如下自适应律

$$\dot{\hat{A}}^{\top} = -\Gamma_A x e^{\top} P \tag{5.112}$$

$$\dot{\hat{B}} = -\gamma_b P e \bar{u} \tag{5.113}$$

$$\dot{\Theta} = -\Gamma_\Theta \Phi(x) e^{\top} \bar{P} \operatorname{sgn} b \tag{5.114}$$

由于

$$\dot{V}(e, \tilde{A}, \tilde{B}, \tilde{\Theta}) = -e^{\top} Q e \leqslant -\lambda_{\min}(Q) \|e\|^2 \tag{5.115}$$

所以 $e(t)$、$\tilde{A}(t)$、$\tilde{B}(t)$ 和 $\tilde{\Theta}(t)$ 有界。

因为

$$V(t \to \infty) = V(t_0) - \int_{t_0}^{\infty} \lambda_{\min}(Q) \|e\|^2 \mathrm{d}t < \infty \tag{5.116}$$

所以当 $t \to \infty$ 时，$V(e, \tilde{A}, \tilde{B}, \tilde{\Theta})$ 存在有限的极限。

同样，因为 $\ddot{V}(e, \tilde{A}, \tilde{B}, \tilde{\Theta})$ 有界，所以 $\dot{V}(e, \tilde{A}, \tilde{B}, \tilde{\Theta})$ 是一致连续的。然后，由 Barbalat 引理可知跟踪误差是渐近稳定的，即当 $t \to \infty$ 时，$e(t) \to 0$。 ■

设

$$\hat{\bar{A}} = [0 \quad 1]\hat{A} = [0 \quad 1]\begin{bmatrix} 0 & 1 \\ -\hat{\omega}_n^2 & -2\hat{\zeta}\hat{\omega}_n \end{bmatrix} = [-\hat{\omega}_n^2 \quad -2\hat{\zeta}\hat{\omega}_n] \tag{5.117}$$

由于

$$\hat{b} = [0 \quad 1]\hat{B} = [0 \quad 1]\begin{bmatrix} 0 \\ \hat{b} \end{bmatrix} \tag{5.118}$$

那么自适应律可以用未知量 ω_n 和 ζ 的估计值来表示

$$\dot{\hat{\bar{A}}}^{\top} = -\Gamma_A x e^{\top} P \begin{bmatrix} 0 \\ 1 \end{bmatrix} = -\Gamma_A x e^{\top} \bar{P} \tag{5.119}$$

$$\dot{\hat{b}} = -\gamma_b [0 \quad 1] P e \bar{u} = -\gamma_b \bar{P}^{\top} e \bar{u} = -\gamma_b \bar{u} e^{\top} \bar{P} \tag{5.120}$$

设

$$\Gamma_A = \begin{bmatrix} \gamma_\omega & 0 \\ 0 & \gamma_\zeta \end{bmatrix} > 0 \tag{5.121}$$

那么

$$\frac{\mathrm{d}}{\mathrm{d}t}\left(-\hat{\omega}_n^2\right) = -\gamma_\omega x_1 e^{\top} \bar{P} \tag{5.122}$$

或者

$$\dot{\hat{\omega}}_n = \frac{\gamma_\omega x_1 e^{\top} \bar{P}}{2\hat{\omega}_n} \tag{5.123}$$

和

$$\frac{\mathrm{d}}{\mathrm{d}t}\left(-2\hat{\zeta}\hat{\omega}_n\right) = -2\hat{\omega}_n\dot{\hat{\zeta}} - 2\hat{\zeta}\dot{\hat{\omega}}_n = -\gamma_\zeta x_2 e^{\top} \bar{P} \tag{5.124}$$

或

$$\dot{\hat{\zeta}} = \frac{\left(\gamma_\zeta x_2 \hat{\omega}_n - \gamma_\omega x_1 \hat{\zeta}\right) e^{\top} \bar{P}}{2\hat{\omega}_n^2} \tag{5.125}$$

为防止 $\hat{\omega}_n(t) = 0$ 或 $\hat{b}(t) = 0$ 的出现致使自适应律"爆炸"，利用投影法修正来估计 $\hat{\omega}_n(t)$ 和 $\hat{b}(t)$ 的自适应律

$$\dot{\hat{\omega}}_n = \begin{cases} \dfrac{\gamma_\omega x_1 e^\top \overline{P}}{2\hat{\omega}_n}, & \text{若} \hat{\omega}_n > \omega_0 > 0 \text{ 或若} \hat{\omega}_n = \omega_0 \text{ 且} \dot{\hat{\omega}}_n \geqslant 0 \\ 0, & \text{其他} \end{cases} \tag{5.126}$$

$$\dot{\hat{b}} = \begin{cases} -\gamma_b \overline{u} e^\top \overline{P}, & \text{若} |\hat{b}| > b_0 \text{ 或若} |\hat{b}| = b_0 \text{ 且} \dfrac{\mathrm{d}|\hat{b}|}{\mathrm{d}t} \geqslant 0 \\ 0, & \text{其他} \end{cases} \tag{5.127}$$

在修正后的 $\hat{\omega}_n(t)$ 自适应律中，假设实际物理系统中的 $\hat{\omega}_n(t)$ 总为正值。

5.6　多输入多输出系统的直接模型参考自适应控制

考虑具有匹配不确定性的多输入多输出系统

$$\dot{x} = Ax + B\Lambda[u + f(x)] \tag{5.128}$$

110

式中 $x \in \mathbb{R}^n$ 是状态向量，$u \in \mathbb{R}^m$ 是控制向量，$A \in \mathbb{R}^n \times \mathbb{R}^n$ 是已知或未知的常值矩阵，$B \in \mathbb{R}^n \times \mathbb{R}^m$ 是已知矩阵，对角矩阵 $\Lambda = \Lambda^\top = \mathrm{diag}(\lambda_1, \lambda_2, \cdots, \lambda_m) \in \mathbb{R}^m \times \mathbb{R}^m$ 是控制输入不确定性，$f(x) \in \mathbb{R}^m$ 是匹配不确定性，可以用线性化的参数形式表示

$$f(x) = \Theta^{*\top} \Phi(x) \tag{5.129}$$

式中 $\Theta^* \in \mathbb{R}^l \times \mathbb{R}^m$ 是未知常值矩阵，$\Phi(x) \in \mathbb{R}^l$ 是已知的有界基函数。

此外，假设 $(A, B\Lambda)$ 能控。能控性保证控制输入 $u(t)$ 能够控制足够多的系统状态从而使被控对象的所有不稳定模态稳定。可以通过能控性矩阵 C 的秩来判断能控性是否成立，其中

$$C = \begin{bmatrix} B\Lambda | AB\Lambda | A^2 B\Lambda | \cdots | A^{n-1} B\Lambda \end{bmatrix} \tag{5.130}$$

如果 $\mathrm{rank}(C) = n$，那么 $(A, B\Lambda)$ 是能控的。

定义参考模型

$$\dot{x}_m = A_m x_m + B_m r \tag{5.131}$$

式中 $x_m(t) \in \mathbb{R}^n$ 是参考状态向量，$A_m \in \mathbb{R}^n \times \mathbb{R}^n$ 是已知的且为赫尔维茨矩阵，$B_m \in \mathbb{R}^n \times \mathbb{R}^q$ 也是已知的，$r(t) \in \mathbb{R}^q$ 是分段连续有界的指令向量。

我们的目标是设计一个全状态自适应控制器，使得 $x(t)$ 能够跟踪 $x_m(t)$。

5.6.1　案例 I：A 和 Λ 未知，但 B 和 Λ 的符号已知

首先，必须假设存在理想控制增益 K_x^* 和 K_r^* 满足如下模型匹配条件：

$$A + B\Lambda K_x^* = A_m \tag{5.132}$$

$$B\Lambda K_r^* = B_m \tag{5.133}$$

如果 A_m 和 B_m 分别具有与 A 和 B 相同的结构，或者 $B\Lambda$ 为可逆方阵，那么存在 K_x^* 和 K_r^* 满足模型匹配条件。

例 5.12 定义多输入多输出系统和参考模型

$$A = \begin{bmatrix} 1 & 1 \\ -1 & -1 \end{bmatrix}, B\Lambda = \begin{bmatrix} 1 & 1 \\ 0 & 1 \end{bmatrix}, A_m = \begin{bmatrix} 0 & 1 \\ -16 & -2 \end{bmatrix}, B_m = \begin{bmatrix} 2 & 0 \\ 0 & 1 \end{bmatrix}$$

111

那么

$$K_x^* = (B\Lambda)^{-1}(A_m - A) = \begin{bmatrix} 14 & 1 \\ -15 & -1 \end{bmatrix}$$

$$K_r^* = (B\Lambda)^{-1}B_m = \begin{bmatrix} 2 & -1 \\ 0 & 1 \end{bmatrix}$$

定义自适应控制器为

$$u = K_x(t)x + K_r(t)r - \Theta^\top \Phi(x) \tag{5.134}$$

式中 $K_x(t) \in \mathbb{R}^m \times \mathbb{R}^n$、$K_r(t) \in \mathbb{R}^m \times \mathbb{R}^q$ 和 $\Theta(t) \in \mathbb{R}^l \times \mathbb{R}^m$ 分别是 K_x^*、K_r^* 和 Θ^* 的估计值。

设 $\tilde{K}_x(t) = K_x(t) - K_x^*$、$\tilde{K}_r(t) = K_r(t) - K_r^*$ 和 $\tilde{\Theta}(t) = \Theta(t) - \Theta^*$ 是估计误差。那么，闭环系统的模型可以表示为

$$\dot{x} = \left(\underbrace{A + B\Lambda K_x^*}_{A_m} + B\Lambda\tilde{K}_x\right)x + \left(\underbrace{B\Lambda K_r^*}_{B_m} + B\Lambda\tilde{K}_r\right)r - B\Lambda\tilde{\Theta}^\top\Phi(x) \tag{5.135}$$

闭环跟踪误差动力学方程为

$$\dot{e} = \dot{x}_m - \dot{x} = A_m e - B\Lambda\tilde{K}_x x - B\Lambda\tilde{K}_r r + B\Lambda\tilde{\Theta}^\top\Phi(x) \tag{5.136}$$

证明 为获得自适应律，选择如下李雅普诺夫候选函数：

$$V\left(e, \tilde{K}_x, \tilde{K}_r, \tilde{\Theta}\right) = e^\top P e + \text{trace}\left(|\Lambda|\tilde{K}_x\Gamma_x^{-1}\tilde{K}_x^\top\right) + \text{trace}\left(|\Lambda|\tilde{K}_r\Gamma_r^{-1}\tilde{K}_r^\top\right)$$
$$+ \text{trace}\left(|\Lambda|\tilde{\Theta}^\top\Gamma_\Theta^{-1}\tilde{\Theta}\right) \tag{5.137}$$

计算 $\dot{V}\left(e, \tilde{K}_x, \tilde{K}_r, \tilde{\Theta}\right)$ 得

$$\dot{V}\left(e, \tilde{K}_x, \tilde{K}_r, \tilde{\Theta}\right) = -e^\top Q e + 2e^\top P\left[-B\Lambda\tilde{K}_x x - B\Lambda\tilde{K}_r r + B\Lambda\tilde{\Theta}^\top\Phi(x)\right]$$
$$+ 2\,\text{trace}\left(|\Lambda|\tilde{K}_x\Gamma_x^{-1}\dot{\tilde{K}}_x^\top\right)$$
$$+ 2\,\text{trace}\left(|\Lambda|\tilde{K}_r\Gamma_r^{-1}\dot{\tilde{K}}_r^\top\right) + 2\,\text{trace}\left(|\Lambda|\tilde{\Theta}^\top\Gamma_\Theta^{-1}\dot{\tilde{\Theta}}\right) \tag{5.138}$$

利用迹运算的特性 $\text{trace}\left(CD^\top\right) = D^\top C$ 和 $\Lambda = \text{sgn}\,\Lambda|\Lambda|$，其中 $\text{sgn}\,\Lambda = \text{diag}\left(\text{sgn}\,\lambda_1, \text{sgn}\,\lambda_2, \cdots, \text{sgn}\,\lambda_m\right)$，可得

112

$$e^\top PB\Lambda\tilde{K}_x x = e^\top PB\,\text{sgn}\,\Lambda|\Lambda|\tilde{K}_x x = \text{trace}\left(|\Lambda|\tilde{K}_x x e^\top PB\,\text{sgn}\,\Lambda\right) \tag{5.139}$$

$$e^\top PB\Lambda\tilde{K}_r r = \text{trace}\left(|\Lambda|\tilde{K}_r r e^\top PB\,\text{sgn}\,\Lambda\right) \tag{5.140}$$

$$e^\top PB\Lambda\tilde{\Theta}^\top\Phi(x) = \text{trace}\left(|\Lambda|\tilde{\Theta}^\top\Phi(x)e^\top PB\,\text{sgn}\,\Lambda\right) \tag{5.141}$$

那么

$$\dot{V}\left(e, \tilde{K}_x, \tilde{K}_r, \tilde{\Theta}\right) = - e^\top Q e + 2\, \mathrm{trace}\left(|\Lambda|\tilde{K}_x\left[-xe^\top PB\,\mathrm{sgn}\,\Lambda + \Gamma_x^{-1}\dot{\tilde{K}}_x^\top\right]\right)$$
$$+ 2\, \mathrm{trace}\left(|\Lambda|\tilde{K}_r\left[-re^\top PB\,\mathrm{sgn}\,\Lambda + \Gamma_r^{-1}\dot{\tilde{K}}_r^\top\right]\right) \tag{5.142}$$
$$+ 2\, \mathrm{trace}\left(|\Lambda|\tilde{\Theta}^\top\left[\Phi(x)e^\top PB\,\mathrm{sgn}\,\Lambda + \Gamma_\Theta^{-1}\dot{\tilde{\Theta}}\right]\right)$$

因此，得到如下自适应律：

$$\dot{K}_x^\top = \Gamma_x x e^\top PB\,\mathrm{sgn}\,\Lambda \tag{5.143}$$

$$\dot{K}_r^\top = \Gamma_r r e^\top PB\,\mathrm{sgn}\,\Lambda \tag{5.144}$$

$$\dot{\Theta} = -\Gamma_\Theta \Phi(x) e^\top PB\,\mathrm{sgn}\,\Lambda \tag{5.145}$$

由此可见 $e(t)$、$\tilde{K}_x(t)$、$\tilde{K}_r(t)$ 和 $\tilde{\Theta}(t)$ 是有界的，因为

$$\dot{V}\left(e, \tilde{K}_x, \tilde{K}_r, \tilde{\Theta}\right) = -e^\top Q e \leqslant -\lambda_{\min}(Q)\|e\|^2 \leqslant 0 \tag{5.146}$$

利用 Barbalat 引理可得跟踪误差是渐近稳定的，即当 $t \to \infty$ 时，$e(t) \to 0$。∎

例 5.13　设 $x(t) = [\,x_1(t) \quad x_2(t)\,]^\top$，$u(t) = [\,u_1(t) \quad u_2(t)\,]^\top$，$\Phi(x) = [\,x_1^2 \quad x_2^2\,]^\top$，$A$ 已知，Λ 未知，但 $\Lambda > 0$，所以 $\mathrm{sgn}\,\Lambda = I$，$B$ 已知且为

$$B = \begin{bmatrix} 1 & 1 \\ 0 & 1 \end{bmatrix}$$

定义二阶参考模型为

$$\ddot{x}_{1m} + 2\zeta_m \omega_m \dot{x}_{1m} + \omega_m^2 x_{1m} = b_m r$$

式中 $\zeta_m = 0.5$，$\omega_m = 2$，$b_m = 4$，$r = \sin(2t)$。为进行后续仿真，A、Λ 和 Θ^* 的真值矩阵为 |113|

$$A = \begin{bmatrix} 1 & 1 \\ -1 & -1 \end{bmatrix}, \Lambda = \begin{bmatrix} \dfrac{4}{5} & 0 \\ 0 & \dfrac{4}{5} \end{bmatrix}, \Theta^* = \begin{bmatrix} 0.2 & 0 \\ 0 & -0.1 \end{bmatrix}$$

由于 $B\Lambda$ 非奇异并且可逆，因此矩阵 K_x^* 和 K_r^* 存在，有

$$K_x^* = (B\Lambda)^{-1}(A_m - A) = \begin{bmatrix} \dfrac{4}{5} & \dfrac{4}{5} \\ 0 & \dfrac{4}{5} \end{bmatrix}^{-1}\left(\begin{bmatrix} 0 & 1 \\ -4 & -2 \end{bmatrix} - \begin{bmatrix} 1 & 1 \\ -1 & -1 \end{bmatrix}\right) = \begin{bmatrix} \dfrac{5}{2} & \dfrac{5}{4} \\ -\dfrac{15}{4} & -\dfrac{5}{4} \end{bmatrix}$$

$$K_r^* = (B\Lambda)^{-1}B_m = \begin{bmatrix} \dfrac{4}{5} & \dfrac{4}{5} \\ 0 & \dfrac{4}{5} \end{bmatrix}^{-1}\begin{bmatrix} 0 \\ 4 \end{bmatrix} = \begin{bmatrix} -5 \\ 5 \end{bmatrix}$$

设 $Q = I$，那么李雅普诺夫方程的解为

$$P = \begin{bmatrix} \dfrac{3}{2} & \dfrac{1}{8} \\ \dfrac{1}{8} & \dfrac{5}{16} \end{bmatrix}$$

设 $\Gamma_x = \text{diag}(\gamma_{x_1}\gamma_{x_2})$，$\Gamma_r = \gamma_r$ 和 $\Gamma_\Theta = \text{diag}(\gamma_{\theta_1}, \gamma_{\theta_2})$，那么自适应律可以表示为

$$\dot{K}_x^\top = \Gamma_x x e^\top PB \underbrace{\text{sgn}\,\Lambda}_{I} = \begin{bmatrix} \gamma_{x_1} & 0 \\ 0 & \gamma_{x_2} \end{bmatrix}\begin{bmatrix} x_1 \\ x_2 \end{bmatrix}\begin{bmatrix} e_1 & e_2 \end{bmatrix}\begin{bmatrix} \dfrac{3}{2} & \dfrac{13}{8} \\ \dfrac{1}{8} & \dfrac{7}{16} \end{bmatrix}$$

$$= \begin{bmatrix} \gamma_{x_1} x_1\left(\dfrac{3}{2}e_1 + \dfrac{1}{8}e_2\right) & \gamma_{x_1} x_1\left(\dfrac{13}{8}e_1 + \dfrac{7}{16}e_2\right) \\ \gamma_{x_2} x_2\left(\dfrac{3}{2}e_1 + \dfrac{1}{8}e_2\right) & \gamma_{x_2} x_2\left(\dfrac{13}{8}e_1 + \dfrac{7}{16}e_2\right) \end{bmatrix}$$

$$\dot{K}_r^\top = \Gamma_r r e^\top PB\,\text{sgn}\,\Lambda = \gamma_r r\begin{bmatrix} e_1 & e_2 \end{bmatrix}\begin{bmatrix} \dfrac{3}{2} & \dfrac{13}{8} \\ \dfrac{1}{8} & \dfrac{7}{16} \end{bmatrix} = \begin{bmatrix} \gamma_r r\left(\dfrac{3}{2}e_1 + \dfrac{1}{8}e_2\right) & \gamma_r r\left(\dfrac{13}{8}e_1 + \dfrac{7}{16}e_2\right) \end{bmatrix}$$

$$\dot{\Theta} = -\Gamma_\Theta \Phi(x) e^\top PB\,\text{sgn}\,\Lambda = -\begin{bmatrix} \gamma_{\theta_1} & 0 \\ 0 & \gamma_{\theta_2} \end{bmatrix}\begin{bmatrix} x_1^2 \\ x_2^2 \end{bmatrix}\begin{bmatrix} e_1 & e_2 \end{bmatrix}\begin{bmatrix} \dfrac{3}{2} & \dfrac{13}{8} \\ \dfrac{1}{8} & \dfrac{7}{16} \end{bmatrix}$$

$$= -\begin{bmatrix} \gamma_{\theta_1} x_1^2\left(\dfrac{3}{2}e_1 + \dfrac{1}{8}e_2\right) & \gamma_{\theta_1} x_1^2\left(\dfrac{13}{8}e_1 + \dfrac{7}{16}e_2\right) \\ \gamma_{\theta_2} x_2^2\left(\dfrac{3}{2}e_1 + \dfrac{1}{8}e_2\right) & \gamma_{\theta_2} x_2^2\left(\dfrac{13}{8}e_1 + \dfrac{7}{16}e_2\right) \end{bmatrix}$$

在仿真过程中，所有的自适应速率都设为 10，所有的初始条件都设为 0。仿真结果如图 5-6~ 图 5-9 所示。

从图中可以看出跟踪误差趋近于 0，意味着 $x(t)$ 能够跟踪 $x_m(t)$。同时也可看出 $K_r(t)$ 和 $K_x(t)$ 的某些元素并没有收敛到对应的真实值。

114
~
116

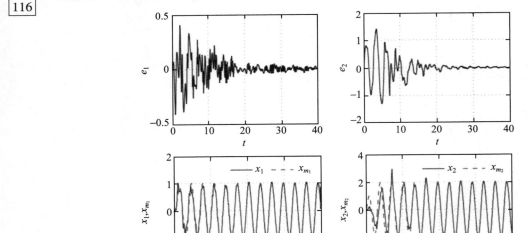

图 5-6　自适应控制系统响应

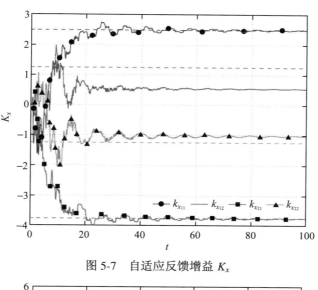

图 5-7 自适应反馈增益 K_x

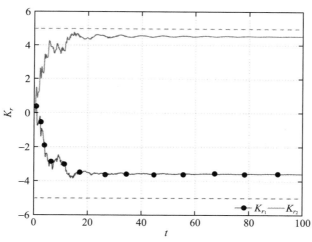

图 5-8 自适应指令增益 K_r

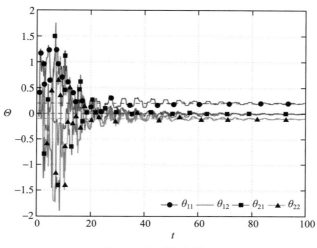

图 5-9 自适应参数 Θ

5.6.2 案例 II：A 和 B 都已知，且 $\Lambda = I$

给定被控对象的模型为

$$\dot{x} = Ax + B\left[u + \Theta^{*\top}\Phi(x)\right] \tag{5.147}$$

式中 A 和 B 都是已知矩阵。

设存在 K_x 和 K_r 满足模型匹配条件

$$A + BK_x = A_m \tag{5.148}$$

$$BK_r = B_m \tag{5.149}$$

那么，设计自适应控制器为

$$u = K_x x + K_r r - \Theta^{\top}(t)\Phi(x) \tag{5.150}$$

设 $\tilde{\Theta}(t) = \Theta(t) - \Theta^*$ 为估计误差，那么闭环系统模型为

$$\dot{x} = \left(\underbrace{A + BK_x}_{A_m}\right)x + \underbrace{BK_r}_{B_m}r - B\tilde{\Theta}^{\top}\Phi(x) \tag{5.151}$$

闭环跟踪误差动力学模型为

$$\dot{e} = \dot{x}_m - \dot{x} = A_m e + B\tilde{\Theta}^{\top}\Phi(x) \tag{5.152}$$

证明   选择李雅普诺夫候选函数

$$V(e, \tilde{\Theta}) = e^{\top}Pe + \operatorname{trace}\left(\tilde{\Theta}^{\top}\Gamma^{-1}\tilde{\Theta}\right) \tag{5.153}$$

那么

$$\begin{aligned}
\dot{V}(e, \tilde{\Theta}) &= -e^{\top}Qe + 2e^{\top}PB\tilde{\Theta}^{\top}\Phi(x) + 2\operatorname{trace}\left(\tilde{\Theta}^{\top}\Gamma\dot{\tilde{\Theta}}\right) \\
&= -e^{\top}Qe + 2\operatorname{trace}\left(\tilde{\Theta}^{\top}\left[\Phi(x)e^{\top}PB + \Gamma\dot{\tilde{\Theta}}\right]\right)
\end{aligned} \tag{5.154}$$

自适应律为

$$\dot{\Theta} = -\Gamma\Phi(x)e^{\top}PB \tag{5.155}$$

利用 Barbalat 引理可得跟踪误差是渐近稳定的，即当 $t \to \infty$ 时，$e(t) \to 0$。   ■

5.7   多输入多输出系统的间接模型参考自适应控制

考虑 5.6.1 节中 A 和 Λ 未知，但 B 和 Λ 符号已知的系统，假设 $B\Lambda \in \mathbb{R}^n \times \mathbb{R}^m$ 可逆且 $n \leqslant m$，那么存在 K_x^* 和 K_r^* 满足模型匹配条件，使得

$$K_x^* = (B\Lambda)^{-1}(A_m - A) \tag{5.156}$$

$$K_r^* = (B\Lambda)^{-1}B_m \tag{5.157}$$

成立。

如果 $\hat{A}(t)$ 和 $\hat{\Lambda}(t)$ 是 A 和 Λ 的估计值，那么 K_x^* 和 K_r^* 的估计值为

$$K_x(t) = \left[B\hat{\Lambda}(t)\right]^{-1}\left[A_m - \hat{A}(t)\right] \tag{5.158}$$

$$K_r(t) = \left[B\hat{\Lambda}(t)\right]^{-1} B_m \tag{5.159}$$

值得注意的是，如果 $n < m$，那么 $[B\hat{\Lambda}(t)]^{-1}$ 的值通过右伪逆 $\hat{\Lambda}^\top(t)B^\top \left[B\hat{\Lambda}(t)\hat{\Lambda}^\top(t)B^\top\right]^{-1}$ 进行定义。

设自适应控制器为

$$u = K_x(t)x + K_r(t)r - \Theta^\top(t)\Phi(x) \tag{5.160}$$

设 $\tilde{A}(t) = \hat{A}(t) - A$ 和 $\tilde{\Lambda}(t) = \hat{\Lambda}(t) - \Lambda$ 为估计误差，则闭环系统模型可以表示为

$$\begin{aligned}
\dot{x} &= Ax + B(\hat{\Lambda} - \tilde{\Lambda})\left[K_x x + K_r r - \tilde{\Theta}^\top \Phi(x)\right] \\
&= \left(A + A_m - \hat{A}\right)x + B_m r - B\tilde{\Lambda}(K_x x + K_r r) - B\Lambda\tilde{\Theta}^\top \Phi(x)
\end{aligned} \tag{5.161}$$

设

$$\bar{u} = K_x x + K_r r \tag{5.162}$$

那么，跟踪误差动力学方程为

$$\dot{e} = \dot{x}_m - \dot{x} = A_m e + \tilde{A}x + B\tilde{\Lambda}\bar{u} + B\Lambda\tilde{\Theta}^\top \Phi(x) \tag{5.163}$$

证明 选择李雅普诺夫候选函数

$$V(e, \tilde{A}, \tilde{B}, \tilde{\Theta}) = e^\top P e + \text{trace}\left(\tilde{A}\Gamma_A^{-1}\tilde{A}^\top\right) + \text{trace}\left(\tilde{\Lambda}\Gamma_\Lambda^{-1}\tilde{\Lambda}^\top\right) + \text{trace}\left(|\Lambda|\tilde{\Theta}^\top\Gamma_\Theta^{-1}\tilde{\Theta}\right) \tag{5.164}$$

那么

$$\begin{aligned}
\dot{V}(e, \tilde{A}, \tilde{B}, \tilde{\Theta}) = &-e^\top Q e + 2e^\top P\left[\tilde{A}x + B\tilde{\Lambda}\bar{u} + B\Lambda\tilde{\Theta}^\top\Phi(x)\right] \\
&+ 2\text{trace}\left(\tilde{A}\Gamma_A^{-1}\dot{\hat{A}}^\top\right) + 2\text{trace}\left(\tilde{\Lambda}\Gamma_\Lambda^{-1}\dot{\hat{\Lambda}}^\top\right) + 2\text{trace}\left(|\Lambda|\tilde{\Theta}^\top\Gamma_\Theta^{-1}\dot{\hat{\Theta}}\right)
\end{aligned} \tag{5.165}$$

利用等式

$$e^\top P\tilde{A}x = \text{trace}\left(\tilde{A}xe^\top P\right) \tag{5.166}$$

$$e^\top PB\tilde{\Lambda}\bar{u} = \text{trace}\left(\tilde{\Lambda}\bar{u}e^\top PB\right) \tag{5.167}$$

$$e^\top PB\Lambda\tilde{\Theta}^\top\Phi(x) = e^\top PB\,\text{sgn}(\Lambda)|\Lambda|\tilde{\Theta}^\top\Phi(x) = \text{trace}\left(|\Lambda|\tilde{\Theta}^\top\Phi(x)e^\top PB\,\text{sgn}(\Lambda)\right) \tag{5.168}$$

可以得到

$$\begin{aligned}
\dot{V}(e, \tilde{A}, \tilde{B}, \tilde{\Theta}) = &-e^\top Q e + 2\text{trace}\left(\tilde{A}\left[xe^\top P + \Gamma_A^{-1}\dot{\hat{A}}^\top\right]\right) \\
&+ 2\text{trace}\left(\tilde{\Lambda}\left[\bar{u}e^\top PB + \Gamma_\Lambda^{-1}\dot{\hat{\Lambda}}^\top\right]\right) \\
&+ 2\text{trace}\left(|\Lambda|\tilde{\Theta}^\top\left[\Phi(x)e^\top PB\,\text{sgn}(\Lambda) + \Gamma_\Theta^{-1}\dot{\hat{\Theta}}\right]\right)
\end{aligned} \tag{5.169}$$

从而可以得到自适应律

$$\dot{\hat{A}}^\top = -\Gamma_A xe^\top P \tag{5.170}$$

$$\dot{\hat{\Lambda}}^\top = -\Gamma_\Lambda \bar{u}e^\top PB \tag{5.171}$$

$$\dot{\hat{\Theta}} = -\Gamma_\Theta \Phi(x)e^\top PB\,\text{sgn}\Lambda \tag{5.172}$$

因为 $\dot{V}(e, \tilde{A}, \tilde{B}, \tilde{\Theta}) \leqslant -\lambda_{\min}(Q)\|e\|^2 \leqslant 0$ 且 $\ddot{V}(e, \tilde{A}, \tilde{B}, \tilde{\Theta}) \in \mathscr{L}_\infty$，所以 $\dot{V}(e, \tilde{A}, \tilde{B}, \tilde{\Theta})$ 是一致连续的。此外，由于 $V(t \rightarrow \infty) \leqslant V(t_0)$，根据 Barbalat 引理，可得跟踪误差是渐近稳定的，即当 $t \rightarrow \infty$ 时，$e(t) \rightarrow 0$。∎

因为 $\hat{\Lambda}(t)$ 出现在矩阵的逆运算中，当 B 为非奇异时，$\hat{\Lambda}(t)$ 也不可能是奇异的。因此，当 Λ 的先验解已知时，可以利用投影法来修正 $\hat{\Lambda}(t)$ 的自适应律。设对角元素的界为 $\lambda_{i_0} \leqslant |\lambda_{ii}| \leqslant 1$，非对角元素位于 0 附近，其界为 $|\lambda_{ij}| \leqslant \varepsilon\ (i \neq j)$，那么，对角元素修正后的自适应律为

$$\dot{\hat{\lambda}}_{ii} = \begin{cases} -(\Gamma_\Lambda \bar{u}e^\top PB)_{ii}, & \text{若} 1 \geqslant |\hat{\lambda}_{ii}| \geqslant \lambda_{i_0}, \text{或若} |\hat{\lambda}_{ii}| = \lambda_{i_0} \text{且} \dfrac{\mathrm{d}|\hat{\lambda}_{ii}|}{\mathrm{d}t} \geqslant 0, \text{或若} |\hat{\lambda}_{ii}| = 1 \text{且} \dfrac{\mathrm{d}|\hat{\lambda}_{ii}|}{\mathrm{d}t} \leqslant 0 \\ 0, & \text{其他} \end{cases}$$

(5.173)

非对角元素的自适应律为

$$\dot{\hat{\lambda}}_{ij} = \begin{cases} -(\Gamma_\Lambda \bar{u}e^\top PB)_{ji}, & \text{若} |\hat{\lambda}_{ij}| \leqslant \varepsilon, \text{或若} |\hat{\lambda}_{ij}| = \varepsilon \text{且} \dfrac{\mathrm{d}|\hat{\lambda}_{ij}|}{\mathrm{d}t} \leqslant 0 \\ 0, & \text{其他} \end{cases}$$

(5.174)

5.8 小结

当系统的不确定性超过了期望容限，并可能对控制器的性能产生不利影响时，自适应控制可以在减少系统不确定性对控制器性能的影响方面发挥重要作用。可能需要使用自适应控制的情况包括：非标称操作导致的意外后果，例如系统故障或高度不确定的工作条件，以及使建模成本增加的复杂系统行为。

自适应控制通常可以分为两类：直接自适应控制和间接自适应控制。两种类型的自适应控制也经常结合起来使用，形成复合、组合或混合直接–间接自适应控制架构。自适应控制可以处理具有各种不确定性的线性或非线性被控对象，这些不确定性可以是结构不确定性、非结构不确定性或未建模动态。匹配不确定性是结构不确定性的一种，可由多输入多输出线性仿射控制系统的控制输入进行匹配。自适应控制系统可以用来抵消匹配不确定性。当不确定性无法进行匹配时，称这种不确定性为非匹配不确定性。自适应控制系统能够处理非匹配不确定性，但通常无法抵消非匹配不确定性。控制输入不确定性是一种存在于多输入多输出线性仿射控制系统的控制输入矩阵中的不确定性。控制输入不确定性可能存在于幅值或符号中，或二者兼有。当存在幅值不确定性时，可能会出现控制饱和现象进而导致控制器的性能下降。当存在符号不确定性时，可能会出现控制反转现象并且可能导致系统的不稳定。控制输入不确定性通常会给自适应控制设计人员带来更大的挑战。

参考模型用来确定自适应控制系统对指令输入的期望响应，它本质上是一个用于实现期望指令跟踪的指令成型滤波器。由于自适应控制是一种指令跟随或指令跟踪控制方法，所以自适应过程是基于参考模型与实际系统输出之间的跟踪误差进行的。因此必须适当地设计参考模型，使得自适应控制系统能够跟踪其输出。

本章给出了用于一阶和二阶单输入单输出系统及多输入多输出系统的各种直接和间接模型参考自适应方法。模型参考自适应控制可以实现渐近跟踪，但不能保证自适应参数收敛到真实值。李雅普诺夫稳定性理论表明，自适应参数的估计误差仅仅是有界的，而不是渐近的。

5.9　习题

1. 考虑具有匹配不确定性的一阶非线性单输入单输出系统

$$\dot{x} = ax + b\left[u + \theta^*\phi(x)\right]$$

式中 a 和 θ^* 未知，但 b 已知，且 $\phi(x) = x^2$。

参考模型为

$$\dot{x}_m = a_m x_m + b_m r$$

式中 $a_m < 0$ 和 b_m 均已知，$r(t)$ 是有界指令信号。

（a）在 Simulink 中设计并实现一个直接自适应控制器，使得被控对象的输出 $x(t)$ 能够跟踪参考模型的信号 $x_m(t)$，其中 $b = 2$，$a_m = -1$，$b_m = 1$，$r(t) = \sin t$。自适应速率为 $\gamma_x = 1$ 和 $\gamma = 1$。在仿真过程中，设未知参数为 $a = 1$，$\theta^* = 0.2$。绘制出 $e(t)$、$x(t)$、$x_m(t)$、$u(t)$ 和 $\theta(t)$ 在 $t \in [0, 50]$ 内的轨迹图。

（b）通过李雅普诺夫稳定性分析，说明跟踪误差是渐近稳定的，即当 $t \to \infty$ 时，$e(t) \to \infty$。

（c）当指令 $r(t) = 1(t)$ 时，重新求解（a），其中 $1(t)$ 是单位阶跃信号，同样绘制出（a）中的轨迹图，并讨论 $k_x(t)$ 和 $\theta(t)$ 收敛到真实值 k_x^* 和 θ^* 的情况。

2. 考虑如下一阶被控对象

$$\dot{x} = ax + b\left[u + \theta^*\phi(x)\right]$$

式中 a、$b > 0$ 且 θ^* 未知，但已知 $\phi(x) = x^2$。通过估计 a、$b > 0$ 和 θ^* 的值，在 Simulink 中设计一个间接自适应控制器，使得被控对象能够跟踪参考模型

$$\dot{x}_m = a_m x_m + b_m r$$

式中 $a_m = -1$，$b_m = 1$，且 $r = \sin t$。在仿真过程中，令 $a = 1$，$b = 1$，$\theta^* = 0.1$，$x(0) = x_m(0) = 1$，$\hat{a} = (0)$，$\hat{b}(0) = 1.5$，$\gamma_a = \gamma_b = \gamma_\theta = 1$，假设 b 的下界为 $b_0 = 0.5$。绘制出在时间 $t \in [0, 50]$ 内的 $e(t)$、$\hat{a}(t)$、$\hat{b}(t)$ 和 $\hat{\theta}(t)$ 的轨迹图，并给出 $x(t)$ 和 $x_m(t)$ 的对比图。

121

3. 推导适用于二阶单输入单输出系统

$$\ddot{y} + 2\zeta\omega_n\dot{y} + \omega_n^2 y = b\left[u + \Theta^{*\top}\Phi(y)\right]$$

的直接模型参考自适应控制律。其中，ζ 和 ω_n 未知，b 已知。利用 Barbalat 引理证明跟踪误差是渐近稳定的。

为上述二阶系统设计直接自适应控制器，其中 $b = 1$，$\zeta_m = 0.5$，$\omega_m = 2$，$b_m = 4$，$r(t) = \sin(2t)$，并且

$$\Phi(y) = \begin{bmatrix} 1 \\ y^2 \end{bmatrix}$$

在仿真过程中，设未知参数 $\zeta = -0.5$，$\omega_n = 1$，$\Theta^{*\top} = [0.5 \quad -0.1]$，并且所有的初始值都设为 0，自适应速率为 $\Gamma_x = \Gamma_\Theta = 100I$。绘制出在时间 $t \in [0, 100]$ 内 $e(t)$、$K_x(t)$ 和 $\Theta(t)$ 的轨迹图，并给出 $x(t)$ 与 $x_m(t)$ 的对比图。

4. 在习题 3 中，设 b 未知，但 $b > 0$，在 Simulink 中设计间接自适应控制器。在仿真过程中，除 $\hat{\omega}_n(0) = 0.8$ 和 $\hat{b}(0) = 0.6$ 以外，其他所有的初始值均设为 0。为简化设计，$\hat{\omega}_n(t)$ 和 $\hat{b}(t)$ 都采用未修正的自适应律，其中自适应速率为 $\gamma_\omega = \gamma_\zeta = \gamma_b = 10$ 和 $\Gamma_\Theta = 10I$。绘制出在时间 $t \in [0, 100]$ 内 $e(t)$、$\hat{\omega}_n(t)$、$\hat{\zeta}(t)$、$\hat{b}(t)$ 和 $\Theta(t)$ 的轨迹图，并给出 $x(t)$ 和 $x_m(t)$ 的对比图。

5. 目前为止，我们已经考虑了具有匹配不确定性的自适应控制，其中匹配不确定性是状态变量 x 的函数。在实际物理系统中，外部干扰通常是时间 t 的函数。如果干扰的结构已知，则自适应控制可用于干扰抑制。设匹配不确定性是 t 的函数且 $\Phi(t)$ 为已知的有界函数，那么通过将 $\Phi(x)$ 替换为 $\Phi(t)$，原有的自适应律依然适用。

   考虑如下一阶被控对象:

   $$\dot{x} = ax + b\left[u + \theta^*\phi(t)\right]$$

   式中 a、b 和 θ^* 未知，但已知 $b > 0$ 且 $\phi(t) = \sin(2t) - \cos(4t)$。通过估计 a、b 和 θ^* 的值，在 Simulink 中设计间接自适应控制器使得被控对象能够跟踪参考模型

   $$\dot{x}_m = a_m x_m + b_m r$$

   式中 $a_m = -1$，$b_m = 1$，$r(t) = \sin t$。在仿真过程中，设 $a = 1$，$b = 1$，$\theta^* = 0.1$，$x(0) = x_m(0) = 1$，$\hat{a}(0) = 0$，$\hat{b}(0) = 1.5$，$\gamma_a = \gamma_b = \gamma_\theta = 1$，假设 b 的下界为 $b_0 = 0.5$。绘制出在时间 $t \in [0, 50]$ 内 $e(t)$、$\hat{a}(t)$、$\hat{b}(t)$ 和 $\hat{\theta}(t)$ 的轨迹图，并给出 $x(t)$ 和 $x_m(t)$ 的对比图。

6. 推导适用于多输入多输出系统

   $$\dot{x} = Ax + B\left[u + \Theta^{*\top}\Phi(x)\right]$$

   的直接模型参考自适应控制律，其中 A 未知，B 已知。利用 Barbalat 引理证明跟踪误差是渐近稳定的。

   设 $x(t) = [\, x_1(t) \quad x_2(t)\,]^\top$，$u(t) = [\, u_1(t) \quad u_2(t)\,]^\top$，$\Phi(x) = [\, x_1^2 \quad x_2^2\,]^\top$，且

   $$B = \begin{bmatrix} 1 & 1 \\ 0 & 1 \end{bmatrix}$$

   在 Simulink 中设计直接自适应控制器使得此多输入多输出系统能够跟踪一个二阶单输入单输出系统

   $$\dot{x}_m = A_m x + B_m r$$

   其中 $r(t) = \sin(2t)$，且

   $$A_m = \begin{bmatrix} 0 & 1 \\ -4 & -2 \end{bmatrix}, \quad B_m = \begin{bmatrix} 0 \\ 4 \end{bmatrix}$$

   在仿真过程中，设未知参数为

   $$A = \begin{bmatrix} 1 & 1 \\ -1 & -1 \end{bmatrix}, \quad \Theta^* = \begin{bmatrix} 0.2 & 0 \\ 0 & -0.1 \end{bmatrix}$$

   并且所有的初始值均为 0，自适应速率为 $\Gamma_x = \Gamma_\Theta = 10I$。绘制出在时间 $t \in [0, 100]$ 内，$e(t)$、$K_x(t)$ 和 $\Theta(t)$ 的轨迹图，并给出 $x(t)$ 和 $x_m(t)$ 的对比图。

参考文献

[1]　Åström, K.J., & Wittenmark, B. (2008). *Adaptive control*: New York: Dover Publications Inc.

[2]　Ioannu, P. A., & Sun, J. (1996). *Robust Adaptive Control*. Upper Saddle River: Prentice-Hall, Inc.

[3]　Lavretsky, E.(2009). Combined/composite model reference adaptive control. *IEEE Transactions on Automatic Control*, 54(11), 2692-2697.

[4]　Ishihara, A., Al-Ali, K., Kulkarni, N., & Nguyen, N. (2009). Modeling Error Driven Robot Control, AIAA Infotech@Aerospace Conference, AIAA-2009-1974.

123
〜
124

第 6 章

最小二乘参数辨识

引言 本章介绍了最小二乘参数辨识的基本原理。最小二乘法是函数近似理论和数据回归分析的核心。同时，也可以在自适应控制中将最小二乘法当作间接自适应控制策略，来估计未知的系统参数，从而为调整控制增益提供信息。批量最小二乘法通常用于数据回归分析，最小二乘梯度法和递归最小二乘法则非常适合在线时间序列分析和自适应控制。本章引入持续激励条件作为最小二乘法中参数指数收敛的基本要求，进而介绍了间接最小二乘自适应控制理论。模型参考自适应控制中的参数自适应基于跟踪误差，而间接最小二乘自适应控制理论中的参数自适应则基于被控对象建模误差。值得注意的是，被控对象建模误差是跟踪误差的来源，反之则不然。组合最小二乘模型参考自适应控制同时使用被控对象建模误差和跟踪误差进行参数自适应，从而使得自适应机制十分有效。最小二乘梯度法和递归最小二乘法都可以在自适应控制中单独使用，而无须与模型参考自适应控制相结合。最小二乘自适应控制和模型参考自适应控制的根本区别在于，当存在持续激励的输入信号时，最小二乘自适应控制能够保证参数收敛到其真实值。

间接模型参考自适应控制是一种用于辨识动态系统不确定参数的技术。一种更常用的参数辨识方法是众所周知的最小二乘法 [1–3]。用于函数近似和参数辨识的最小二乘法是以最小化物理过程和过程模型之间的近似误差为目标推导而来的。如果满足所谓的持续激励条件，通常可以使参数收敛。众所周知的递归最小二乘法是许多系统辨识技术的基础。

最小二乘法可用于自适应控制，通过最小二乘法估计被控对象的未知参数从而为调整控制增益提供信息。在文献 [4–8] 中可以找到多种最小二乘自适应控制方法。使用最小二乘法的人工神经网络自适应控制可参考文献 [7,9]。切比雪夫（Chebyshev）正交多项式也可用作最小二乘自适应控制的基函数 [10]。混合自适应控制是一种利用直接模型参考自适应控制减小跟踪误差并同时利用间接递归最小二乘参数估计来减小被控对象建模误差的控制方法 [11]。并发学习自适应控制是对自适应控制问题的最小二乘修正，其中不确定性可以用线性参数化的形式表示，修正权重训练法使用的是在线生成理想权重的估计，而这个估计则通过同时使用历史记录及当前数据求解最小二乘问题得到的 [5]。

本章的学习目标为：

- 了解最小二乘参数估计和参数收敛的持续激励概念。
- 能够应用最小二乘法进行参数估计。
- 掌握并能够使用最小二乘法作为间接自适应控制技术。

6.1 最小二乘回归

设系统的输入–输出传递函数是以一组测量数据对 (x_i, y_i)，$i = 1, 2, \cdots, N$ 的形式给出，其中 $y(t) \in \mathbb{R}^n$ 是独立变量 $x(t) \in \mathbb{R}^p$ 的函数。另外，假设从 $x(t)$ 到 $y(t)$ 的传递函数可以用线性参

数化的形式给出

$$y = \Theta^{*\top} \Phi(x) \tag{6.1}$$

式中 $\Theta^* \in \mathbb{R}^m \times \mathbb{R}^n$ 是具有未知参数的常值矩阵，$\Phi(x) \in \mathbb{R}^m$ 是有界回归（或基函数）向量，并假设其已知。

设 $\hat{y}$ 是 y 的估计值

$$\hat{y} = \Theta^{\top} \Phi(x) \tag{6.2}$$

式中 Θ 是 Θ^* 的估计值。

构造近似误差 ε 为

$$\varepsilon = \hat{y} - y = \Theta^{\top} \Phi(x) - y \tag{6.3}$$

考虑如下性能函数：

$$J(\Theta) = \frac{1}{2} \sum_{i=1}^{N} \varepsilon_i^{\top} \varepsilon_i \tag{6.4}$$

当 $J(\Theta)$ 最小时，近似误差也达到最小值。那么，称 $\hat{y}$ 是 y 在最小二乘意义下的近似。因此，参数辨识问题转化成了最小化问题。

$J(\Theta)$ 取最小值的必要条件为

$$\frac{\partial J^{\top}}{\partial \Theta^{\top}} = \nabla J_{\Theta}(\Theta) = \sum_{i=1}^{N} \frac{\partial \varepsilon_i}{\partial \Theta^{\top}} \varepsilon_i^{\top} = \sum_{i=1}^{N} \Phi(x_i) \left[\Phi^{\top}(x_i) \Theta - y_i^{\top} \right] = 0 \tag{6.5}$$

式中 $\nabla J_{\Theta}(\Theta)$ 是 $J(\Theta)$ 相对于 Θ 的梯度。

因此，通过求解下述最小二乘回归方程可以得到 Θ：

$$\Theta = A^{-1} B \tag{6.6}$$

式中

$$A = \sum_{i=1}^{N} \Phi(x_i) \Phi^{\top}(x_i) \tag{6.7}$$

$$B = \sum_{i=1}^{N} \Phi(x_i) y_i^{\top} \tag{6.8}$$

如果有足够多的独立数据，则 A 是一个非奇异矩阵。

例 6.1　设 $y(t) \in \mathbb{R}$ 是一个可以通过关于 $x(t) \in \mathbb{R}$ 的 p 阶多项式来近似的标量

$$y = \theta_0 + \theta_1 x + \cdots + \theta_p x^p = \sum_{j=0}^{p} \theta_j x^j = \Theta^{\top} \Phi(x)$$

式中 $\Theta^{\top} = [\theta_0 \quad \theta_1 \quad \cdots \quad \theta_p]$，$\Phi(x) = [1 \quad x \quad \cdots \quad x^p]^{\top}$。

最小二乘回归方程为

$$A\Theta = B$$

式中

$$A = \sum_{i=1}^{N} \Phi(x_i)\, \Phi^{\top}(x_i) = \sum_{i=1}^{N} \begin{bmatrix} 1 \\ x_i \\ \vdots \\ x_i^p \end{bmatrix} \begin{bmatrix} 1 & x_i & \cdots & x_i^p \end{bmatrix}$$

$$= \begin{bmatrix} \sum\limits_{i=1}^{N} 1 & \sum\limits_{i=1}^{N} x_i & \cdots & \sum\limits_{i=1}^{N} x_i^p \\ \sum\limits_{i=1}^{N} x_i & \sum\limits_{i=1}^{N} x_i^2 & \cdots & \sum\limits_{i=1}^{N} x_i^{p+1} \\ \vdots & \vdots & & \vdots \\ \sum\limits_{i=1}^{N} x_i^p & \sum\limits_{i=1}^{N} x_i^{p+1} & \cdots & \sum\limits_{i=1}^{N} x_i^{2p} \end{bmatrix} = \left\{ \sum_{i=1}^{N} x_i^{j+k} \right\}_{jk}$$

$$B = \sum_{i=1}^{N} \Phi(x_i)\, y_i^{\top} = \sum_{i=1}^{N} \begin{bmatrix} 1 \\ x_i \\ \vdots \\ x_i^p \end{bmatrix} y_i = \begin{bmatrix} \sum\limits_{i=1}^{N} y_i \\ \sum\limits_{i=1}^{N} x_i y_i \\ \vdots \\ \sum\limits_{i=1}^{N} x_i^p y_i \end{bmatrix} = \left\{ \sum_{i=1}^{N} x_i^j y_i \right\}_{j}$$

上述最小二乘回归方法实际上是多项式曲线拟合技术。比如，设 $p = 2$，那么二次曲线的拟合系数可以表示为

$$\Theta = A^{-1} B$$

式中

$$A = \begin{bmatrix} N & \sum\limits_{i=1}^{N} x_i & \sum\limits_{i=1}^{N} x_i^2 \\ \sum\limits_{i=1}^{N} x_i & \sum\limits_{i=1}^{N} x_i^2 & \sum\limits_{i=1}^{N} x_i^3 \\ \sum\limits_{i=1}^{N} x_i^2 & \sum\limits_{i=1}^{N} x_i^3 & \sum\limits_{i=1}^{N} x_i^4 \end{bmatrix}, \quad B = \begin{bmatrix} \sum\limits_{i=1}^{N} y_i \\ \sum\limits_{i=1}^{N} x_i y_i \\ \sum\limits_{i=1}^{N} x_i^2 y_i \end{bmatrix}$$

当在最小二乘回归方法中使用所有可用数据时，有时称这种方法为批量最小二乘法。这种情况通常意味着在给定时间间隔内有足够多的数据并且不需要在每个时间步长内立即估计未知系数。

6.2 凸优化和最小二乘梯度法

当需要在每一时间步均进行未知参数估计时，可以利用每一时间步的数据 (x_i, y_i) 进行递归估计。

考虑如下性能函数：

$$J(\Theta) = \frac{1}{2} \varepsilon^{\top} \varepsilon \tag{6.9}$$

其相对于 Θ 的梯度可以表示为

$$\frac{\partial J^\top}{\partial \Theta^\top} = \nabla J_\Theta(\Theta) = \left(\frac{\partial \varepsilon}{\partial \Theta^\top}\right)\varepsilon^\top = \Phi(x)\varepsilon^\top \tag{6.10}$$

为了在每个时间步基于给定数据对进行最小二乘估计，现在引入凸优化的概念。

定义 6.1　如果在子集 $\mathscr{S}$ 内存在 x、y 以及一个常数 $\alpha \in [0,1]$，使得 $\alpha x + (1-\alpha)y$ 也在子集 $\mathscr{S}$ 内，则称该子集 $\mathscr{S}$ 是凸集。如果对于集合 $\mathscr{S}$ 内任意的 x、y，使得

$$f(\alpha x + (1-\alpha)y) \leqslant \alpha f(x) + (1-\alpha)f(y) \tag{6.11}$$

成立，则称函数 $f(x)$ 是凸集 $\mathscr{S}$ 上的凸函数。　■

由于

$$\begin{aligned}
&\frac{1}{2}[\alpha\varepsilon + (1-\alpha)\varepsilon_1]^\top[\alpha\varepsilon + (1-\alpha)\varepsilon_1] \\
&= \frac{1}{2}\alpha^2\varepsilon^\top\varepsilon + \alpha(1-\alpha)\varepsilon^\top\varepsilon_1 + \frac{1}{2}(1-\alpha)^2\varepsilon_1^\top\varepsilon_1 \\
&= \frac{1}{2}\alpha^2\left(\varepsilon^\top\varepsilon - 2\varepsilon^\top\varepsilon_1\right) + \alpha\varepsilon^\top\varepsilon_1 + \frac{1}{2}(1-\alpha)^2\varepsilon_1^\top\varepsilon_1
\end{aligned} \tag{6.12}$$

所以 $J(\Theta)$ 是凸函数。

但是，对于所有的 $\alpha \in [0,1]$，有 $\alpha^2 \leqslant \alpha$ 且 $(1-\alpha)^2 \leqslant 1-\alpha$。因此

$$\frac{1}{2}\alpha\left(\varepsilon^\top\varepsilon - 2\varepsilon^\top\varepsilon_1\right) + \alpha\varepsilon^\top\varepsilon_1 + \frac{1}{2}(1-\alpha)\varepsilon_1^\top\varepsilon_1 \leqslant \alpha\frac{1}{2}\varepsilon^\top\varepsilon + (1-\alpha)\frac{1}{2}\varepsilon_1^\top\varepsilon_1 \tag{6.13}$$

如果 $f(x) \in \mathscr{C}^1$，也就是 $f(x)$ 至少一次可导，那么

$$f(y) \geqslant f(x) + (\nabla f(x))^\top(y-x) \tag{6.14}$$

如果 $f(x) \in \mathscr{C}^2$，且 $\nabla^2 f(x) \geqslant 0$，那么 $f(x)$ 是凸的，其中 $\nabla^2 f(x)$ 为函数 $f(x)$ 的海森（Hessian）矩阵。

现在考虑最小化 $J(\Theta)$。如果

$$J(\Theta^*) \leqslant J(\Theta) \tag{6.15}$$

则称 Θ^* 是 $J(\Theta)$ 的全局最小值。$J(\Theta)$ 对 Θ 两次可导，这意味着 $\nabla J_\Theta(\Theta^*) = 0$ 且 $\nabla^2 J_\Theta(\Theta^*) \geqslant 0$。

利用泰勒级数展开，得到

$$\nabla J_\Theta(\Theta^*) = \nabla J_\Theta(\Theta^* + \Delta\Theta) + \nabla^2 J_\Theta(\Theta^* + \Delta\Theta)\Delta\Theta + \underbrace{\mathscr{O}\left(\Delta\Theta^\top\Delta\Theta\right)}_{\approx 0} \tag{6.16}$$

由于 $\nabla J_\Theta(\Theta^*) = 0$，$\nabla J_\Theta(\Theta^* + \Delta\Theta) = \nabla J_\Theta(\Theta)$ 且 $\nabla^2 J_\Theta(\Theta^* + \Delta\Theta) = \nabla^2 J_\Theta(\Theta)$，所以

$$\Delta\Theta = -\left[\nabla^2 J_\Theta(\Theta)\right]^{-1}\nabla J_\Theta(\Theta) \tag{6.17}$$

将式（6.17）写成离散时间形式

$$\Theta_{i+1} = \Theta_i - \left[\nabla^2 J_\Theta(\Theta_i)\right]^{-1}\nabla J_\Theta(\Theta_i) \tag{6.18}$$

通常称上式为凸优化的二阶梯度法或者牛顿法。值得注意的是，海森矩阵的逆通常难以计算。所以当 Θ 位于 Θ^* 的邻域内时，可以利用 $\nabla^2 J_\Theta^{-1}(\Theta) \approx \nabla^2 J_\Theta^{-1}(\Theta^*) = \varepsilon \geqslant 0$ 进行一阶近似，其中 ε 是一个小的正常数，这就是众所周知的用于凸优化的最速下降法或者一阶梯度法：

$$\Theta_{i+1} = \Theta_i - \varepsilon\nabla J_\Theta(\Theta_i) \tag{6.19}$$

然后，对上式两端除 Δt，并令 $\Delta t \to 0$ 取极限得

$$\dot{\Theta} = -\Gamma \nabla J_{\Theta}(\Theta) \tag{6.20}$$

式中 $\Gamma = \Gamma^{\top} > 0 \in \mathbb{R}^m \times \mathbb{R}^m$ 是用来取代 $\dfrac{\varepsilon}{\Delta t}$ 的正定自适应速率矩阵。上式是连续时间情况下的梯度法。

回到最小化 $J(\Theta)$ 的问题上，$\Theta(t)$ 最小二乘估计的微分形式可以用梯度法表示为

$$\dot{\Theta} = -\Gamma \nabla J_{\Theta}(\Theta) = -\Gamma \Phi(x) \varepsilon^{\top} \tag{6.21}$$

值得注意的是，当近似误差 $\varepsilon(t)$ 取代追踪误差 $e(t)$ 时，最小二乘梯度法与模型参考自适应律是相似的。

例 6.2 对于例 6.1，最小二乘梯度法可以表示为

$$\dot{\Theta} = \begin{bmatrix} \dot{\theta}_0 \\ \dot{\theta}_1 \\ \vdots \\ \dot{\theta}_p \end{bmatrix} = -\Gamma \left(\begin{bmatrix} 1 & x & \cdots & x^p \\ x & x^2 & \cdots & x^{p+1} \\ \vdots & \vdots & & \vdots \\ x^p & x^{p+1} & \cdots & x^{2p} \end{bmatrix} \begin{bmatrix} \theta_0 \\ \theta_1 \\ \vdots \\ \theta_p \end{bmatrix} - \begin{bmatrix} y \\ xy \\ \vdots \\ x^p y \end{bmatrix} \right)$$

6.3 持续激励和参数收敛

设 $\tilde{\Theta}(t) = \Theta(t) - \Theta^*$ 为估计误差，那么

$$\varepsilon = \Theta^{\top} \Phi(x) \Theta - y = \tilde{\Theta}^{\top} \Phi(x) \tag{6.22}$$

最小二乘梯度法可以表示为

$$\dot{\tilde{\Theta}} = \dot{\Theta} = -\Gamma \Phi(x) \Phi^{\top}(x) \tilde{\Theta} \tag{6.23}$$

证明 选择李雅普诺夫候选函数

$$V(\tilde{\Theta}) = \operatorname{trace}\left(\tilde{\Theta}^{\top} \Gamma^{-1} \tilde{\Theta}\right) \tag{6.24}$$

那么

$$\begin{aligned} \dot{V}(\tilde{\Theta}) &= 2\operatorname{trace}\left(\tilde{\Theta}^{\top} \Gamma^{-1} \dot{\tilde{\Theta}}\right) = -2\operatorname{trace}\left(\tilde{\Theta}^{\top} \Phi(x) \Phi^{\top}(x) \tilde{\Theta}\right) \\ &= -2\Phi^{\top}(x) \tilde{\Theta} \tilde{\Theta}^{\top} \Phi(x) = -2\varepsilon^{\top}\varepsilon = -2\|\varepsilon\|^2 \leqslant 0 \end{aligned} \tag{6.25}$$

注意，$\dot{V}(\tilde{\Theta})$ 只能是半负定的，因为当 $\Phi(x) = 0$ 时，$\dot{V}(\tilde{\Theta})$ 与 $\tilde{\Theta}$ 无关且可能为 0。当 $t \to \infty$ 时，$V(\tilde{\Theta})$ 存在有限的极限，因为

$$V(t \to \infty) = V(t_0) - 2\int_{t_0}^{\infty} \|\varepsilon\|^2 \mathrm{d}t < \infty \tag{6.26}$$

这意味着

$$2\int_{t_0}^{\infty} \|\varepsilon\|^2 \mathrm{d}t = V(t_0) - V(t \to \infty) < \infty \tag{6.27}$$

因此，$\varepsilon(t) \in \mathscr{L}_2 \cap \mathscr{L}_\infty$。此外，由于 $\varepsilon(t) \in \mathscr{L}_2 \cap \mathscr{L}_\infty$，所以 $\Phi(x) \in \mathscr{L}_\infty$，那么 $\tilde{\Theta}(t) \in \mathscr{L}_\infty$。但是，当 $t \to \infty$ 时，并不能保证 $\tilde{\Theta}(t) \to 0$，也就是说不能保证 $\tilde{\Theta}(t)$ 收敛。

除 $\Phi(x) \in \mathcal{L}_\infty$ 以外没有其他约束条件时，则

$$\ddot{V}(\tilde{\Theta}) = -4\varepsilon^\top \dot{\varepsilon} = -4\varepsilon^\top \left[\dot{\tilde{\Theta}}^\top \Phi(x) + \tilde{\Theta}^\top \dot{\Phi}(x)\right] \tag{6.28}$$

不一定有界，故不能得出 $\dot{V}(\tilde{\Theta})$ 是一致连续的结论。如果 $\dot{V}(\tilde{\Theta})$ 是一致连续的，还需要额外的约束条件 $\dot{\Phi}(x) \in \mathcal{L}_\infty$。然后利用 Barbalat 引理，得到 $\dot{V}(\tilde{\Theta}) \to 0$ 或 $\varepsilon(t) \to 0$，这意味着当 $t \to \infty$ 时 $\dot{\Theta}(t) \to 0$。由式（6.23）可得，$\dot{\Theta}(t) \to 0$ 并不意味着 $\tilde{\Theta}(t) \to 0$，因为 $\Phi(x)$ 也可以趋近于 0。

因此，到目前为止只能表明如果 $\dot{\Phi}(x) \in \mathcal{L}_\infty$，近似误差 $\varepsilon(t)$ 会趋近于 0，但估计误差 $\tilde{\Theta}(t)$ 并不一定趋近于 0，因为 $\Phi(x)$ 在某个时间段内可能为 0。为验证参数收敛的问题，式（6.23）的解可以表示为

131

$$\tilde{\Theta}(t) = \exp\left[-\Gamma \int_{t_0}^t \Phi(x)\Phi^\top(x)\mathrm{d}\tau\right]\tilde{\Theta}_0 \tag{6.29}$$

式中 $\tilde{\Theta}_0 = \tilde{\Theta}(t_0)$。

注意，$x(t)$ 作为一个独立变量是关于时间 t 的函数。那么，如果 $\tilde{\Theta}(t)$ 是指数稳定的，即意味着指数参数收敛，则表达式

$$\int_t^{t+T} \Phi(x)\Phi^\top(x)\mathrm{d}\tau \geqslant \alpha_0 I \tag{6.30}$$

对于所有的 $t \geqslant t_0$ 和某些 $\alpha_0 > 0$ 成立。

通常称此条件为持续激励条件（PE）。持续激励条件要求输入信号是持续激励的，即当参数收敛之前，信号不会在有限的时间内趋近于 0[1]。持续激励条件的另外一种解释是对于指数收敛的参数，输入信号必须能够激发与辨识参数相关的所有系统模态。值得注意的是，虽然参数收敛需要持续激励条件，但实际上，持续激励的输入信号会导致不想要的后果，例如激发未知或未建模动态，从而可能对动力学系统的稳定性产生不利影响。

进一步观察可以发现，如果 $x(t)$ 是闭环系统的状态变量，那么不能假设持续激励条件很容易满足。这可以理解为：假设将参数辨识用于自适应控制，那么闭环系统的稳定性通常意味着参数会收敛到未知的真实值。然而，参数收敛需要满足依赖于系统状态 $x(t)$ 的持续激励条件，但 $x(t)$ 又反过来依赖于参数收敛。这是一个循环论证。因此，当 $\Phi(x)$ 依赖于反馈时，很难判断其是否满足持续激励条件。但是，如果 $x(t)$ 是一个独立变量，那么很容易验证其是否满足持续激励条件。实际上，如果控制系统的输入信号是持续激励的，那么此系统满足持续激励条件，这是系统辨识的一个基本过程。

设持续激励条件满足，那么估计误差为

$$\|\tilde{\Theta}\| \leqslant \|\tilde{\Theta}_0\| \mathrm{e}^{-\gamma alph_0}, \ \forall t \in [t_1 t_1 + T], \ t_1 > t_0 \tag{6.31}$$

式中 $\gamma = \lambda_{\min}(\Gamma)$，表示矩阵 Γ 的最小特征值。因此，$\tilde{\Theta}(t)$ 是指数稳定的，且当 $t \to \infty$ 时，$\tilde{\Theta}(t) \to 0$，即保证了系统参数收敛。同时可以得到，近似误差也是渐近稳定的（但因为存在 $\Phi(x)$，故其不一定指数稳定），且当 $t \to \infty$ 时，$\varepsilon(t) \to 0$。

132

由于 $\left\|\Phi^\top(x)\Phi(x)\right\| \geqslant \left\|\Phi(x)\Phi^\top(x)\right\|$，这意味着

$$\alpha_0 I \leqslant \int_t^{t+T} \Phi(x)\Phi^\top(x)\mathrm{d}\tau \leqslant \int_t^{t+T} \Phi^\top(x)\Phi(x)\mathrm{d}\tau I = \beta_0 I \tag{6.32}$$

那么，如果持续激励条件满足，则 $\dot{V}(\tilde{\Theta})$ 可以表示为

$$\dot{V}(\tilde{\Theta}) \leqslant -\frac{2\alpha_0 V(\tilde{\Theta})}{\lambda_{\max}\left(\Gamma^{-1}\right)} \tag{6.33}$$

因此，最小二乘梯度法是指数稳定的，其收敛速度为 $\dfrac{\alpha_0}{\lambda_{\max}\left(\Gamma^{-1}\right)}$。 ∎

例 6.3 考虑一个标量形式的估计误差方程

$$\dot{\tilde{\theta}} = -\gamma\phi^2(t)\tilde{\theta}$$

初值为 $\tilde{\theta}(0) = 1$，其中

$$\phi(t) = \frac{1}{1+t}$$

是有界的。那么

$$\tilde{\theta}(t) = \exp\left[-\gamma\int_0^t \frac{\mathrm{d}\tau}{(1+\tau)^2}\right] = \exp\left[\gamma\left(\frac{1}{1+t} - 1\right)\right] = \exp\left(\frac{-\gamma t}{1+t}\right)$$

$$\dot{\tilde{\theta}}(t) = -\frac{\gamma}{(1+t)^2}\exp\left(\frac{-\gamma t}{1+t}\right)$$

随着 $t \to \infty$，$\dot{\tilde{\theta}}(t) \to 0$，但 $\tilde{\theta}(t) \to e^{-\gamma} \neq 0$。因此，$\phi(t)$ 不满足持续激励条件，所以不能保证参数收敛。唯一能够保证 $\tilde{\theta}(t) \to 0$ 的方式是使 $\gamma \to \infty$。

考虑另外一个在某些时间段内为零值的信号，例如

$$\phi(t) = \begin{cases} 1, & 0 \leqslant t \leqslant 1 \\ 0, & t > 1 \end{cases}$$

那么

$$\tilde{\theta}(t) = \begin{cases} \mathrm{e}^{-\gamma t}, & 0 \leqslant t \leqslant 1 \\ \mathrm{e}^{-\gamma}, & t > 1 \end{cases}$$

这得到了 $\phi(t)$ 不满足持续激励条件的相同结论。

例 6.4 考虑 $\Phi(t) = [\,1 \quad \sin t\,]^{\top}$。那么

$$\Phi(t)\Phi^{\top}(t) = \begin{bmatrix} 1 & \sin t \\ \sin t & \sin^2 t \end{bmatrix}$$

注意，$\Phi(t)\Phi^{\top}(t)$ 在任意时间 t 都是奇异的。计算持续激励条件为

$$\int_t^{t+T} \Phi(\tau)\Phi^{\top}(\tau)\mathrm{d}\tau = \int_t^{t+T} \begin{bmatrix} 1 & \sin\tau \\ \sin\tau & \sin^2\tau \end{bmatrix}\mathrm{d}\tau = \begin{bmatrix} \tau & -\cos\tau \\ -\cos\tau & \dfrac{\tau}{2} - \dfrac{1}{4}\sin(2\tau) \end{bmatrix}_t^{t+T}$$

$$= \begin{bmatrix} T & \cos(t) - \cos(t+T) \\ \cos(t) - \cos(t+T) & \dfrac{T}{2} - \dfrac{1}{4}\sin 2(t+T) + \dfrac{1}{4}\sin(2t)] \end{bmatrix}$$

此时，需要选择 T 使得上式满足持续激励条件。设 $T = 2\pi$ 为信号的周期，则 $\Phi(t)$ 满足持续激励条件，由于

$$\int_t^{t+T} \Phi(\tau)\Phi^{\top}(\tau)\mathrm{d}\tau = \begin{bmatrix} 2\pi & \cos(t) - \cos(t+2\pi) \\ \cos(t) - \cos(t+2\pi) & 1 - \dfrac{1}{4}\sin 2(t+2\pi) + \dfrac{1}{4}\sin(2t) \end{bmatrix}$$

$$= \begin{bmatrix} 2\pi & 0 \\ 0 & \pi \end{bmatrix} = \pi\begin{bmatrix} 2 & 0 \\ 0 & 1 \end{bmatrix} \geqslant \pi\begin{bmatrix} 1 & 0 \\ 0 & 1 \end{bmatrix}$$

133

因此，$\alpha_0 = \pi$。估计误差是指数稳定的，并且能够保证参数的收敛，因为

$$\|\tilde{\Theta}\| \leqslant \|\tilde{\Theta}_0\| \mathrm{e}^{-\pi\gamma t}, \ \forall t \in [t_1, t_1 + 2\pi] \ , \ t_1 > t_0$$

6.4 递归最小二乘

考虑能量函数

$$J(\Theta) = \frac{1}{2} \int_{t_0}^{t} \varepsilon^{\top} \varepsilon \mathrm{d}\tau \tag{6.34}$$

这是 6.1 节中能量函数的连续时间形式。

性能函数取极值的必要条件是

$$\nabla J_{\Theta}(\Theta) = \frac{\partial J^{\top}}{\partial \Theta^{\top}} = \int_{t_0}^{t} \Phi(x) \left[\Phi^{\top}(x)\Theta - y^{\top} \right] \mathrm{d}\tau = 0 \tag{6.35}$$

其中 $\Theta(t)$ 可以表示为

$$\Theta = \left[\int_{t_0}^{t} \Phi(x)\Phi^{\top}(x)\mathrm{d}\tau \right]^{-1} \int_{t_0}^{t} \Phi(x)y^{\top}\mathrm{d}\tau \tag{6.36}$$

并假设 $\int_{t_0}^{t} \Phi(x)\Phi^{\top}(x)\mathrm{d}\tau$ 的逆存在。注意矩阵 $\Phi(x)\Phi^{\top}(x)$ 总是奇异且不可逆的。但是，如果持续激励条件满足，那么 $\int_{t_0}^{t} \Phi(x)\Phi^{\top}(x)\mathrm{d}\tau$ 是可逆的。

引入矩阵 $R(t) = R^{\top}(t) > 0 \in \mathbb{R}^m \times \mathbb{R}^m$：

$$R = \left[\int_{t_0}^{t} \Phi(x)\Phi^{\top}(x)\mathrm{d}\tau \right]^{-1} \tag{6.37}$$

那么

$$R^{-1}\Theta = \int_{t_0}^{t} \Phi(x)y^{\top}\mathrm{d}\tau \tag{6.38}$$

对上式两端取微分，得

$$R^{-1}\dot{\Theta} + \frac{\mathrm{d}R^{-1}}{\mathrm{d}t}\Theta = \Phi(x)y^{\top} \tag{6.39}$$

根据式（6.37）可得

$$\frac{\mathrm{d}R^{-1}}{\mathrm{d}t} = \Phi(x)\Phi^{\top}(x) \tag{6.40}$$

因此

$$\dot{\Theta} = -R\Phi(x)\left[\Phi^{\top}(x)\Theta - y^{\top}\right] = -R\Phi(x)\varepsilon^{\top} \tag{6.41}$$

由于 $R(t)R^{-1}(t) = I$，所以

$$\dot{R}R^{-1} + R\frac{\mathrm{d}R^{-1}}{\mathrm{d}t} = 0 \tag{6.42}$$

因而

$$\dot{R} = -R\Phi(x)\Phi^{\top}(x)R \tag{6.43}$$

式（6.41）和式（6.43）共同构成了著名的递归最小二乘（RLS）参数辨识法，时变矩阵 $R(t)$ 为协方差矩阵。与此同时，递归最小二乘公式类似于卡尔曼滤波器，其中式（6.43）是零

阶被控对象的微分黎卡提方程。对比式 (6.21) 和式 (6.41)，$R(t)$ 充当 Γ 作为时变自适应速率矩阵，而式 (6.43) 实际上是时变自适应速率矩阵的自适应律。

设 $\tilde{\Theta}(t) = \Theta(t) - \Theta^*$ 为估计误差。由于 $\varepsilon(t) = \tilde{\Theta}^\top(t)\Phi(x)$，那么

$$\dot{\tilde{\Theta}} = -R\Phi(x)\Phi^\top(x)\tilde{\Theta} \tag{6.44}$$

证明 选择李雅普诺夫候选函数

$$V(\tilde{\Theta}) = \text{trace}\left(\tilde{\Theta}^\top R^{-1}\tilde{\Theta}\right) \tag{6.45}$$

那么

$$\begin{aligned}
\dot{V}(\tilde{\Theta}) &= \text{trace}\left(2\tilde{\Theta}^\top R^{-1}\dot{\tilde{\Theta}} + \tilde{\Theta}^\top \frac{\mathrm{d}R^{-1}}{\mathrm{d}t}\tilde{\Theta}\right) \\
&= \text{trace}\left(-2\tilde{\Theta}^\top \Phi(x)\Phi^\top(x)\tilde{\Theta} + \tilde{\Theta}^\top \Phi(x)\Phi^\top(x)\tilde{\Theta}\right) \\
&= -\text{trace}\left(\tilde{\Theta}^\top \Phi(x)\Phi^\top(x)\tilde{\Theta}\right) = -\varepsilon^\top\varepsilon = -\|\varepsilon\|^2 \leqslant 0
\end{aligned} \tag{6.46}$$

由于

$$V(t \to \infty) = V(t_0) - \int_{t_0}^{\infty} \|\varepsilon\|^2 \mathrm{d}t < \infty \tag{6.47}$$

从而可得当 $t \to \infty$ 时，$V(\tilde{\Theta})$ 存在有限的极限。

因此，$\varepsilon(t) \in \mathscr{L}_2 \cap \mathscr{L}_\infty$。此外，由于 $\varepsilon(t) \in \mathscr{L}_2 \cap \mathscr{L}_\infty$，故 $\Phi(x) \in \mathscr{L}_\infty$，所以 $\tilde{\Theta}(t) \in \mathscr{L}_\infty$。但是，当 $t \to \infty$ 时，并不能保证 $\tilde{\Theta}(t) \to 0$，也就是说不能保证 $\tilde{\Theta}(t)$ 收敛，除非 $\Phi(x)$ 能够满足持续激励条件。

注意，$\dot{V}(\tilde{\Theta})$ 不一定是一致连续的，因为这需要 $\ddot{V}(\tilde{\Theta})$ 是有界的。计算 $\ddot{V}(\tilde{\Theta})$ 得

$$\begin{aligned}
\ddot{V}(\tilde{\Theta}) &= -2\varepsilon^\top \dot{\varepsilon} = -2\varepsilon^\top \left[\dot{\tilde{\Theta}}^\top \Phi(x) + \tilde{\Theta}^\top \dot{\Phi}(x)\right] \\
&= -2\varepsilon^\top \left[-\tilde{\Theta}^\top \Phi(x)\Phi^\top(x)R\Phi(x) + \tilde{\Theta}^\top \dot{\Phi}(x)\right] \\
&= -2\varepsilon^\top \left[-\tilde{\Theta}^\top \Phi(x)\Phi^\top(x)\left[\int_{t_0}^{t} \Phi(x)\Phi^\top(x)\mathrm{d}\tau\right]^{-1}\Phi(x) + \tilde{\Theta}^\top \dot{\Phi}(x)\right]
\end{aligned} \tag{6.48}$$

因此，如果满足以下条件，则 $\ddot{V}(\tilde{\Theta})$ 是有界的：

- $\dot{\Phi}(x) \in \mathscr{L}_\infty$。
- $\left[\int_{t_0}^{t} \Phi(x)\Phi^\top(x)\mathrm{d}\tau\right]^{-1}$ 可逆，即 $\Phi(x)$ 是持续激励的。

利用 Barbalat 引理可得当 $t \to \infty$ 时，$\varepsilon(t) \to 0$。此外，当 $t \to \infty$ 时，$\tilde{\Theta}(t) \to 0$，即实现了参数的收敛。∎

注意，递归最小二乘法有多种版本。其中比较流行的一种是归一化递归最小二乘法，具体做法是修改 $R(t)$ 的自适应律为

$$\dot{R} = -\frac{R\Phi(x)\Phi^\top(x)R}{1 + n^2} \tag{6.49}$$

式中 $1 + n^2(x) = 1 + \Phi^\top(x)R\Phi(x)$ 是归一化因子。

归一化递归最小二乘法的李雅普诺夫候选函数的导数为

$$\dot{V}(\tilde{\Theta}) = \text{trace}\left(-2\tilde{\Theta}^{\top}\Phi(x)\Phi^{\top}(x)\tilde{\Theta} + \frac{\tilde{\Theta}^{\top}\Phi(x)\Phi^{\top}(x)\tilde{\Theta}}{1+n^2}\right)$$

$$= -\text{trace}\left(\tilde{\Theta}^{\top}\Phi(x)\Phi^{\top}(x)\tilde{\Theta}\left(\frac{1+2n^2}{1+n^2}\right)\right) \tag{6.50}$$

$$= -\varepsilon^{\top}\varepsilon\left(\frac{1+2n^2}{1+n^2}\right) = -\|\varepsilon\|^2\left(\frac{1+2n^2}{1+n^2}\right) \leqslant 0$$

可以看出，$\dot{V}(\tilde{\Theta})$ 的负定性比没有归一化前更强。因此，归一化使得 $R(t)$ 的自适应律更稳定，但参数的收敛速度变慢。

另外一种流行的版本是具有遗忘因子的归一化递归最小二乘法。在这里直接给出：

$$\dot{R} = \beta R - \frac{R\Phi(x)\Phi^{\top}(x)R}{1+n^2} \tag{6.51}$$

式中 $0 \leqslant \beta \leqslant 1$ 为遗忘因子。

6.5 基于最小二乘参数辨识的间接自适应控制

考虑如下在 5.7 节中具有匹配不确定性的多输入多输出系统，其中 $A \in \mathbb{R}^n \times \mathbb{R}^n$ 未知，但 $B \in \mathbb{R}^n \times \mathbb{R}^m$ 已知且 $n \leqslant m$ [4]：

$$\dot{x} = Ax + B\left[u + \Theta^{*\top}\Phi(x)\right] \tag{6.52}$$

式中 $\Theta^* \in \mathbb{R}^l \times \mathbb{R}^m$，$\Phi(x) \in \mathbb{R}^l$ 是已知的有界回归向量（基函数）。

我们的目标是设计一个具有最小二乘参数辨识的间接自适应控制器，其中参考模型为

$$\dot{x}_m = A_m x_m + B_m r \tag{6.53}$$

式中 $A_m \in \mathbb{R}^n \times \mathbb{R}^n$ 为赫尔维茨矩阵，$B_m \in \mathbb{R}^n \times \mathbb{R}^q$，$r \in \mathbb{R}^q \in \mathscr{L}_\infty$ 是一个分段连续且有界的参考指令信号。

注意，如果 $n < m$，则 B^{-1} 由其右伪逆 $B^{\top}(BB^{\top})^{-1}$ 定义。假设 B 可逆，那么存在 K_x^* 和 K_r^* 满足模型匹配条件。如果 $\hat{A}(t)$ 是 A 的一个估计，那么 K_x^* 的估计为

$$K_x(t) = B^{-1}\left[A_m - \hat{A}(t)\right] \tag{6.54}$$

设自适应控制器为

$$u = K_x(t)x + K_r r - \Theta^{\top}(t)\Phi(x) \tag{6.55}$$

式中 $K_r = B^{-1}B_m$ 已知。

那么，闭环控制系统的模型可以表示为

$$\dot{x} = \left(A + A_m - \hat{A}\right)x + B_m r + B\left(\Theta^{*\top} - \Theta^{\top}\right)\Phi(x) \tag{6.56}$$

式中

$$\bar{u} = K_x x + K_r r \tag{6.57}$$

如果 $\hat{A}(t) \to A$ 且 $\Theta(t) \to \Theta^*$，那么 $\dot{x}(t)$ 收敛到

$$\dot{x}_d = A_m x + B_m r = \hat{A}x + B\bar{u} \tag{6.58}$$

若 $x(t) \to x_m(t)$，则上式能够跟踪参考模型。

定义被控对象建模误差为 $\dot{x}_d(t)$ 和 $\dot{x}(t)$ 之间的差。那么

$$\varepsilon = \dot{x}_d - \dot{x} = \hat{A}x + B\bar{u} - \dot{x} = (\hat{A} - A)x + B\left(\Theta^\top - \Theta^{*\top}\right)\Phi(x) = \tilde{A}x + B\tilde{\Theta}^\top\Phi(x) \tag{6.59}$$

将跟踪误差定义为被控对象建模误差的形式：

$$\dot{e} = \dot{x}_m - \dot{x} = \dot{x}_m - \dot{x}_d + \dot{x}_d - \dot{x} = A_m e + \varepsilon \tag{6.60}$$

138

因此，可以看出真实被控对象与实际被控对象之间的被控对象建模误差实际上是真正影响跟踪误差 $e(t)$ 的因素。所以，如果能够最小化被控对象建模误差，那么也将最小化跟踪误差。

设 $\tilde{\Omega}^\top(t) = \begin{bmatrix} \tilde{A}(t) & B\tilde{\Theta}^\top(t) \end{bmatrix} \in \mathbb{R}^n \times \mathbb{R}^{n+l}$ 和 $\Psi(x) = [x^\top \quad \Phi^\top(x)]^\top \in \mathbb{R}^{n+1}$，其中 $\tilde{A}(t) = \hat{A}(t) - A$，$\tilde{\Theta}(t) = \Theta(t) - \Theta^*$。那么，被控对象建模误差可以表示为

$$\varepsilon = \tilde{\Omega}^\top \Psi(x) \tag{6.61}$$

跟踪误差动力学方程可以表示为

$$\dot{e} = A_m e + \tilde{\Omega}^\top \Psi(x) \tag{6.62}$$

考虑如下性能函数：

$$J(\tilde{\Omega}) = \frac{1}{2}\varepsilon^\top \varepsilon \tag{6.63}$$

那么，最小二乘梯度自适应律为

$$\dot{\Omega} = -\Gamma \frac{\partial J^\top}{\partial \tilde{\Omega}^\top} = -\Gamma \Psi(x)\varepsilon^\top \tag{6.64}$$

对于标准的递归最小二乘自适应律，常值自适应速率矩阵 Γ 由协方差矩阵 $R(t)$ 代替：

$$\dot{\Omega} = -R\Psi(x)\varepsilon^\top \tag{6.65}$$

$$\dot{R} = -R\Psi(x)\Psi^\top(x)R \tag{6.66}$$

如果将最小二乘梯度自适应律和模型参考自适应律相结合，即可得到组合最小二乘梯度模型参考自适应律：

$$\dot{\Omega} = -\Gamma \Psi(x)\left(\varepsilon^\top + e^\top P\right) \tag{6.67}$$

为了从 $\Omega(t)$ 中计算得到 $\hat{A}(t)$ 和 $\Theta(t)$，应注意到

$$\Omega = \begin{bmatrix} \Omega_1 \\ \Omega_2 \end{bmatrix} = \begin{bmatrix} \hat{A}^\top \\ \Theta B^\top \end{bmatrix} \Rightarrow \begin{bmatrix} \hat{A}^\top \\ \Theta \end{bmatrix} = \begin{bmatrix} \Omega_1 \\ \Omega_2 B^{-\top} \end{bmatrix} \tag{6.68}$$

证明 为证明组合最小二乘模型参考自适应律的稳定性，选择李雅普诺夫候选函数

139

$$V(e, \tilde{\Omega}) = e^\top P e + \mathrm{trace}\left(\tilde{\Omega}^\top R^{-1} \tilde{\Omega}\right) \tag{6.69}$$

计算 $\dot{V}\left(e, \tilde{\Omega}\right)$ 得

$$
\begin{aligned}
\dot{V}(e, \tilde{\Omega}) &= -e^\top Q e + 2e^\top P \varepsilon + \mathrm{trace}\left(-2\tilde{\Omega}^\top \Psi(x)\left(\varepsilon^\top + e^\top P\right) + \tilde{\Omega}^\top \frac{\mathrm{d}R^{-1}}{\mathrm{d}t} \tilde{\Omega}\right) \\
&= -e^\top Q e + 2e^\top P \varepsilon - 2\left(\varepsilon^\top + e^\top P\right)\varepsilon + \underbrace{\Psi^\top(x)\tilde{\Omega}}_{\varepsilon^\top}\underbrace{\tilde{\Omega}^\top \Psi(x)}_{\varepsilon} \\
&= -e^\top Q e - \varepsilon^\top \varepsilon \leqslant -\lambda_{\min}(Q)\|e\|^2 - \|\varepsilon\|^2
\end{aligned}
\tag{6.70}
$$

注意，$\dot{V}\left(e, \tilde{\Omega}\right) \leqslant 0$ 而不是 $\dot{V}\left(e, \tilde{\Omega}\right) < 0$，这是因为还没有对 $\varepsilon(t)$ 所依赖的 $\Psi(x)$ 施加约束。因此，$e(t) \in \mathscr{L}_2 \cap \mathscr{L}_\infty$，$\varepsilon(t) \in \mathscr{L}_2 \cap \mathscr{L}_\infty$，$\dot{e}(t) \in \mathscr{L}_\infty$ 且 $\tilde{\Omega} \in \mathscr{L}_\infty$。应用 Barbalat 引理，计算 $\ddot{V}\left(e, \tilde{\Omega}\right)$ 得

$$
\begin{aligned}
\ddot{V}(e, \tilde{\Omega}) &= -2e^\top Q \left(A_m e + \varepsilon\right) - \varepsilon^\top\left[\dot{\tilde{\Omega}}^\top \Psi(x) + \tilde{\Omega}^\top \dot{\Psi}(x)\right] \\
&= -2e^\top Q \left(A_m e + \varepsilon\right) - \varepsilon^\top\left[-(Pe + \varepsilon)\Psi^\top(x)R\Psi(x) + \tilde{\Omega}^\top \dot{\Psi}(x)\right]
\end{aligned}
\tag{6.71}
$$

但是，根据定义

$$R = \left[\int_{t_0}^t \Psi(x)\Psi^\top(x)\mathrm{d}\tau\right]^{-1} \tag{6.72}$$

如果 $\dot{\Psi}(x) \in \mathscr{L}_\infty$ 且 $\Psi(x)$ 满足持续激励条件，那么 $\ddot{V}(e, \tilde{\Omega}) \in \mathscr{L}_\infty$。因此，$\dot{V}(e, \tilde{\Omega})$ 是一致连续的。也就是当 $t \to \infty$ 时，$e(t) \to 0$，$\varepsilon(t) \to 0$ 并且 $\tilde{\Omega}(t) \to 0$。由于满足持续激励条件，所以 $\tilde{\Omega}(t)$ 以指数形式趋近于 0，进而可得 $e(t)$ 也以指数形式趋近于 0。因此，系统是指数稳定的。

证明　如果 $\Psi(x)$ 满足持续激励条件，那么

$$\dot{V}(e, \tilde{\Omega}) \leqslant -\lambda_{\min}(Q)\|e\|^2 - \alpha_0 \|\tilde{\Omega}\|^2 \tag{6.73}$$

根据式（6.32）选择参数 Q 和 β_0，使得 $\lambda_{\min}(Q) = \dfrac{\alpha_0 \lambda_{\max}(P)}{\beta_0}$。那么

$$\dot{V}(e, \tilde{\Omega}) \leqslant -\frac{\alpha_0 \lambda_{\max}(P)}{\beta_0}\|e\|^2 - \alpha_0 \|\tilde{\Omega}\|^2 \leqslant -\frac{\alpha_0 V(e, \tilde{\Omega})}{\beta_0} \tag{6.74}$$

因此，系统是指数稳定的，并且收敛速度为 $\dfrac{\alpha_0}{2\beta_0}$。　∎

注意，对于组合最小二乘梯度模型参考自适应律，李雅普诺夫函数对时间的导数为

$$\dot{V}(e, \tilde{\Omega}) = -e^\top Q e - 2\varepsilon^\top \varepsilon \leqslant -\lambda_{\min}(Q)\|e\|^2 - 2\|\varepsilon\|^2 \tag{6.75}$$

计算 $\ddot{V}\left(e, \tilde{\Omega}\right)$ 得

$$\ddot{V}(e, \tilde{\Omega}) = -2e^\top Q\left(A_m e + \varepsilon\right) - 2\varepsilon^\top\left[-(Pe + \varepsilon)\Psi^\top(x)\Gamma\Psi(x) + \tilde{\Omega}^\top \dot{\Psi}(x)\right] \tag{6.76}$$

如果 $\dot{\Psi}(x) \in \mathscr{L}_\infty$，那么 $\ddot{V}\left(e, \tilde{\Omega}\right)$ 有界。因此 $\dot{V}\left(e, \tilde{\Omega}\right)$ 是一致连续的，也就是当 $t \to \infty$ 时，$e(t) \to 0$ 且 $\varepsilon(t) \to 0$。$\varepsilon(t)$ 的收敛速度是组合递归最小二乘模型参考自适应律的两倍。此外，如果 $\Psi(x)$ 满足持续激励条件，那么参数也是指数收敛的。

例 6.5　考虑具有匹配不确定性的一阶系统

$$\dot{x} = ax + b\left(u + \theta^* x^2\right)$$

式中 a 和 θ^* 未知，但 $b = 2$。为进行仿真，设 $a = 1$，$\theta^* = 0.2$。

参考模型为

$$\dot{x}_m = a_m x_m + b_m r$$

式中 $a_m = -1$，$b_m = 1$ 且 $r = \sin t$。

初始条件为 $\Omega(0) = 0$ 和 $R(0) = 10I$ 的组合递归最小二乘模型参考自适应律为

$$\dot{\Omega} = \begin{bmatrix} \dot{\hat{a}} \\ b\dot{\theta} \end{bmatrix} = -\begin{bmatrix} r_{11} & r_{12} \\ r_{12} & r_{22} \end{bmatrix}\begin{bmatrix} x(\varepsilon + e) \\ x^2(\varepsilon + e) \end{bmatrix}$$

$$\dot{R} = \begin{bmatrix} \dot{r}_{11} & \dot{r}_{12} \\ \dot{r}_{12} & \dot{r}_{22} \end{bmatrix} = -\begin{bmatrix} r_{11} & r_{12} \\ r_{12} & r_{22} \end{bmatrix}\begin{bmatrix} x^2 & x^3 \\ x^3 & x^4 \end{bmatrix}\begin{bmatrix} r_{11} & r_{12} \\ r_{12} & r_{22} \end{bmatrix}$$

式中

$$\varepsilon = \hat{a}x + b\bar{u} - \dot{x}$$

$$\bar{u} = k_x(t)x + k_r r = \frac{a_m - \hat{a}}{b}x + \frac{b_m}{b}r$$

仿真结果如图 6-1 和图 6-2 所示。

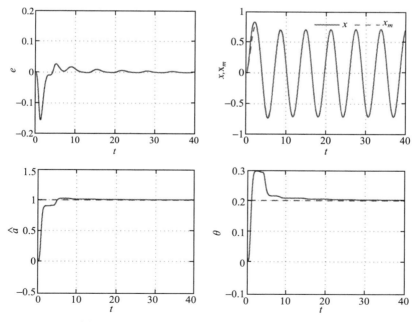

图 6-1　组合递归最小二乘模型参考自适应控制

从图中可以看出 $\hat{a}(t)$ 和 $\theta(t)$ 趋近于其真实值，并且跟踪误差 $e(t)$ 趋近于 0。协方差矩阵 $R(t)$ 作为一个时变的自适应速率矩阵 Γ，当 $t \to \infty$ 时，其值趋近于 0。

141
142

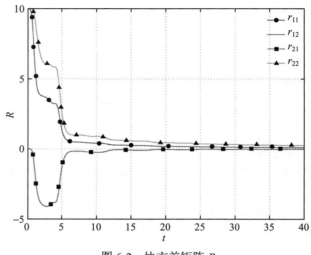

图 6-2   协方差矩阵 R

为进行对比，组合最小二乘梯度模型参考方法的自适应律为

$$\dot{\Omega} = \begin{bmatrix} \dot{\hat{a}} \\ b\dot{\theta} \end{bmatrix} = -\begin{bmatrix} \gamma_{11} & 0 \\ 0 & \gamma_{22} \end{bmatrix} \begin{bmatrix} x(\varepsilon + e) \\ x^2(\varepsilon + e) \end{bmatrix}$$

式中 $\gamma_a = \gamma_\theta = 10$。

仿真结果如图 6-3 所示。

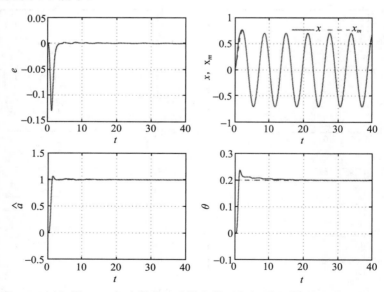

图 6-3   组合最小二乘梯度模型参考自适应控制

从图中可以看出，跟踪误差渐近地收敛到 0，且收敛速度比组合递归最小二乘模型参考自适应控制方法快得多。与组合递归最小二乘模型参考自适应控制方法相比，组合最小二乘梯度模型参考自适应控制方法还具有更好的参数收敛性质。

　　虽然组合最小二乘模型参考自适应控制方法可以实现指数参数收敛，但单纯的最小二乘法也可用于自适应控制而无须与模型参考自适应控制相结合。式（6.64）和式（6.65）共同构成了不考虑模型参考自适应控制的单纯最小二乘自适应律。可以通过式（6.65）和式（6.66）验证单纯递归最小二乘自适应控制的特性。

[143]

　　证明　选择李雅普诺夫候选函数

$$V(e, \tilde{\Omega}) = e^\top P e + \mu \, \text{trace} \left(\tilde{\Omega}^\top R^{-1} \tilde{\Omega} \right) \tag{6.77}$$

式中 $\mu > 0$。

　　计算 $\dot{V}\left(e, \tilde{\Omega}\right)$ 得

$$\begin{aligned}
\dot{V}(e, \tilde{\Omega}) &= -e^\top Q e + 2 e^\top P \varepsilon + \mu \, \text{trace} \left(-2 \tilde{\Omega}^\top \Psi(x) \varepsilon^\top + \tilde{\Omega}^\top \Psi(x) \Psi^\top(x) \tilde{\Omega} \right) \\
&= -e^\top Q e + 2 e^\top P \varepsilon - \mu \varepsilon^\top \varepsilon \leqslant -\lambda_{\min}(Q) \|e\|^2 + 2\lambda_{\max}(P) \|e\| \|\varepsilon\| - \mu \|\varepsilon\|^2
\end{aligned} \tag{6.78}$$

　　然而，$\dot{V}\left(e, \tilde{\Omega}\right)$ 并不是无条件的半负定。由于

$$-\frac{\lambda_{\max}^2(P)}{\delta^2} \|e\|^2 + 2\lambda_{\max}(P) \|e\| \|\varepsilon\| - \delta^2 \|\varepsilon\|^2 = -\left[\frac{\lambda_{\max}(P)}{\delta} \|e\| - \delta \|\varepsilon\| \right]^2 \leqslant 0 \tag{6.79}$$

因此，$\dot{V}\left(e, \tilde{\Omega}\right)$ 可以表示为

$$\dot{V}(e, \tilde{\Omega}) \leqslant -\left[\lambda_{\min}(Q) - \frac{\lambda_{\max}^2(P)}{\delta^2} \right] \|e\|^2 - \left(\mu - \delta^2 \right) \|\varepsilon\|^2 \tag{6.80}$$

　　那么，如果 $\frac{\lambda_{\max}(P)}{\sqrt{\lambda_{\min}(Q)}} < \delta < \sqrt{\mu}$，则 $\dot{V}\left(e, \tilde{\Omega}\right) \leqslant 0$。此外，如果 $\Psi(x)$ 满足持续激励条件，那么根据式（6.32）可得

$$\dot{V}(e, \tilde{\Omega}) \leqslant -\left[\lambda_{\min}(Q) - \frac{\lambda_{\max}^2(P)}{\delta^2} \right] \|e\|^2 - \alpha_0 \left(\mu - \delta^2 \right) \|\tilde{\Omega}\|^2 \tag{6.81}$$

　　根据式（6.32）选择参数 Q 和 β_0，使得 $\lambda_{\min}(Q) - \frac{\lambda_{\max}^2(P)}{\delta^2} = \frac{\alpha_0 \left(\mu - \delta^2 \right) \lambda_{\max}(P)}{\mu \beta_0}$。那么

$$\dot{V}(e, \tilde{\Omega}) \leqslant -\frac{\alpha_0 \left(\mu - \delta^2 \right) \lambda_{\max}(P)}{\mu \beta_0} \|e\|^2 - \alpha_0 \left(\mu - \delta^2 \right) \|\tilde{\Omega}\|^2 \leqslant -\frac{\alpha_0 \left(\mu - \delta^2 \right) V(e, \tilde{\Omega})}{\mu \beta_0} \tag{6.82}$$

因此，系统是指数稳定的，并且收敛速度为 $\frac{\alpha_0 \left(\mu - \delta^2 \right)}{2\mu \beta_0}$。　　　■

　　在 6.3 节中，对于最小二乘梯度法来说，如果 $\dot{\Psi}(x) \in \mathcal{L}_\infty$，那么被控对象的建模误差是渐近稳定的，即当 $t \to \infty$ 时，$\varepsilon(t) \to 0$。这意味着跟踪误差也是渐近稳定的，即当 $t \to \infty$ 时，$e(t) \to 0$。然而，对于递归最小二乘法而言，渐近追踪还需要满足持续激励条件，但是在闭环系统中无法验证持续激励条件是否满足。因此，如果无法满足持续激励条件，那么对于递归最小二乘法来说，被控对象的建模误差只是有界的，这意味着跟踪误差只是有界的而不是渐近稳定的。

[144]

例 6.6 考虑例 6.5

$$\dot{x} = ax + b\left(u + \theta^* x^2\right)$$

式中 a 和 θ^* 未知，但 $b = 2$。为进行仿真，设 $a = 1$，$\theta^* = 0.2$。

设在时间 $t \in [0,5]$ 时，$r(t) = \sin\left(\dfrac{\pi}{10}t\right)$；在时间 $t \in [5,40]$ 时，$r(t) = 1$。

设计递归最小二乘自适应控制器为

$$\dot{\Omega} = \begin{bmatrix} \dot{\hat{a}} \\ b\dot{\theta} \end{bmatrix} = -\begin{bmatrix} r_{11} & r_{12} \\ r_{12} & r_{22} \end{bmatrix}\begin{bmatrix} x\varepsilon \\ x^2\varepsilon \end{bmatrix}$$

其中 $R(0) = I$。

仿真结果如图 6-4 所示。

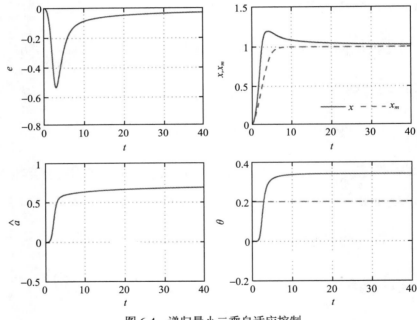

图 6-4 递归最小二乘自适应控制

为进行比较，设计最小二乘梯度自适应控制器为

$$\dot{\Omega} = \begin{bmatrix} \dot{\hat{a}} \\ b\dot{\theta} \end{bmatrix} = -\begin{bmatrix} \gamma_{11} & 0 \\ 0 & \gamma_{22} \end{bmatrix}\begin{bmatrix} x\varepsilon \\ x^2\varepsilon \end{bmatrix}$$

145 式中 $\Gamma = I$。

仿真结果如图 6-5 所示。可以看出最小二乘梯度自适应控制能够实现渐近追踪，即当 $t \to \infty$ 时，$e(t) \to 0$。在上述参考信号的作用下，递归最小二乘和最小二乘梯度自适应控制都不能实现参数的收敛。

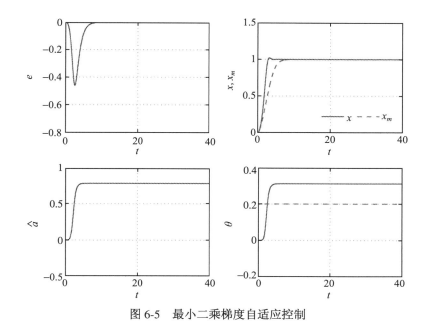

图 6-5 最小二乘梯度自适应控制

6.6 信号微分的估计

在最小二乘自适应控制中，当计算被控对象建模误差时，需要用到信号 $\dot{x}(t)$。但在许多实际应用中，该信号无法获得。因此，在这些情况下，需要对信号 $\dot{x}(t)$ 进行估计。估计 $\dot{x}(t)$ 的一种方法是使用后向有限差分

$$\dot{x}(t) = \frac{x(t) - x(t - \Delta t)}{\Delta t} \tag{6.83}$$

即使用当前和过去的状态信息估计当前时间步的 $\dot{x}(t)$。

数值微分的缺点是将噪声引入信号中。

另一种方法是对数据进行充分采样，并利用这些数据在有限时间间隔内使用 3 次或者 B 样条方法来构造一个至少 C^1 平滑的时间函数，然后在样条节点处取微分得到估计的时间导数。这种导数估计法会比后向有限差分引入更少的噪声 [11]。无论使用哪种方法，导数的计算都会引入噪声源。最小二乘法通常对噪声具有鲁棒性，特别是对服从正态高斯分布的噪声。因此，当存在噪声测量时，最小二乘自适应控制通常比模型参考自适应控制更有效。有时也可使用低通滤波器来平滑利用数值微分得到的重构信号，但是低通滤波器会在信号中引入相位延迟，从而影响系统稳定性。

另外一种不使用数值差分来估计信号 $\dot{x}(t)$ 的方法是模型预测。考虑文献 [4] 中式（9.341）描述的被控对象预测模型：

$$\dot{\hat{x}} = A_m \hat{x} + \left(\hat{A} - A_m\right) x + B\left[u + \Theta^\top \Phi(x)\right] \tag{6.84}$$

如果 $\hat{A}(t) \to A$ 且 $\Theta(t) \to \Theta^*$，那么 $\dot{\hat{x}}(t) \to \dot{x}(t)$。因此，$\dot{\hat{x}}(t)$ 实际上是 $\dot{x}(t)$ 的一个估计值。估计值 $\dot{\hat{x}}(t)$ 只依赖于当前的系统状态、控制输入和自适应参数。因此，预测模型可以在不计算微分的情况下得到信号 $\dot{x}(t)$ 的估计值。

146

随着自适应的进行，预测模型应该收敛到被控对象模型，即当 $t \to \infty$ 时，$\hat{x}(t) \to x(t) + e_p(t)$，其中 $e_p(t) = \hat{x}(t) - x(t)$ 是预测误差，其动力学方程为

$$\dot{e}_p = \dot{\hat{x}} - \dot{x} = A_m e_p + \tilde{A} x + B\tilde{\Theta}^\top \Phi(x) \tag{6.85}$$

因此，当 $\hat{A}(t) \to A$，$\Theta(t) \to \Theta^*$ 时，$e_p(t) \to 0$ 且 $\dot{\hat{x}}(t) \to \dot{x}(t)$。

基于预测模型的被控对象建模误差可以表示为

$$\varepsilon_p = \dot{x}_d - \dot{\hat{x}} = \dot{x}_d - \dot{x} - \dot{e}_p = \varepsilon - \dot{e}_p \tag{6.86}$$

如果预测误差收敛到 0，也就是 $e_p(t) \to 0$，那么 $\varepsilon_p(t) \to \varepsilon(t)$。因此，信号 $\varepsilon_p(t)$ 可以替代 $\varepsilon(t)$ 用于最小二乘自适应控制。

6.7　小结

最小二乘参数辨识是函数近似理论和数据回归分析的核心。用于函数近似和参数辨识的最小二乘法是为了使物理过程和过程模型之间的近似误差最小而推导得来的。最小二乘法可用于自适应控制，通过最小二乘法估计被控对象的未知参数，从而为调整控制增益提供信息。本章给出了多种最小二乘技术，包括批量最小二乘法、用于实时更新的最小二乘梯度法和递归最小二乘法。

建立在最小二乘实时更新策略上的参数收敛依赖于持续激励条件。该条件要求输入信号是持续激励的，也就是在参数收敛之前的某个有限时间内，信号不会变为 0。为了使参数辨识呈指数收敛，输入信号必须足够丰富以激发与要辨识参数相关联的所有系统模态。虽然参数收敛需要持续激励条件，但实际上，持续激励的输入信号会导致不想要的后果，例如激发未知或未建模动态，从而可能对动力学系统的稳定性产生不利影响。通常，闭环系统的持续激励条件不容易验证。

本章还讨论了最小二乘间接自适应控制方法，说明了最小二乘方法在自适应控制中的应用。在模型参考自适应控制中，参数的自适应是基于跟踪误差，而最小二乘自适应控制提出了一种基于被控对象建模误差的自适应机制。组合最小二乘模型参考自适应控制同时使用被控对象建模误差和跟踪误差进行参数自适应。如果满足持续激励条件，最小二乘梯度自适应控制和递归最小二乘自适应控制均能实现指数形式的指令跟踪和参数收敛。通常，被控对象建模误差需要状态变量相对于时间的导数信号。在某些应用中，这些信号无法通过测量获得。模型预测方法的优点是无须使用会引入噪声的数值差分方法，即可以对时间导数信号进行估计。

6.8　习题

1. 系统过程由 MATLAB 文件 Process_Data.mat 中的数据 (t, x, y) 给出，其中输出 $y(t)$ 可以由 $x(t)$ 的四阶多项式近似，边界条件是在 $x = 0$ 处，$y = 0$ 且 $\dfrac{\mathrm{d}y}{\mathrm{d}x} = 0$。利用数值方法确定矩阵 A 和向量 B 的值，求解系数 θ_i $(i = 2, 3, 4)$，并利用 MATLAB 函数 polyfig 对比所得结果。

2. 编写 MATLAB 代码, 利用最小二乘梯度法求解习题 1, 其中 $\Theta(0) = 0$ 且 $\Gamma = 10$。给出系数 θ_i 随时间 t 的变化曲线, 并与习题 1 中的结果进行对比。注意, 最小二乘梯度法中的欧拉算法可以表示为

$$\Theta_{i+1} = \Theta_i - \Delta t \Gamma \Phi(x_i) \left[\Phi^\top(x_i) \Theta_i - y_i \right]$$

3. 确定如下函数是否是持续激励的, 如果是, 给出 T 和 α。

  (a) $\phi(t) = e^{-t}$ (提示: 求解 $t \to \infty$ 时 $\tilde{\theta}$ 的极限)。

  (b) $\Phi(t) = \begin{bmatrix} \cos(\pi t) \\ \sin(\pi t) \end{bmatrix}$。

4. 考虑具有匹配不确定性的一阶系统

$$\dot{x} = ax + b \left[u + \theta^* \phi(t) \right]$$

式中 a 和 θ^* 未知, 但 $b = 2$ 且 $\phi(t) = \sin t$。为进行仿真, 令 $a = 1$, $\theta^* = 0.2$。参考模型为

$$\dot{x}_m = a_m x_m + b_m r$$

式中 $a_m = -1$, $b_m = 1$, $r = \sin t$。

在 Simulink 中使用归一化递归最小二乘法实现间接自适应控制, 所有初始条件均为 0。设 $R(0) = 10$, 绘制出在 $t \in [0, 40]$ 时, $e(t)$、$x(t)$ 与 $x_m(t)$ 和 $\hat{a}(t)$ 和 $\theta(t)$ 的对比图。

参考文献

[1] Ioannu, P. A., & Sun, J. (1996). *Robust adaptive control.* Upper Saddle River: Prentice-Hall Inc.

[2] Slotine, J.-J., & Li, W. (1991). *Applied nonlinear control.* Upper Saddle River: Prentice-Hall Inc.

[3] Bobal, V. (2005). *Digital self-tuning controllers: algorithms, implementation, and applications.* London: Springer.

[4] Nguyen, N. (2013). Least-squares model reference adaptive control with chebyshev orthogonal polynomial approximation. *AIAA Journal of Aerospace Information Systems, 10(6),* 268-286.

[5] Chowdhary, G., &Johnson, E. (2011). Theory and flight-test validation of a concurrent-learning adaptive controller. *AIAA Journal of Guidance, Control, and Dynamics, 34(2),* 592-607.

[6] Chowdhary, G., Yucelen, T., & Nguyen, N. (2013). Concurrent learning adaptive control of the aeroelastic generic transport model. In *AIAA Infotech@Aerospace Conference, AIAA-2013-5135.*

[7] Guo, L. (1996). Self-convergence of weighted least-squares with applications to stochastic adaptive control. *IEEE Transactions on Automatic Control, 41(1),* 79-89.

[8] Lai, T., &Wei, C.-Z. (1986). Extended leasts quares and their applications to adaptive control and prediction in linear systems. *IEEE Transactions on Automatic Control, 31(10),* 898-906.

[9] Suykens, J., Vandewalle, J., &deMoor, B. (1996). *Artificial neural networks for modeling and control of nonlinear systems.* Dordrecht: Kluwer Academic Publisher.

[10] Zou, A., Kumar, K., & Hou, Z. (2010). Attitude control of spacecraft using chebyshev neural networks. *IEEE Transactions on Neural Networks, 21(9),* 1457-1471.

[11] Nguyen, N., Krishnakumar, K., Kaneshige, J., & Nespeca, P. (2008). Flight dynamics modeling and hybrid adaptive control of damaged asymmetric aircraft. *AIAA Journal of Guidance, Control, and Dynamics, 31(3),* 751-764.

第 7 章

函数近似和非结构不确定性系统的自适应控制

引言　本章介绍了适用于非结构不确定性系统的最小二乘函数近似和最小二乘自适应控制的基本理论，同时介绍了基于多项式（特别是切比雪夫正交多项式）和基于神经网络的函数近似理论。我们通常认为，切比雪夫正交多项式对于实值函数的函数近似是最优的，切比雪夫多项式函数近似比常规多项式函数近似更加精确。我们将基于双层神经网络介绍神经网络近似理论，及包括 S 型函数和径向基函数在内的两种激活函数。结合函数近似理论，提出了一种适用于非结构不确定性系统的模型参考自适应控制策略。介绍了基于多项式近似和神经网络近似的最小二乘直接自适应控制方法。由于最小二乘法能够保证参数收敛，所以最小二乘自适应控制可以在存在非结构不确定性的情况下实现控制信号的一致最终有界。基于多项式或者神经网络近似的标准模型参考自适应控制也可用于非结构不确定性系统。但与最小二乘自适应控制方法不同的是，标准模型参考自适应控制只能保证跟踪误差的有界性，而不能在数学上保证自适应参数的有界性。这可能导致模型参考自适应控制的鲁棒性问题，例如众所周知的参数漂移问题。通常来说，最小二乘自适应控制的系统性能和鲁棒性要优于模型参考自适应控制。

在许多物理应用中，系统输入和输出之间的结构并不确定。对于非结构不确定性系统来说，输入和输出之间的映射通常未知。对非结构不确定性系统的建模需要利用函数近似。多项式回归和神经网络是两种常用的函数近似方法，非结构不确定性系统的自适应控制可以用最小二乘函数近似来实现。

|151|

本章的学习目标如下：

- 理解基于正交多项式（例如切比雪夫多项式）的函数近似和基于 S 型函数及径向基函数的神经网络。
- 能够将最小二乘法应用于单隐层神经网络的函数近似。
- 能够使用各种最小二乘直接和间接自适应控制技术为非结构不确定性系统设计控制器。
- 认识到由于可能存在无界自适应参数，标准模型参考自适应控制对于非结构不确定性系统不是鲁棒的。

7.1　基于最小二乘的多项式近似

设 $y(t) \in \mathbb{R}^n$ 是一个过程输出，表示为

$$y = f(x) \tag{7.1}$$

式中 $x \in \mathbb{R}^p$ 是输入，$f(x) \in \mathbb{R}^n$ 是一个未知但有界的函数。

任意足够光滑的函数 $f(x) \in C^q$ 可以在 $x = \bar{x}$ 处做泰勒级数展开：

$$f(x) = f(\bar{x}) + \sum_{i=1}^{p} \frac{\partial f(\bar{x})}{\partial x_i}(x_i - \bar{x}_i) + \frac{1}{2}\sum_{i=1}^{p}\sum_{j=1}^{p}\frac{\partial f(\bar{x})}{\partial x_i x_j}(x_i - \bar{x}_i)(x_j - \bar{x}_j) + \cdots \quad (7.2)$$

$f(x)$ 也可以表示为

$$f(x) = \Theta^{*\top}\Phi(x) - \varepsilon^{*}(x) \quad (7.3)$$

式中 $\Theta^* \in \mathbb{R}^l \times \mathbb{R}^n$ 是未知系数的常值矩阵，$\Phi(x) \in \mathbb{R}^l$ 是由 x 单项式构成的回归向量，

$$\Phi(x) = \begin{bmatrix} 1 & x_1 & x_2 & \cdots & x_p & x_1^2 & x_1 x_2 & \cdots & x_p^2 & \cdots & x_1^q & x_1 x_2^{q-1} & \cdots & x_p^q \end{bmatrix} \quad (7.4)$$

$\varepsilon^*(x)$ 是依赖于 x 的函数近似误差。

$f(x)$ 可以近似为

$$\hat{y} = \Theta^{\top}\Phi(x) \quad (7.5)$$

式中 $\Theta \in \mathbb{R}^l \times \mathbb{R}^n$ 是 Θ^* 的估计。

那么，随着 $q \to \infty$，$\hat{y} \to f(x)$。这意味着任意足够光滑的函数均可以用一个 q 阶多项式来近似。那么，在 $x(t)$ 的紧域上可以使函数的近似误差足够小，即对于所有的 $x(t) \in \mathscr{D} \subset \mathbb{R}^p$，$\sup_{x \in \mathscr{D}}\|\varepsilon^*(x)\| \leqslant \varepsilon_0^*$ 成立。

另外一类可以用于函数近似的多项式是正交多项式。这种正交多项式构成了希尔伯特内积空间的基，其中内积的定义为

$$\int_a^b w(x)p_i(x)p_j(x)\mathrm{d}x = \delta_{ij} \quad (7.6)$$

式中若 $i = j$，则 $\delta_{ij} = 1$；若 $i \neq j$，则 $\delta_{ij} = 0$。

切比雪夫多项式是众多正交多项式中的一种，其经常用于函数近似。特别地，第一类的前几个切比雪夫多项式如下所示：

$$\begin{aligned} T_0(x) &= 1 \\ T_1(x) &= x \\ T_2(x) &= 2x^2 - 1 \\ T_3(x) &= 4x^3 - 3x \\ T_4(x) &= 8x^4 - 8x^2 + 1 \\ &\vdots \\ T_{n+1}(x) &= 2xT_n(x) - T_{n-1}(x) \end{aligned} \quad (7.7)$$

与常规多项式相比，正交多项式的一个优点就是可以利用较低阶的正交多项式来获得与高阶常规多项式相同精度的函数近似 [1-2]。因此，通常在函数近似时使用切比雪夫多项式。

系数向量 Θ 可以使用各种最小二乘法来计算，例如批量最小二乘法、最小二乘梯度法以及递归最小二乘法。注意，由于 $\Theta^{\top}\Phi(x)$ 是未知函数 $f(x)$ 的近似，所以无论 $\Phi(x)$ 是否为持续激励的，近似误差都不是渐近收敛的。

例 7.1　利用四阶切比雪夫多项式及最小二乘梯度法在紧域 $x(t) \in [-1, 1]$ 上近似函数

$$y = \sin x + \cos(2x) + e^{-x^2}$$

其中 $x = \sin(10t)$，$\Gamma_\Theta = 2I$，$\Theta(0) = 0$。

图 7-1 所示为 1000s 内的函数近似结果。从图中可以看出参数收敛仅用了不到 100s，均方根误差为 3.8×10^{-4}。

153

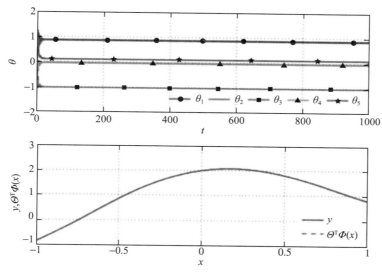

图 7-1　切比雪夫多项式近似

7.2　神经网络近似

神经网络是 20 世纪 60 年代在人工智能领域出现的概念，旨在构建一个能够表示人脑神经元连接是如何工作的简单模型。神经网络已经成功应用于多个领域，例如分类器、模式识别、函数近似以及自适应控制等 [1,3-12]。目前，可以近似地认为"智能控制"是用来描述具有神经网络的自适应控制。神经网络是表示神经元连接的网络，其构成了用于描述输入–输出复杂映射的各种神经元层。图 7-2 是一个描述输入–输出映射的两层神经网络，从输入到输出前向连通的神经网络称为前馈神经网络，内部某些元素闭环连通的神经网络称为递归神经网络。

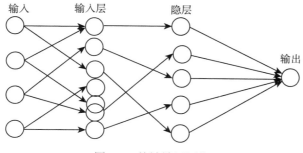

图 7-2　前馈神经网络

154　　　前馈神经网络已被证明能够在紧域上以任意给定精度近似一大类非线性函数，也就是

$$f(x) = \hat{f}(x) - \varepsilon^*(x) \tag{7.8}$$

对于所有的 $x(t) \in \mathscr{D} \subset \mathbb{R}^n$，使得 $\sup_{x \in \mathscr{D}} \|\varepsilon^*(x)\| \leqslant \varepsilon_0$ 成立。

　　任意层的每一个神经元都由两个主要部分组成：加权求和器和激活函数，其中激活函数可以是线性的，但大多数情况下是非线性的。图 7-3 所示为一个神经元，其中一组输入通过激活函数形成一组输出。

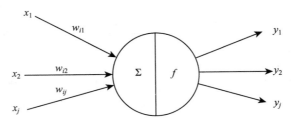

图 7-3　神经元及激活函数

　　如果 $x(t) \in \mathbb{R}^p$ 是神经元的输入，$y(t) \in \mathbb{R}^n$ 是神经元的输出，则神经元执行如下计算：

$$y = f\left(W^{\top} x + b\right) \tag{7.9}$$

式中 W 是权重矩阵，b 是常值偏置向量。

　　例 7.2　二阶多项式回归可以由神经网络表示。如图 7-4 所示，输入是 x^2、x 和 1，输出是 y，激活函数为线性函数，即

$$y = W^{\top} \Phi(x) = w_2 x^2 + w_1 x + w_0$$

式中 $\Phi(x)$ 是输入函数。

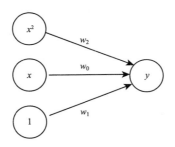

图 7-4　多项式神经网络表示

　　最常见的激活函数是 S 型函数和径向基函数（RBF），因为这些函数具有通用的近似特性，意味着任何非线性函数均可以通过这些函数来近似。注意，一个多项式在某种意义上可以视作通用近似器，因为任意足够光滑的函数均可以用泰勒级数表示。

155　　　如图 7-5 所示的 S 型函数（或称为逻辑函数）可以表示为

$$\sigma(x) = \frac{1}{1 + e^{-ax}} \tag{7.10}$$

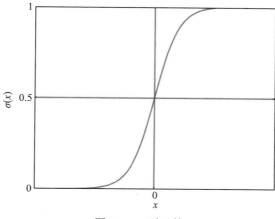

图 7-5   S 型函数

一个未知函数可以由 S 型神经网络近似为

$$\hat{y} = \hat{f}(x) = V^\top \sigma \left(W_x^\top x + W_0 \right) + V_0 = \Theta^\top \Phi \left(W^\top \overline{x} \right) \tag{7.11}$$

式中 $V(V \in \mathbb{R}^m \times \mathbb{R}^n)$ 和 $W_x(W_x \in \mathbb{R}^n \times \mathbb{R}^m)$ 是权重矩阵，$W_0(W_0 \in \mathbb{R}^m)$ 和 $V_0(V_0 \in \mathbb{R}^n)$ 是偏置向量，$\Theta^\top = [\, V_0 \quad V^\top \,] \in \mathbb{R}^n \times \mathbb{R}^{m+1}$，$W^\top = [\, W_0 \quad W_x^\top \,] \in \mathbb{R}^m \times \mathbb{R}^{n+1}$，$\overline{x} = [\, 1 \quad x^\top \,]^\top \in \mathbb{R}^{n+1}$，$\Phi \left(W^\top \overline{x} \right) = [\, 1 \quad \sigma^\top \left(W^\top \overline{x} \right) \,]^\top \in \mathbb{R}^{m+1}$，$\sigma \left(W^\top \overline{x} \right) = [\, \sigma \left(W_1^\top \overline{x} \right) \quad \sigma \left(W_2^\top \overline{x} \right) \quad \cdots \quad \sigma(W_m^\top \overline{x}) \,]^\top \in \mathbb{R}^m$，其中 $W_j \in \mathbb{R}^{n+1}$（$j = 1, \cdots, m$）是 W 的列向量。

通常称径向基函数为高斯正态分布或者"钟形"曲线，如图 7-6 所示。其数学表达式为

$$\psi(x) = \mathrm{e}^{-ax^2} \tag{7.12}$$

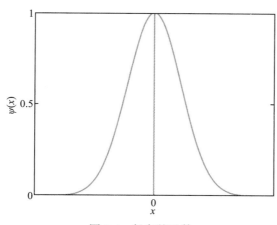

图 7-6   径向基函数

一个未知函数可以用径向基函数神经网络近似为

$$\hat{y} = \hat{f}(x) = V^\top \psi \left(W_x^\top x + W_0 \right) + V_0 = \Theta^\top \Phi \left(W^\top \overline{x} \right) \tag{7.13}$$

与线性回归相似，神经网络的系数可以通过输入–输出数据的估计得到。这个估计过程称为"训练"或者"教导"神经网络，其本质上是最小二乘估计。"预训练"或"离线"神经

156 网络指神经网络的系数是根据数据或者模型信息先验知识得到的一种神经网络。而"在线学习"神经网络指神经网络的系数是利用梯度法(例如"反向传播")实时递归估计得到的一种神经网络。

考虑一个 S 型神经网络函数估计，采用梯度法推导适用于神经网络的最小二乘学习算法从而最小化能量函数：

$$J = \frac{1}{2}\varepsilon^{\top}\varepsilon = \frac{1}{2}\left[\Theta^{\top}\Phi\left(W^{\top}\bar{x}\right) - y\right]^{\top}\left[\Theta^{\top}\Phi\left(W^{\top}\bar{x}\right) - y\right] \tag{7.14}$$

J 分别相对于权重矩阵和偏置向量取偏导数：

$$\nabla J_{\Theta} = \frac{\partial J^{\top}}{\partial \Theta^{\top}} = \frac{\partial \varepsilon}{\partial \Theta^{\top}}\varepsilon^{\top} = \Phi\left(W^{\top}\bar{x}\right)\varepsilon^{\top} \tag{7.15}$$

$$\nabla J_{W} = \frac{\partial J}{\partial W} = \frac{\partial\left(W^{\top}\bar{x}\right)}{\partial W^{\top}}\varepsilon^{\top}\frac{\partial \varepsilon}{\partial\left(W^{\top}\bar{x}\right)} = \bar{x}\varepsilon^{\top}V^{\top}\sigma'\left(W^{\top}\bar{x}\right) \tag{7.16}$$

式中 $\sigma'\left(W^{\top}x\right) = \mathrm{diag}\left(\sigma'\left(W_1^{\top}\bar{x}\right), \sigma'\left(W_2^{\top}\bar{x}\right), \cdots, \sigma'\left(W_m^{\top}\bar{x}\right)\right)$ 是一个对角矩阵，其中

$$\sigma'(x) = \frac{a\mathrm{e}^{-ax}}{(1 + \mathrm{e}^{-ax})^2} \tag{7.17}$$

那么，适用于神经网络的最小二乘梯度学习算法为

$$\dot{\Theta} = -\Gamma_{\Theta}\Phi\left(W^{\top}\bar{x}\right)\varepsilon^{\top} \tag{7.18}$$

$$\dot{W} = -\Gamma_W\bar{x}\varepsilon^{\top}V^{\top}\sigma'\left(W^{\top}\bar{x}\right) \tag{7.19}$$

157

例 7.3　考虑例 7.1，在紧域 $x(t) \in [-1, 1]$ 上近似函数

$$y = \sin x + \cos(2x) + \mathrm{e}^{-x^2}$$

式中 $x = \sin(10t)$。

利用如下 S 型神经网络对函数 $y(t)$ 进行近似：

$$\hat{y} = v_0 + v_1\sigma\left(w_{0_1} + w_1 x\right) + v_2\sigma\left(w_{0_2} + w_2 x\right) + v_3\sigma\left(w_{0_3} + w_3 x\right)$$

$$\Theta = \begin{bmatrix} v_0 \\ v_1 \\ v_2 \\ v_3 \end{bmatrix}, \ V = \begin{bmatrix} v_1 \\ v_2 \\ v_3 \end{bmatrix}, W = \begin{bmatrix} w_{0_1} & w_{0_2} & w_{0_3} \\ w_1 & w_2 & w_3 \end{bmatrix}$$

$$\bar{x} = \begin{bmatrix} 1 \\ x \end{bmatrix}, \ \Phi\left(W^{\top}x\right) = \begin{bmatrix} 1 \\ \sigma(w_{0_1} + w_1 x) \\ \sigma(w_{0_2} + w_2 x) \\ \sigma(w_{0_3} + w_3 x) \end{bmatrix},$$

$$\sigma'\left(W^{\top}\bar{x}\right) = \begin{bmatrix} \sigma'(w_{0_1} + w_1 x) & 0 & 0 \\ 0 & \sigma'(w_{0_2} + w_2 x) & 0 \\ 0 & 0 & \sigma'(w_{0_3} + w_3 x) \end{bmatrix}$$

注意，$\Theta(t)$ 和 $W(t)$ 的初始值通常由随机数生成器决定。如果初值都为 0，则 $V(t)$ 和 $W(t)$ 的各元素相同，即 $v_1 = v_2 = v_3$，$w_{0_1} = w_{0_2} = w_{0_3}$，$w_1 = w_2 = w_3$。在本例中，设 $\Gamma_\Theta = \Gamma_W = 10I$。如图 7-7 所示为神经网络近似的结果。

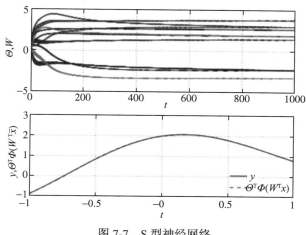

图 7-7　S 型神经网络

可以看出神经网络近似的收敛速度比例 7.1 中的切比雪夫多项式收敛要慢得多。某些神经网络权重在 1000s 后仍在继续收敛。均方根误差为 6.9×10^{-4}，大约是切比雪夫多项式近似的 2 倍。神经网络有 10 个权重系数，而切比雪夫多项式只有 5 个系数。

7.3　非结构不确定性自适应控制

考虑如下具有匹配非结构不确定性的系统：

$$\dot{x} = Ax + B[u + f(x)] \tag{7.20}$$

式中 $x \in \mathbb{R}^n$ 是状态向量，$u \in \mathbb{R}^m$ 是控制向量，$A \in \mathbb{R}^n \times \mathbb{R}^n$ 是未知常值矩阵，$B \in \mathbb{R}^n \times \mathbb{R}^m$ 是已知矩阵，其中 $n \leqslant m$ 且 (A, B) 可控，$f(x) \in \mathbb{R}^m$ 是匹配非结构不确定性。

未知函数 $f(x)$ 可以由多项式或者任意函数近似，表示为

$$f(x) = \Theta^{*\top} \Phi(x) - \varepsilon^*(x) \tag{7.21}$$

式中 $\Theta^* \in \mathbb{R}^l \times \mathbb{R}^m$ 是理想的未知常值权重矩阵，$\Phi(x) \in \mathbb{R}^l$ 是正交基函数向量，$\varepsilon^*(x) \in \mathbb{R}^m$ 是函数近似误差。

另外，未知函数 $f(x)$ 也可以通过神经网络近似：

$$f(x) = \Theta^{*\top} \Phi\left(W^{*\top} \bar{x}\right) - \varepsilon^*(x) \tag{7.22}$$

式中 Θ^*（$\Theta^* \in \mathbb{R}^{l+1} \times \mathbb{R}^m$）和 W^*（$W^* \in \mathbb{R}^{n+1} \times \mathbb{R}^l$）是理想的未知常值权重矩阵，$\bar{x} = [1 \quad x^\top]^\top \in \mathbb{R}^{n+1}$，$\Phi\left(W^{*\top} \bar{x}\right) = [1 \quad \sigma^\top\left(W^\top \bar{x}\right)]^\top \in \mathbb{R}^{l+1}$。

通过选取合适的 $\Phi(x)$ 或 $\Phi\left(W^{*\top}\bar{x}\right)$，可以令 $\varepsilon^*(x)$ 在 $x(t)$ 的紧域足够小，使得对于所有的 $x(t) \in \mathscr{D} \subset \mathbb{R}^n$ 满足 $\sup_{x \in \mathscr{D}} \|\varepsilon^*(x)\| \leqslant \varepsilon_0^*$。

158

此处的目标是设计一个全状态反馈，使得 $x(t)$ 能够跟踪参考模型

$$\dot{x}_m = A_m x_m + B_m r \tag{7.23}$$

式中 $x_m \in \mathbb{R}^n$ 是参考状态向量，$A_m \in \mathbb{R}^n \times \mathbb{R}^n$ 已知且为赫尔维茨矩阵，$B_m \in \mathbb{R}^n \times \mathbb{R}^q$ 为已知矩阵，$r(t) \in \mathbb{R}^q \in \mathscr{L}_\infty$ 是分段连续且有界的参考指令向量。

7.3.1 需要矩阵逆的递归最小二乘直接自适应控制

假设存在理想控制增益 K_x^* 和 K_r^* 满足模型匹配条件

$$A + BK_x^* = A_m \tag{7.24}$$

$$BK_r^* = B_m \tag{7.25}$$

设自适应控制器为

$$u = K_x(t)x + K_r r - \Theta^\top \Phi(x) \tag{7.26}$$

式中 $K_r = K_r^*$ 已知。

设 $\hat{A}(t)$ 是 A 的估计，那么

$$\hat{A}(t) = A_m - BK_x(t) \tag{7.27}$$

闭环系统动力学模型可以表示为

$$\dot{x} = (A_m - BK_x^*)x + B\left[K_x x + K_r r - \Theta^\top \Phi(x) + \Theta^{*\top}\Phi(x) - \varepsilon^*(x)\right] \tag{7.28}$$

设 $\tilde{K}_x(t) = K_x(t) - K_x^*$ 和 $\tilde{\Theta}(t) = \Theta(t) - \Theta^*$ 为估计误差，那么

$$\dot{x} = \left(A_m + B\tilde{K}_x\right)x + B_m r - B\tilde{\Theta}^\top\Phi(x) - B\varepsilon^* \tag{7.29}$$

定义期望的被控对象模型为

$$\dot{x}_d = A_m x + B_m r \tag{7.30}$$

那么，被控对象建模误差为

$$\varepsilon = \dot{x}_d - \dot{x} = \hat{A}x + B\bar{u} - \dot{x} = -B\tilde{K}_x x + B\tilde{\Theta}^\top\Phi(x) + B\varepsilon^* \tag{7.31}$$

设 $\tilde{\Omega}^\top(t) = [-B\tilde{K}_x(t) \quad B\tilde{\Theta}^\top(t)] \in \mathbb{R}^n \times \mathbb{R}^{n+l}$ 和 $\Psi(x) = [x^\top \quad \Phi^\top(x)]^\top \in \mathbb{R}^{n+l}$，那么被控对象建模误差可以表示为

$$\varepsilon = \tilde{\Omega}^\top\Psi(x) + B\varepsilon^* \tag{7.32}$$

将跟踪误差表示为被控对象建模误差的形式：

$$\dot{e} = \dot{x}_m - \dot{x} = \dot{x}_m - \dot{x}_d + \dot{x}_d - \dot{x} = A_m e + \varepsilon \tag{7.33}$$

单一递归最小二乘自适应律为

$$\dot{\Omega} = -R\Psi(x)\varepsilon^\top \tag{7.34}$$

$$\dot{R} = -R\varPsi(x)\varPsi^{\top}(x)R \tag{7.35}$$

$K_x(t)$ 和 $\varTheta(t)$ 可以通过解算 $\varOmega(t)$ 得到

$$\varOmega = \left[\begin{array}{c} \varOmega_1 \\ \varOmega_2 \end{array}\right] = \left[\begin{array}{c} -K_x^{\top}B^{\top} \\ \varTheta B^{\top} \end{array}\right] \Rightarrow \left[\begin{array}{c} K_x^{\top} \\ \varTheta \end{array}\right] = \left[\begin{array}{c} -\varOmega_1 B^{-\top} \\ \varOmega_2 B^{-\top} \end{array}\right] \tag{7.36}$$

注意,求解 $K_x(t)$ 和 $\varTheta(t)$ 需要可逆矩阵 B^{-1}。这有时会导致一些问题,后文将对此进行讨论。

递归最小二乘自适应律的估计误差方程为

$$\dot{\varOmega} = -R\varPsi(x)\left[\varPsi^{\top}(x)\tilde{\varOmega} + \varepsilon^{*\top}B^{\top}\right] \tag{7.37}$$

接下来证明递归最小二乘自适应律的参数收敛性质。

证明　选择李雅普诺夫候选函数

$$V(\tilde{\varOmega}) = \text{trace}\left(\tilde{\varOmega}^{\top}R^{-1}\tilde{\varOmega}\right) \tag{7.38}$$

然后计算 $\dot{V}(\tilde{\varOmega})$ 得

$$\begin{aligned} \dot{V}(\tilde{\varOmega}) &= \text{trace}\left(-2\underbrace{\tilde{\varOmega}^{\top}\varPsi(x)}_{\varepsilon-B\varepsilon^*}\varepsilon^{\top} + \underbrace{\tilde{\varOmega}^{\top}\varPsi(x)}_{\varepsilon-B\varepsilon^*}\underbrace{\varPsi^{\top}(x)\tilde{\varOmega}}_{\varepsilon^{\top}-\varepsilon^{*\top}B^{\top}}\right) \\ &= -2\varepsilon^{\top}(\varepsilon-B\varepsilon^*) + \left(\varepsilon^{\top}-\varepsilon^{*\top}B^{\top}\right)(\varepsilon-B\varepsilon^*) \\ &= -\varepsilon^{\top}\varepsilon + \varepsilon^{*\top}B^{\top}B\varepsilon^* \leqslant -\|\varepsilon\|^2 + \|B\|^2\varepsilon_0^{*2} \\ &\leqslant -\|\varPsi(x)\|^2\left\|\tilde{\varOmega}\right\|^2 + 2\|\varPsi(x)\|\left\|\tilde{\varOmega}\right\|\|B\|\varepsilon_0^* \end{aligned} \tag{7.39}$$

可以看出如果 $\|\varepsilon\| \geqslant \|B\|\varepsilon_0^*$ 且 $\|\tilde{\varOmega}\| \geqslant \dfrac{2\|B\|\varepsilon_0^*}{\psi_0}$(其中 $\varPsi_0 = \|\varPsi(x)\|$),那么 $\dot{V}(\tilde{\varOmega}) \leqslant 0$。因此,$\varepsilon(t) \in \mathscr{L}_{\infty}$,$\tilde{\varOmega}(t) \in \mathscr{L}_{\infty}$ 且 $\varPsi(x) \in \mathscr{L}_{\infty}$。然后计算 $\ddot{V}(\tilde{\varOmega})$ 得

161

$$\begin{aligned} \ddot{V}(\tilde{\varOmega}) &= -2\varepsilon^{\top}\dot{\varepsilon} = -2\varepsilon^{\top}\left[\dot{\tilde{\varOmega}}^{\top}\varPsi(x) + \tilde{\varOmega}^{\top}\dot{\varPsi}(x)\right] \\ &= -2\varepsilon^{\top}\left[-\varepsilon\varPsi^{\top}(x)R\varPsi(x) + \tilde{\varOmega}^{\top}\dot{\varPsi}(x)\right] \\ &= -2\varepsilon^{\top}\left[-\varepsilon\varPsi^{\top}(x)\underbrace{\left[\int_{t_0}^{t}\varPsi(x)\varPsi^{\top}(x)\mathrm{d}\tau\right]^{-1}}_{R}\varPsi(x) + \tilde{\varOmega}^{\top}\dot{\varPsi}(x)\right] \end{aligned} \tag{7.40}$$

如果 $\varPsi(x)$ 满足持续激励条件且 $\dot{\varPsi}(x) \in \mathscr{L}_{\infty}$,那么 $\ddot{V}(\tilde{\varOmega})$ 有界。应用 Barbalat 引理,可以得到当 $t \to \infty$ 时,$\|\varepsilon\| \to \|B\|\varepsilon_0^*$ 且 $\|\tilde{\varOmega}\| \to \dfrac{2\|B\|\varepsilon_0^*}{\psi_0}$。　　　　■

可以证明跟踪误差是一致最终有界的。

证明　选择李雅普诺夫候选函数

$$V(e, \tilde{\varOmega}) = e^{\top}Pe + \mu\,\text{trace}\left(\tilde{\varOmega}^{\top}R^{-1}\tilde{\varOmega}\right) \tag{7.41}$$

其中 $\mu > 0$。

计算 $\dot{V}(e, \tilde{\Omega})$ 得

$$
\begin{aligned}
\dot{V}(e, \tilde{\Omega}) &= -e^{\top} Q e + 2 e^{\top} P \varepsilon - \mu \varepsilon^{\top} \varepsilon + \mu \varepsilon^{*\top} B^{\top} B \varepsilon^{*} \\
&\leqslant -\lambda_{\min}(Q) \|e\|^2 + 2\lambda_{\max}(P) \|e\| \|\varepsilon\| - \mu[[\|\varepsilon\|]]^2 + \mu \|B\|^2 \varepsilon_0^{*2}
\end{aligned}
\tag{7.42}
$$

由不等式

$$
2\lambda_{\max}(P) \|e\| \|\varepsilon\| \leqslant \frac{\lambda_{\max}^2(P)}{\delta^2} \|e\|^2 + \delta^2 \|\varepsilon\|^2
\tag{7.43}
$$

$\dot{V}(e, \tilde{\Omega})$ 可以表示为

$$
\dot{V}(e, \tilde{\Omega}) \leqslant -\left[\lambda_{\min}(Q) - \frac{\lambda_{\max}^2(P)}{\delta^2}\right] \|e\|^2 - \left(\mu - \delta^2\right) \|\Psi(x)\|^2 \|\tilde{\Omega}\|^2 + \mu \|B\|^2 \varepsilon_0^{*2}
\tag{7.44}
$$

因此，如果 $\dfrac{\lambda_{\max}(P)}{\sqrt{\lambda_{\min}(Q)}} < \delta < \sqrt{\mu}$，那么 $\dot{V}(e, \tilde{\Omega}) \leqslant 0$，并且其上界可以进一步表示为

$$
\dot{V}(e, \tilde{\Omega}) \leqslant -\left[\lambda_{\min}(Q) - \frac{\lambda_{\max}^2(P)}{\delta^2}\right] \|e\|^2 + \mu \|B\|^2 \varepsilon_0^{*2}
\tag{7.45}
$$

那么，令 $\dot{V}(e, \tilde{\Omega}) \leqslant 0$ 可以得到 $\|e\|$ 的最大下界为

$$
\|e\| \geqslant \frac{\sqrt{\mu} \|B\| \varepsilon_0^{*}}{\sqrt{\lambda_{\min}(Q) - \dfrac{\lambda_{\max}^2(P)}{\delta^2}}} = p
\tag{7.46}
$$

同样地，$\dot{V}(e, \tilde{\Omega})$ 的上界可以表示为

$$
\dot{V}(e, \tilde{\Omega}) \leqslant -\left(\mu - \delta^2\right) \|\Psi(x)\|^2 \|\tilde{\Omega}\|^2 + \mu \|B\|^2 \varepsilon_0^{*2}
\tag{7.47}
$$

那么，$\|\tilde{\Omega}\|$ 的最大下界为

$$
\|\tilde{\Omega}\| \geqslant \frac{\sqrt{\mu} \|B\| \varepsilon_0^{*}}{\psi_0 \sqrt{\mu - \delta^2}} = \alpha
\tag{7.48}
$$

设 $\mathscr{D}$ 是一个包含 $e(t)$ 和 $\tilde{\Omega}(t)$ 所有轨迹的子集，$\mathscr{R}_\alpha \subset \mathscr{D}$ 和 $\mathscr{R}_\beta \subset \mathscr{D}$ 是集合 $\mathscr{D}$ 中分别由 $\|e\|$ 和 $\|\tilde{\Omega}\|$ 的上界及下界构成的两个子集，即

$$
\mathscr{R}_\alpha = \left\{ e(t) \in \mathbb{R}^n, \tilde{\Omega}(t) \in \mathbb{R}^{n+l} \times \mathbb{R}^n : \|e\| \leqslant p, \|\tilde{\Omega}\| \leqslant \alpha \right\}
\tag{7.49}
$$

$$
\mathscr{R}_\beta = \left\{ e(t) \in \mathbb{R}^n, \tilde{\Omega}(t) \in \mathbb{R}^{n+l} \times \mathbb{R}^n : \|e\| \leqslant \rho, \|\tilde{\Omega}\| \leqslant \beta \right\}
\tag{7.50}
$$

式中 ρ 和 β 分别是 $\|e\|$ 和 $\|\tilde{\Omega}\|$ 的上界。

那么，可以看出对于所有的 $e(t) \in \mathscr{D} - \mathscr{R}_\alpha$，即 $\mathscr{R}_\alpha$ 之外区域的所有轨迹，有 $\dot{V}(e, \tilde{\Omega}) \leqslant 0$。设 $\mathscr{S}_\alpha$ 是包含 $\mathscr{R}_\alpha$ 的最小子集，使得 $\mathscr{R}_\alpha \subseteq \mathscr{S}_\alpha$。也就是说，$\mathscr{S}_\alpha$ 是约束 $\mathscr{R}_\alpha$ 的一个超球面，定义为

$$
\mathscr{S}_\alpha = \left\{ e(t) \in \mathbb{R}^n, \tilde{\Omega}(t) \in \mathbb{R}^{n+l} \times \mathbb{R}^n : V(e, \tilde{\Omega}) \leqslant \lambda_{\max}(P) p^2 + \mu \lambda_{\max}\left(R^{-1}\right) \alpha^2 \right\}
\tag{7.51}
$$

式中 $\lambda_{\max}\left(R^{-1}\right)$ 是对于所有 t 而言，$R^{-1}(t)$ 的最大特征值。

设 $\mathscr{S}_\beta$ 是在 $\mathscr{R}_\beta$ 内包含 $\mathscr{S}_\alpha$ 的最大子集，使得 $\mathscr{S}_\beta \subseteq \mathscr{R}_\beta$。也就是说，$\mathscr{S}_\beta$ 是内切于 $\mathscr{R}_\beta$ 的超球面，定义为

$$\mathscr{S}_\beta = \left\{ e(t) \in \mathbb{R}^n, \tilde{\Omega}(t) \in \mathbb{R}^{n+l} \times \mathbb{R}^n : V(e, \tilde{\Omega}) \leqslant \lambda_{\min}(P)\rho^2 + \mu\lambda_{\min}\left(R^{-1}\right)\beta^2 \right\} \tag{7.52}$$

式中 $\lambda_{\min}\left(R^{-1}\right)$ 是对于所有 t 而言，$R^{-1}(t)$ 的最小特征值。

可以看出 $\mathscr{S}_\alpha \subseteq \mathscr{S}_\beta$。那么，令 $\mathscr{S}_\alpha = \mathscr{S}_\beta$ 就可得到 $\|e\|$ 的最终界[13]。因为 `163`

$$\lambda_{\min}(P)\rho^2 + \mu\lambda_{\min}\left(R^{-1}\right)\beta^2 = \lambda_{\max}(P)p^2 + \mu\lambda_{\max}\left(R^{-1}\right)\alpha^2 \tag{7.53}$$

由于在 $\mathscr{S}_\beta$ 内，$\|e\| \leqslant \rho$ 且 $\|\tilde{\Omega}\| \leqslant \beta$，所以 [13]

$$\lambda_{\min}(P)\|e\|^2 \leqslant \lambda_{\max}(P)p^2 + \mu\lambda_{\max}\left(R^{-1}\right)\alpha^2 \tag{7.54}$$

$$\mu\lambda_{\min}\left(R^{-1}\right)\|\tilde{\Omega}\|^2 \leqslant \lambda_{\max}(P)p^2 + \mu\lambda_{\max}\left(R^{-1}\right)\alpha^2 \tag{7.55}$$

那么，$\|e\|$ 和 $\|\tilde{\Omega}\|$ 的最终界为

$$\|e\| \leqslant \sqrt{\frac{\lambda_{\max}(P)p^2 + \mu\lambda_{\max}\left(R^{-1}\right)\alpha^2}{\lambda_{\min}(P)}} = \rho \tag{7.56}$$

$$\|\tilde{\Omega}\| \leqslant \sqrt{\frac{\lambda_{\max}(P)p^2 + \mu\lambda_{\max}\left(R^{-1}\right)\alpha^2}{\mu\lambda_{\min}\left(R^{-1}\right)}} = \beta \tag{7.57}$$

一致最终有界性的边界集如图 7-8 所示。

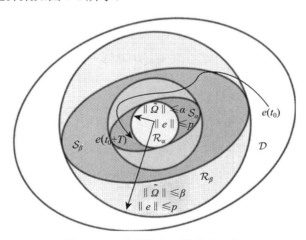

图 7-8　一致最终有界性的边界集

7.3.2　不需要矩阵逆的修正递归最小二乘直接自适应控制

在递归最小二乘自适应律中，需要利用矩阵逆 B^{-1} 来计算自适应参数 $K(t)$ 和 $\Theta(t)$。当 `164` B^{-1} 很小或者 $B \in \mathbb{R}^n \times \mathbb{R}^m$ 且 $n > m$ 时会出现一些问题。当 $B \in \mathbb{R}^n \times \mathbb{R}^m$ 且 $n > m$ 时，可以通过修正递归最小二乘自适应控制来消除对 B 矩阵逆的依赖。

设 $\tilde{\Omega}^{\top}(t) = [-\tilde{K}_x(t) \quad \tilde{\Theta}^{\top}(t)] \in \mathbb{R}^m \times \mathbb{R}^{n+1}$ 且 $\Psi(x) = \begin{bmatrix} x^{\top} & \Phi^{\top}(x) \end{bmatrix}^{\top} \in \mathbb{R}^{n+l}$，那么被控对象建模误差可以表示为

$$\varepsilon = B\tilde{\Omega}^{\top}\Psi(x) + B\varepsilon^* \tag{7.58}$$

修正后的递归最小二乘自适应律为

$$\dot{\Omega} = -R\Psi(x)\varepsilon^{\top}B \tag{7.59}$$

$$\dot{R} = -\eta R\Psi(x)\Psi^{\top}(x)R \tag{7.60}$$

其中 $\eta > 0$ 是调节因子。

$K_x(t)$ 和 $\Theta(t)$ 可通过计算 $\Omega(t)$ 得到：

$$\Omega = \begin{bmatrix} \Omega_1 \\ \Omega_2 \end{bmatrix} = \begin{bmatrix} -K_x^{\top} \\ \Theta \end{bmatrix} \Rightarrow \begin{bmatrix} K_x^{\top} \\ \Theta \end{bmatrix} = \begin{bmatrix} -\Omega_1 \\ \Omega_2 \end{bmatrix} \tag{7.61}$$

注意，$K_x(t)$ 和 $\Theta(t)$ 此时不再需要矩阵逆 B^{-1}。

修正后的递归最小二乘自适应律的估计误差动力学方程为

$$\dot{\tilde{\Omega}} = -R\Psi(x)\left[\Psi^{\top}(x)\tilde{\Omega} + \varepsilon^{*\top}\right]B^{\top}B \tag{7.62}$$

将跟踪误差方程表示为被控对象建模误差的形式为

$$\dot{e} = \dot{x}_m - \dot{x} = \dot{x}_m - \dot{x}_d + \dot{x}_d - \dot{x} = A_m e + \varepsilon = A_m e + B\tilde{\Omega}^{\top}\Psi(x) + B\varepsilon^* \tag{7.63}$$

可以看出，当 $\eta < 2\lambda_{\min}(B^{\top}B)$ 时，递归最小二乘自适应律使得参数收敛，证明如下。

证明 选择李雅普诺夫候选函数

$$V(\tilde{\Omega}) = \operatorname{trace}\left(\tilde{\Omega}^{\top}R^{-1}\tilde{\Omega}\right) \tag{7.64}$$

165

然后，计算 $\dot{V}(\tilde{\Omega})$ 得

$$\begin{aligned}
\dot{V}(\tilde{\Omega}) &= \operatorname{trace}\left(-2\tilde{\Omega}^{\top}\Psi(x)\varepsilon^{\top}B + \eta\tilde{\Omega}^{\top}\Psi(x)\Psi^{\top}(x)\tilde{\Omega}\right) \\
&= -2\varepsilon^{\top}B\tilde{\Omega}^{\top}\Psi(x) + \eta\Psi^{\top}(x)\tilde{\Omega}\tilde{\Omega}^{\top}\Psi(x) \\
&= -2\varepsilon^{\top}\varepsilon + 2\varepsilon^{\top}B\varepsilon^* + \eta\Psi^{\top}(x)\tilde{\Omega}\tilde{\Omega}^{\top}\Psi(x) \\
&\leqslant -2\|\varepsilon\|^2 + 2\|B\|\|\varepsilon\|\varepsilon_0^* + \eta\|\Psi(x)\|^2\left\|\tilde{\Omega}\right\|^2 \\
&\leqslant -\left[2\lambda_{\min}\left(B^{\top}B\right) - \eta\right]\|\Psi(x)\|^2\left\|\tilde{\Omega}\right\|^2 + 2\lambda_{\max}\left(B^{\top}B\right)\|\Psi(x)\|\left\|\tilde{\Omega}\right\|\varepsilon_0^*
\end{aligned} \tag{7.65}$$

如果 $\eta < 2\lambda_{\min}(B^{\top}B)$ 且 $\|\tilde{\Omega}\| \geqslant \dfrac{c_1\varepsilon_0^*}{\psi_0}$，其中 $c_1 = \dfrac{2\lambda_{\max}(B^{\top}B)}{2\lambda_{\min}(B^{\top}B) - \eta}$，那么 $\dot{V}(\tilde{\Omega}) \leqslant 0$。

注意到

$$\lambda_{\min}\left(B^{\top}B\right)\|\Psi(x)\|^2\left\|\tilde{\Omega}\right\|^2 \leqslant \|\varepsilon\|^2 + 2\|B\|\|\varepsilon\|\varepsilon_0^* + \lambda_{\max}\left(B^{\top}B\right)\varepsilon_0^{*2} \tag{7.66}$$

因此，$\dot{V}(\tilde{\Omega})$ 也可以采用 $\|\varepsilon\|$ 的形式给出：

$$\dot{V}(\tilde{\Omega}) \leqslant -\left[2 - \frac{\eta}{\lambda_{\min}(B^{\top}B)}\right]\|\varepsilon\|^2 + 2\left[1 + \frac{\eta}{\lambda_{\min}(B^{\top}B)}\right]\|B\|\|\varepsilon\|\varepsilon_0^* + \frac{\eta\lambda_{\max}(B^{\top}B)}{\lambda_{\min}(B^{\top}B)}\varepsilon_0^{*2} \leqslant 0 \tag{7.67}$$

这使得 $\|\varepsilon\| \geqslant c_2\|B\|\varepsilon_0^*$，其中 $c_2 = \dfrac{\lambda_{\min}(B^\top B) + \eta}{2\lambda_{\min}(B^\top B) - \eta}\left[1 + \sqrt{1 + \dfrac{\eta[2\lambda_{\min}(B^\top B) - \eta]}{[\lambda_{\min}(B^\top B) + \eta]^2}}\right]$。

因此，$\varepsilon(t) \in \mathscr{L}_\infty$，$\tilde{\Omega}(t) \in \mathscr{L}_\infty$，且 $\Psi(x) \in \mathscr{L}_\infty$。计算 $\ddot{V}(\tilde{\Omega})$ 得

$$
\begin{aligned}
\ddot{V}(\tilde{\Omega}) = &- 2\left[\Psi^\top(x)\tilde{\Omega}\left(2B^\top B - \eta I\right) + \varepsilon^{*\top}B^\top B\right]\\
&\times \left[-B^\top \varepsilon\Psi^\top(x)\underbrace{\left[\int_{t_0}^t \Psi(x)\Psi^\top(x)\mathrm{d}\tau\right]^{-1}}_{R}\Psi(x) + \tilde{\Omega}^\top\dot{\Psi}(x)\right]
\end{aligned}
\tag{7.68}
$$

如果 $\Psi(x)$ 满足持续激励条件，并且 $\dot{\Psi}(x) \in \mathscr{L}_\infty$，那么 $\ddot{V}(\tilde{\Omega})$ 有界。应用 Barbalat 引理可得，当 $t \to \infty$ 时，$\|\varepsilon\| \to c_2\|B\|\varepsilon_0^*$ 且 $\|\tilde{\Omega}\| \to \dfrac{c_1\|B\|\varepsilon_0^*}{\Psi_0}$。　∎

此时，可以得到跟踪误差是一致最终有界的。

证明　选择李雅普诺夫候选函数

$$
V(e, \tilde{\Omega}) = e^\top Pe + \mu\,\mathrm{trace}\left(\tilde{\Omega}^\top R^{-1}\tilde{\Omega}\right)
\tag{7.69}
$$

其中 $\mu > 0$。

166

计算 $\dot{V}(e, \tilde{\Omega})$ 得

$$
\begin{aligned}
\dot{V}(e, \tilde{\Omega}) = &- e^\top Qe + 2e^\top PB\tilde{\Omega}^\top\Psi(x) + 2e^\top PB\varepsilon^*\\
&- 2\mu\varepsilon^\top\varepsilon + 2\mu\varepsilon^\top B\varepsilon^* + \mu\eta\Psi^\top(x)\tilde{\Omega}\tilde{\Omega}^\top\Psi(x)\\
\leqslant &- \lambda_{\min}(Q)\|e\|^2 + 2\|PB\|\,\|e\|\,\|\Psi(x)\|\,\|\tilde{\Omega}\| + 2\|PB\|\,\|e\|\varepsilon_0^*\\
&- \mu\left[2\lambda_{\min}(B^\top B) - \eta\right]\|\Psi(x)\|^2\,\|\tilde{\Omega}\|^2\\
&+ 2\mu\lambda_{\max}(B^\top B)\|\Psi(x)\|\,\|\tilde{\Omega}\|\varepsilon_0^*
\end{aligned}
\tag{7.70}
$$

利用不等式

$$
2\|PB\|\,\|e\|\,\|\Psi(x)\|\,\|\tilde{\Omega}\| \leqslant \frac{\|PB\|^2}{\delta^2}\|e\|^2 + \delta^2\|\Psi(x)\|^2\|\tilde{\Omega}\|^2
\tag{7.71}
$$

$\dot{V}(e, \tilde{\Omega})$ 可以表示为

$$
\begin{aligned}
\dot{V}(e, \tilde{\Omega}) \leqslant &- \left(\lambda_{\min}(Q) - \frac{\|PB\|^2}{\delta^2}\right)\|e\|^2 + 2\|PB\|\,\|e\|\varepsilon_0*\\
&- \left\{\mu\left[2\lambda_{\min}(B^\top B) - \eta\right] - \delta^2\right\}\|\Psi(x)\|^2\,\|\tilde{\Omega}\|^2\\
&+ 2\mu\lambda_{\max}(B^\top B)\|\Psi(x)\|\,\|\tilde{\Omega}\|\,\varepsilon_0^*
\end{aligned}
\tag{7.72}
$$

因此，当 $\dfrac{\|PB\|}{\sqrt{\lambda_{\min}(Q)}} < \delta < \sqrt{\mu[2\lambda_{\min}(B^\top B) - \eta]}$ 时，$\dot{V}(e, \tilde{\Omega}) \leqslant 0$。补全平方项，可得

$$
\dot{V}(e, \tilde{\Omega}) \leqslant -c_1\left(\|e\| - c_2\right)^2 + c_1 c_2^2 - c_3\left(\|\Psi(x)\|^2\,\|\tilde{\Omega}\| - c_4\right)^2 + c_3 c_4^2
\tag{7.73}
$$

式中 $c_1 = \lambda_{\min}(Q) - \dfrac{\|PB\|^2}{\delta^2}$，$c_2 = \dfrac{\|PB\|\varepsilon_0^*}{c_1}$，$c_3 = \mu[2\lambda_{\min}(B^\top B) - \eta] - \delta^2$ 且 $c_4 = \dfrac{\mu\lambda_{\max}(B^\top B)\varepsilon_0^*}{c_3}$。

那么，$\|e\|$ 的最大下界可用下式进行计算：

$$\dot{V}(e, \tilde{\Omega}) \leqslant -c_1 \left(\|e\| - c_2\right)^2 + c_1 c_2^2 + c_3 c_4^2 \leqslant 0 \tag{7.74}$$

得

$$\|e\| \geqslant c_2 + \sqrt{c_2^2 + \frac{c_3 c_4^2}{c_1}} = p \tag{7.75}$$

同样地，$\|\tilde{\Omega}\|$ 的最大下界可用下式计算：

$$\dot{V}(e, \tilde{\Omega}) \leqslant -c_3 \left(\|\Psi(x)\|^2 \|\tilde{\Omega}\| - c_4\right)^2 + c_1 c_2^2 + c_3 c_4^2 \leqslant 0 \tag{7.76}$$

得

$$\|\tilde{\Omega}\| \geqslant \frac{c_4 + \sqrt{\dfrac{c_1 c_2^2}{c_3} + c_4^2}}{\psi_0} = \alpha \tag{7.77}$$

因此，在由 $\mathscr{R}_\alpha = \left\{e(t) \in \mathbb{R}^n, \tilde{\Omega}(t) \in \mathbb{R}^{n+l} \times \mathbb{R}^n : \|e\| \leqslant p, \|\tilde{\Omega}\| \leqslant \alpha\right\}$ 定义的紧集之外，$\dot{V}(e, \tilde{\Omega}) \leqslant 0$ 成立，所以，跟踪误差是一致最终有界的，其最终界为

$$\|e\| \leqslant \sqrt{\frac{\lambda_{\max}(P) p^2 + \mu \lambda_{\max}\left(R^{-1}\right) \alpha^2}{\lambda_{\min}(P)}} = \rho \tag{7.78}$$

注意，由于 $n > m$，那么可以将左伪逆扩展到修正后的递归最小二乘自适应律上，使得 η 不依赖于矩阵 B：

$$\dot{\Omega} = -R\Psi(x)\varepsilon^\top B \left(B^\top B\right)^{-1} \tag{7.79}$$

那么，扩展后的递归最小二乘自适应律的估计误差动力学方程为

$$\dot{\tilde{\Omega}} = -R\Psi(x)\left[\Psi^\top(x)\tilde{\Omega} + \varepsilon\right] \tag{7.80}$$

可以通过类似的李雅普诺夫稳定性分析得到，对于扩展的递归最小二乘自适应律来说，$0 \leqslant \eta \leqslant 2$ 不依赖于 B。

7.3.3   最小二乘梯度直接自适应控制

最小二乘梯度自适应律也可以不使用矩阵逆 B^{-1}，修正后的最小二乘梯度自适应律为

$$\dot{K}_x^\top = \Gamma_x x \varepsilon^\top B \tag{7.81}$$

$$\dot{\Theta} = -\Gamma_\Theta \Phi(x)\varepsilon^\top B \tag{7.82}$$

最小二乘梯度自适应律与模型参考自适应控制相似，只是将后者的跟踪误差 $e(t)$ 替换为被控对象建模误差 $\varepsilon(t)$。将跟踪误差动力学方程表示为被控对象建模误差的形式为

$$\dot{e} = A_m e + \varepsilon = A_m e - B\tilde{K}_x x + B\tilde{\Theta}^\top \Phi(x) + B\varepsilon^* \tag{7.83}$$

参数收敛和一致最终有界性可以通过如下证明得到：

证明　选择李雅普诺夫候选函数

$$V\left(\tilde{K}_x, \tilde{\Theta}\right) = \operatorname{trace}\left(\tilde{K}_x \Gamma_x^{-1} \tilde{K}^\top\right) + \operatorname{trace}\left(\tilde{\Theta}^\top \Gamma_\Theta^{-1} \tilde{\Theta}\right) \tag{7.84}$$

计算 $\dot{V}\left(\tilde{K}_x, \tilde{\Theta}\right)$ 得

$$\begin{aligned}
\dot{V}\left(\tilde{K}_x, \tilde{\Theta}\right) &= \operatorname{trace}\left(2\tilde{K}_x x \varepsilon^\top B\right) + \operatorname{trace}\left(-2\tilde{\Theta}^\top \Phi(x) \varepsilon^\top B\right) \\
&= -2\varepsilon^\top \left[-B\tilde{K}_x x + B\tilde{\Theta}^\top \Phi(x)\right] \\
&= -2\varepsilon^\top \varepsilon + 2\varepsilon^\top B\varepsilon^* \leqslant -2\|\varepsilon\|^2 + 2\|B\|\,\|\varepsilon\|\varepsilon_0^*
\end{aligned} \tag{7.85}$$

可以看出,如果 $\|\varepsilon\| \geqslant \|B\|\varepsilon_0^*$,则有 $\dot{V}\left(\tilde{K}_x, \tilde{\Theta}\right) \leqslant 0$;如果 $\Psi(x) \in \mathscr{L}_\infty$,那么当 $t \to \infty$ 时,$\|\varepsilon\| \to \|B\|\varepsilon_0^*$。

对于跟踪误差,选择李雅普诺夫候选函数

$$V\left(e, \tilde{K}_x, \tilde{\Theta}\right) = e^\top P e + \mu \operatorname{trace}\left(\tilde{K}_x \Gamma_x^{-1} \tilde{K}^\top\right) + \mu \operatorname{trace}\left(\tilde{\Theta}^\top \Gamma_\Theta^{-1} \tilde{\Theta}\right) \tag{7.86}$$

其中 $\mu > 0$。

然后,计算 $\dot{V}\left(e, \tilde{K}_x, \tilde{\Theta}\right)$ 得

$$\begin{aligned}
\dot{V}\left(e, \tilde{K}_x, \tilde{\Theta}\right) &= -e^\top Q e + 2e^\top P\varepsilon + \mu \operatorname{trace}\left(2\tilde{K}_x x \varepsilon^\top B\right) + \mu \operatorname{trace}\left(-2\tilde{\Theta}^\top \Phi(x)\varepsilon^\top B\right) \\
&= -e^\top Q e + 2e^\top P\varepsilon - 2\mu\varepsilon^\top\varepsilon + 2\mu\varepsilon^\top B\varepsilon^* \\
&\leqslant -\lambda_{\min}(Q)\|e\|^2 + 2\lambda_{\max}(P)\|e\|\,\|\varepsilon\| - 2\mu\|\varepsilon\|^2 + 2\mu\|B\|\,\|\varepsilon\|\varepsilon_0^*
\end{aligned} \tag{7.87}$$

利用不等式

$$2\lambda_{\max}(P)\|e\|\,\|\varepsilon\| \leqslant \frac{\lambda_{\max}^2(P)}{\delta^2}\|e\|^2 + \delta^2\|\varepsilon\|^2 \tag{7.88}$$

并补全平方项,可得

$$\dot{V}\left(e, \tilde{K}_x, \tilde{\Theta}\right) \leqslant -\left[\lambda_{\min}(Q) - \frac{\lambda_{\max}^2(P)}{\delta^2}\right]\|e\|^2 - (2\mu - \delta^2)\left[\|\varepsilon\| - \frac{\mu\|B\|\varepsilon_0^*}{2\mu - \delta^2}\right]^2 + \frac{\mu^2\|B\|^2\varepsilon_0^{*2}}{(2\mu - \delta^2)} \tag{7.89}$$

因此,如果 $\dfrac{\lambda_{\max}(P)}{\sqrt{\lambda_{\min}(Q)}} < \delta < \sqrt{2\mu}$,那么 $\dot{V}\left(e, \tilde{K}_x, \tilde{\Theta}\right) \leqslant 0$。$\|e\|$ 和 $\|\varepsilon\|$ 的最大下界可以表示为

$$\|e\| \geqslant \frac{\mu\|B\|\varepsilon_0^*}{\sqrt{(2\mu - \delta^2)\left[\lambda_{\min}(Q) - \dfrac{\lambda_{\max}^2(P)}{\delta^2}\right]}} = p \tag{7.90}$$

$$\|\varepsilon\| \geqslant \frac{2\mu\|B\|\varepsilon_0^*}{2\mu - \delta^2} = \alpha \tag{7.91}$$

由于在紧集之外 $\dot{V}\left(e, \tilde{K}_x, \tilde{\Theta}\right) \leqslant 0$,所以闭环自适应系统是一致最终有界的。　∎

例 7.4　考虑一阶非结构不确定性系统

$$\dot{x} = ax + b[u + f(x)]$$

式中 a 和 $f(x)$ 未知,$b = 1$。为进行仿真,设 $a = 1$,$f(x) = 0.2\left(\sin(2x) + \cos(4x) + \mathrm{e}^{-x^2}\right)$。

参考模型为

$$\dot{x}_m = a_m x_m + b_m r$$

式中 $a_m = -1$，$b_m = 1$，$r(t) = \sin t$。

由于 $f(x)$ 未知，采用 q 阶多项式来近似函数 $f(x)$，

$$f(x) = a_0 + a_1 x + \cdots + a_q x^q - \varepsilon^*(x) = \Theta^{*\top} \Phi(x) - \varepsilon^*(x)$$

式中 a_i（$i=0, 1, \cdots, q$）是未知常系数。

设计自适应控制器为

$$u = k_x(t)x + k_r r - \Theta^\top(t)\Phi(x)$$

式中 $k_x(t)$ 和 $\Theta(t)$ 由如下最小二乘梯度自适应律计算得到：

$$\dot{\Omega} = \left[\begin{array}{c} \dot{k}_x \\ \dot{\Theta} \end{array} \right] = -\Gamma \left[\begin{array}{c} -x\varepsilon b \\ \Phi(x)\varepsilon b \end{array} \right]$$

其中 $\Omega_{(0)} = 0$，$\Gamma = I$，且

$$\varepsilon = \hat{a}x + b\bar{u} - \dot{x}$$

$$\hat{a} = a_m - bk_x$$

$$\bar{u} = k_x x + k_r r$$

如图 7-9 和图 7-10 所示是 $q=1, 2, 3, 4$ 时的跟踪误差曲线。从图中可以看出，当 $q \geqslant 2$ 时跟踪误差得到改善。但即使跟踪误差改善了，函数 $f(x)$ 也并没有得到很好的近似，如图 7-11 所示，这是由于 $k_x(t)$ 和 $\Theta(t)$ 没有完全收敛所致。

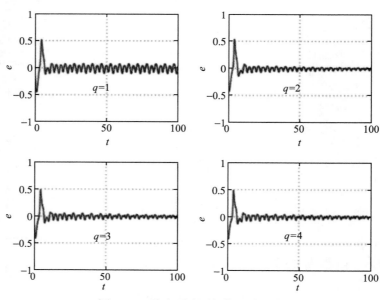

图 7-9 q 阶多项式近似的跟踪误差

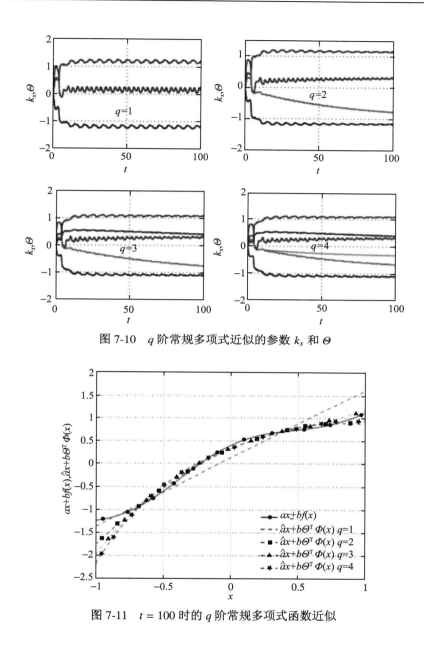

图 7-10　q 阶常规多项式近似的参数 k_x 和 Θ

图 7-11　$t = 100$ 时的 q 阶常规多项式函数近似

现在，假设使用切比雪夫正交多项式进行函数近似。那么

$$f(x) = a_0 + a_1 T_1(x) + \cdots + a_q T_q(x) - \varepsilon^*(x) = \Theta^{*\top} \Phi(x) - \varepsilon^*(x)$$

仿真结果如图 7-12 所示。可以看出，当 $q = 1$ 时，结果与常规多项式的结果相同。然而，当 $q = 2$ 时，切比雪夫多项式的跟踪误差大大降低；当 $q = 4$ 时，切比雪夫多项式的跟踪误差比常规多项式的跟踪误差更小。当 $q = 4$ 时，切比雪夫多项式系数的收敛性非常好，如图 7-13 所示。四阶切比雪夫多项式能够很好地近似未知函数，如图 7-14 所示。

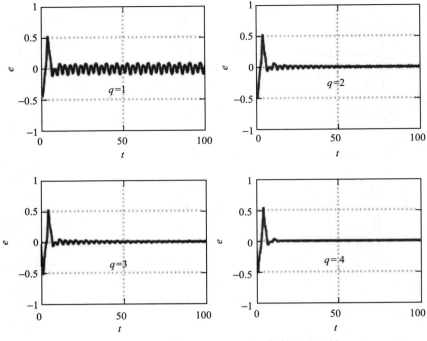

图 7-12　切比雪夫 q 阶多项式近似的跟踪误差

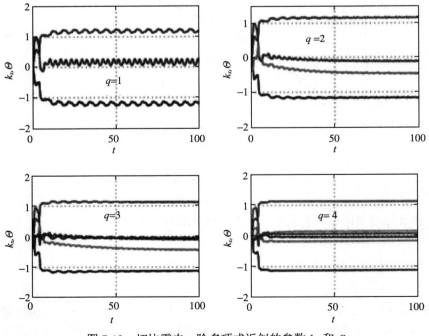

图 7-13　切比雪夫 q 阶多项式近似的参数 k_x 和 Θ

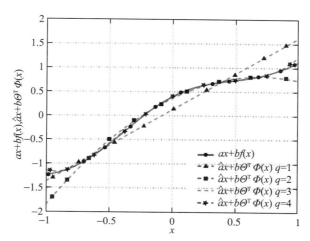

图 7-14　$t = 100$ 时的切比雪夫 q 阶多项式函数近似

7.3.4　神经网络近似的最小二乘梯度直接自适应控制

如果利用神经网络来近似 $f(x)$，那么自适应控制器可以表示为

$$u = K_x(t)x + K_r r - \Theta^\top \Phi\left(W^\top \bar{x}\right) \tag{7.92}$$

那么，被控对象建模误差为

$$\varepsilon = \dot{x}_d - \dot{x} = \hat{A}x + B\bar{u} - \dot{x} = -B\tilde{K}_x x + B\Theta^\top \Phi\left(W^\top \bar{x}\right) - B\Theta^{*\top}\Phi\left(W^{*\top}\bar{x}\right) + B\varepsilon^* \tag{7.93}$$

利用泰勒级数展开，上式可以写成

173

$$\begin{aligned}
\varepsilon = {}& - B\tilde{K}_x x + B\Theta^\top \Phi\left(W^\top \bar{x}\right) - B\left(\Theta^\top - \tilde{\Theta}^\top\right) \\
& \times \left[\Phi\left(W^\top \bar{x}\right) + \Phi'\left(W^\top \bar{x}\right)\left(W^{*\top}\bar{x} - W^\top \bar{x}\right) + \cdots\right] + B\varepsilon^*
\end{aligned} \tag{7.94}$$

将高阶项与神经网络近似误差 $\varepsilon^*(x)$ 结合，得

$$\varepsilon = -B\tilde{K}_x x + B\tilde{\Theta}^\top \Phi\left(W^\top \bar{x}\right) + B\Theta^\top \Phi'\left(W^\top \bar{x}\right)\tilde{W}^\top \bar{x} + B\delta \tag{7.95}$$

式中 δ 是由泰勒级数截断和神经网络近似导致的组合近似误差。这使得

$$\varepsilon = -B\tilde{K}_x x + B\tilde{\Theta}^\top \Phi\left(W^\top \bar{x}\right) + BV^\top \sigma'\left(W^\top \bar{x}\right)\tilde{W}^\top \bar{x} + B\delta \tag{7.96}$$

参数 $K_x(t)$、$\Theta(t)$ 和 $W(t)$ 的最小二乘梯度自适应律为

$$\dot{K}_x^\top = \Gamma_x x \varepsilon^\top B \tag{7.97}$$

$$\dot{\Theta} = -\Gamma_\Theta \Phi\left(W^\top \bar{x}\right)\varepsilon^\top B \tag{7.98}$$

$$\dot{W} = -\Gamma_W \bar{x}\varepsilon^\top B V^\top \sigma'\left(W^\top \bar{x}\right) \tag{7.99}$$

利用如下证明来检验一般最小二乘梯度自适应律的参数收敛和一致最终有界性：

证明   选择李雅普诺夫候选函数

$$V\left(\tilde{K}_x, \tilde{\Theta}, \tilde{W}\right) = \mathrm{trace}\left(\tilde{K}\Gamma_x^{-1}\tilde{K}^\top\right) + \mathrm{trace}\left(\tilde{\Theta}^\top\Gamma_\Theta^{-1}\tilde{\Theta}\right) + \mathrm{trace}\left(\tilde{W}^\top\Gamma_W^{-1}\tilde{W}\right) \tag{7.100}$$

那么

$$\begin{aligned}
\dot{V}\left(\tilde{K}_x, \tilde{\Theta}, \tilde{W}\right) &= 2\,\mathrm{trace}\left(\tilde{K}_x x\varepsilon^\top B\right) + 2\,\mathrm{trace}\left(-\tilde{\Theta}^\top\Phi\left(W^\top\bar{x}\right)\varepsilon^\top B\right) \\
&\quad + 2\,\mathrm{trace}\left(-\tilde{W}^\top\bar{x}\varepsilon^\top BV^\top\sigma'\left(W^\top\bar{x}\right)\right) \\
&= 2\varepsilon^\top B\tilde{K}_x x - 2\varepsilon^\top B\tilde{\Theta}^\top\Phi\left(W^\top\bar{x}\right) - 2\varepsilon^\top BV^\top\sigma'\left(W^\top\bar{x}\right)\tilde{W}^\top\bar{x} \\
&= -2\varepsilon^\top\underbrace{\left[-B\tilde{K}_x x + B\tilde{\Theta}^\top\Phi\left(W^\top\bar{x}\right) + BV^\top\sigma'\left(W^\top\bar{x}\right)\tilde{W}^\top\bar{x}\right]}_{\varepsilon - B\delta} \\
&= -2\varepsilon^\top\varepsilon + 2\varepsilon^\top B\delta \leqslant -2\|\varepsilon\|^2 + 2\|B\|\,\|\varepsilon\|\delta_0
\end{aligned} \tag{7.101}$$

|174| 式中 $\sup_{x\in\mathscr{D}}\|\delta(x)\| \leqslant \delta_0$。

可以看出，如果 $\|\varepsilon\| \geqslant \|B\|\delta_0$，那么 $\dot{V}\left(\tilde{K}_x, \tilde{\Theta}, \tilde{W}\right) \leqslant 0$。因此，$\varepsilon(t) \in \mathscr{L}_\infty$，$\tilde{K}_x(t) \in \mathscr{L}_\infty$，$\tilde{\Theta}(t) \in \mathscr{L}_\infty$，$\tilde{W}(t) \in \mathscr{L}_\infty$，$x(t) \in \mathscr{L}_\infty$ 并且 $\Phi\left(W^\top\bar{x}\right) \in \mathscr{L}_\infty$。如果 $\dot{x}(t) \in \mathscr{L}_\infty$ 且 $\Phi\left(W^\top\bar{x}\right) \in \mathscr{L}_\infty$，那么由 Barbalat 引理可得：当 $t \to \infty$ 时，$\|\varepsilon\| \to \|B\|\delta_0$。注意，最小二乘梯度自适应律不需要满足持续激励条件就可以在 $t \to \infty$ 时，使 $\dot{V}\left(\tilde{K}_x, \tilde{\Theta}, \tilde{W}\right) \to 0$，但指数型的参数收敛仍需要满足持续激励条件。

接下来检验跟踪误差的特性。选择李雅普诺夫候选函数

$$V\left(e, \tilde{K}_x, \tilde{\Theta}, \tilde{W}\right) = e^\top Pe + \mu\,\mathrm{trace}\left(\tilde{K}_x\Gamma_x^{-1}\tilde{K}_x^\top\right) + \mu\,\mathrm{trace}\left(\tilde{\Theta}^\top\Gamma_\Theta^{-1}\tilde{\Theta}\right) + \mu\,\mathrm{trace}\left(\tilde{W}^\top\Gamma_W^{-1}\tilde{W}\right) \tag{7.102}$$

那么

$$\begin{aligned}
\dot{V}\left(e, \tilde{K}_x, \tilde{\Theta}, \tilde{W}\right) &= -e^\top Qe + 2e^\top P\varepsilon - 2\mu\varepsilon^\top\varepsilon + 2\mu\varepsilon^\top B\delta \\
&\leqslant -\lambda_{\min}(Q)\|e\|^2 + 2\lambda_{\max}(P)\|e\|\,\|\varepsilon\| - 2\mu\|\varepsilon\|^2 + 2\mu\|B\|\,\|\varepsilon\|\delta_0
\end{aligned} \tag{7.103}$$

利用 7.3.3 节中的结果，在由 $\|e\|$ 和 $\|\varepsilon\|$ 下界

$$\|e\| \geqslant \frac{\mu\|B\|\delta_0}{\sqrt{(2\mu - \delta^2)\left[\lambda_{\min}(Q) - \dfrac{\lambda_{\max}^2(P)}{\delta^2}\right]}} = p \tag{7.104}$$

$$\|\varepsilon\| \geqslant \frac{2\mu\|B\|\delta_0}{2\mu - \delta^2} = \alpha \tag{7.105}$$

确定的紧集之外，$\dot{V}\left(e, \tilde{K}_x, \tilde{\Theta}, \tilde{W}\right) \leqslant 0$ 成立。

因此，闭环自适应系统是一致最终有界的。   ■

7.3.5 神经网络近似的模型参考自适应控制

现在可以看出，至少存在两种自适应控制方法：一种基于李雅普诺夫方法，其也是模型参考自适应控制的基础；另一种是基于最小二乘的自适应控制。模型参考自适应控制和最小二乘自适应控制的基本原理，均是通过参数化结构不确定性的参数辨识或者非结构不确定性的函数近似来降低系统的不确定性。

|175|

考虑之前具有匹配非结构不确定性的系统

$$\dot{x} = Ax + B[u + f(x)] \tag{7.106}$$

式中的未知函数 $f(x)$ 由线性参数化函数

$$f(x) = \Theta^{*\top}\Phi(x) - \varepsilon^*(x) \tag{7.107}$$

进行近似。

那么，可以利用 5.6 节和 5.7 节中的自适应律来估计参数 Θ^*，但有一些注意事项会在下文进行阐述。例如，如果 A 和 B 已知，那么可以用 5.6.2 节中的式（5.155）来更新 $\Theta(t)$：

$$\dot{\Theta} = -\Gamma\Phi(x)e^\top PB \tag{7.108}$$

由于 A 和 B 已知，假设存在常值控制增益矩阵 K_x 和 K_r 满足模型匹配条件

$$A + BK_x = A_m \tag{7.109}$$

$$BK_r = B_m \tag{7.110}$$

那么自适应控制器可以表示为

$$u = K_x x + K_r r - \Theta^\top(t)\Phi(x) \tag{7.111}$$

式中 $\Theta(t) \in \mathbb{R}^l \times \mathbb{R}^m$ 是参数 Θ^* 的估计值。

闭环系统的动力学模型变为

$$\dot{x} = \underbrace{\left(A + BK_x\right)}_{A_m} x + \underbrace{BK_r r}_{B_m} + B\left[-\Theta^\top\Phi(x) + \Theta^{*\top}\Phi(x) - \varepsilon^*(x)\right] \tag{7.112}$$

设 $\tilde{\Theta}(t) = \Theta(t) - \Theta^*$，得到跟踪误差动力学方程为

$$\dot{e} = \dot{x}_m - \dot{x} = A_m e + B\tilde{\Theta}^\top\Phi(x) + B\varepsilon^* \tag{7.113}$$

证明　考虑李雅普诺夫候选函数

$$V(e, \tilde{\Theta}) = e^\top Pe + \text{trace}\left(\tilde{\Theta}^\top \Gamma^{-1}\tilde{\Theta}\right) \tag{7.114}$$

那么

$$
\begin{aligned}
\dot{V}(e, \tilde{\Theta}) &= -e^\top Qe + 2e^\top P\left[B\tilde{\Theta}^\top\Phi(x) + B\varepsilon^*\right] - 2\,\text{trace}\left(\tilde{\Theta}^\top\Phi(x)e^\top PB\right) \\
&= -e^\top Qe + 2e^\top PB\left[\tilde{\Theta}^\top\Phi(x) + B\varepsilon^*\right] - 2e^\top PB\tilde{\Theta}^\top\Phi(x) \\
&= -e^\top Qe + 2e^\top PB\varepsilon^* \leqslant -\lambda_{\min}(Q)\|e\|^2 + 2\|PB\|\,\|e\|\varepsilon_0^*
\end{aligned} \tag{7.115}
$$

因此，如果

$$-\lambda_{\min}(Q)\|e\|^2 + 2\|PB\|\,\|e\|\varepsilon_0^* \leqslant 0 \Rightarrow \|e\| \geqslant \frac{2\|PB\|\varepsilon_0^*}{\lambda_{\min}(Q)} = p \tag{7.116}$$

那么 $\dot{V}(e, \tilde{\Theta}) \leqslant 0$。　■

乍一看，可能会得出跟踪误差是一致最终有界的结论，但这个结论是错误的，因为跟踪误差只是有界的。在最小二乘自适应律作用下参数一致最终有界的原因，是任意一种最小二乘法均可以保证近似误差至少是有界的，这意味着参数估计误差 $\tilde{\Theta}(t)$ 也是有界的。此外，如果不确定性是结构化的，并且基函数是持续激励的，那么参数估计误差会趋近于 0，这意味着参数收敛。如果跟踪误差和参数估计误差都是有界的，那么系统是一致最终有界的。

对于模型参考自适应控制来说，式（7.116）中使得 $\dot{V}(e, \tilde{\Theta}) \leqslant 0$ 的条件，并不能说明参数估计误差 $\tilde{\Theta}$ 的任何特性。设

$$B_r = \{e(t) \in \mathbb{R}^n : \|e\| \leqslant p\} \tag{7.117}$$

由于 B_r 中不包含 $\tilde{\Theta}(t)$ 的任何信息，所以 $\tilde{\Theta}(t)$ 在开集 B_r 内的轨迹不受限制，如图 7-15 所示。$(e(t), \tilde{\Theta}(t))$ 的轨迹可能会超出集合 B_r 之外，但在集合 B_r 之外 $\dot{V}(e, \tilde{\Theta}) \leqslant 0$，所以轨迹会重新回到 B_r 内。然而，如果 $\tilde{\Theta}(t)$ 在集合 B_r 内变得太大，那么小近似误差假设可能不再成立。因此，B_r 的边界会变大进而导致 $e(t)$ 也会变大。当自适应律不能为自适应参数提供数学上的边界保证时，参数漂移可能会导致系统不稳定。因此，在第 5 章中，非结构不确定性系统的标准模型参考自适应控制不是鲁棒的。当自适应参数不再有界时，由参数漂移引起的不稳定是自适应控制系统常见的问题。在这个问题上，最小二乘自适应控制优于标准模型参考自适应控制，因为最小二乘自适应控制的自适应参数是有界的。模型参考自适应控制的鲁棒修正法是解决该问题的另外一种方法。总之，对于具有非结构不确定性的系统来说，标准模型参考自适应控制通常并不是一个很好的选择。

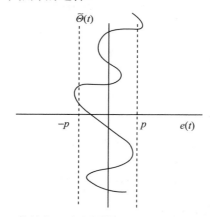

图 7-15   非结构不确定性模型参考自适应控制的轨迹

例 7.5   考虑例 7.4，模型参考自适应控制律为

$$\dot{k}_x = \gamma_x x e b$$

$$\dot{\Theta} = -\Gamma_\Theta \Phi(x) e b$$

式中 $e = x_m - x$，$\gamma_x = 1$，$\Gamma_\Theta = I$。

设 $\Phi(x)$ 为四阶切比雪夫多项式的基函数向量，仿真结果如图 7-16 ~ 图 7-18 所示。

与图 7-12 ~ 图 7-14 相比，模型参考自适应控制的跟踪误差不如最小二乘梯度自适应律的好，参数 $k_x(t)$ 和 $\Theta(t)$ 的振荡更严重，且不收敛。基于某种原因，模型参考自适应控制律在二阶切比雪夫多项式下的跟踪效果最好。模型参考自适应控制律的函数近似不如最小二乘

梯度法的函数近似。这并不奇怪，因为模型参考自适应控制并不是一个参数辨识方法，其唯一目的便是减小跟踪误差。　■

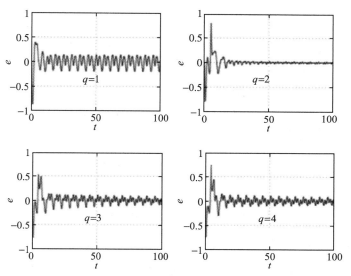

图 7-16　具有四阶切比雪夫多项式的直接模型参考自适应控制

178

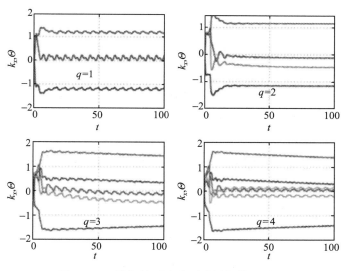

图 7-17　q 阶切比雪夫多项式近似的 k_x 和 Θ

当函数 $f(x)$ 由神经网络近似时，考虑神经网络模型参考自适应控制。此时，自适应控制器修正为

$$u = K_x x + K_r r - \Theta^\top \Phi\left(W^\top \bar{x}\right) \tag{7.118}$$

跟踪误差动力学方程为

$$\dot{e} = A_m e + B\tilde{\Theta}^\top \Phi\left(W^\top \bar{x}\right) + BV^\top \sigma'\left(W^\top \bar{x}\right)\tilde{W}^\top \bar{x} + B\delta \tag{7.119}$$

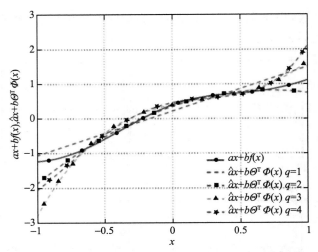

图 7-18   当 $t = 100$ 时 q 阶切比雪夫多项式函数近似

证明   选择李雅普诺夫候选函数

179

$$V(e, \tilde{\Theta}, \tilde{W}) = e^{\top}Pe + \text{trace}\left(\tilde{\Theta}^{\top}\Gamma_{\Theta}^{-1}\tilde{\Theta}\right) + \text{trace}\left(\tilde{W}^{\top}\Gamma_{W}^{-1}\tilde{W}\right) \tag{7.120}$$

对 $V(e, \tilde{\Theta}, \tilde{W})$ 进行微分得

$$\begin{aligned}
\dot{V}(e, \tilde{\Theta}, \tilde{W}) = &-e^{\top}Qe + 2e^{\top}P\left[B\tilde{\Theta}^{\top}\Phi\left(W^{\top}\bar{x}\right) + BV^{\top}\sigma'\left(W^{\top}\bar{x}\right)\tilde{W}^{\top}\bar{x} + B\delta\right] \\
&+ 2\,\text{trace}\left(\tilde{\Theta}^{\top}\Gamma_{\Theta}^{-1}\dot{\tilde{\Theta}}\right) + 2\,\text{trace}\left(\tilde{W}^{\top}\Gamma_{W}^{-1}\dot{\tilde{W}}\right)
\end{aligned} \tag{7.121}$$

由于

$$e^{\top}PB\tilde{\Theta}^{\top}\Phi\left(W^{\top}\bar{x}\right) = \text{trace}\left(\tilde{\Theta}^{\top}\Phi\left(W^{\top}\bar{x}\right)e^{\top}PB\right) \tag{7.122}$$

$$e^{\top}PBV^{\top}\sigma'\left(W^{\top}\bar{x}\right)\tilde{W}^{\top}\bar{x} = \text{trace}\left(\tilde{W}^{\top}\bar{x}e^{\top}PBV^{\top}\sigma'\left(W^{\top}\bar{x}\right)\right) \tag{7.123}$$

因此

$$\begin{aligned}
\dot{V}(e, \tilde{\Theta}, \tilde{W}) = &-e^{\top}Qe + 2e^{\top}PB\delta + 2\,\text{trace}\left(\tilde{\Theta}^{\top}\left[\Phi\left(W^{\top}\bar{x}\right)e^{\top}PB + \Gamma_{\Theta}^{-1}\dot{\tilde{\Theta}}\right]\right) \\
&+ 2\,\text{trace}\left(\tilde{W}^{\top}\left[\bar{x}e^{\top}PBV^{\top}\sigma'\left(W^{\top}\bar{x}\right) + \Gamma_{W}^{-1}\dot{\tilde{W}}\right]\right)
\end{aligned} \tag{7.124}$$

令迹运算项为 0，得到神经网络自适应律

$$\dot{\Theta} = -\Gamma_{\Theta}\Phi\left(W^{\top}\bar{x}\right)e^{\top}PB \tag{7.125}$$

$$\dot{W} = -\Gamma_{W}\bar{x}e^{\top}PBV^{\top}\sigma'\left(W^{\top}\bar{x}\right) \tag{7.126}$$

那么

$$\dot{V}(e, \tilde{\Theta}, \tilde{W}) = -e^{\top}Qe + 2e^{\top}PB\bar{\varepsilon} \leqslant -\lambda_{\min}(Q)\|e\| + 2\|PB\|\,\|e\|\delta_0 \tag{7.127}$$

因此，如果

$$\|e\| \geqslant \frac{2\|PB\|\delta_0}{\lambda_{\min}(Q)} = p \tag{7.128}$$

成立，那么 $\dot{V}(e, \tilde{\Theta}, \tilde{W}) \leqslant 0$。   ∎

如前所述，由于参数可能漂移，所以不能保证跟踪误差的稳定性。然而，由于神经网络的激活函数是有界函数，因此与其他类型的函数近似方法相比，神经网络模型参考自适应控制比标准模型参考自适应控制的鲁棒性更高。

例 7.6 考虑例 7.4，由神经网络近似函数 $f(x)$，神经网络模型参考自适应控制律为

180
〜
181

$$\dot{k}_x = \gamma_x x e b$$

$$\dot{\Theta} = -\Gamma_\Theta \Phi\left(W^\top \bar{x}\right) e b$$

$$\dot{W} = -\Gamma_W \bar{x} e b V^\top \sigma'\left(W^\top \bar{x}\right)$$

式中 $\Theta \in \mathbb{R}^5$，$W \in \mathbb{R}^2 \times \mathbb{R}^4$，$\Gamma_\Theta = \Gamma_W = 10I$。给定初始条件为

$$\Theta(0) = \begin{bmatrix} -0.2 \\ -0.1 \\ 0 \\ 0.1 \\ -0.2 \end{bmatrix}, \quad W(0) = \begin{bmatrix} 0 & 0.1 & 0.2 & 0.3 \\ -0.3 & -0.2 & -0.1 & 0 \end{bmatrix}$$

图 7-19 所示为神经网络拓扑图，仿真结果如图 7-20 所示。

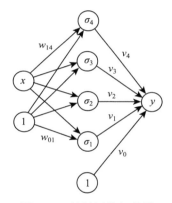

图 7-19 神经网络拓扑图

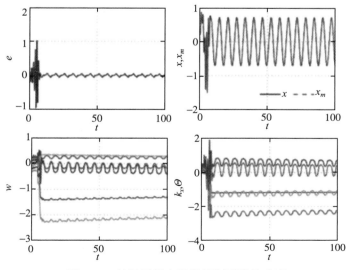

图 7-20 神经网络自适应控制系统的响应

与切比雪夫多项式近似的直接模型参考自适应控制相比，神经网络自适应控制似乎能够更好地降低跟踪误差。但是神经网络自适应控制在初始阶段的瞬态响应比较大，这可能是因为任意选择参数 $\Theta(t)$ 和 $W(t)$ 的初始值以及初始近似不够精确，使得自适应过程在能够减小跟踪误差之前导致误差增大。神经网络自适应控制的效果并不如切比雪夫多项式最小二乘梯度方法的效果好。■

在最小二乘自适应控制中，被控对象建模误差 $\varepsilon(t)$ 表示的是真实被控对象与期望被控对象之间的建模误差。动力学系统中的这种建模误差通常是由系统不确定性引起的。在模型参考自适应控制中，专门将跟踪误差 $e(t)$ 当作控制信号来驱动自适应过程，以抵消闭环系统不确定性带来的消极影响。从理论上讲，跟踪误差是被控对象建模误差的一种表现形式，而被控对象建模误差又反过来是系统不确定性的直接后果。因此，跟踪误差是由被控对象建模误差导致的，但反之则不成立。通常，可以将控制和系统辨识视作两个相关的动态过程。一般情况下，控制过程是用来减小跟踪误差从而使得闭环系统能够尽可能跟随一个参考模型。自适应控制的目的并不是估计系统不确定性本身，而是无论参数是否收敛，都能使被控对象的输出跟随期望的参考模型。例 7.5 清楚地表明，即使采用切比雪夫多项式，模型参考自适应控制在参数估计方面表现得也很差。

另一方面，系统辨识则是利用最小二乘估计法并根据被控对象建模误差来估计不确定性。系统辨识的首要目标就是实现参数收敛，所以系统辨识的参数收敛特性要好于模型参考自适应控制。系统辨识通常是在不影响控制的前提下开环进行。系统辨识和自适应控制可以结合在一起形成一种十分有效的自适应策略。最小二乘自适应控制可以使用参数估计法将参数估计值反馈到自适应律中，从而消除系统不确定性的影响。这样做会使得最小二乘自适应控制实现有界跟踪以及有界的参数自适应，而模型参考自适应控制只能实现有界跟踪。

7.4 小结

在许多物理应用中，系统输入和输出之间的结构并不确定。在非结构不确定系统中，输入和输出之间的映射通常是未知的。利用最小二乘法的多项式近似是一种广为人知的回归方法。常规多项式经常用于最小二乘数据回归，当然也可使用其他类型的多项式。正交多项式是一类优于常规多项式，并能提供更好的函数近似的多项式。特别地，通常认为切比雪夫正交多项式是最优的，当与常规多项式的近似精度相似时，其阶次是最小的。

神经网络已经在诸多领域中得到广泛应用，例如分类器、模式识别、函数近似以及自适应控制等。神经网络是一种非线性函数近似，它能够模拟复杂输入–输出之间的非线性映射。本章讨论了两种类型的神经网络：S型函数（或逻辑函数）和径向基函数，并针对非结构不确定性提出了多种自适应控制方法。基于多项式和神经网络函数近似的最小二乘和模型参考自适应控制能够处理具有非结构不确定性的系统。通常来说，最小二乘自适应控制表现出优于模型参考自适应控制的系统性能和鲁棒性。最小二乘自适应控制的鲁棒性是通过参数辨识来实现的，该鲁棒性可以保证参数的有界性，而模型参考自适应控制则不能保证自适应参数的有界性，这就导致了模型参考自适应控制的鲁棒性问题，例如参数漂移。

7.5　习题

1. 利用最小二乘梯度法和四阶切比雪夫多项式近似函数

$$y = 0.1 \sin(0.4x) + \cos^2(2x)$$

式中 $x = \sin t$，$t \in [0, 60]$，$\Gamma = 100I$，$\Delta t = 0.001$。设 $\Theta(t)$ 的初值为 0，绘制 $\Theta(t)$ 随时间 t 的变化曲线，并在同一张图中给出 $y(t)$ 和 $\hat{y}(t)$ 与 $x(t)$ 的关系图。计算 $y(t)$ 与 $\hat{y}(t)$ 之间的均方根误差。

2. 构建 S 型神经网络

$$\hat{y} = \hat{f}(x) = V^\top \sigma\left(W_x^\top x + W_0\right) + V_0 = \Theta^\top \Phi\left(W^\top \overline{x}\right)$$

其中

$$\sigma = \frac{1}{1 + e^{-x}}$$

来近似习题 1 中的函数 $y(t)$。其中 $\Theta(t) \in \mathbb{R}^5$，$W(t) \in \mathbb{R}^2 \times \mathbb{R}^4$，$\Gamma_\Theta = \Gamma_W = 100I$，$\Delta t = 0.001$，初始条件 $\Theta(0)$ 和 $W(0)$ 由随机数生成器给定。绘制出 $\Theta(t)$ 和 $W(t)$ 与时间 t 的关系图，在同一张图中绘制出 $y(t)$ 和 $\hat{y}(t)$ 随时间 $x(t)$ 的变化曲线，并计算 $y(t)$ 与 $\hat{y}(t)$ 之间的均方根误差。

3. 考虑具有匹配非结构不确定性的一阶系统

$$\dot{x} = ax + b[u + f(x)]$$

式中 a 和 $f(x)$ 未知，$b = 2$ 已知。为进行仿真，设 $a = 1$，$f(x) = 0.1 \sin(0.4x) + \cos^2(2x)$。
　　参考模型为

$$\dot{x}_m = a_m x_m + b_m r$$

式中 $a_m = -1$，$b_m = 1$，$r = \sin t$。
　　在 Simulink 中构建一个利用最小二乘梯度法和四阶切比雪夫多项式来近似函数 $f(x)$ 的直接自适应控制模型。所有值的初始条件均为 0，$\Gamma = 0.2I$。在时间 $t \in [0, 60]$ 内，绘制出 $e(t)$、$k_x(t)$、$\Theta(t)$ 随时间变化的曲线，并给出 $x(t)$ 与 $x_m(t)$ 的对比图。

参考文献

[1] Lee, T., & Jeng, J. (1998). The chebyshev-polynomials-based unified model neural networks for function approximation. *IEEE Transactions on Systems, Man, and Cybernetics, Part B: Cybernetics, 28(6)*, 925-935.

[2] Mason, J., & Handscomb, D. (2002). *Chebysev polynomials*. Boca Raton: Chapman and Hall/CRC.

[3] Cybenko, G. (1989). Approximation by superpositions of a sigmoidal function. *Mathematics of Control Signals Systems, 2*, 303-314.

[4] Suykens,J., Vandewalle,J., & deMoor,B. (1996). *Artificial neural networks for modeling and control of nonlinear systems*. Dordrecht: Kluwer Academic Publisher.

[5] Wang, X., Huang, Y., & Nguyen, N. (2010). Robustness quantification of recurrent neural network using unscented transform. *Elsevier Journal of Neural Computing, 74(1-3)*.

[6] Calise, A.J., & Rysdyk, R.T. (1998). Nonlinear adaptive flight control using neural networks. *IEEE Control System Magazine, 18(6)*, 1425.

[7] Ishihara, A., Ben-Menahem, S., & Nguyen, N. (2009). Protection ellipsoids for stability analysis of feedforward neural-net controllers. In *International Joint Conference on Neural Networks*.

[8] Johnson, E.N., Calise, A.J., El-Shirbiny, H.A., & Rysdyk, R.T. (2000). Feedback linearization with neural network augmentation applied to X-33 attitude control. *AIAA Guidance, Navigation, and Control Conference, AIAA-2000-4157*.

[9] Kim, B.S., & Calise, A.J. (1997). Nonlinear flight control using neural networks. *Journal of Guidance, Control, and Dynamics, 20(1)*, 26-33.

[10] Lam, Q., Nguyen, N., & Oppenheimer, M. (2012). Intelligent adaptive flight control using optimal control modification and neural network as control augmentation layer and robustness enhancer. In *AIAA Infotech@Aerospace Conference, AIAA-2012-2519*.

[11] Lewis, F.W., Jagannathan, S., & Yesildirak, A. (1998). *Neural network control of robot manipulators and non-linear systems*. Boca Raton: CRC.

[12] Zou, A., Kumar, K., & Hou, Z. (2010). Attitude control of spacecraft using chebyshev neural networks. *IEEE Transactions on Neural Networks, 21(9)*, 1457-1471.

[13] Khalil, H.K. (2001). *Nonlinear systems*. Upper Saddle River:Prentice-Hall.

184

第 8 章

自适应控制的鲁棒性问题

引言　本章讨论了模型参考自适应控制的局限性和不足。参数漂移是自适应参数的有界性缺乏数学保证而导致的。当系统处于有界外部干扰和模型参考自适应控制的作用下，即使状态和控制信号都有界，控制增益或者自适应参数也会无限增大。与参数漂移相关的这种信号增大可能导致自适应系统的不稳定。将模型参考自适应控制应用于非最小相位系统是一个重大的挑战。非最小相位系统在右半平面存在不稳定的零点。这种系统不能容忍大的控制增益。模型参考自适应控制试图实现完美的渐近跟踪，但这样做会出现不稳定的零极点对消，使得系统不稳定。对于非最小相位系统来说，自适应控制器的设计人员通常需要知道自适应参数的临界值以防止系统不稳定。时滞系统是模型参考自适应控制的另一个挑战。许多实际系统具有延迟，这会导致控制输入处的时间延迟。这种时间延迟可能由多种因素造成，如通信总线延迟、计算延迟以及传输延迟等。时滞系统是非最小相位系统的一种特例。时滞系统的模型参考自适应控制对时间延迟的幅度十分敏感。随着时间延迟的增加，模型参考自适应控制的鲁棒性会降低，进而导致系统的不稳定。模型参考自适应控制通常对未建模动态也很敏感。在控制系统设计过程中，有时会忽略系统内部状态的高阶动力学。这些被忽略的内部动力学或者未建模动态可能导致自适应控制系统的鲁棒性丢失。这揭示了执行机构具有二阶未建模动态的一阶单输入单输出系统的不稳定机理。当参考指令信号的频率或者自适应参数的初值与零相位裕度条件一致时，系统不稳定。快速自适应是指使用大的自适应速率来改进跟踪性能，并与线性时不变系统的积分控制进行了对比。随着积分控制增益的增加，闭环系统的穿越频率也会增加。这就导致了系统的相位裕度或者时滞裕度的减小。模型参考自适应控制的快速自适应与线性控制系统的积分控制类似，自适应速率与积分控制增益的作用相同。随着自适应速率的增加，自适应控制系统的时滞裕度减小。当自适应速率趋近于无穷大时，时滞裕度趋近于零。因此，自适应速率对自适应控制系统的闭环稳定性有重要影响。

模型参考自适应控制可以用于自适应控制系统，并通过直接估计控制增益或者间接估计自适应参数来抵消系统不确定性带来的负面影响，从而跟踪参考指令信号。如果不确定性是结构化的，那么可以实现渐近跟踪。然而，当不确定性非结构化时，模型参考自适应控制通常不是鲁棒的，这是因为李雅普诺夫稳定性分析无法确定自适应参数的界。参数漂移就会导致上述问题，进而使得自适应控制算法失效[1]。随着被控对象复杂性的增加，模型参考自适应控制的鲁棒性变得越来越难以确定。在实际应用中，永远无法获得被控对象的精确模型。因此，一个物理被控对象的模型通常无法全面捕获存在于真实被控对象中的未建模动态、非结构不确定性以及外部干扰所产生的影响。当将模型参考自适应控制用于设计自适应控制器时，这些影响均可能导致闭环系统的不稳定[2]。本章还讨论了造成自适应控制鲁棒性问题的其他一些原因。

本章的学习目标是：

- 理解当存在外界干扰和非结构不确定性时，由无界自适应参数引起参数漂移所带来的鲁棒性问题。
- 了解并掌握如何处理由不稳定零点导致的非最小相位特性。非最小相位特性会引起不稳定的零极点对消，进而导致闭环自适应系统的不稳定。
- 能够识别并处理时滞系统。当自适应参数不受约束时，时滞系统会导致闭环自适应系统的不稳定。
- 理解由于系统复杂行为导致未建模动态的鲁棒性问题。未建模动态为自适应控制添加了无法考虑的设计约束。
- 熟悉快速自适应的概念。快速自适应会使闭环自适应系统的时滞裕度趋近于零，进而导致鲁棒性的丢失。

8.1　参数漂移

当李雅普诺夫稳定性分析无法为自适应参数设定界限时，可能会出现参数漂移现象。考虑一个未知但具有有界干扰的多输入多输出系统

$$\dot{x} = Ax + Bu + w \tag{8.1}$$

式中 $x \in \mathbb{R}^n$ 是状态向量，$u \in \mathbb{R}^m$ 是控制向量，$A \in \mathbb{R}^n \times \mathbb{R}^n$ 是未知常值矩阵，$B \in \mathbb{R}^n \times \mathbb{R}^m$ 是一个使得 (A, B) 能控的已知矩阵，$w \in \mathbb{R}^n$ 是一个未知但有界的外部干扰。

设计自适应控制器使被控系统能够跟踪参考模型

$$\dot{x}_m = A_m + B_m r \tag{8.2}$$

式中 $x_m \in \mathbb{R}^n$ 是参考状态向量，$A_m \in \mathbb{R}^n \times \mathbb{R}^n$ 是已知的赫尔维茨矩阵，$B_m \in \mathbb{R}^n \times \mathbb{R}^q$ 也已知，$r \in \mathbb{R}^q$ 是分段连续且有界的参考指令向量。

理想反馈增益 K_x^* 和前馈增益 K_r 由如下模型匹配条件决定：

$$A + BK_x^* = A_m \tag{8.3}$$

$$BK_r = B_m \tag{8.4}$$

假设不考虑外界干扰，那么设计自适应控制器为

$$u = K_x(t)x + K_r r \tag{8.5}$$

反馈增益 $K_x(t)$ 由如下模型参考自适应控制律计算得到：

$$\dot{K}_x^\top = \Gamma_x x e^\top PB \tag{8.6}$$

式中 $e = x_m - x$ 是跟踪误差，$\Gamma_x = \Gamma_x^\top > 0 \in \mathbb{R}^n \times \mathbb{R}^n$ 是自适应速率矩阵，$P = P^\top > 0 \in \mathbb{R}^n \times \mathbb{R}^n$ 是如下李雅普诺夫代数方程的解

$$PA_m + A_m^\top P = -Q \tag{8.7}$$

式中 $Q = Q^\top > 0 \in \mathbb{R}^n \times \mathbb{R}^n$ 是一个正定矩阵。

闭环系统动力学模型可以表示为

$$\dot{x} = (A + BK_x)\,x + BK_r r + w \tag{8.8}$$

设 $\tilde{K}_x = K_x - K_x^*$，那么跟踪误差动力学方程为

$$\dot{e} = A_m e - B\tilde{K}_x x - w \tag{8.9}$$

通过李雅普诺夫直接法来分析自适应系统的稳定性。

证明　选择李雅普诺夫候选函数

$$V\left(e, \tilde{K}_x\right) = e^{\top} P e + \mathrm{trace}\left(\tilde{K}_x \varGamma_x^{-1} \tilde{K}_x^{\top}\right) \tag{8.10}$$

那么

$$\dot{V}\left(e, \tilde{K}_x\right) = -e^{\top} Q e - 2 e^{\top} P w \leqslant -\lambda_{\min}(Q)\|e\|^2 + 2\lambda_{\max}(P)\|e\|w_0 \tag{8.11}$$

式中 $w_0 = \max \|w\|_{\infty}$。

因此，如果

$$\|e\| \geqslant \frac{2\lambda_{\max}(P)w_0}{\lambda_{\min}(Q)} = p \tag{8.12}$$

那么 $\dot{V}\left(e, \tilde{K}_x\right) \leqslant 0$。

然而，李雅普诺夫稳定性分析并不能说明 $\tilde{K}_x(t)$ 是否有界。因此，在某些条件下 $\tilde{K}_x(t)$ 可能不是有界的。∎

为了进一步说明这一点，考虑一阶单输入单输出系统

$$\dot{x} = ax + bu + w \tag{8.13}$$

式中 a 未知，但 b 已知。

为使系统跟踪一个零参考模型，即对于所有的 t，有 $x_m(t) = 0$，设计自适应控制器为

$$u = k_x(t)x \tag{8.14}$$

那么，$k_x(t)$ 的自适应律为

$$\dot{k}_x = -\gamma_x x^2 b \tag{8.15}$$

从而可以得出，有界的系统响应 $x(t)$ 可能导致无界信号 $k_x(t)$。

例 8.1　考虑上述系统的一个解

$$x = (1 + t)^n$$

当 $n \leqslant 0$ 时，此解有界。

那么

$$k_x - k_x(0) = -\gamma_x b \int_0^t (1 + \tau)^{2n}\mathrm{d}\tau = -\gamma_x b \frac{(1 + t)^{2n+1} - 1}{2n + 1}$$

若 $k_x(t)$ 有界，则需要 $2n + 1 < 0$ 或者 $n < -\dfrac{1}{2}$。

计算得到系统的控制信号为

$$u = -\left[\gamma_x b \frac{(1+t)^{2n+1} - 1}{2n+1} - k_x(0)\right](1+t)^n$$

可以由下式计算得到导致该特解 $x(t)$ 的扰动 $w(t)$：

$$w = \dot{x} - ax - bu = n(1+t)^{n-1} - a(1+t)^n + b\left[\gamma_x b \frac{(1+t)^{2n+1} - 1}{2n+1} - k_x(0)\right](1+t)^n$$

如果 $3n + 1 \leqslant 0$ 或者 $n \leqslant -\frac{1}{3}$ 且 $n \neq -\frac{1}{2}$，那么控制信号和干扰都是有界的。因此，如果 $n < -\frac{1}{2}$，那么系统是完全有界的。然而，当 $-\frac{1}{2} < n \leqslant -\frac{1}{3}$ 时，$x(t)$、$u(t)$ 和 $w(t)$ 有界，但随着 $t \to \infty$ 时，$k_x(t)$ 无界。表 8-1 中列举了该自适应系统的有界性条件。

图 8-1 给出了当 $a = 1$，$b = 1$，$n = -\frac{5}{12}$，$\gamma_x = 10$，$x(0) = 1$，$k_x(0) = 0$ 时，闭环系统的响应图。

这个例子表明，即使干扰或控制信号可能有界，自适应参数也可能是无界的。

表 8-1　示例自适应系统的有界性条件

	$x(t)$	$u(t)$	$w(t)$	$k_x(t)$
$n > 0$	$\notin \mathscr{L}_\infty$	$\notin \mathscr{L}_\infty$	$\notin \mathscr{L}_\infty$	$\notin \mathscr{L}_\infty$
$-\frac{1}{3} < n \leqslant 0$	$\in \mathscr{L}_\infty$	$\notin \mathscr{L}_\infty$	$\notin \mathscr{L}_\infty$	$\notin \mathscr{L}_\infty$
$-\frac{1}{2} < n \leqslant -\frac{1}{3}$	$\in \mathscr{L}_\infty$	$\in \mathscr{L}_\infty$	$\in \mathscr{L}_\infty$	$\notin \mathscr{L}_\infty$
$n = -\frac{1}{2}$	$\in \mathscr{L}_\infty$	$\notin \mathscr{L}_\infty$	$\notin \mathscr{L}_\infty$	$\notin \mathscr{L}_\infty$
$n < -\frac{1}{2}$	$\in \mathscr{L}_\infty$	$\in \mathscr{L}_\infty$	$\in \mathscr{L}_\infty$	$\in \mathscr{L}_\infty$

189

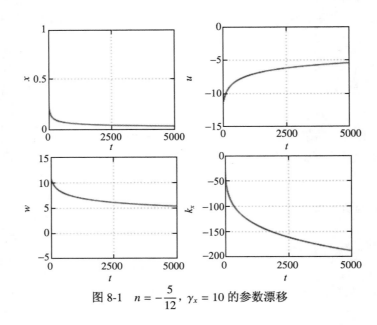

图 8-1　$n = -\frac{5}{12}$，$\gamma_x = 10$ 的参数漂移

参数漂移的一种解释如下：

当干扰足够大时，自适应控制器试图产生高增益控制信号以减小干扰对系统的影响。此时，系统的稳态解为

$$x^* = -\frac{w}{a + k_x^*} \tag{8.16}$$

由于 $w(t)$ 足够大，所以 $k_x(t)$ 需要趋近于一个足够大的负数使 $x(t)$ 趋近于 0。高增益控制信号将导致 $k_x(t)$ 无界。随着 $x(t) \to 0$，为了实现模型参考自适应控制的渐近跟踪特性时，有 $k_x(t) \to \infty$。虽然例 8.1 中表明即使 $k_x(t)$ 无界，$x(t)$ 仍然有界，但实际上，具有较大 $k_x(t)$ 值的高增益控制信号可能是有问题的，因为当 $k_x(t)$ 变大时，真实被控对象可能包含其他导致系统不稳定的闭环特性。因此，参数漂移可能导致真实系统的不稳定。

8.2　非最小相位系统

如果一个单输入单输出系统传递函数的所有零点和极点都位于左半平面，则称该系统为最小相位系统。如果存在位于右半平面的零点，则称其为非最小相位系统。不稳定零点的存在会限制稳定反馈增益的值，使得非最小相位系统更难以控制。当反馈增益超过一定限度时，闭环系统的极点会变得不稳定。

例 8.2　系统

$$\frac{y(s)}{u(s)} = \frac{s+1}{(s+2)(s+3)}$$

$$y = x$$

是最小相位的。当反馈信号 $u(s) = k_x x(s) + k_r r(s)$ 时，闭环传递函数为

$$\frac{y(s)}{r(s)} \triangleq G(s) = \frac{k_r}{s^2 + (5 - k_x) s + 6 - k_x}$$

在 $k_x \in (-\infty, 5)$ 时，该闭环系统具有稳定的闭环极点。

另一方面，系统

190

$$\frac{x(s)}{u(s)} = \frac{s-1}{(s+2)(s+3)}$$

是非最小相位的。闭环传递函数为

$$G(s) = \frac{k_r}{s^2 + (5 - k_x) s + 6 + k_x}$$

当 $k_x \to -\infty$ 时，有一个位于 $s = 1$ 的不稳定闭环极点。当极点变得不稳定时，$k_x(t)$ 的过零值为 $k_x = -6$。　■

如果系统表现出非最小相位特性，那么自适应可能会导致其不稳定，这是因为模型参考自适应控制试图通过不稳定的零极点对消来实现渐近跟踪。

例 8.3　考虑系统

$$\dot{x} = ax + bu - 2z + w$$

$$\dot{z} = -z + u$$

$$y = x$$

式中 $a < 0$ 未知，w 是外界干扰。

系统是非最小相位的，其传递函数为

$$\frac{x(s)}{u(s)} = \frac{s-1}{(s-a)(s+1)}$$

如果采用与例 8.1 中相同的干扰以及相同的自适应控制器，且 $n = -1$，那么对例 8.1 来说，其干扰 $w(t)$ 有界，且闭环系统响应完全有界。然而，该示例中的非最小相位系统并不属于这种情况。设 $a = -1$，$b = 1$，$\gamma_x = 1$，$x(0) = 1$，$k_x(0) = 0$，此时闭环系统是不稳定的，如图 8-2 所示。

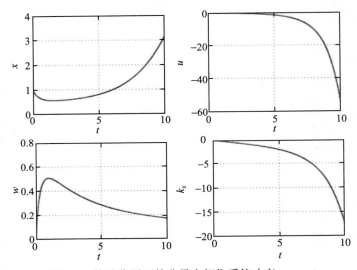

图 8-2 扰动作用下的非最小相位系统响应，$\gamma_x = 1$

实际上，当 $\gamma_x = 10$ 且没有干扰影响时，闭环系统仍然是不稳定的，如图 8-3 所示。

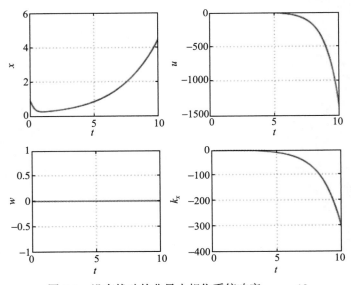

图 8-3 没有扰动的非最小相位系统响应，$\gamma_x = 10$

现在假设被控对象是最小相位的，并有

$$\dot{x} = ax + u + 2z + w$$

$$\dot{z} = -z + u$$

$$y = x$$

当采用相同的自适应控制器时，闭环系统稳定，如图 8-4 所示。

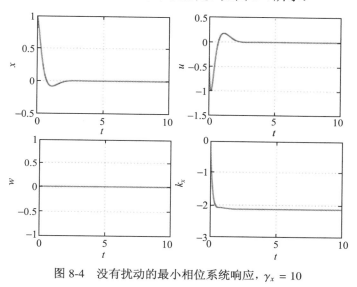

图 8-4　没有扰动的最小相位系统响应，$\gamma_x = 10$

8.3　时滞系统

许多实际系统具有等待时间，这导致控制输入信号具有时间延迟。时间延迟可能由多种因素引起，例如通信总线延迟、计算延迟以及传输延迟等。时滞系统是一类特殊的非最小相位系统，且和自适应控制相比具有类似的系统特性。由于没有完备的理论基础，时滞系统的模型参考自适应控制具有极大的挑战性。当自适应参数超过某个限制时，会导致系统不稳定。

考虑具有匹配不确定性的时滞多输入多输出系统

$$\dot{x} = Ax + B\left[u\left(t - t_d\right) + \Theta^{*\top}\Phi(x)\right] \tag{8.17}$$

式中 t_d 是已知的时间延迟。

如果 A 和 B 已知，那么无延迟系统的自适应控制器为

$$u = K_x x + K_r r - \Theta^\top \Phi(x) \tag{8.18}$$

$$\dot{\Theta} = -\Gamma \Phi(x) e^\top P B \tag{8.19}$$

当存在时间延迟时，保证稳定自适应的自适应速率矩阵 Γ 存在上限。因此，不能再任意地选择自适应速率，而应该在仔细考虑时间延迟效应的基础上选择合适的自适应速率。遗憾

的是，目前还没有完善的理论用于指导时滞系统的自适应控制器设计。所以，目前多依赖于蒙特卡洛仿真来选择适当的自适应速率。

考虑一个单输入单输出时滞系统

$$\dot{x} = ax + bu(t - t_d) \tag{8.20}$$

式中 $x \in \mathbb{R}$，$u \in \mathbb{R}$，并且 $b > 0$。

开环传递函数

$$\frac{x(s)}{u(s)} = \frac{b\mathrm{e}^{-t_d s}}{s - a} \tag{8.21}$$

是非最小相位的，因为 $\mathrm{e}^{-t_d s}$ 的存在使得系统在右半平面有多个零点。

系统的反馈控制

$$u = k_x x \tag{8.22}$$

使得闭环极点为 $s = a + bk_x < 0$。

在保证闭环系统稳定的条件下，设计反馈增益 k_x 使得系统对时间延迟具有足够的鲁棒性。

闭环传递函数

$$G(s) = \frac{k_r}{s - a - bk_x\mathrm{e}^{-t_d s}} \tag{8.23}$$

不是绝对稳定的，而是在 $k_{x_{\min}} < k_x < -\dfrac{a}{b}$ 时是条件稳定的。

设 $s = \sigma + \mathrm{j}\omega$，计算系统的极点

$$\sigma + \mathrm{j}\omega - a - bk_x\mathrm{e}^{-t_d\sigma}\mathrm{e}^{-\mathrm{j}\omega t_d} = 0 \tag{8.24}$$

令 $\sigma = 0$ 可以求得 k_x 的过零值。由欧拉公式

$$\mathrm{e}^{-\mathrm{j}\omega t_d} = \cos(\omega t_d) - \mathrm{j}\sin(\omega t_d) \tag{8.25}$$

使实部和虚部分别等于零，得到如下关系式

$$-a - bk_x\cos(\omega t_d) = 0 \tag{8.26}$$

$$\omega + bk_x\sin(\omega t_d) = 0 \tag{8.27}$$

上述方程的解就是 $\mathrm{j}\omega$ 轴的穿越频率，据此可以计算出 $k_{x_{\min}}$：

$$\omega = \sqrt{b^2 k_{x_{\min}}^2 - a^2} \tag{8.28}$$

$$a + bk_{x_{\min}}\cos\left(\sqrt{b^2 k_{x_{\min}}^2 - a^2}\, t_d\right) = 0 \tag{8.29}$$

因此，当 $k_{x_{\min}} < k_x < -\dfrac{a}{b}$ 时，闭环系统是稳定的。

设常数 a 未知，利用式（8.14）中的自适应控制器和式（8.15）中的自适应律使 $x(t)$ 趋近于 0。在不考虑时间延迟时，自适应速率可以任意选择。然而，当存在时间延迟时，为保证闭环系统的稳定性，γ_x 存在上界。因此，如果 $\gamma_x \leqslant \gamma_{x_{\max}}$ 使得

$$k_x = k_x(0) - \int_0^t \gamma_{x_{\max}} x^2 b\mathrm{d}\tau > k_{x_{\min}} \tag{8.30}$$

则闭环自适应控制系统是稳定的。

例 8.4　设 $a = -1$，$b = 1$，$t_d = 0.5\mathrm{s}$，计算得到最小反馈增益为 $k_{x_{\min}} = -3.8069$。图 8-5 所示是在时间步长 $\Delta t = 0.001$ 时的闭环自适应系统响应。当 $\gamma_x = 7$ 且 $k_x(0) = 0$ 时，随着时间 $t \to \infty$，有 $k_x(t) \to -3.5081 > k_{x_{\min}}$。因此，闭环系统是稳定的。当 $\gamma_x = 7.6$ 时，$k_x(t)$ 变得无界，且闭环系统不稳定。因此，最大自适应速率 $\gamma_{x_{\max}}$ 处于 7 和 7.6 之间。

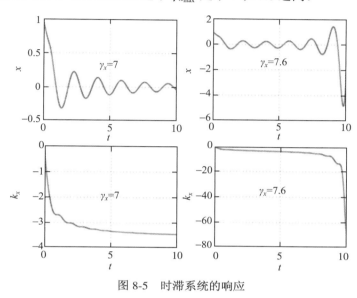

图 8-5　时滞系统的响应

8.4　未建模动态

　　非最小相位系统是具有未建模动态系统的一个特例。未建模动态实际上是指存在于被控对象，但在控制器设计中未考虑到的动力学特性。这是一种非常普遍的情况，因为大多数控制器的设计都是基于被控对象的数学模型进行的，而这些模型很可能无法完全描述所有复杂的物理特性。在某些情况下，被忽略的动态在设计时不会出现问题，但在其他情况下，基于不准确的数学模型而设计的控制器都可能会导致灾难性的后果。因此，要在控制器设计时为未建模动态留有足够的稳定裕度。传统的增益裕度和相位裕度是单输入单输出系统线性控制器的设计准则。对于自适应控制，既没有等效的稳定裕度，也没有分析自适应系统稳定裕度的完备理论。

　　考虑系统

$$\dot{x} = Ax + Bu + \Delta(x, z, u) \tag{8.31}$$

$$\dot{z} = f(x, z, u) \tag{8.32}$$

$$y = x \tag{8.33}$$

式中 z 是不可测量或者不可观测的系统内部状态向量，$\Delta(x, z, u)$ 是未知且未考虑的被控对象建模误差，$\dot{z}$ 是未建模动态，y 是被控对象的输出向量，与可测系统状态 $x(t)$ 等价。

　　如果在控制器设计过程中使用模型参考自适应控制并且假设 $\Delta(x, z, u) = 0$，那么很明显，该控制器不是鲁棒的，其表现与非最小相位系统模型参考自适应控制的不稳定现象类似。

　　由于自适应控制存在不稳定的现象，因此激发了鲁棒自适应控制的发展。实际上，在20世纪60年代早期，就由于自适应控制的不稳定导致了一架 NASA X-15 高超声速飞行器的坠毁，这使得人们对于自适应控制的可行性充满了疑问。Rohrs 等人在 20 世纪 80 年代对导致自适应控制不稳定的多种因素进行了详细研究[2]。Rohrs 通过举反例说明了当存在未建模动态时，模型参考自适应控制不稳定的弱点使得其无法保证系统的鲁棒性。

　　为了说明当存在未建模动态时，模型参考自适应控制无法保证系统的鲁棒性，考虑以下具有二阶单输入单输出执行机构动力学的一阶单输入单输出系统：

$$\dot{x} = ax + bu \tag{8.34}$$

$$\ddot{u} + 2\zeta\omega_n\dot{u} + \omega_n^2 u = \omega_n^2 u_c \tag{8.35}$$

式中 $a < 0$，$b > 0$，$\zeta > 0$，$\omega > 0$，u_c 是执行机构输入指令。

　　假设要设计一个自适应控制器来跟踪一阶参考模型

$$\dot{x}_m = a_m x_m + b_m r \tag{8.36}$$

式中 $a_m < 0$。

　　当忽略执行机构动力学时，设计自适应控制器为

$$u_c = k_y(t)y + k_r(t)r \tag{8.37}$$

式中 $k_y(t)$ 和 $k_r(t)$ 由如下模型参考自适应律进行调整：

$$\dot{k}_y = \gamma_x y e \tag{8.38}$$

$$\dot{k}_r = \gamma_r r e \tag{8.39}$$

式中 $e = y_m - y$。

　　现在考虑具有常值控制增益 k_y 和 k_r 的非自适应控制器。具有执行机构动力学的被控对象开环传递函数表示为

$$\frac{y(s)}{u_c(s)} = \frac{b\omega_n^2}{(s-a)(s^2 + 2\zeta\omega_n s + \omega_n^2)} \tag{8.40}$$

在输入 $u_c(t)$ 处引入时间延迟，则闭环传递函数为

$$G(s) = \frac{b\omega_n^2 k_r \mathrm{e}^{-\omega t_d}}{(s-a)(s^2 + 2\zeta\omega_n s + \omega_n^2) - b\omega_n^2 k_y \mathrm{e}^{-\omega t_d}} \tag{8.41}$$

设 $s = \mathrm{j}\omega$。那么，闭环传递函数的特征方程为

$$-\mathrm{j}\omega^3 - (2\zeta\omega_n - a)\omega^2 + \left(\omega_n^2 - 2a\zeta\omega_n\right)\mathrm{j}\omega - a\omega_n^2 - b\omega_n^2 k_y\left(\cos(\omega t_d) - \mathrm{j}\sin(\omega t_d)\right) = 0 \tag{8.42}$$

将上式的实部和虚部分离，写成如下两个式子

$$-(2\zeta\omega_n - a)\omega^2 - a\omega_n^2 - b\omega_n^2 k_y\cos(\omega t_d) = 0 \tag{8.43}$$

$$-\omega^3 + \left(\omega_n^2 - 2a\zeta\omega_n\right)\omega + b\omega_n^2 k_y\sin(\omega t_d) = 0 \tag{8.44}$$

闭环系统的相位裕度可以表示为

$$\phi = \omega t_d = \arcsin\left[\frac{\omega^3 - \left(\omega_n^2 - 2a\zeta\omega_n\right)\omega}{b\omega_n^2 k_y}\right] \tag{8.45}$$

或者

$$\phi = \omega t_d = \arctan\left[\frac{\omega^3 - \left(\omega_n^2 - 2a\zeta\omega_n\right)\omega}{-\left(2\zeta\omega_n - a\right)\omega^2 - a\omega_n^2}\right] \tag{8.46}$$

如果

$$\omega \overset{\Delta}{=} \omega_0 = \sqrt{\omega_n^2 - 2a\zeta\omega_n} \tag{8.47}$$

那么，系统的相位裕度为零。

由下式可知，反馈增益 k_y 影响闭环系统的穿越频率。

$$\omega^6 + \left(a^2 + 4\zeta^2\omega_n^2 - 2\omega_n^2\right)\omega^4 + \left(\omega_n^2 + 4a^2\zeta^2 - 2a^2\right)\omega_n^2\omega^2 + \left(a^2 - b^2 k_y^2\right)\omega_n^4 = 0 \tag{8.48}$$

重新回到自适应控制器的设计问题上。设参考指令信号为

$$r = r_0 \sin(\omega_0 t) \tag{8.49}$$

由于参考指令信号的频率与零相位裕度的穿越频率相匹配，所以闭环自适应系统不稳定。

例 8.5　设 $a = -1$，$b = 1$，$a_m = -2$，$b_m = 2$，$\omega_n = 5 \text{ rad/s}$，$\zeta = 0.5$。那么，零相位裕度的穿越频率为 $\omega_0 = \sqrt{30} \text{ rad/s}$。参考指令信号为

$$r = \sin(\sqrt{30}t)$$

197

仿真过程中，选择 $\gamma_x = 1$、$\gamma_r = 1$，初始条件为 $k_y(0) = -1$，$k_r(0) = 1$。从图 8-6 可以看出，闭环自适应系统的确是不稳定的，这表示模型参考自适应控制针对未建模动态缺乏鲁棒性。

假设将参考指令信号的频率更改为 3 rad/s。此时自适应系统是稳定的，并且 $k_y(t) \rightarrow -3.5763$，$k_r(t) \rightarrow 1.2982$，如图 8-7 所示。

自适应系统的闭环稳定性也依赖于自适应反馈增益 $k_y(t)$ 的初值。为说明这一现象，在零相位裕度的穿越频率 $\omega_0 = \sqrt{30}$ 处计算反馈增益，得 $k_{y0} = -\frac{31}{5} = -6.2$。当参考指令信号为 $r(t) = \sin(3t)$ 时，闭环系统是稳定的，如图 8-7 所示。设自适应律的初始值为 $k_y(0) = -6.2$，此时闭环系统处于临界稳定状态，如图 8-8 所示。

例 8.6　Rorhs 反例的参数为 $a = -1$，$b = 2$，$a_m = -3$，$b_m = 3$，$\omega = \sqrt{229}$，$\zeta = \dfrac{30}{2\sqrt{229}}$ [2]。

自适应律的初值为 $k_y(0) = -0.65$，$k_r(0) = 1.14$。自适应速率为 $\gamma_x = 1$，$\gamma_r = 1$。零相位裕度频率为 $\omega_0 = \sqrt{259} = 16.1 \text{ rad/s}$。参考指令信号为

$$r = 0.3 + 1.85\sin(16.1t)$$

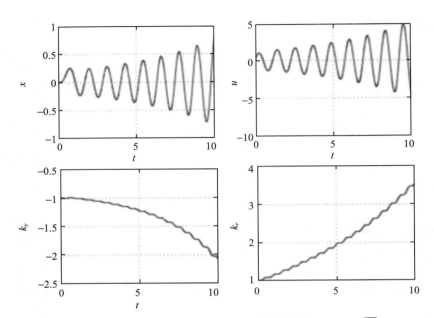

图 8-6 由未建模动态（参考指令频率为零相位裕度穿越频率 $r = \sin(\sqrt{30}t)$, $k_y(0) = -1$）
导致的模型参考自适应控制不稳定现象

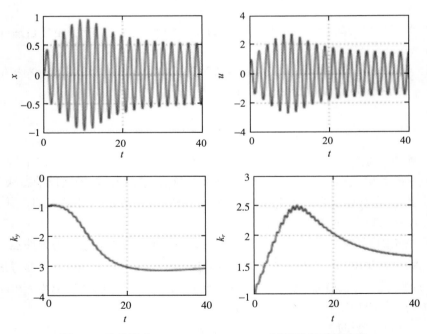

图 8-7 参考指令 $r = \sin(3t)$, $k_y(0) = -1$ 时的稳定系统响应

　　如图 8-9 所示，在 Rohrs 反例中，模型参考自适应控制出现了不稳定现象。　■

　　通常，为使控制器具有足够大的稳定裕度，要求执行机构动力学必须比被控对象动力学要快得多。这意味着执行机构的频率带宽 ω_n 必须大于控制频率带宽 ω，即 $\omega_n \gg \omega$。那么，式（8.41）中的闭环传递函数可以近似为

$$G(s) = \frac{bk_r\mathrm{e}^{-\omega t_d}}{s - a - bk_y\mathrm{e}^{-\omega t_d}} \tag{8.50}$$

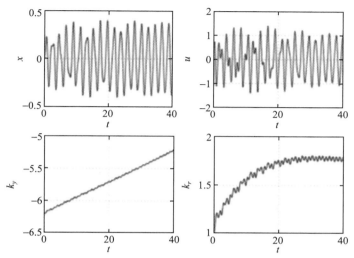

图 8-8　当参考指令 $r = \sin(3t)$，零相位裕度 $k_y(0) = -6.2$ 时，由未建模动态引起的
模型参考自适应控制初始不稳定

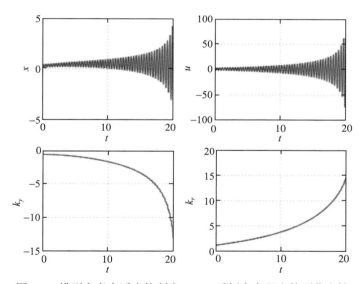

图 8-9　模型参考自适应控制在 Rohrs 反例中表现出的不稳定性

这使得穿越频率和相位裕度分别可以表示为

$$\omega = \sqrt{b^2 k_y^2 - a^2} \tag{8.51}$$

$$\phi = \omega t_d = \arcsin\left(-\frac{\omega}{bk_y}\right) \tag{8.52}$$

其中 $|bk_y| > |a|$。随着 $k_y \to -\infty$，有 $\phi \to \dfrac{\pi}{2}$。因此，闭环系统在高增益时是鲁棒稳定的。

8.5　快速自适应

模型参考自适应控制旨在使具有匹配结构不确定性的系统实现渐近跟踪。在实际应用中，渐近跟踪是一项非常苛刻的要求，通常难以满足。对于实际应用中常见的具有未知扰动和非结构不确定性的系统来说，模型参考自适应控制只能实现有界跟踪，而且无法保证自适应参数的有界性。但随着自适应速率的加快，跟踪误差会进一步减小使得跟踪性能得到改善。通常将这种方法称为快速自适应法。然而，如前所述，对于具有非最小相位特性、时间延迟以及未建模动态的系统来说，当自适应速率超过一定限度时会导致系统不稳定。通常，模型参考自适应控制的鲁棒性需要通过较小的自适应速率来保障。因此，自适应控制需要在跟踪性能和鲁棒性之间进行权衡，这个观点在其他线性控制器的设计中同样成立。

考虑一阶单输入单输出系统

$$\dot{x} = ax + bu \tag{8.53}$$

为使得被控对象的输出 $x(t)$ 能够跟踪参考信号 $x_m(t)$，设计线性比例–积分（PI）控制器为

$$u = k_x x + k_i \int_0^t (x - x_m)\, \mathrm{d}\tau \tag{8.54}$$

200
此时，闭环系统动力学模型可以表示为

$$\dot{x} = \left(a + bk_p\right) x + bk_i \int_0^t (x - x_m)\, \mathrm{d}\tau \tag{8.55}$$

两边取微分，得

$$\ddot{x} - \left(a + bk_p\right)\dot{x} - bk_i x = -bk_i x_m \tag{8.56}$$

当 $a + bk_p < 0$ 且 $k_i < 0$ 时，闭环系统是稳定的。随着 $k_i \to \infty$，有 $x(t) \to x_m(t)$。因此，增大积分增益会改善跟踪性能。

闭环系统的频率是 $\omega_n^2 = -bk_i$。因此，随着 $k_i \to \infty$ 和 $\omega_n \to \infty$，闭环系统的响应会产生严重振荡。接下来要找出闭环系统的稳定裕度随着 $k_i \to \infty$ 的变化趋势。

设在输入处有延迟 t_d，此时闭环系统变为

$$x = -\frac{bk_i x_m \mathrm{e}^{-t_d s}}{s^2 - as - bk_p s \mathrm{e}^{-t_d s} - bk_i \mathrm{e}^{-t_d s}} \tag{8.57}$$

通过设 $s = \mathrm{j}\omega$，分析闭环系统的稳定性：

$$-\omega^2 - a\mathrm{j}\omega - \left(bk_p\mathrm{j}\omega + bk_i\right)\left(\cos(\omega t_d) - \mathrm{j}\sin(\omega t_d)\right) = 0 \tag{8.58}$$

让上式中的实部和虚部分别等于零，得

$$-\omega^2 - bk_p\omega \sin(\omega t_d) - bk_i \cos(\omega t_d) = 0 \tag{8.59}$$

$$-a\omega - bk_p\omega \cos(\omega t_d) + bk_i \sin(\omega t_d) = 0 \tag{8.60}$$

将上述两式重新写成

$$b^2 k_p^2 \omega^2 \sin^2(\omega t_d) + b^2 k_p k_i \omega \sin(2\omega t_d) + b^2 k_i^2 \cos^2(\omega t_d) = \omega^4 \tag{8.61}$$

$$b^2 k_p^2 \omega^2 \cos^2(\omega t_d) - b^2 k_p k_i \omega \sin(2\omega t_d) + b^2 k_i^2 \sin^2(\omega t_d) = a^2 \omega^2 \tag{8.62}$$

将上述两式相加，得

$$\omega^4 + \left(a^2 - b^2 k_p^2\right)\omega^2 - b^2 k_i^2 = 0 \tag{8.63}$$

计算得到穿越频率为

$$\omega = \sqrt{\frac{b^2 k_p^2 - a^2}{2}\left[1 + \sqrt{1 + \frac{4 b^2 k_i^2}{\left(b^2 k_p^2 - a^2\right)^2}}\right]} \tag{8.64}$$

将式（8.59）乘以 bk_i，式（8.60）乘以 $bk_p\omega$，然后将所得两式相加得

201

$$\left(abk_p + bk_i\right)\omega^2 + \left(b^2 k_p^2 \omega^2 + b^2 k_i^2\right)\cos(\omega t_d) = 0 \tag{8.65}$$

对于所有的 $t \leqslant t_d$，闭环系统都是稳定的，其中时滞裕度 t_d 可由下式计算：

$$t_d = \frac{1}{\omega}\arccos\left[-\frac{\left(abk_p + bk_i\right)\omega^2}{b^2 k_p^2 \omega^2 + b^2 k_i^2}\right] \tag{8.66}$$

现在，考虑 $\omega_n^2 = -bk_i \to \infty$ 的极限情况，有

$$\omega \to \omega_n \to \infty \tag{8.67}$$

$$t_d \to \frac{1}{\omega}\arccos\left(\frac{\omega_n^4}{\omega_n^4}\right) \to 0 \tag{8.68}$$

计算闭环系统的相位裕度为

$$\phi = \omega t_d \to 0 \tag{8.69}$$

因此，随着积分增益增大，闭环响应振荡更严重，闭环系统的时滞裕度和相位裕度减小。当 $k_i \to \infty$ 时，时滞裕度和相位裕度趋近于 0。另一方面，随着积分增益的增大，系统的跟踪性能得到提升。显然，跟踪性能和稳定裕度这两个要求不能同时满足。因此，在设计控制器时需要通过调整积分增益 k_i 来权衡这两个要求。

假设被控对象是不确定系统，并且参数 a 未知。定义参考模型为

$$\dot{x}_m = a_m x_m + b_m r \tag{8.70}$$

式中 r 是常值信号。

那么自适应控制器可以设计为

$$u = k_x(t)x + k_r r \tag{8.71}$$

$$\dot{k}_x = \gamma_x x\left(x_m - x\right)b \tag{8.72}$$

式中 $k_r = \dfrac{b_m}{b}$。

对闭环系统动力学模型进行微分，得

$$\ddot{x} - \left[a + bk_x(t)\right]\dot{x} + b^2 \gamma_x x^3 = b^2 \gamma_x x^2 x_m \tag{8.73}$$

对比式（8.73）和式（8.56），可得自适应控制的效果与线性积分控制的效果相似。实际上，设

$$k_i(x) = -\gamma_x x^2 b \tag{8.74}$$

那么，闭环系统动力学模型可以表示为

$$\ddot{x} - [a + bk_x(t)]\,\dot{x} - bk_i(x)x = -bk_i(x)x_m \tag{8.75}$$

对自适应控制器进行微分，得

$$\dot{u} = k_i(x)(x - x_m) + k_x(t)\dot{x} + k_r\dot{r} \tag{8.76}$$

然后进行积分，得

$$u = \int_0^t k_x(t)\dot{x}\mathrm{d}\tau + \int_0^t k_i(x)(x - x_m)\,\mathrm{d}\tau + k_r r \tag{8.77}$$

因此，在某种程度上可以将自适应控制视作非线性积分控制。可以看出，随着自适应速率 γ_x 的增加，闭环响应的振荡更加严重，而且闭环系统的时滞裕度降低。当 $\gamma_x \to \infty$ 时，时滞裕度趋近于零。因此，随着自适应速率的增加，模型参考自适应控制的鲁棒性降低。

例 8.7 设 $a = 1$，$b = 1$，$x_m(t) = 1$。为了跟踪参考指令，设计线性比例–积分控制器，其控制增益 $k_p = -2$，$k_i = -500$，穿越频率和时滞裕度分别为 $\omega = 22.3942\,\mathrm{rad/s}$ 和 $t_d = 0.0020\,\mathrm{s}$。因此，时滞在 $0.0020\,\mathrm{s}$ 内，闭环系统都是稳定的。图 8-10 所示是穿越频率 ω 和时滞裕度 t_d 与积分增益 k_i 之间的关系图。可以看出，随着积分增益 k_i 的增加，穿越频率也会增加，但是时滞裕度会减小。因此，在进行控制器设计时需要避免高频积分增益。

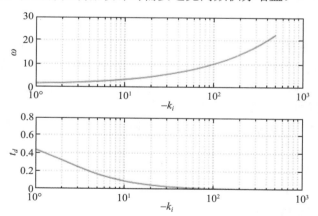

图 8-10　穿越频率和时滞裕度与积分增益的关系

现在利用自适应控制代替上述线性比例–积分控制，并令 $a_m = -1$，$b_m = 1$，$r(t) = 1$。为实现快速自适应，设 $\gamma_x = 500$。当初始条件 $x(0) = 0$，$k_x(0) = 0$ 时，闭环自适应系统和线性系统的响应如图 8-11 所示。可以看出，系统响应出现了理论分析中提到的高频振荡现象。随着 $x(t) \to x_m(t) = 1$，有 $k_i(x) \to \approx -\gamma_x x_m^2(t)b \approx -500$。因此，闭环自适应控制系统表现出与闭环线性系统类似的行为。实际上，如果在输入处引入时间延迟 $t_d = 0.0020\,\mathrm{s}$，自适应控制系统和线性比例–积分控制系统均会出现相似的不稳定响应，如图 8-12 所示。

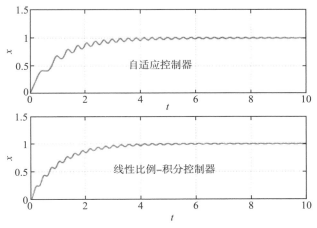

图 8-11　具有快速自适应的自适应系统和线性系统响应

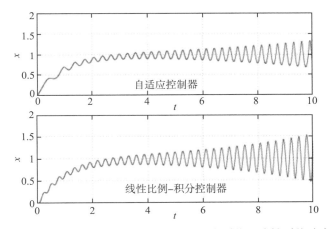

图 8-12　具有时滞和快速自适应的自适应系统和线性系统响应

204

8.6　小结

　　模型参考自适应控制旨在实现渐近跟踪。这是模型参考自适应控制的一个优点，同时也是一个缺点。由于李雅普诺夫稳定性分析无法确定自适应参数的边界，所以模型参考自适应控制通常不是鲁棒的。参数漂移就会导致上述问题，从而导致自适应控制算法失效。随着被控对象复杂性的增加，模型参考自适应控制的鲁棒性变得越来越难以确定。在实际应用中，永远无法获得被控对象的精确模型。因此，一个物理系统的数学模型，通常无法全面捕获存在于真实被控对象中的未建模动态、非结构不确定性以及外部干扰所产生的影响。当应用模型参考自适应控制设计自适应控制器时，这些影响都可能会导致闭环系统的不稳定。

　　本章给出了模型参考自适应控制在存在参数漂移、时间延迟、非最小相位被控对象、未建模动态以及快速自适应时鲁棒性不足的示例。当存在足够大的干扰时，模型参考自适应控制试图实现完美的渐近跟踪。理论上来说，为抑制干扰，模型参考自适应控制会产生高增益的控制信号来减小干扰的影响。这种高增益控制信号会导致自适应参数无界。在实际应用中，参数漂移会导致系统的不稳定。

不稳定零点的存在对稳定反馈增益的幅值进行了限制，这使得非最小相位系统更加难以控制。模型参考自适应控制尝试通过抵消不稳定的零极点来实现渐近跟踪，这会导致非最小相位系统的不稳定。对于非最小相位系统来说，自适应控制器的设计人员通常需要知道自适应参数的临界值以防止系统不稳定。

许多实际系统具有延迟，这会导致控制输入处的时间延迟。这种时间延迟可能由多种因素造成，如通信总线延迟、计算延迟以及传输延迟等。时滞系统是非最小相位系统的一种特例。当自适应参数超过一定值时，会导致系统的不稳定。当无时间延迟时，模型参考自适应控制的自适应速率可以任意选择。当存在时间延迟时，为保证自适应系统的闭环稳定性，自适应速率存在上限，当自适应速率小于这个上限时，闭环自适应系统是稳定的。

未建模动态是被控对象中真实存在但在控制器设计时没有考虑的动力学特性。这是一种十分常见的现象，因为大多数控制器的设计都是基于被控对象的数学模型进行的，但这些数学模型很可能无法完全描述系统所有复杂的物理特性。在某些情况下，被忽略的动态不会在设计时出现问题，但在其他情况下，基于哪怕稍微不准确的数学模型而设计的控制器都可能导致灾难性的后果。当系统存在未建模动态时，模型参考自适应控制不是鲁棒的。当由于未建模动态的存在使得参考指令信号包含靠近零相位裕度的频率时，会出现系统的不稳定。如果自适应律的初值与零相位裕度一致，自适应参数的初始化也会影响闭环系统的稳定性。

快速自适应指的是利用大的自适应速率来实现快速参考模型跟踪。当自适应速率增大到理论上的无穷大时，模型参考自适应控制的时滞裕度会趋近于零。与非最小相位、时间延迟以及未建模动态的情况一样，当采用大的自适应速率进行快速自适应时，模型参考自适应控制会导致系统的不稳定。

8.7 习题

1. 考虑一阶单输入单输出系统

$$\dot{x} = ax + bu + w$$

式中 w 是有界干扰，u 是自适应控制器，定义为

$$u = k_x x$$

$$\dot{k}_x = -\gamma_x x^2 b$$

设 x 的解为

$$x = t(1 + t)^p$$

(a) 分析闭环系统的参数漂移现象。找到所有使反馈增益 $k_x(t)$ 无界的 p 值和所有使系统完全有界的 p 值。

(b) 在 Simulink 中搭建自适应控制器，相关参数设置为 $a = 1$，$b = 1$，$\gamma_x = 1$，$x(0) = 0$，$k_x(0) = 0$，时间步长 $\Delta t = 0.001$ s。参数 p 具有两个不同的值：一个使 $k_x(t)$ 无界，另一个使所有信号有界。分别绘制出不同 p 值作用下 $x(t)$、$u(t)$、$w(t)$、$k_x(t)$ 在 $t \in [0, 20]$ 内的时间变化曲线。

2. 考虑二阶时滞单输入单输出系统

$$\ddot{y} - \dot{y} + y = u(t - t_d)$$

式中 t_d 是未知的时间延迟。

设计线性微分控制器来稳定上述开环控制系统

$$u = k_d^* \dot{y}$$

式中 $k_d^* = -7$。

(a) 给出临界稳定闭环系统的穿越频率 ω 和时滞裕度 t_d 的解析解。

(b) 设计一个自适应控制器来跟踪参考模型，参考模型为具有线性微分控制器的无延迟闭环系统，定义为

$$\ddot{y}_m + 6\dot{y}_m + y_m = 0$$

设 $x(t) = [\,y(t) \quad \dot{y}(t)\,]^\top \in \mathbb{R}^2$，那么应用于开环控制系统的自适应微分控制器为

$$u = K_x x$$

$$\dot{K}_x^\top = -\Gamma_x x x^\top P B$$

式中 $K_x = [\,0 \quad k_d(t)\,]$，$\Gamma_x = \mathrm{diag}(0, \gamma_x)$，$\gamma_x$ 是自适应速率。

在 Simulink 中搭建自适应控制器，相关参数设置为 $Q = I$，$y(0) = 1$，$\dot{y}(0) = 0$，$K_x(0) = 0$，时间步长 $\Delta t = 0.001$ s。通过反复尝试确定闭环系统处于不稳定边缘的 $\gamma_{x_{\max}}$，要求精度在 0.1 之内，并计算在 $\gamma_{x_{\max}}$ 时的 $k_{d_{\min}}$。绘制出 $x(t)$、$u(t)$ 和 $k_d(t)$ 在 $t \in [0, 10]$ s 内的时间变化曲线。

3. 在 Rohrs 反例中，闭环系统的稳定性受参考指令信号 $r(t)$ 频率的影响。写出从 $r(t)$ 到 $y(t)$ 的闭环传递函数，设参考指令信号为

$$r = 0.3 + 1.85 \sin(\omega t)$$

计算相位裕度为 60° 时的穿越频率 ω，并计算相同相位裕度时的理想反馈增益 k_y^*。在 Simulink 中搭建 Rohrs 反例模型，设初始条件与前述相同，$\gamma_y = \gamma_r = 1$，时间步长 $\Delta t = 0.001$ s。绘制出 $y(t)$、$u(t)$、$k_y(t)$ 和 $k_r(t)$ 在 $t \in [0, 60]$ 内的时间变化曲线。

参考文献

[1] Ioannu, P. A., & Sun, J. (1996). *Robust adaptive control*. Upper Saddle River: Prentice-Hall, Inc.

[2] Rohrs, C. E., Valavani, L., Athans, M., & Stein, G. (1985). Robustness of continuous-time adaptive control algorithms in the presence of unmodeled dynamics. *IEEE Transactions on Automatic Control, AC-30*(9) 881-889.

第 9 章
鲁棒自适应控制

引言　本章介绍了几种提高模型参考自适应控制鲁棒性的技术。这些称为鲁棒修正的控制技术主要通过以下两个基本准则来提高鲁棒性：限制自适应参数；在自适应律中增加阻尼使得自适应参数有界。死区法和投影法是两种常用的基于限制自适应参数准则的鲁棒修正方案。死区法的原理是当跟踪误差的范数小于预设值时，停止参数自适应过程，该方法能够避免自适应系统对噪声进行自适应时引起的参数漂移。投影法是一种在实际自适应控制器设计中广泛应用的修正方案。该方法需要用到系统参数的先验界。一旦先验界已知，就可以建立系统参数的一个凸集。只要自适应参数位于该凸集内，投影法就可以利用常规模型参考自适应控制的自适应律进行参数自适应。如果自适应参数到达凸集的边界，投影法通过改变自适应机制使得自适应参数回到该凸集内部。σ 修正和 e 修正是两种通过在自适应律中增加阻尼使得参数有界的修正方案。在本章中讨论了这两种方法的原理，并提供了李雅普诺夫稳定性的证明。最优控制修正和自适应回路重构这两种最新的修正方案也是通过在模型参考自适应控制的自适应律中添加阻尼来提高系统鲁棒性。最优控制修正是从最优控制理论发展而来的，其原理是实现有界跟踪而不是模型参考自适应控制的渐近跟踪。然后将有界跟踪转化为最小化跟踪误差的范数，最小值为未知的下界，进而可以实现有界跟踪与稳定鲁棒性之间的权衡。最优控制中阻尼项与持续激励条件有关。最优控制修正在快速自适应下具有线性渐近特性。对于线性不确定系统来说，最优控制修正使得闭环系统在极限时趋近于线性系统。这个特性使得我们可以利用现有的一些线性控制技术来设计和分析自适应控制系统。自适应回路重构是通过最小化闭环系统的非线性特性来保持线性参考模型的稳定裕度。这使得自适应律中阻尼项与输入函数导数的平方成正比。理论上，随着阻尼项的增大，闭环系统的非线性会减小，从而使得闭环系统能够跟踪具有所有要求稳定裕度特性的线性参考模型。由于能够在给定先验界的情况下实现快速自适应并保持系统鲁棒性，$\mathcal{L}_1$ 自适应控制在近年来受到广泛关注。$\mathcal{L}_1$ 自适应控制的核心思想是在采用快速自适应来改善瞬态响应或者跟踪性能的同时，利用低通滤波器来抑制高频响应从而提高鲁棒性。这使得当给定不确定性先验界时，$\mathcal{L}_1$ 自适应控制能够在实现快速自适应的同时达到预设的稳定裕度。本章给出了 $\mathcal{L}_1$ 自适应控制的基本工作原理。双目标最优控制修正是最优控制修正的拓展，用于改善具有输入不确定性的系统性能和鲁棒性。双目标最优控制修正的自适应机制依赖于两种误差：常规跟踪误差和预测误差。被控对象的预测模型是用来估计被控对象的开环响应。本章中定义预测误差为被控对象与预测模型之间的差值，将该误差添加到最优控制修正的自适应律中来估计输入不确定性，并提出了奇异摄动系统的模型参考自适应控制，以解决慢执行机构的动力学问题。在该方法中，利用奇异摄动方法对被控对象和执行机构中的慢动态和快动态进行解耦。利用奇异摄动系统的渐近外层解来设计模型参考自适应控制。这种修正方法通过缩放自适应律来实现跟踪，从而有效地修正自适应控制信号来解决慢执行机构的动力学问题。利用最优控制修正的线性渐近特性，提出一种适用于非严格正实系统和非最小相位线性不确定系统的自适应控制方法。其中，将非严格正实系统建模为具有二阶未建模执行机构动力学的一阶单输入单输出系统。该被控对象的相对阶为 3，而一阶参考模型是相对阶为 1 的严格正实系统。利用线性渐近特性，设计最优控制修正来保证渐近线性闭环系统的相位裕度。对于非最小相位系统，由于存在不稳定的零极点对消现象，模型参考自适应控制为实现理想的渐近跟踪特性会变得不稳定。最优控制修正可用于输出反馈自适应控制设计，以通过实现有界跟踪来防止不稳定的零极点对消。该输出反馈自适应控制虽然能够抑制系统的不稳定，但会产生较差的跟踪性能。可以采用基于龙伯格（Luenberger）观测器的状态反馈自适应控制来改善跟踪性能。如果要求非最小相位被控对象跟踪最小相位参考模型，标准模型参考自适应控制同样存在缺乏鲁棒性的问题。另一方面，无论参考模型是最小相位还是非最小相位，最优控制修正都能保证较好的跟踪性能。

本章涵盖了多种鲁棒自适应控制方法。学习目标是：

- 了解常用的修正方法，如死区法、投影法、σ 修正和 e 修正等，并知道如何应用这些方法来增强模型参考自适应控制的鲁棒性。
- 了解并能应用现代鲁棒自适应控制技术，如最优控制修正、双目标最优控制修正、自适应回路重构以及 $\mathcal{L}_1$ 自适应控制。
- 了解最优控制修正的线性渐近性质，并将其用于估计闭环自适应系统的时滞裕度。
- 理解并掌握如何应用归一化和协方差调节的时变自适应速率技术来提高鲁棒性。
- 了解慢执行机构动力学的鲁棒性问题，并能够将奇异摄动方法应用于具有慢执行机构动力学的系统。
- 通过应用最优控制修正的线性渐近特性，能够处理具有未建模动态的系统和相对阶为 1 的非最小相位被控对象。

9.1 死区法

当信号中存在噪声时，会产生参数漂移现象。如果信噪比很小，自适应控制会尝试减小噪声而不是跟踪误差。这会使得继续积分自适应参数，进而导致参数漂移。因此，当跟踪误差低于预设值时，可以利用死区法来停止参数自适应过程[5]。

将死区法应用于式（8.19）所描述的自适应律，得

$$\dot{\Theta} = \begin{cases} -\Gamma\Phi(x)e^{\top}PB, & \|e\| > e_0 \\ 0, & \|e\| \leqslant e_0 \end{cases} \tag{9.1}$$

式中 e_0 是待选择的自适应阈值。

如果 e_0 选择适当，那么死区法会改善模型参考自适应控制的鲁棒性，因为当自适应过程停止时，自适应参数会被"冻结"。可以通过李雅普诺夫稳定性分析得到自适应参数是有界的。

证明 当 $\|e\| > e_0$ 时，自适应过程处于激活状态。李雅普诺夫稳定性分析的一般结果已经在 8.1 节中给出，存在有界的跟踪误差。当 $\|e\| \leqslant e_0$ 时，关闭自适应过程以防止在 $e(t) \rightarrow 0$ 时可能出现的参数漂移现象。那么，选择如下李雅普诺夫候选函数

$$V(e) = e^{\top}Pe \tag{9.2}$$

跟踪误差动力学方程为

$$\dot{e} = A_m e + B\tilde{\Theta}^\top \Phi(x) - w \tag{9.3}$$

式中 w 是噪声干扰。

那么

$$\dot{V}(e) = -e^\top Qe + 2e^\top PB\tilde{\Theta}^\top \Phi(x) - 2e^\top Pw \tag{9.4}$$

如果 $\dot{V}(e) \leqslant 0$，则需要

$$2e^\top PB\tilde{\Theta}^\top \Phi(x) \leqslant e^\top Qe + 2e^\top Pw \tag{9.5}$$

或者

$$\|\tilde{\Theta}\| \leqslant \frac{\lambda_{\max}(Q)\|e\| + 2\lambda_{\max}(P)w_0}{2\|PB\|\,\|\Phi(x)\|} \leqslant \frac{\lambda_{\max}(Q)e_0 + 2\lambda_{\max}(P)w_0}{2\|PB\|\Phi_0} \tag{9.6}$$

212

$\|e\| \leqslant e_0$，这意味着 $\|\Phi(x)\| \leqslant \Phi_0$ 是有界的，因此 $\|\tilde{\Theta}\|$ 也是有界的。所以具有死区修正的自适应律是鲁棒的，并且可以防止参数漂移。　■

应用死区法的最大困难是选取合适的 e_0，通常通过试凑法得到。如果这个阈值太大，那么死区法会过早地终止自适应过程。但另一方面，如果这个阈值太小，那么自适应律的积分效应会导致出现参数漂移现象。

例 9.1　在例 8.1 中，当 $n = -\dfrac{5}{12}$ 时 $k_x(t)$ 无界。此时，采用死区法（$|x| > 0.2$）可以将 $k_x(t)$ 限制在 -54.2195。由于随着 $t \to \infty$，$w(t) \to 0$，所以在死区法的作用下 $x(t)$ 也会趋近于零。然而，$x(t)$ 趋近于零的速度要比模型参考自适应控制中的速度慢。采用死区法的闭环系统响应与模型参考自适应控制闭环系统的响应在图 9-1 中进行了对比。在控制输入处加入时间延迟，模型参考自适应控制可以接受的延迟上限为 $t_d = 0.0235\,\text{s}$，而死区法可以接受的延迟上限为 $t_d = 0.0285\,\text{s}$。这意味着死区法的鲁棒性比模型参考自适应控制的鲁棒性要高。

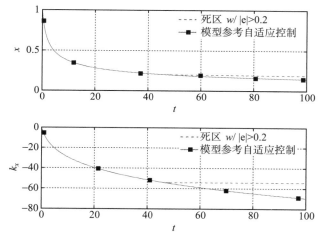

图 9-1　死区修正模型参考自适应控制

9.2　投影法

投影法是一种基于不确定性先验知识来限制自适应参数的方法。这看上去似乎前后矛

213 盾，因为通常无法知道不确定性的先验知识。然而，可以根据不确定性的一些假设进行自适应控制器的设计。只要不确定性不违反这些假设，投影法就能保证鲁棒性。

为说明投影法的概念，考虑一个凸优化问题：

$$\min J(\Theta) = f(\Theta) \tag{9.7}$$

式中 $\Theta \in \mathbb{R}^n$，$f(\Theta) \in \mathbb{R}$ 是一个凸函数，即对于 $\alpha \in [0, 1]$ 有

$$f(\alpha x + (1 - \alpha)y) \leqslant \alpha f(x) + (1 - \alpha)f(y) \tag{9.8}$$

服从等式约束

$$g(\Theta) = 0 \tag{9.9}$$

式中 $g(\Theta) \in \mathbb{R}$ 是一个凸函数。

上述是一个约束优化问题，可以利用拉格朗日乘子法来求解这个优化问题。引入拉格朗日乘子 $\lambda(t)$（或称为伴随变量），然后可得增广性能函数

$$J(\Theta) = f(\Theta) + \lambda g(\Theta) \tag{9.10}$$

第二项是增广项，它并不改变原有的性能函数，因为 $g(\Theta) = 0$。

性能函数取最优值的必要条件是

$$\nabla J_\Theta(\Theta) = \frac{\partial J}{\partial \Theta} = 0 \tag{9.11}$$

这意味着

$$\nabla f_\Theta(\Theta) + \lambda \nabla g_\Theta(\Theta) = 0 \tag{9.12}$$

式中 $\nabla f_\Theta(\Theta) \in \mathbb{R}^n$，$\nabla g_\Theta(\Theta) \in \mathbb{R}^n$。

将式（9.12）左乘 $\nabla^\top g_\Theta(\Theta)$ 得

$$\nabla^\top g_\Theta(\Theta) \nabla f_\Theta(\Theta) + \lambda \nabla^\top g_\Theta(\Theta) \nabla g_\Theta(\Theta) = 0 \tag{9.13}$$

利用伪逆，求得 $\lambda(t)$ 为

$$\lambda = -\frac{\nabla^\top g_\Theta(\Theta) \nabla f_\Theta(\Theta)}{\nabla^\top g_\Theta(\Theta) \nabla g_\Theta(\Theta)} \tag{9.14}$$

因此，伴随变量 $\lambda(t)$ 是向量 $\nabla J_\Theta(\Theta)$ 投影到 $\nabla g_\Theta(\Theta)$ 上的负值。

$\Theta(t)$ 的梯度更新律为

$$\dot{\Theta} = -\Gamma \nabla J_\Theta(\Theta) = -\Gamma \left[\nabla f_\Theta(\Theta) + \lambda \nabla g_\Theta(\Theta) \right] \tag{9.15}$$

214 将 $\lambda(t)$ 代入梯度更新律，得

$$\dot{\Theta} = -\Gamma \left[\nabla f_\Theta(\Theta) - \frac{\nabla g_\Theta(\Theta) \nabla^\top g_\Theta(\Theta) \nabla f_\Theta(\Theta)}{\nabla^\top g_\Theta(\Theta) \nabla g_\Theta(\Theta)} \right] \tag{9.16}$$

更新律也可以用投影算子表示为

$$\dot{\Theta} = \mathrm{Pro}\left(\Theta, -\Gamma \nabla J_{\Theta}(\Theta)\right) = -\Gamma \left[I - \frac{\nabla g_{\Theta}(\Theta) \nabla^{\top} g_{\Theta}(\Theta)}{\nabla^{\top} g_{\Theta}(\Theta) \nabla g_{\Theta}(\Theta)}\right] \nabla J_{\Theta}(\Theta) \tag{9.17}$$

因此，投影法将最优解限制在约束集 $g(\Theta) = 0$ 内的 $\Theta(t)$ 上。

例如，考虑如下约束：

$$g(\Theta) = (\Theta - \Theta^*)^{\top} (\Theta - \Theta^*) - R^2 = 0 \tag{9.18}$$

上式表示一个圆心位于 $\Theta(t) = \Theta^*$、半径为 R 的圆。

可以验证 $g(\Theta)$ 是一个凸函数，那么

$$\nabla g_{\Theta}(\Theta) = 2 (\Theta - \Theta^*) \tag{9.19}$$

具有上述约束的最小二乘梯度自适应律由下式给出：

$$\dot{\Theta} = -\Gamma \left[I - \frac{(\Theta - \Theta^*)(\Theta - \Theta^*)^{\top}}{R^2}\right] \Phi(x) \varepsilon^{\top} \tag{9.20}$$

自适应控制中更常见的情况是由如下凸集定义的不等式约束

$$\mathscr{S} = \{\Theta(t) \in \mathbb{R}^n : g(\Theta) \leqslant 0\} \tag{9.21}$$

因此，将最优解限制为紧集 $\mathscr{S}$ 内的 $\Theta(t)$ 值。如果 $\Theta(t)$ 的初始值位于 $\mathscr{S}$ 内，那么需要考虑如下两种情况：

1）如果当 $g(\Theta) < 0$ 时 $\Theta(t)$ 仍然在 $\mathscr{S}$ 内，那么该优化问题是无约束的，可以使用标准梯度更新律来求解。

2）如果当 $g(\Theta) = 0$ 时 $\Theta(t)$ 位于 $\mathscr{S}$ 的边界上，那么会出现两种不同的情况：第一，如果 $\Theta(t)$ 在朝向 $\mathscr{S}$ 内部的方向上更新，那么可以将标准梯度更新律应用到此无约束优化问题上。朝向 $\mathscr{S}$ 内部的方向使得梯度 ∇g_{Θ} 指向 $\mathscr{S}$，并且通常与 $-\nabla J_{\Theta}$ 的方向相反，这意味着 ∇g_{Θ} 与 $-\nabla J_{\Theta}$ 的点积为负，即 $-\nabla^{\top} J_{\Theta} \nabla g_{\Theta} \leqslant 0$；第二，如果 $\Theta(t)$ 在 $-\nabla^{\top} J_{\Theta} \nabla g_{\Theta} > 0$ 的方向上远离 $\mathscr{S}$，那么投影法能够使 $\Theta(t)$ 回到 $\mathscr{S}$ 边界的切平面上。然后，$\Theta(t)$ 将沿着 $\mathscr{S}$ 的边界进行更新。

215

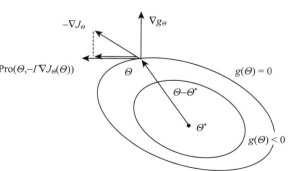

图 9-2　投影法

从图 9-2 中可以看出，当 $\Theta(t)$ 逐渐远离 $\mathscr{S}$ 时，满足如下关系：

$$(\Theta - \Theta^*)^\top \nabla g_\Theta(\Theta) > 0 \tag{9.22}$$

此时，投影法可以表述为[5]

$$\dot{\Theta} = \mathrm{Pro}\left(\Theta, -\Gamma \nabla J_\Theta(\Theta)\right)$$

$$= \begin{cases} -\Gamma \nabla J_\Theta(\Theta), & \text{如果}\, g(\Theta) < 0 \,\text{或者，如果}\, g(\Theta) = 0 \\ & \text{并且} - \nabla^\top J_\Theta \nabla g_\Theta(\Theta) \leqslant 0 \\ -\Gamma \left[I - \dfrac{\nabla g_\Theta(\Theta) \nabla^\top g_\Theta(\Theta)}{\nabla^\top g_\Theta(\Theta) \nabla g_\Theta(\Theta)} \right] \nabla J_\Theta(\Theta), & \text{如果}\, g(\Theta) \geqslant 0 \\ & \text{并且} - \nabla^\top J_\Theta \nabla g_\Theta(\Theta) > 0 \end{cases} \tag{9.23}$$

将上述投影法用于模型参考自适应控制，自适应律为

$$\dot{\Theta} = \mathrm{Pro}\left(\Theta, -\Gamma \Phi(x) e^\top PB\right)$$

$$= \begin{cases} -\Gamma \Phi(x) e^\top PB, & \text{如果}\, g(\Theta) < 0 \,\text{或者，如果}\, g(\Theta) = 0 \\ & \text{并且} - \left[\Phi(x) e^\top PB\right]^\top \nabla g_\Theta(\Theta) \leqslant 0 \\ -\Gamma \left[I - \dfrac{\nabla g_\Theta(\Theta) \nabla^\top g_\Theta(\Theta)}{\nabla^\top g_\Theta(\Theta) \nabla g_\Theta(\Theta)} \right] \Phi(x) e^\top PB, & \text{如果}\, g(\Theta) \geqslant 0 \\ & \text{并且} - \left[\Phi(x) e^\top PB\right]^\top \nabla g_\Theta(\Theta) > 0 \end{cases} \tag{9.24}$$

通过如下李雅普诺夫稳定性分析可以证明投影法能够实现一致最终有界。

证明   当 $g(\Theta) < 0$ 时，或者当 $g(\Theta) = 0$ 且 $\Theta(t)$ 朝向 $\mathscr{S}$ 内部更新时，可以通过 8.1 节中的李雅普诺夫分析得到一致最终有界的结果。当 $g(\Theta) \geqslant 0$ 且 $\Theta(t)$ 远离 $\mathscr{S}$ 时，则可以使用投影法。

选择李雅普诺夫候选函数

$$V(e, \tilde{\Theta}) = e^\top Pe + \tilde{\Theta}^\top \Gamma^{-1} \tilde{\Theta} \tag{9.25}$$

那么

$$\dot{V}(e, \tilde{\Theta}) = -e^\top Qe - 2e^\top Pw + 2\tilde{\Theta}^\top \frac{\nabla g_\Theta(\Theta) \nabla^\top g_\Theta(\Theta)}{\nabla^\top g_\Theta(\Theta) \nabla g_\Theta(\Theta)} \Phi(x) e^\top PB \tag{9.26}$$

$-\left[\Phi(x) e^\top PB\right]^\top \nabla g_\Theta(\Theta) > 0$ 定义了 $\Theta(t)$ 远离 $\mathscr{S}$ 的方向。然后，令 $\nabla^\top g_\Theta(\Theta) \Phi(x) e^\top PB = -c_0 < 0$，其中 $c_0 > 0$。根据式（9.22）可得

$$\dot{V}(e, \tilde{\Theta}) \leqslant -\lambda_{\min}(Q)\|e\|^2 + 2\lambda_{\max}(P)\|e\|w_0 - \frac{2c_0 \tilde{\Theta}^\top \nabla g_\Theta(\Theta)}{\nabla^\top g_\Theta(\Theta) \nabla g_\Theta(\Theta)} \tag{9.27}$$

设 $g(\Theta)$ 的定义如式（9.18），那么

$$2\tilde{\Theta}^\top \nabla g_\Theta(\Theta) = 4\tilde{\Theta}^\top \tilde{\Theta} = 4R^2 = \nabla^\top g_\Theta(\Theta) \nabla g_\Theta(\Theta) \tag{9.28}$$

所以

$$\begin{aligned} \dot{V}(e, \tilde{\Theta}) &\leqslant -\lambda_{\min}(Q)\|e\|^2 + 2\lambda_{\max}(P)\|e\|w_0 - 2c_0 \\ &\leqslant -\lambda_{\min}(Q)\|e\|^2 + 2\lambda_{\max}(P)\|e\|w_0 \end{aligned} \tag{9.29}$$

因此，如果

$$\|e\| \geqslant \frac{2\lambda_{\max}(P)w_0}{\lambda_{\min}(Q)} = p \qquad (9.30)$$

那么 $\dot{V}(e, \tilde{\Theta}) \leqslant 0$。

由于 $g(\Theta) \geqslant 0$，那么 $\|\tilde{\Theta}\|$ 的下界为 $\|\tilde{\Theta}\| \geqslant R$。我们的目的是让 $\tilde{\Theta}$ 的轨迹回到集合 $\mathscr{S}$ 内。因此，$\dot{V}(e, \tilde{\Theta}) \geqslant 0$ 位于紧集

$$\mathscr{S} = \left\{ \left(\|e\|, \|\tilde{\Theta}\| \right) : \|e\| \leqslant p \text{ 且 } \|\tilde{\Theta}\| \leqslant R \right\} \qquad (9.31)$$

的内部，但是为了保证 $e(t)$ 和 $\tilde{\Theta}(t)$ 是一致最终有界的，$\dot{V}(e, \tilde{\Theta}) \leqslant 0$ 要位于集合 $\mathscr{S}$ 的外部。

通过下式可以得到参数的最终界：

$$\lambda_{\min}(P)\|e\|^2 \leqslant \lambda_{\min}(P)\|e\|^2 + \lambda_{\min}\left(\Gamma^{-1}\right)\|\tilde{\Theta}\|^2$$
$$\leqslant V(e, \tilde{\Theta}) \leqslant \lambda_{\max}(P)p^2 + \lambda_{\max}\left(\Gamma^{-1}\right)R^2 \qquad (9.32)$$

$$\lambda_{\min}\left(\Gamma^{-1}\right)\|\tilde{\Theta}\|^2 \leqslant \lambda_{\min}(P)\|e\|^2 + \lambda_{\min}\left(\Gamma^{-1}\right)\|\tilde{\Theta}\|^2 \leqslant V(e, \tilde{\Theta})$$
$$\leqslant \lambda_{\max}(P)p^2 + \lambda_{\max}\left(\Gamma^{-1}\right)R^2 \qquad (9.33)$$

因此

$$p \leqslant \|e\| \leqslant \sqrt{\frac{\lambda_{\max}(P)p^2 + \lambda_{\max}\left(\Gamma^{-1}\right)R^2}{\lambda_{\min}(P)}} = \rho \qquad (9.34)$$

$$R \leqslant \|\tilde{\Theta}\| \leqslant \sqrt{\frac{\lambda_{\max}(P)p^2 + \lambda_{\max}\left(\Gamma^{-1}\right)R^2}{\lambda_{\min}\left(\Gamma^{-1}\right)}} = \beta \qquad (9.35)$$

由此可得，投影法通过将自适应参数约束在一个凸集内来改善模型参考自适应控制的鲁棒性。但是，自适应参数的有界性使得跟踪误差的最终界变大。设计投影法的最大挑战是找到一个标量函数 $g(\Theta)$ 来约束自适应参数。例如，式（9.18）中的凸函数 $g(\Theta)$ 也可以表示为

$$g(\Theta) = \sum_{i=1}^{n} \left(\theta_i - \theta_i^*\right)^2 - R^2 \leqslant 0 \qquad (9.36)$$

那么

$$\theta_{i_{\min}} = \theta_i^* - R \leqslant \theta_i \leqslant \theta_i^* + R = \theta_{i_{\max}} \qquad (9.37)$$

问题是 θ_i 的范围（等于 $\theta_{i_{\max}} - \theta_{i_{\min}}$）仅仅是由单一参数 R 决定的，但实际上每个 θ_i 具有不同的范围。例如，如果自适应参数的先验边界为

$$\theta_{i_{\min}} = \theta_i^* - r_i \leqslant \theta_i \leqslant \theta_i^* + r_i = \theta_{i_{\max}} \qquad (9.38)$$

那么，R 可以由下式确定：

$$R = \min_{i=1}^{n}\left(r_i\right) \qquad (9.39)$$

这会形成一个过约束的凸集，即其中的一个或者多个自适应参数是过度约束的。因此，标量凸函数无法灵活地处理多个自适应参数。在这种情况下，可以使用向量凸函数。

定义向量凸函数为

$$g(\Theta) = [g_i(\theta_i)] = \begin{bmatrix} (\theta_1 - \theta_1^*)^2 - r_1^2 \\ \vdots \\ (\theta_m - \theta_m^*)^2 - r_m^2 \end{bmatrix} \tag{9.40}$$

式中 $m \leqslant n$。

此时，增广性能函数可以表示为

$$J(\Theta) = f(\Theta) + g^\top(\Theta)\lambda = f(\Theta) + \sum_{i=1}^{m} \lambda_i g_i(\theta_i) \tag{9.41}$$

式中 $\lambda \in \mathbb{R}^m$。

那么

$$\nabla f_\Theta(\Theta) + \nabla^\top g(\Theta)\lambda = 0 \tag{9.42}$$

利用伪逆可以求得 $\lambda(t)$：

$$\lambda(t) = -\left[\nabla g_\Theta(\Theta)\nabla^\top g_\Theta(\Theta)\right]^{-1} \nabla g(\Theta)\nabla f_\Theta(\Theta) \tag{9.43}$$

如果 $g_i(\theta_i) \geqslant 0$ 并且 $-[\nabla^\top J_\Theta(\Theta)\nabla^\top g_\Theta(\Theta)]_i > 0$，其中 $i = 1, \cdots, m$，那么投影算子可以表示为

$$\begin{aligned}
\dot{\Theta} &= \mathrm{Pro}\,(\Theta, -\Gamma\nabla J_\Theta(\Theta)) \\
&= -\Gamma\left\{ I - \nabla^\top g(\Theta)\left[\nabla g_\Theta(\Theta)\nabla^\top g_\Theta(\Theta)\right]^{-1}\nabla g(\Theta)\right\}\nabla J_\Theta(\Theta)
\end{aligned} \tag{9.44}$$

对于 $m = n$ 的特殊情况，有

$$\lambda = -\nabla^{-\top} g(\Theta)\nabla f_\Theta(\Theta) \tag{9.45}$$

如果 $g_i(\theta_i) \geqslant 0$ 并且 $-[\nabla^\top J_\Theta(\Theta)\nabla^\top g_\Theta(\Theta)]_i > 0$，其中 $i = 1, \cdots, m$，那么投影算子等于零，即

$$\dot{\Theta} = \mathrm{Pro}\,(\Theta, -\Gamma\nabla J_\Theta(\Theta)) = -\Gamma\left\{ I - \nabla^\top g(\Theta)\nabla^{-\top} g(\Theta)\right\}\nabla J_\Theta(\Theta) = 0 \tag{9.46}$$

因此，可以将应用于模型参考自适应控制的投影法更直观地表示为

$$\dot{\theta}_i = \begin{cases} -[\Gamma\Phi(x)e^\top PB]_i, & \text{如果}\,(\theta_i - \theta_i^*)^2 < r_i^2\,\text{或者}\,(\theta_i - \theta_i^*)^2 = r_i^2, \\ & \text{且}\,-[\Phi(x)e^\top PB]_i^\top(\theta_i - \theta_i^*) \leqslant 0 \\ 0, & \text{其他} \end{cases} \tag{9.47}$$

当 $\Theta(t)$ 是元素为 $\theta_{ij}(t)$ 的矩阵时，上述方法同样适用。

使用投影法的一大难点是如何提前确定 θ_i^* 和 r_i^*。由于 θ_i^* 是未知的理想参数，因此投影法具有与死区法相同的缺点，即都需要知道不确定性的先验信息。这给出了一个重要的结论，即如果不确定性是完全未知的，那么任何自适应控制器都无法保证系统的鲁棒性。因此，当对自适应参数的边界有一定了解时，投影法可以对模型参考自适应控制进行有效的鲁棒性修正。

例 9.2 在例 8.4 中，系统能够接受的最大负反馈增益为 $k_{x_{\min}} = -3.8069$。如果已知该受限反馈增益的先验知识，那么可以利用投影法在自适应过程中对参数 $k_x(t)$ 进行限制。给定参数的限制为

$$\left| k_x - k_x^* \right| \leqslant r$$

式中 $k_x^* = 0$，$r = 3$。

当自适应速率 $\gamma_x = 7.6$ 时，在例 8.4 中会出现系统的不稳定，但在该算例中，系统是稳定的，并且随着 $k_x(t) \to -3$，自适应过程关闭，如图 9-3 所示。

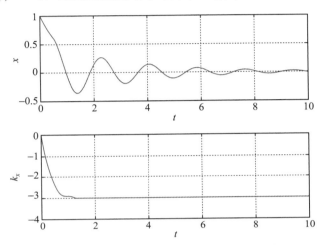

图 9-3　具有投影法的模型参考自适应控制

9.3　σ 修正

Rohrs 在对存在未建模动态的自适应控制鲁棒性的研究中，揭示了存在于模型参考自适应控制中的多种不稳定机理[1]。此后，研究人员开始对标准模型参考自适应控制进行修正来提高系统的鲁棒性。在 20 世纪 80 年代，研究人员提出了多种修正方案，其中 σ 修正可能是一种最简单的提高鲁棒性的方法。σ 修正法由 Ioannu 和 Kokotovic 共同提出[2]。由于其结构简单，已在自适应控制中得到广泛应用。

考虑一个具有参数匹配不确定性和未知有界干扰的多输入多输出系统

$$\dot{x} = Ax + B\left[u + \Theta^{*\top} \Phi(x) \right] + w \tag{9.48}$$

式中 $x \in \mathbb{R}^n$ 是状态向量，$u \in \mathbb{R}^m$ 是控制向量，$A \in \mathbb{R}^n \times \mathbb{R}^n$ 和 $B \in \mathbb{R}^n \times \mathbb{R}^m$ 均为已知矩阵，且 (A, B) 能控，$\Theta^* \in \mathbb{R}^p \times \mathbb{R}^m$ 是未知参数，$\Phi(x) \in \mathbb{R}^p$ 是已知有界函数，$w \in \mathbb{R}^n$ 是未知有界干扰。

给定参考模型为

$$\dot{x}_m = A_m x_m + B_m r \tag{9.49}$$

式中 $A_m \in \mathbb{R}^n \times \mathbb{R}^n$ 已知且为赫尔维茨矩阵，$B_m \in \mathbb{R}^n \times \mathbb{R}^r$ 已知，$r(t) \in \mathbb{R}^r$ 是有界参考指令信号。

假设 K_x 和 K_r 可以由模型匹配条件得到：

$$A + BK_x = A_m \tag{9.50}$$

$$BK_r = B_m \tag{9.51}$$

那么，设计自适应控制器为

$$u = K_x x + K_r r - \Theta^\top \Phi(x) \tag{9.52}$$

对估计 $\Theta(t)$ 的自适应律进行 σ 修正后，得

$$\dot{\Theta} = -\Gamma \left[\Phi(x) e^\top P B + \sigma \Theta \right] \tag{9.53}$$

式中 σ 是修正参数。

修正项在自适应律中引入了一个恒定的阻尼，从而使得自适应律能够限制自适应参数的边界。σ 修正十分有效且易于实现，这种特性使得 σ 修正经常用来提高自适应控制的鲁棒性。由于修正后的自适应律限制了自适应参数的边界，因此 σ 修正无法实现标准模型参考自适应控制的理想渐近跟踪特性。

可以通过李雅普诺夫直接法证明 σ 修正是稳定的，证明如下：

证明   选择李雅普诺夫候选函数

$$V(e, \tilde{\Theta}) = e^\top P e + \text{trace}\left(\tilde{\Theta}^\top \Gamma^{-1} \tilde{\Theta}\right) \tag{9.54}$$

跟踪误差动力学方程可以表示为

$$\dot{e} = A_m e + B\tilde{\Theta}^\top \Phi(x) - w \tag{9.55}$$

计算 $\dot{V}\left(e, \tilde{\Theta}\right)$ 得

$$\dot{V}(e, \tilde{\Theta}) = -e^\top Q e + 2e^\top P B\tilde{\Theta}^\top \Phi(x) - 2e^\top P w + \text{trace}\left(-2\tilde{\Theta}^\top \left[\Phi(x) e^\top P B + \sigma \Theta\right]\right) \tag{9.56}$$

进一步简化可得

$$\begin{aligned}
\dot{V}(e, \tilde{\Theta}) &= -e^\top Q e - 2e^\top P w - 2\sigma \, \text{trace}\left(\tilde{\Theta}^\top \Theta\right) \\
&= -e^\top Q e - 2e^\top P w - 2\sigma \, \text{trace}\left(\tilde{\Theta}^\top \tilde{\Theta} + \tilde{\Theta}^\top \Theta^*\right)
\end{aligned} \tag{9.57}$$

因此，可得 $\dot{V}\left(e, \tilde{\Theta}\right)$ 的边界为

$$\dot{V}(e, \tilde{\Theta}) \leqslant -\lambda_{\min}(Q)\|e\|^2 + 2\|e\|\lambda_{\max}(P)w_0 - 2\sigma \left\|\tilde{\Theta}\right\|^2 + 2\sigma \left\|\tilde{\Theta}\right\| \Theta_0 \tag{9.58}$$

式中 $w_0 = \max \|w\|_\infty$，$\Theta_0 = \|\Theta^*\|$。

为表明系统的解是有界的，需要证明在紧集内 $\dot{V}\left(e, \tilde{\Theta}\right) > 0$，而在紧集外 $\dot{V}\left(e, \tilde{\Theta}\right) \leqslant 0$。为此，补全上式的平方项

$$\dot{V}(e, \tilde{\Theta}) \leqslant -\lambda_{\min}(Q)\left[\|e\| - \frac{\lambda_{\max}(P)w_0}{\lambda_{\min}(Q)}\right]^2 + \frac{\lambda_{\max}^2(P)w_0^2}{\lambda_{\min}(Q)} - 2\sigma\left(\left\|\tilde{\Theta}\right\| - \frac{\Theta_0}{2}\right)^2 + \frac{\sigma\Theta_0^2}{2} \tag{9.59}$$

那么，如果

$$\|e\| \geqslant \frac{\lambda_{\max}(P)w_0}{\lambda_{\min}(Q)} + \sqrt{\frac{\lambda_{\max}^2(P)w_0^2}{\lambda_{\min}^2(Q)} + \frac{\sigma\Theta_0^2}{2\lambda_{\min}(Q)}} = p \tag{9.60}$$

或者

$$\left\|\tilde{\Theta}\right\| \geqslant \frac{\Theta_0}{2} + \sqrt{\frac{\lambda_{\max}^2(P)w_0^2}{2\sigma\lambda_{\min}(Q)} + \frac{\Theta_0^2}{4}} = \alpha \tag{9.61}$$

则 $\dot{V}\left(e, \tilde{\Theta}\right) \leqslant 0$。

定义紧集 $\mathscr{S}$ 为

$$\begin{aligned} \mathscr{S} = \Bigg\{ &\left(\|e\|, \|\tilde{\Theta}\|\right) : \lambda_{\min}(Q)\left[\|e\| - \frac{\lambda_{\max}(P)w_0}{\lambda_{\min}(Q)}\right]^2 + 2\sigma\left(\|\tilde{\Theta}\|^2 - \frac{\Theta_0}{2}\right)^2 \\ &\leqslant \frac{\lambda_{\max}^2(P)w_0^2}{\lambda_{\min}(Q)} + \frac{\sigma\Theta_0^2}{2} \Bigg\} \end{aligned} \tag{9.62}$$

在此之外，有 $\dot{V}\left(e, \tilde{\Theta}\right) \leqslant 0$。

因此，系统的解是一致最终有界的，且最终界为

$$p \leqslant \|e\| \leqslant \sqrt{\frac{\lambda_{\max}(P)p^2 + \lambda_{\max}\left(\Gamma^{-1}\right)\alpha^2}{\lambda_{\min}(P)}} = \rho \tag{9.63}$$

$$\alpha \leqslant \left\|\tilde{\Theta}\right\| \leqslant \sqrt{\frac{\lambda_{\max}(P)p^2 + \lambda_{\max}\left(\Gamma^{-1}\right)\alpha^2}{\lambda_{\min}\left(\Gamma^{-1}\right)}} = \beta \tag{9.64}$$

■

可以看到，σ 修正项的存在使得跟踪误差的最终界变大，这是在跟踪性能和鲁棒性之间权衡后的结果。另一个有趣的现象是，当 $\sigma = 0$ 时，可以得到标准的模型参考自适应控制，如果 w_0 不为 0，则 $\|\tilde{\Theta}\|$ 不再有界。这与标准模型参考自适应控制中的参数漂移现象一致。

如果自适应控制器是一个调节器，并且不考虑外界干扰，那么闭环系统是自治的，可以表示为

$$\dot{x} = A_m x - B\left(\Theta - \Theta^*\right)\Phi(x) \tag{9.65}$$

$$\dot{\Theta} = -\Gamma\left[-\Phi(x)x^\top PB + \sigma\Theta\right] \tag{9.66}$$

设 $\Gamma \to \infty$，那么系统的平衡点为

$$\bar{x} = A_m^{-1}B\left[\frac{1}{\sigma}\Phi(\bar{x})\bar{x}^\top PB - \Theta^*\right]\Phi(\bar{x}) \tag{9.67}$$

$$\bar{\Theta} = \frac{1}{\sigma}\Phi(\bar{x})\bar{x}^\top PB \tag{9.68}$$

因此，平衡自适应参数 $\bar{\Theta}$ 与修正系数 σ 成反比。平衡状态 $\bar{x}$ 也与 σ 成反比。随着修正系数 σ 增大，跟踪误差也增大。虽然 σ 修正使得跟踪性能下降，但是提高了存在未建模动态时的鲁棒性。因为自适应参数是有界的，所以解决了参数漂移问题。

例 9.3 考虑存在参数漂移问题的例 8.1，设

$$x = (1 + t)^n$$

给定 σ 修正后的自适应律为

$$\dot{k}_x = -\gamma_x\left(x^2 b + \sigma k_x\right)$$

也可以表示为

$$\frac{\mathrm{d}}{\mathrm{d}t}\left(\mathrm{e}^{\gamma_x \sigma t} k_x\right) = -\mathrm{e}^{\gamma_x \sigma t} \gamma_x x^2 b$$

上式的解为

$$\mathrm{e}^{\gamma_x \sigma t} k_x - k_x(0) = -\gamma_x b \left[\frac{\mathrm{e}^{\gamma_x \sigma t}(1+t)^{2n} - 1}{\gamma_x \sigma} - \frac{2n\mathrm{e}^{\gamma_x \sigma t}(1+t)^{2n-1} - 2n}{\gamma_x^2 \sigma^2} \right.$$
$$\left. + \frac{2n(2n-1)\mathrm{e}^{\gamma_x \sigma t}(1+t)^{2n-2} - 2n(2n-1)}{\gamma_x^3 \sigma^3} - \cdots \right]$$

因此可得

$$k_x = \mathrm{e}^{-\gamma_x \sigma t} \left[k_x(0) - \gamma_x b \left(-\frac{1}{\gamma_x \sigma} + \frac{2n}{\gamma_x^2 \sigma^2} - \frac{2n(2n-1)}{\gamma_x^3 \sigma^3} + \cdots \right) \right]$$
$$- \gamma_x b \left[\frac{(1+t)^{2n}}{\gamma_x \sigma} - \frac{2n(1+t)^{2n-1}}{\gamma_x^2 \sigma^2} + \frac{2n(2n-1)(1+t)^{2n-2}}{\gamma_x^3 \sigma^3} - \cdots \right]$$

224

当 $n < 0$ 时，不仅 $x(t)$ 有界，$k_x(t)$ 也是有界的。因此，σ 修正消除了参数漂移问题。

图 9-4 所示为闭环系统在相同外界干扰以及 $n = -\dfrac{5}{12}$，$x(0) = 1$，$k_x(0) = 0$，$\gamma_x = 10$ 和 $\sigma = 0.1$ 时的系统响应。在标准模型参考自适应控制中，$k_x(t)$ 不是有界的，但是经过 σ 修正后，$k_x(t)$ 变得有界。∎

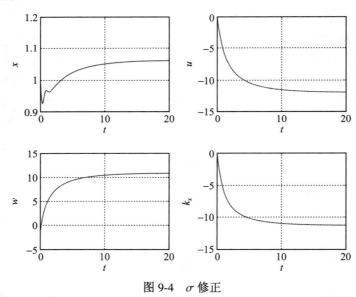

图 9-4 σ 修正

考虑一个多输入多输出系统

$$\dot{x} = Ax + Bu \tag{9.69}$$

式中 A 未知。

为上述被控对象设计如下自适应控制器：

$$u = K_x(t)x + K_r r \tag{9.70}$$

来跟踪式（9.49）中的参考模型。

自适应参数 $K_x(t)$ 的 σ 修正自适应律为

$$\dot{K}_x^\top = \Gamma_x \left(x e^\top P B - \sigma K_x^\top \right) \tag{9.71}$$

对闭环系统进行微分得

$$\ddot{x} = A\dot{x} + B\dot{K}_x x + B K_x \dot{x} + B K_r \dot{r} \tag{9.72}$$

因此

$$\ddot{x} - (A + B K_x) \dot{x} - B \left(B^\top P e x^\top + \sigma K_x \right) \Gamma_x x = B K_r \dot{r} \tag{9.73}$$

由于是比例控制，故等号左边第二项为阻尼项，等号左边第三项是一个非线性积分控制。当不进行 σ 修正时，闭环控制系统的鲁棒性随着自适应速率 Γ_x 的增加而降低。当 $\Gamma_x \to \infty$ 时，闭环控制系统的时滞裕度趋近于零。当考虑 σ 修正时，随着 $\Gamma_x \to \infty$，积分控制趋近于零，因此可以改善自适应控制器的鲁棒性。 |225|

考虑 8.5 节中的单输入单输出控制系统，自适应参数 $k_x(t)$ 的 σ 修正自适应律为

$$\dot{k}_x = \gamma_x (x e b - \sigma k_x) \tag{9.74}$$

那么闭环系统动力学模型可以表示为

$$\ddot{x} - (a + b k_x) \dot{x} - b\gamma_x (x e b - \sigma k_x) x = b k_r \dot{r} \tag{9.75}$$

等号左边第三项是非线性积分控制

$$k_i(x) = \gamma_x (x e b - \sigma k_x) = \dot{k}_x \tag{9.76}$$

因此，σ 修正改变了自适应控制器中的理想积分控制。

设 $\gamma_x \to \infty$ 并且 $r(t)$ 是常值参考指令信号，那么 $k_x(t)$ 趋近于其平衡点

$$\bar{k}_x \to \frac{\overline{x e} b}{\sigma} \tag{9.77}$$

这有效地将积分增益 k_i 减小到零。那么，闭环系统趋近于

$$\dot{x} = \left(a + \frac{\overline{x e} b^2}{\sigma} \right) x + b k_r r \tag{9.78}$$

此时，穿越频率和时滞裕度分别为

$$\omega = \sqrt{\frac{\overline{x^2 e^2} b^4}{\sigma^2} - a^2} \tag{9.79}$$

$$t_d = \frac{1}{\omega} \arccos\left(-\frac{\sigma a}{\overline{x e} b^2} \right) \tag{9.80}$$

可以看出，随着 $\gamma_x \to \infty$，闭环系统的时滞裕度仍为有限值。而对于标准模型参考自适应控制来说，当 $\gamma_x \to \infty$ 时，时滞裕度趋近于零。实际上，将模型参考自适应控制的 σ 值设为零，有 $\omega \to \infty$ 和 $t_d \to 0$。由于时滞裕度是鲁棒性的一个衡量指标，所以 σ 修正比标准模型参考自适应控制的鲁棒性更高。

设 $k_x(t)$ 自适应律中的 $\gamma_x \to \infty$，可以得出平衡状态 $\bar{x}$ 满足如下方程：

$$\bar{x}^2 - \bar{x}_m \bar{x} + \frac{\sigma \bar{k}_x}{b} = 0 \tag{9.81}$$

求解可以得到

$$\bar{x} = \frac{\bar{x}_m}{2} \left(1 + \sqrt{1 - \frac{4\sigma \bar{k}_x}{b\bar{x}_m^2}} \right) \tag{9.82}$$

因此可以看出 σ 修正导致 $x(t)$ 不再跟随 $x_m(t)$。所以，模型参考自适应控制的理想渐近跟踪性质不再存在，这也是提高鲁棒性付出的代价。

由如下状态方程可以得到 $k_x(t)$ 的平衡值

$$\dot{x} = (a + bk_x) x + bk_r r \tag{9.83}$$

式中 r 是常值参考指令信号。

因此可得

$$\bar{k}_x = -\frac{k_r r}{\bar{x}} - \frac{a}{b} \tag{9.84}$$

由于参考模型为

$$\dot{x}_m = a_m x_m + b_m r \tag{9.85}$$

因此根据模型匹配条件有 $a + bk_x^* = a_m$ 和 $bk_r = b_m$。那么，平衡参考状态与常值参考指令信号之间满足

$$r = -\frac{a_m \bar{x}_m}{b_m} \tag{9.86}$$

将上式代入 $k_x(t)$ 的平衡值中可得

$$\bar{k}_x = \frac{a_m \bar{x}_m}{b\bar{x}} - \frac{a}{b} \tag{9.87}$$

如果 $\bar{x} \to \bar{x}_m$，那么 $\bar{k}_x \to k_x^*$。当考虑 σ 修正时，自适应参数并不会趋近于其理想值，因为跟踪不是渐近的。

利用 $k_x(t)$ 的平衡值，根据下式可以将平衡状态表示为平衡参考状态 $\bar{x}_m$ 函数的形式：

$$b^2 \bar{x}^3 - b^2 \bar{x}_m \bar{x}^2 - \sigma a \bar{x} + \sigma a_m \bar{x}_m = 0 \tag{9.88}$$

由于 σ 修正的跟踪不是渐近的，并且自适应参数不会收敛到其真实值，Ioannu 提出了一种切换 σ 修正法[3]：当自适应参数大于设定阈值时打开 σ 修正；当自适应参数小于设定阈值时关闭 σ 修正。当 σ 修正处于关闭状态时，自适应律会尝试实现理想的渐近跟踪。在实际应用中，切换 σ 修正可能会引起瞬态和高频振荡。

切换 σ 修正可以表示为

$$\sigma = \begin{cases} \sigma_0, & \|\Theta\| \geqslant \Theta_0 \\ 0, & \|\Theta\| < \Theta_0 \end{cases} \tag{9.89}$$

与死区法一样，通常没有系统的设计方法来指导自适应参数阈值的选取，但是可以通过反复试验来选取合适的阈值。

例 9.4   考虑例 8.7，除了设 $\sigma = 0.1$ 以外，其他参数保持一致。不考虑时滞以及考虑 0.0020s 时滞的闭环系统响应如图 9-5 所示。注意，这两个响应十分相似，而标准模型参考自适应控制在时滞达到 0.0020s 时闭环系统是不稳定的。所有的高频振荡都没有出现。

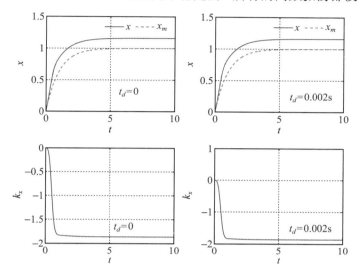

图 9-5 考虑时滞和不考虑时滞的 σ 修正响应

计算得到理想的反馈增益为 $k_x^* = -2$。根据下式

$$\bar{x}^3 - \bar{x}^2 - 0.1\bar{x} - 0.1 = 0$$

计算得到平衡状态为 $\bar{x} = 1.1604$。

自适应参数 $k_x(t)$ 的平衡值为 -1.8617。数值仿真的结果与解析解的结果相同。根据数值仿真可以得到系统能够容忍的时间延迟为 0.145s。

9.4 e 修正

e 修正是另外一种流行的自适应律鲁棒修正法。该方法由 Narendra 和 Annaswammy 提出，旨在克服 σ 修正的缺陷[4]，因为 e 修正可以在某些条件下实现渐近跟踪，同时提高鲁棒性。

228

e 修正的自适应律为

$$\dot{\Theta} = -\Gamma \left[\Phi(x)e^{\top}PB + \mu \left\| e^{\top}PB \right\| \Theta \right] \tag{9.90}$$

其中 $\mu > 0$ 是修正系数。

e 修正的目标是以正比于跟踪误差范数的速度减小阻尼项。由于跟踪误差在模型参考自适应控制的理想情况下趋近于零，因此阻尼项也减小到零，从而恢复模型参考自适应控制的理想渐近跟踪特性。然而，稳定性分析表明 e 修正只能实现有界的跟踪，并不是在所有情况下都能实现模型参考自适应控制的理想特性。因此，在提高鲁棒性的同时不能实现渐近跟踪特性，这也是普遍存在于所有控制器设计中的性能和鲁棒性权衡问题。

稳定性分析如下：

证明   选择常见的李雅普诺夫候选函数

$$V(e, \tilde{\Theta}) = e^\top P e + \text{trace}\left(\tilde{\Theta}^\top \Gamma^{-1} \tilde{\Theta}\right) \tag{9.91}$$

计算 $\dot{V}\left(e, \tilde{\Theta}\right)$ 得

$$\dot{V}(e, \tilde{\Theta}) = -e^\top Q e + 2e^\top P B \tilde{\Theta}^\top \Phi(x) - 2e^\top P w \\ + \text{trace}\left(-2\tilde{\Theta}^\top \left[\Phi(x)e^\top P B + \mu \left\|e^\top P B\right\| \Theta\right]\right) \tag{9.92}$$

上式可以简化为

$$\dot{V}(e, \tilde{\Theta}) = -e^\top Q e - 2e^\top P w - 2\mu \left\|e^\top P B\right\| \text{trace}\left(\tilde{\Theta}^\top \tilde{\Theta} + \tilde{\Theta}^\top \Theta^*\right) \tag{9.93}$$

$\dot{V}\left(e, \tilde{\Theta}\right)$ 的界为

$$\dot{V}(e, \tilde{\Theta}) \leqslant -\lambda_{\min}(Q)\|e\|^2 + 2\|e\|\lambda_{\max}(P)w_0 - 2\mu\|e\| \|PB\| \left\|\tilde{\Theta}\right\|^2 \\ + 2\mu\|e\| \|PB\| \left\|\tilde{\Theta}\right\| \Theta_0 \tag{9.94}$$

式中 $w_0 = \max \|w\|_\infty$，$\Theta_0 = \|\Theta^*\|$。

为找到 $\|e\|$ 的最大下界，需要使 $\dot{V}\left(e, \tilde{\Theta}\right)$ 的界最大。取 $\dot{V}\left(e, \tilde{\Theta}\right)$ 对 $\|\tilde{\Theta}\|$ 的偏微分并使其等于零：

229

$$-4\mu\|e\| \|PB\| \left\|\tilde{\Theta}\right\| + 2\mu\|e\| \|PB\| \Theta_0 = 0 \tag{9.95}$$

为使 $\dot{V}\left(e, \tilde{\Theta}\right)$ 最大，得到 $\|\tilde{\Theta}\|$ 的解为

$$\left\|\tilde{\Theta}\right\| = \frac{\Theta_0}{2} \tag{9.96}$$

那么

$$\dot{V}(e, \tilde{\Theta}) \leqslant -\lambda_{\min}(Q)\|e\|^2 + 2\|e\|\lambda_{\max}(P)w_0 + \frac{\mu\|e\| \|PB\|\Theta_0^2}{2} \tag{9.97}$$

如果

$$\|e\| \geqslant \frac{4\lambda_{\max}(P)w_0 + \mu\|PB\|\Theta_0^2}{2\lambda_{\min}(Q)} = p \tag{9.98}$$

则 $\dot{V}\left(e, \tilde{\Theta}\right) \leqslant 0$。

同时，$\dot{V}\left(e, \tilde{\Theta}\right)$ 的界为

$$\dot{V}(e, \tilde{\Theta}) \leqslant 2\|e\|\lambda_{\max}(P)w_0 - 2\mu\|e\| \|PB\| \left\|\tilde{\Theta}\right\|^2 + 2\mu\|e\| \|PB\| \left\|\tilde{\Theta}\right\| \Theta_0 \tag{9.99}$$

那么，如果

$$\left\|\tilde{\Theta}\right\| \geqslant \frac{\Theta_0}{2} + \sqrt{\frac{\Theta_0^2}{4} + \frac{\lambda_{\max}(P)w_0}{\mu\|PB\|}} = \alpha \tag{9.100}$$

则 $\dot{V}\left(e, \tilde{\Theta}\right) \leqslant 0$。

因此，在紧集 $\mathscr{S}$

$$\mathscr{S} = \left\{\left(\|e\|, \|\tilde{\Theta}\|\right) : \|e\| \leqslant p \text{ 且 } \|\tilde{\Theta}\| \leqslant \alpha\right\} \tag{9.101}$$

之外有 $\dot{V}(e,\tilde{\Theta}) \leqslant 0$。

因此，$\|e\|$ 和 $\|\tilde{\Theta}\|$ 都是一致最终有界的，其最终界分别由式（9.63）和式（9.64）确定，即 e 修正是有界跟踪。可以看出，通常不能同时满足跟踪性能和鲁棒性的双重要求。

例 9.5 考虑例 8.1 中的参数漂移问题，图 9-6 中给出了本例中的闭环控制系统在相同外界干扰作用下的响应曲线，其中参数 $p = -\dfrac{5}{12}$，$x(0) = 1$，$k_x(0) = 0$，$\gamma_x = 10$，$\mu = 0.1$。e 修正作用下的闭环系统所有信号都有界。

■ 230

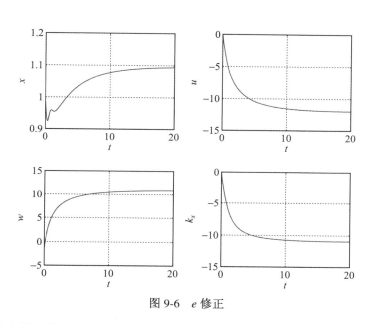

图 9-6 e 修正

考虑 8.5 节中的单输入单输出控制系统，参数 $k_x(t)$ 的 e 修正自适应律为

$$\dot{k}_x = \gamma_x \left(xeb - \mu|eb|k_x \right) \tag{9.102}$$

闭环系统动力学模型可以表示为

$$\ddot{x} - (a + bk_x)\dot{x} - b\gamma_x \left(xeb - \mu|eb|k_x \right) x = bk_r \dot{r} \tag{9.103}$$

具有非线性积分增益的非线性积分控制为

$$k_i(x) = \gamma_x \left(xeb - \mu|eb|k_x \right) = \dot{k}_x \tag{9.104}$$

当 $\gamma_x \to \infty$ 时，系统的平衡状态为

$$b\bar{x}^2 - b\bar{x}\,\bar{x}_m + \mu|\bar{e}b|\bar{k}_x = 0 \tag{9.105}$$

式中 $\bar{x}_m$ 是常值参考指令信号 $r(t)$ 作用下的平衡参考状态。

那么

$$\bar{x}^2 - \left(\bar{x}_m \pm \mu\bar{k}_x \right)\bar{x} \pm \mu\bar{k}_x\bar{x}_m = 0 \tag{9.106}$$

从而可得

$$\bar{x} = \frac{\bar{x}_m \pm \mu\bar{k}_x}{2} \left[1 + \sqrt{1 \mp \frac{4\mu\bar{k}_x\bar{x}_m}{\left(\bar{x}_m \pm \mu\bar{k}_x \right)^2}} \right] \tag{9.107}$$

式中当 $eb > 0$ 时，取上面的运算符；当 $eb < 0$ 时，取下面的运算符。

利用 $k_x(t)$ 的平衡值，根据下式可以将平衡状态表示为平衡参考状态 $\bar{x}_m$ 函数的形式

$$b\bar{x}^3 + (-b\bar{x}_m \pm \mu a)\bar{x}^2 \mp \mu(a + a_m)\bar{x}_m\bar{x} \pm \mu a_m\bar{x}_m^2 = 0 \tag{9.108}$$

从上式中可以得出一个有趣的结论。虽然上式有多个解，但是只有一个解是有效解。一个可能的解是 $\bar{x} = \bar{x}_m$，它对应于系统的渐近跟踪特性。另一解可能是方程的其他根，具体取决于平衡点的特性。将闭环系统线性化可得

$$\dot{\tilde{x}} = \left(a + b\bar{k}_x\right)\tilde{x} + b\bar{x}\tilde{k} \tag{9.109}$$

$$\dot{\tilde{k}}_x = \gamma_x b\left(\bar{x}_m - 2\bar{x} \pm \mu\bar{k}_x\right)\tilde{x} \mp \gamma_x b\mu\left(\bar{x}_m - \bar{x}\right)\tilde{k}_x \tag{9.110}$$

其雅可比矩阵为

$$J\left(\bar{x}, \bar{k}_x\right) = \begin{bmatrix} a + b\bar{k}_x & b\bar{x} \\ \gamma_x b\left(\bar{x}_m - 2\bar{x} \pm \mu\bar{k}_x\right) & \mp\gamma_x b\mu\left(\bar{x}_m - \bar{x}\right) \end{bmatrix} \tag{9.111}$$

通过计算雅可比矩阵的特征根，可以验证系统的解会收敛到稳定平衡点。

例 9.6 考虑例 8.7，其中 $a = 1$，$b = 1$，$a_m = -1$。图 9-7 所示为常值参考指令信号 $r(t) = 1$ 作用下的闭环系统响应图，其中 $\mu = 0.2$ 和 0.8。

当 $\mu = 0.2$ 时，系统的解 $x(t)$ 会趋近于参考平衡状态 $\bar{x}_m = 1$，$k_x(t)$ 会趋近于平衡值 $k_x^* = -2$。设 $eb < 0$，则关于 $\bar{x}$ 的多项式

$$\bar{x}^3 - 1.2\bar{x}^2 + 0.2 = 0$$

的根为 1、0.5583 和 −0.3583。对应各根的雅可比矩阵特征值分别为 $(-0.5000 \pm 17.3133i)$、$(-4.3332, 46.7162)$ 和 $(4.6460, 133.9710)$。因此，平衡状态为 $\bar{x} = 1$，因为它是唯一的稳定平衡点。所以，跟踪是渐近的，如图 9-7 所示。

当 $\mu = 0.8$ 时，$x(t) \to \bar{x} = 1.3798$，$k_x(t) \to \bar{k} = -1.7247$。设 $eb < 0$，则当 $\mu = 0.8$ 时，关于 $\bar{x}$ 的多项式

$$\bar{x}^3 - 1.8\bar{x}^2 + 0.8 = 0$$

的根为 1.3798、1 和 −0.5798。对应各根的雅可比矩阵特征值分别为 $(-2.4781, -150.1650)$、$(-0.5000 \pm 17.3133i)$ 和 $(2.4523, 631.1908)$。第一个平衡点是稳定节点，第二个平衡点是稳定焦点。稳定节点的吸引力更强，因为相对于第二个稳定焦点，系统所有轨迹会以更快的收敛速度和指数形式收敛到第一个稳定节点。因此，平衡状态为 $\bar{x} = 1.3798$。如图 9-7 所示，跟踪不再是渐近的。计算得到 $k_x(t)$ 的平衡值为 −1.7247，与仿真结果一致。

然后，考虑时变参考指令信号 $r(t) = \sin(2t) - \cos(4t)$。闭环系统在 $\mu = 0.2$ 和 $\mu = 0.8$ 时的响应如图 9-8 所示。从图中可以看出，跟踪误差不再是渐近收敛的。由于闭环系统是非自治的，所以系统并没有真正的平衡点。随着 μ 的增加，跟踪性能会相应地下降，但系统鲁棒性会提高。对于较小的 μ，系统似乎实现了渐近跟踪。

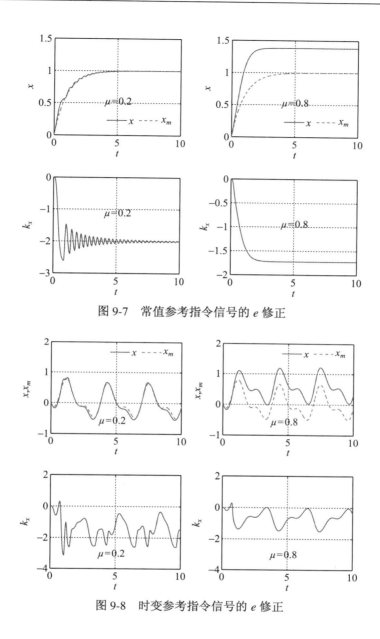

图 9-7 常值参考指令信号的 e 修正

图 9-8 时变参考指令信号的 e 修正

233

9.5 最优控制修正

鲁棒自适应控制是以牺牲模型参考自适应控制的理想跟踪特性来提高系统鲁棒性的。几乎所有的自适应控制鲁棒修正都是有界跟踪。自适应控制的最优控制修正是一种利用最优控制来解决自适应控制问题的鲁棒修正方法。更具体地说，最优控制修正是一种最小化跟踪误差范数的最优控制策略，通过不允许跟踪误差渐近地趋近于原点来提高系统的鲁棒性。该方法由 Nguyen 于 2008 年提出 [9,11]，并已经通过了各种严格的验证测试，包括飞行员在环模拟实验 [12-13] 以及在 NASA F/A-18A 飞机上的飞行试验等 [14-17]。

最优控制修正是根据最优控制理论推导得到的，称之为自适应最优控制方法。最优控制

修正的自适应律为

$$\dot{\Theta} = -\Gamma\Phi(x)\left[e^{\top}P - v\Phi^{\top}(x)\Theta B^{\top}PA_m^{-1}\right]B \tag{9.112}$$

式中 $v > 0$ 是修正系数。

在介绍该方法之前，先回顾最优控制理论的一些基本理论知识。

9.5.1 最优控制

在最优控制中，通常要寻找一个极值函数最大化或最小化积分项[19]：

$$J = \int_{t_0}^{t_f} L(x, u)\mathrm{d}t \tag{9.113}$$

式中 $x \in \mathbb{R}^n$ 是状态向量，$u \in \mathbb{R}^p$ 是控制向量。

这是一个求函数极限值或者优化的过程。优化就是找到一个能够最大化或最小化积分 J 的函数，通常称积分 J 为性能函数或者简单积分函数，称被积函数 $L()$ 为目标函数。状态向量 $x(t)$ 和控制向量 $u(t)$ 由如下动态过程描述：

$$\dot{x} = f(x, u) \tag{9.114}$$

优化的解必须满足状态方程（9.114）。因此，状态方程构成了优化的一个动态约束。所以，这里的优化指的是约束优化。标准的最优控制问题通常定义为：

在满足约束式（9.114）的前提下，寻找最优控制 $u^*(t)$ 以最小化如下性能函数：

$$\min J = \int_{t_0}^{t_f} L(x, u)\mathrm{d}t \tag{9.115}$$

根据微积分性质，可以利用拉格朗日乘子法来最小化一个带有约束的函数。通过拉格朗日乘子增广后的性能函数为

$$J = \int_{t_0}^{t_f}\left\{L(x, u) + \underbrace{\lambda^{\top}[f(x, u) - \dot{x}]}_{0}\right\}\mathrm{d}t \tag{9.116}$$

式中 $\lambda \in \mathbb{R}^n$ 是拉格朗日乘子，通常也称其为伴随向量或者协状态向量。

值得注意的是，增广项的值为零，所以性能函数并没有改变。定义如下哈密顿（Hamiltonian）函数：

$$H(x, u) = L(x, u) + \lambda^{\top}f(x, u) \tag{9.117}$$

最优控制中常用的数学工具是变分法。性能函数受状态向量中的变分 δx 和控制向量中的变分 δu 的扰动。这些变分导致了性能函数的变分

$$J + \delta J = \int_{t_0}^{t_f}\left[H(x + \delta x, u + \delta u) - \lambda^{\top}(\dot{x} + \delta\dot{x})\right]\mathrm{d}t \tag{9.118}$$

将式（9.118）展开为

$$J + \delta J = \int_{t_0}^{t_f}\left[H(x, u) + \frac{\partial H}{\partial x}\delta x + \frac{\partial H}{\partial u}\delta u - \lambda^{\top}\dot{x} - \lambda^{\top}\delta\dot{x}\right]\mathrm{d}t \tag{9.119}$$

考虑 $\lambda^\top \delta \dot{x}$，进行分部积分得

$$\int_{t_0}^{t_f} \lambda^\top \delta \dot{x} \mathrm{d}t = \lambda^\top \left(t_f\right) \delta x \left(t_f\right) - \lambda^\top \left(t_0\right) \delta x \left(t_0\right) - \int_{t_0}^{t_f} \dot{\lambda}^\top \delta x \mathrm{d}t \tag{9.120}$$

那么

$$\begin{aligned} J + \delta J &= \underbrace{\int_{t_0}^{t_f} \left[H(x, u) - \lambda^\top \dot{x} \right] \mathrm{d}t}_{J} \\ &+ \int_{t_0}^{t_f} \left[\frac{\partial H}{\partial x} \delta x + \frac{\partial H}{\partial u} \delta u + \dot{\lambda}^\top \delta x \right] \mathrm{d}t - \lambda^\top \left(t_f\right) \delta x \left(t_f\right) + \lambda^\top \left(t_0\right) \delta x \left(t_0\right) \end{aligned} \tag{9.121}$$

235

然后，性能函数的变分可以表示为

$$\delta J = \int_{t_0}^{t_f} \left[\left(\frac{\partial H}{\partial x} \delta x + \dot{\lambda}^\top \right) \delta x + \frac{\partial H}{\partial u} \delta u \right] \mathrm{d}t - \lambda^\top \left(t_f\right) \delta x \left(t_f\right) + \lambda^\top \left(t_0\right) \delta x \left(t_0\right) \tag{9.122}$$

当性能函数的变分为零，即 $\delta J = 0$ 时，性能函数 J 取最小值。此时，可以得到伴随方程为

$$\dot{\lambda} = -\frac{\partial H}{\partial x}^\top = -\nabla H_x^\top \tag{9.123}$$

取最优值的必要条件为

$$\frac{\partial H^\top}{\partial u} = \nabla H_u^\top = 0 \tag{9.124}$$

由于初始条件是给定的 $x(t_0) = x_0$，所以在 $t = t_0$ 时 $x(t)$ 没有变分，即 $\delta x(t_0) = 0$。在终止时间 $t = t_f$ 处，通常 $x(t_f)$ 是未知的，所以 $\delta x(t_f) \neq 0$。因此，最优解要满足横截条件

$$\lambda\left(t_f\right) = 0 \tag{9.125}$$

上式为伴随方程的终止时间条件。

可以将优化问题描述为两点边值问题：

$$\begin{cases} \dot{x} = f\left(x, u^*\right), & x\left(t_0\right) = x_0 \\ \dot{\lambda} = -\nabla H_x^\top \left(x, u^*, \lambda\right), & \lambda\left(t_f\right) = 0 \end{cases} \tag{9.126}$$

其中的最优控制 $u^*(t)$ 是在 $u(t)$ 没有约束的条件下根据最优条件（9.124）得到的，或者是根据著名的庞特里亚金极小值原理求得：

$$u^*(t) = \arg \min_{u \in \mathscr{U}} H(x, u) \tag{9.127}$$

上式能够求得位于容许集 $\mathscr{U}$ 内部使得函数 $H(x, u)$ 取最小值的最优控制 $u^*(t)$。

庞特里亚金极小值原理能够处理如 $u_{\min} \leqslant u(t) \leqslant u_{\max}$ 之类的控制约束。所以，在求解最优控制问题时，如果控制向量 $u(t)$ 是受约束的，那么需要评估哈密顿函数在 $u(t)$ 边界上的值。

例 9.7 考虑一个普通的函数最小化问题，其中 $H(u) = -u^2 + u$ 并且 $-1 \leqslant u \leqslant 1$。那么

$$\nabla H_u = -2u + 1 = 0 \Rightarrow u = \frac{1}{2}$$

如果 u 不受限，那么最优解为 $u^* = \frac{1}{2}$。然而，在本例中 u 的取值范围为 $-1 \sim 1$。所以，我们需要计算 $H(u)$ 在 $u = \frac{1}{2}$ 以及边界 $u = \pm 1$ 处的值。计算得到 $H\left(\frac{1}{2}\right) = \frac{1}{4}$，$H(-1) = -2$，$H(1) = 0$。所以，使 $H(u)$ 取最小值的 u 的最优解为

$$u^* = \arg \min_{u \in \left(-1, \frac{1}{3}, 1\right)} H(u) = -1$$

∎

之所以称其为两点边值问题，是因为其中一个边界条件是在初始时间 $t = t_0$ 处，另一个边界条件在终止时间 $t = t_f$ 处。求解方法一般比较复杂，通常利用打靶法之类的数值解法进行求解。对于一般的最优化问题，当每次迭代都能得到系统精确解时，梯度法是一种常用的方法。随着迭代的进行，控制变量 $u^*(t)$ 逐渐地趋近最优解。通常需要给定一个控制向量的初始猜测值来启动求解算法。然后，根据给定的初始条件利用前向时间积分对系统方程进行积分，从而计算得到状态向量。一旦求解出状态向量，就可以利用终止时间的横截条件通过后向时间积分求解伴随方程。最后就可以更新控制向量进行下一次迭代。对整个求解过程进行迭代直到控制向量收敛。梯度优化的示意图如图 9-9 所示。梯度法由下式给出：

$$u_{i+1} = u_i - \varepsilon \nabla H_u^{\top} \tag{9.128}$$

式中 $\varepsilon = \varepsilon^{\top} > 0$ 是正定的控制向量梯度权重矩阵，i 表示迭代次数。

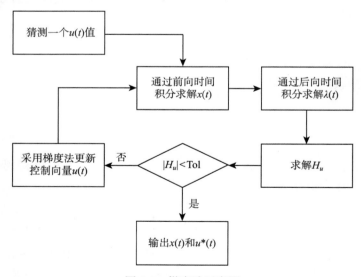

图 9-9　梯度法示意图

上述更新方法也称为最速下降法。图 9-10 给出了碗形哈密顿函数 H 和定义哈密顿函数局部斜率幅值及方向的梯度 ∇H_u 示意图。利用关于梯度 ∇H_u 的某些函数来扰动控制向量，使得控制向量向碗底移动。为快速收敛到使性能函数取最小值的控制向量，需要选择合适的

更新步长。如果 ε 太小，则收敛可能需要大量的迭代。而如果 ε 太大，则控制向量可能根本不会收敛。因此，梯度方法的有效性取决于合适的权重矩阵 ε。如果权重矩阵 ε 选为哈密顿函数的海森矩阵 $\nabla^2 H_u$ 的逆矩阵，那么梯度法就称为二阶梯度法或者 Newton-Raphson 法。

$$u_{i+1} = u_i - \left(\nabla^2 H_u\right)^{-1} \nabla H_u^\top \tag{9.129}$$

最速下降法的连续时间形式是梯度搜索法

$$\dot{u} = -\Gamma \nabla H_u^\top \tag{9.130}$$

式中 $\Gamma = \Gamma^\top > 0$ 是自适应速率矩阵。

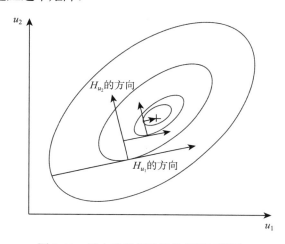

图 9-10　最小哈密顿函数的最速下降法

现在，考虑多输入多输出系统的线性二次型调节器（LQR）最优控制问题：

$$\dot{x} = A_p x + B_p u \tag{9.131}$$

$$y = Cx \tag{9.132}$$

式中 $x \in \mathbb{R}^n$，$u \in \mathbb{R}^p$，$y \in \mathbb{R}^m$，并且 $m \leqslant p \leqslant n$。

此处的目标是设计一个最优控制器，使状态向量 $y(t)$ 能够跟踪指令 $r(t)$。为了设计一个阶跃信号的跟踪控制器（其中 $r(t)$ 是一个常值信号），首先引入积分误差状态

$$e = \int_0^t (y - r)\mathrm{d}\tau \tag{9.133}$$

那么

$$\dot{e} = y - r = Cx - r \tag{9.134}$$

如果该控制器是一个稳定控制器，那么随着 $t \to \infty$，则 $e(t) \to 0$，因此 $y(t) \to r(t)$。

将积分误差状态增广到被控对象模型中：

$$\underbrace{\begin{bmatrix} \dot{e} \\ \dot{x} \end{bmatrix}}_{\dot{z}} = \underbrace{\begin{bmatrix} 0 & C \\ 0 & A_p \end{bmatrix}}_{A} \underbrace{\begin{bmatrix} e \\ x \end{bmatrix}}_{z} + \underbrace{\begin{bmatrix} 0 \\ B_p \end{bmatrix}}_{B} u - \underbrace{\begin{bmatrix} I \\ 0 \end{bmatrix}}_{D} r \tag{9.135}$$

238

设 $z(t) = [e^\top(t)x^\top(t)]^\top$，那么增广被控对象可以表示为

$$\dot{z} = Az + Bu - Dr \tag{9.136}$$

设计一个最优控制器使得如下线性二次型性能函数最小：

$$J = \lim_{t \to \infty} \frac{1}{2} \int_0^{t_f} \left(z^\top Qz + u^\top Ru\right)\mathrm{d}t \tag{9.137}$$

应用最优控制设计方法，取哈密顿函数为

$$H(z, u) = \frac{1}{2}z^\top Qz + \frac{1}{2}u^\top Ru + \lambda^\top(Az + Bu - Dr) \tag{9.138}$$

伴随方程和最优化必要条件为

$$\dot{\lambda} = -\nabla H_z^\top = -Qz - A^\top \lambda \tag{9.139}$$

考虑横截条件 $\lambda(t_f) = 0$ 和

$$\nabla H_u^\top = Ru + B^\top \lambda = 0 \Rightarrow u^* = -R^{-1}B^\top \lambda \tag{9.140}$$

最优控制问题可以通过前推回代法解决[18]，其中假设伴随方程的解具有如下形式：

$$\lambda = Wz + Vr \tag{9.141}$$

那么，将假设的 $\lambda(t)$ 解和最优控制 $u^*(t)$ 代入到伴随方程中，得到

$$\dot{W}z + W\underbrace{\left[Az - BR^{-1}B^\top(Wz + Vr) - Dr\right]}_{\dot{z}} + \dot{V}r = -Qz - A^\top(Wz + Vr) \tag{9.142}$$

将 $z(t)$ 和 $r(t)$ 各项分离，得到如下方程：

$$\dot{W} + WA + A^\top W - WBR^{-1}B^\top W + Q = 0 \tag{9.143}$$

$$\dot{V} + A^\top V - WBR^{-1}B^\top V - WD = 0 \tag{9.144}$$

满足横截条件 $W(t_f) = V(t_f) = 0$。

式（9.143）是最优控制中著名的微分黎卡提方程。当 $t_f \to \infty$ 时，称该问题为无限时间控制问题。式（9.143）和式（9.144）具有如下形式的代数解：

$$WA + A^\top W - WBR^{-1}B^\top W + Q = 0 \tag{9.145}$$

$$V = \left(A^\top - WBR^{-1}B^\top\right)^{-1}WD \tag{9.146}$$

进而可以得到最优控制律为

$$u = K_z z + K_r r \tag{9.147}$$

式中最优控制增益 K_x 和 K_r 为

$$K_z = -R^{-1}B^\top W \tag{9.148}$$

$$K_r = -R^{-1}B^\top \left(A^\top - WBR^{-1}B^\top\right)^{-1} WD \tag{9.149}$$

闭环系统变为

$$\dot{z} = A_m z + B_m r \tag{9.150}$$

式中

$$A_m = A - BR^{-1}B^\top W \tag{9.151}$$

$$B_m = -BR^{-1}B^\top \left(A^\top - WBR^{-1}B^\top\right)^{-1} WD - D \tag{9.152}$$

9.5.2　最优控制修正法的推导

给定 9.3 节中的多输入多输出系统，最优控制修正的目的是使得跟踪误差边界与原点之间的 $\mathscr{L}_2$ 范数最小，写成性能函数的形式为[9]

240

$$J = \lim_{t_f \to \infty} \frac{1}{2} \int_0^{t_f} (e - \Delta)^\top Q(e - \Delta)\mathrm{d}t \tag{9.153}$$

式中 Δ 表示跟踪误差未知下界，由如下误差动力学方程决定：

$$\dot{e} = A_m e + B\tilde{\Theta}^\top \Phi(x) - w \tag{9.154}$$

性能函数 J 是凸的，表示从轨迹 $e(t)$ 上一点到由 $B_\Delta = \{e(t) \in \mathbb{R}^n : \|e\| \leqslant \|\Delta\|\} \subset \mathscr{D} \subset \mathbb{R}^n$ 确定的超球面距离的加权范数平方，如图 9-11 所示。性能函数旨在通过牺牲模型参考自适应控制的渐近跟踪特性，即当 $t \to \infty$ 时，$e(t) \to 0$，实现有界跟踪，即跟踪误差最终会趋于距离原点的下界 $\Delta(t)$ 来保证系统的鲁棒性。因为不要求渐近跟踪，所以自适应过程可以更加鲁棒，也就是可以通过最优控制修正自适应律来权衡鲁棒性与跟踪性能。

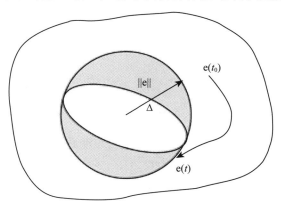

图 9-11　跟踪误差界

根据最优控制框架，定义哈密顿函数

$$H(e, \tilde{\Theta}) = \frac{1}{2}(e - \Delta)^\top Q(e - \Delta) + \lambda^\top \left[A_m e + B\tilde{\Theta}^\top \Phi(x) - w\right] \tag{9.155}$$

式中 $\lambda \in \mathbb{R}^n$ 是伴随向量。

然后，确定伴随方程为

$$\dot{\lambda} = -\nabla H_e^\top = -Q(e - \Delta) - A_m^\top \lambda \tag{9.156}$$

由于 $e(0)$ 已知，所以满足横截条件 $\lambda\left(t_f \to \infty\right)$。

将 $\tilde{\Theta}(t)$ 视作控制变量，则最优化的必要条件为

$$\nabla H_{\tilde{\Theta}}^\top = \Phi(x)\lambda^\top B \tag{9.157}$$

241

根据梯度更新律将最优控制修正自适应律表示为

$$\dot{\tilde{\Theta}} = -\Gamma \nabla H_{\tilde{\Theta}}^\top = -\Gamma \Phi(x)\lambda^\top B \tag{9.158}$$

可以得出，上述自适应律依赖于伴随向量，而伴随向量又由伴随方程决定。为消去上式中的 λ，假设如下伴随方程并利用前推回代法进行求解：

$$\lambda = Pe + S\Theta^\top \Phi(x) \tag{9.159}$$

将 $\lambda(t)$ 代入伴随方程得

$$\dot{P}e + P\left[A_m e + B\left(\Theta - \Theta^*\right)^\top \Phi(x) - w\right] + \dot{S}\Theta^\top \Phi(x) + S\frac{\mathrm{d}\left[\Theta^\top \Phi(x)\right]}{\mathrm{d}t} \\ = -Q(e - \Delta) - A_m^\top\left[Pe + S\Theta^\top \Phi(x)\right] \tag{9.160}$$

分离包含 $e(t)$ 和 $\Theta^\top(t)\Phi(x)$ 的项，余下各项可以写成

$$\dot{P} + PA_m + A_m^\top P + Q = 0 \tag{9.161}$$

$$\dot{S} + A_m^\top S + PB = 0 \tag{9.162}$$

$$Q\Delta + PB\Theta^{*\top}\Phi(x) + Pw - S\frac{\mathrm{d}\left[\Theta^\top \Phi(x)\right]}{\mathrm{d}t} = 0 \tag{9.163}$$

满足横截条件 $P\left(t_f \to \infty\right) = 0$，$S\left(t_f \to \infty\right) = 0$。

式（9.161）是微分李雅普诺夫方程。式（9.163）表明跟踪误差的未知下界 $\Delta(t)$ 是关于参数不确定性 Θ^* 和未知干扰 $w(t)$ 的函数。因此，只要不确定性和干扰存在，下界就是有限值，这就使得跟踪误差是围绕原点有界的，而不是像模型参考自适应控制那样，跟踪误差渐近趋近于原点。由此可以实现提高鲁棒性的需求。

对于 $t \to \infty$ 时的无限时间最优控制问题，式（9.161）和式（9.162）的解均趋近于在 $t = 0$ 时的常值解，可以表示为

$$PA_m + A_m^\top P + Q = 0 \tag{9.164}$$

$$A_m^\top S + PB = 0 \tag{9.165}$$

式（9.164）是自适应控制中的李雅普诺夫方程（见 4.2.7 节），这里的权重矩阵 Q 与最小化跟踪误差的性能函数有关。式（9.165）的解为

$$S = -A_m^{-\top} PB \tag{9.166}$$

242

伴随方程的解为

$$\lambda = Pe - A_m^{-\top} PB\Theta^\top \Phi(x) \tag{9.167}$$

将伴随方程的解代入式（9.158）中的梯度更新律，可得理想的最优控制修正自适应律为

$$\dot{\Theta} = -\Gamma\Phi(x)\left[e^\top P - \Phi^\top(x)\Theta B^\top PA_m^{-1}\right]B \tag{9.168}$$

该自适应律中的第一项与模型参考自适应律类似。第二项是最优控制修正的阻尼项。因此，该分析能够表明自适应控制与最优控制之间的联系。

对任何一个设计来说，根据期望的跟踪性能和鲁棒性进行控制器的调整是非常重要的。因此，通过在最优性和其他设计指标之间进行权衡得到的次优解，也许能够提供更灵活且实用的控制器设计方法。所以，为使最优控制修正自适应律更加灵活，引入修正系数 $v > 0$ 作为调整最优修正项的增益。修正系数 v 在最优控制修正自适应律中具有重要的作用。如果在控制器设计中需要更强的跟踪性能而不是鲁棒性，那么选择较小的 v 值。当取极限值 $v = 0$ 时，就变成了标准的模型参考自适应控制，同时可以实现渐近误差跟踪，但是鲁棒性会相应降低。另一方面，如果在设计控制器时优先考虑鲁棒性，那么需要选择较大的 v 值。

因此，S 的解修正为

$$S = -vA_m^{-\top} PB \tag{9.169}$$

此时得到最终形式的最优控制修正自适应律为

$$\dot{\Theta} = -\Gamma\Phi(x)\left[e^\top P - v\Phi^\top(x)\Theta B^\top PA_m^{-1}\right]B \tag{9.170}$$

当 $t_f \to \infty$ 时，$\Delta(t)$ 的界可以通过估计得到

$$\|\Delta\| \leqslant \frac{1}{\lambda_{\min}(Q)}\left\{\|PB\|\left\|\Theta^{*\top}\Phi(x)\right\| + \lambda_{\max}(P)w_0 + v\left\|A_m^{-\top}PB\right\|\left\|\frac{\mathrm{d}\left[\Theta^\top\Phi(x)\right]}{\mathrm{d}t}\right\|\right\} \tag{9.171}$$

由于最优控制修正是在模型参考自适应控制中加入了阻尼项，所以修正项相对于 Θ 必须是负定的。检查修正项 $\Gamma v\Phi(x)\Phi^\top(x)\Theta B^\top PA_m^{-1}B$ 可以发现，乘积 $\Phi(x)\Phi^\top(x)$ 是半定的空矩阵，且 $\Gamma v > 0$。因此，$B^\top PA_m^{-1}B$ 需要为负定的。

任意的实数方阵 C 可以分解为对称矩阵 M 和反对称矩阵 N 的形式，即

243

$$C = M + N \tag{9.172}$$

式中

$$M = M^\top = \frac{1}{2}\left(C + C^\top\right) \tag{9.173}$$

$$N = -N^\top = \frac{1}{2}\left(C - C^\top\right) \tag{9.174}$$

对于任意给定的 $x(t) \in \mathbb{R}^n$，考虑二次型标量函数 $x^\top C x$，有

$$x^\top C x = x^\top M x + x^\top N x \tag{9.175}$$

对于反对称矩阵 N，有 $x^\top N x = 0$。因此

$$x^\top C x = x^\top M x \tag{9.176}$$

上式可以用来判断一个矩阵的符号。如果对称矩阵 M 是正定（或者负定）的，那么 C 也是正定（或者负定）的。利用这个性质，可得矩阵 PA_m^{-1} 的对称部分是负定的，因为

$$M = \frac{1}{2}\left(PA_m^{-1} + A_m^{-\top}P\right) = -\frac{1}{2}A_m^{-\top}QA_m^{-1} < 0 \tag{9.177}$$

因此，$x^\top B^\top P A_m^{-1} B x = -\frac{1}{2}x^\top B^\top A_m^{-\top} Q A_m^{-1} B x < 0$。所以，最优控制修正相对于 $\Theta(t)$ 是负定的。

考虑 8.1 节中的单输入单输出系统，最优控制修正自适应律为

$$\dot{k}_x = -\gamma_x\left(x^2 b - v x^2 a_m^{-1} b^2 k_x\right) \tag{9.178}$$

由于 $a_m < 0$，所以相对于 $k_x(t)$ 的修正项是负定的。可以计算得到反馈增益 $k_x(t)$ 为

$$\frac{\dot{k}_x}{1 - v a_m^{-1} b k_x} = -\gamma x^2 b \tag{9.179}$$

标准的模型参考自适应控制为

$$\dot{k}_x^* = -\gamma x^2 b \tag{9.180}$$

式中 k_x^* 表示由模型参考自适应控制计算得到的理想反馈增益。

因此

$$\frac{\dot{k}_x}{1 - v a_m^{-1} b k_x} = \dot{k}_x^* \tag{9.181}$$

可以很容易地对上式求解，得到

$$-\frac{1}{v a_m^{-1} b} \ln \frac{1 - v a_m^{-1} b k_x}{1 - v a_m^{-1} b k_x(0)} = k_x^* - k_x^*(0) \tag{9.182}$$

这使得

$$k_x = \frac{1}{v a_m^{-1} b} - \frac{1 - v a_m^{-1} b k_x(0)}{v a_m^{-1} b} \exp\left\{-v a_m^{-1} b\left[k_x^* - k_x(0)\right]\right\} \tag{9.183}$$

在参数漂移的情况下，标准自适应控制 $b > 0$ 时，$k_x^*(t) \to -\infty$，因此 $-v a_m^{-1} b k_x^*(t) \to -\infty$。这意味着 $k_x(t)$ 在最优控制修正下是有界的。

最优控制修正表现出一些便于分析的良好特性。由于 $k_x(t)$ 是有界的，通过设 $\gamma_x \to \infty$ 可以得到解析形式的 $k_x(t)$ 的平衡点

$$\bar{k}_x = \frac{1}{va_m^{-1}b} \tag{9.184}$$

$k_x(t)$ 的平衡点也可以通过使 $k_x(t)$ 中的 $k_x^*(t) \to -\infty$ 求得，计算结果与上式相同。

可以得出，$k_x(t)$ 的平衡点与最优控制修正系数 v 成反比。

因此，$k_x(t)$ 可以表示为

$$k_x = \bar{k}_x - \bar{k}_x \left[1 - \frac{k_x(0)}{\bar{k}_x} \right] \exp \left[-\frac{k_x^* - k_x(0)}{\bar{k}_x} \right] \tag{9.185}$$

当 $k_x(t) \to \bar{k}_x$ 时，闭环系统为

$$\dot{x} = \left(a + \frac{a_m}{v} \right) x + w \tag{9.186}$$

如果

$$a + \frac{a_m}{v} < 0 \Rightarrow v < -\frac{a_m}{a} \tag{9.187}$$

那么闭环系统是稳定的。

存在下述两种情况

$$\begin{cases} v < -\frac{a_m}{a}, & a > 0 \\ v > 0, & a < 0 \end{cases} \tag{9.188}$$

第一种情况为开环系统稳定，即 $a < 0$，则最优控制修正系数 v 可以取任意正值。也就是说，如果开环系统是稳定的，那么最优控制修正对于所有的 $v > 0$ 都是稳定的。

第二种情况为开环系统不稳定，即 $a > 0$，则如式（9.188）所示，修正系数 v 存在上限。这意味着修正系数 v 要基于 a 的先验知识进行选取。这可能是不合乎逻辑的，因为在问题陈述中 a 是未知的，这意味着 v 的上限也是未知的。然而，这与鲁棒控制框架是一致的。因为鲁棒稳定通常也需要不确定性上界的先验知识。当对不确定性一无所知时，将很难保证任何系统的鲁棒性。因此，当给定开环系统的不确定性时，最优控制修正可以保证闭环系统的稳定性。

例 9.8　考虑例 8.1 中参数漂移的情况，$k_x^*(t)$ 为

$$k_x^* - k_x^*(0) = -\gamma_x b \frac{(1+t)^{2n+1} - 1}{2n+1}$$

如果 $n > -\frac{1}{2}$，则 $k_x^*(t) \to -\infty$。

当考虑最优控制修正时，$k_x(t)$ 为

$$k_x = \frac{1}{va_m^{-1}b} - \frac{1 - va_m^{-1}bk_x(0)}{va_m^{-1}b} \exp \left[\gamma_x va_m^{-1}b^2 \frac{(1+t)^{2n+1} - 1}{2n+1} \right]$$

因此，如果修正系数 v 使得 $a + \frac{a_m}{v} < 0$，那么 $k_x(t)$ 对于所有的 n 都是有界的。也就是说，最优控制修正解决了参数漂移问题。

设 $a = 1$，$b = 1$，$a_m = -1$。那么，选择 $v = 0.1$ 来满足限制条件，即为保证闭环系统的稳

定性 $v < 1$。当 $n = -\dfrac{5}{12}$，$x(0) = 1$，$k_x(0) = 0$ 且 $\gamma_x = 10$ 时，在相同外界干扰作用下，闭环系统的响应如图 9-12 所示。计算得到平衡值为 $\bar{k}_x = -10$，与仿真结果相吻合。

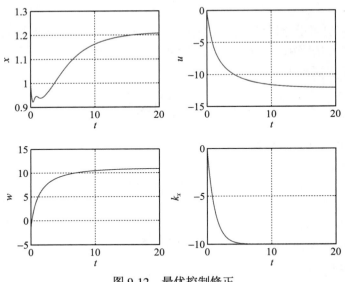

246

图 9-12   最优控制修正

9.5.3   李雅普诺夫稳定性分析

通过李雅普诺夫直接法可以证明最优控制修正可以实现稳定有界跟踪：

证明   选择李雅普诺夫候选函数

$$V(e, \tilde{\Theta}) = e^{\top} P e + \text{trace}\left(\tilde{\Theta}^{\top} \Gamma^{-1} \tilde{\Theta}\right) \tag{9.189}$$

对 $V\left(e, \tilde{\Theta}\right)$ 进行微分，得到

$$\begin{aligned}
\dot{V}(e, \tilde{\Theta}) = & -e^{\top} Q e + 2 e^{\top} P B \tilde{\Theta}^{\top} \Phi(x) - 2 e^{\top} P w \\
& - 2\, \text{trace}\left(\tilde{\Theta}^{\top} \Phi(x)\left[e^{\top} P - v \Phi^{\top}(x) \Theta B^{\top} P A_m^{-1}\right] B\right) \\
= & -e^{\top} Q e - 2 e^{\top} P w + 2 v \Phi^{\top}(x) \Theta B^{\top} P A_m^{-1} B \tilde{\Theta}^{\top} \Phi(x)
\end{aligned} \tag{9.190}$$

那么

$$\begin{aligned}
\dot{V}(e, \tilde{\Theta}) = & -e^{\top} Q e - 2 e^{\top} P w + 2 v \Phi^{\top}(x) \tilde{\Theta} B^{\top} P A_m^{-1} B \tilde{\Theta}^{\top} \Phi(x) \\
& + 2 v \Phi^{\top}(x) \Theta^* B^{\top} P A_m^{-1} B \tilde{\Theta}^{\top} \Phi(x)
\end{aligned} \tag{9.191}$$

但是，$B^{\top} P A_m^{-1} B < 0$，所以

$$2 v \Phi^{\top}(x) \tilde{\Theta} B^{\top} P A_m^{-1} B \tilde{\Theta}^{\top} \Phi(x) = -v \Phi^{\top}(x) \tilde{\Theta} B^{\top} A_m^{-\top} Q A_m^{-1} B \tilde{\Theta}^{\top} \Phi(x) \tag{9.192}$$

则 $\dot{V}\left(e, \tilde{\Theta}\right)$ 的界为

$$\begin{aligned}
\dot{V}(e, \tilde{\Theta}) \leqslant & -\lambda_{\min}(Q)\|e\|^2 + 2 \lambda_{\max}(P)\|e\| w_0 \\
& - v \lambda_{\min}\left(B^{\top} A_m^{-\top} Q A_m^{-1} B\right)\|\Phi(x)\|^2 \left\|\tilde{\Theta}\right\|^2 \\
& + 2 v \left\|B^{\top} P A_m^{-1} B\right\| \|\Phi(x)\|^2 \left\|\tilde{\Theta}\right\| \Theta_0
\end{aligned} \tag{9.193}$$

设 $c_1 = \lambda_{\min}(Q)$，$c_2 = \dfrac{\lambda_{\max}(P)w_0}{c_1}$，$c_3 = \lambda_{\min}\left(B^\top A_m^{-\top} Q A_m^{-1} B\right)$，$c_4 = \dfrac{\left\| B^\top P A_m^{-1} B \right\| \Theta_0}{c_3}$，然后补全平方项，得到

$$\dot{V}\left(e, \tilde{\Theta}\right) \leqslant -c_1 \left(\|e\| - c_2\right)^2 + c_1 c_2^2 - v c_3 \|\Phi(x)\|^2 \left(\|\tilde{\Theta}\| - c_4\right)^2 + v c_3 c_4^2 \|\Phi(x)\|^2 \tag{9.194}$$

$\dot{V}\left(e, \tilde{\Theta}\right) \leqslant 0$ 意味着

247

$$\|e\| \geqslant c_2 + \sqrt{c_2^2 + \frac{v c_3 c_4^2 \|\Phi(x)\|^2}{c_1}} = p \tag{9.195}$$

$$\|\tilde{\Theta}\| \geqslant c_4 + \sqrt{c_4^2 + \frac{c_1 c_2^2}{v c_3 \|\Phi(x)\|^2}} = \alpha \tag{9.196}$$

注意下界 p 和 α 依赖于 $\|\Phi(x)\|$。因此，为证明其有界性，需要先证明 $\|\Phi(x)\|$ 也是有界的。如果 $\Phi(x)$ 是有界函数，比如 $\sin x$、S 型函数或者径向基函数，那么 $\|\Phi(x)\| \leqslant \Phi_0$，并且系统的解是一致最终有界的。最终界为

$$\|e\| \leqslant \rho = \sqrt{\frac{\lambda_{\max}(P)p^2 + \lambda_{\max}(\Gamma^{-1})\alpha^2}{\lambda_{\min}(P)}} \tag{9.197}$$

$$\|\tilde{\Theta}\| \leqslant \beta = \sqrt{\frac{\lambda_{\max}(P)p^2 + \lambda_{\max}(\Gamma^{-1})\alpha^2}{\lambda_{\min}(\Gamma^{-1})}} \tag{9.198}$$

否则，需要考虑如下几种情况：

1）当不存在干扰且考虑标称控制器时，闭环系统稳定，即 $\Theta(t) = 0$ 和 $w(t) = 0$。这相当于在说明不确定性不会造成不稳定。跟踪误差动力学方程变为

$$\dot{e} = A_m e - B\Theta^{*\top} \Phi(x) \tag{9.199}$$

选择李雅普诺夫候选函数

$$V(e) = e^\top P e \tag{9.200}$$

那么

$$\dot{V}(e) = -e^\top Q e - 2 e^\top P B \Theta^{*\top} \Phi(x) \leqslant -\lambda_{\min}(Q)\|e\|^2 + 2\|e\| \|PB\| \Theta_0 \|\Phi(x)\| \tag{9.201}$$

由于被控对象是稳定的，所以 $\dot{V}(e) \leqslant 0$，这意味着 $\|\Phi(x)\|$ 是有界的：

$$\|\Phi(x)\| \leqslant \frac{\lambda_{\min}(Q)\|e\|}{2\|PB\|\Theta_0} \tag{9.202}$$

将式（9.202）代入式（9.194）中，得

248

$$\dot{V}\left(e, \tilde{\Theta}\right) \leqslant -c_1 \left(\|e\| - c_2\right)^2 + c_1 c_2^2 - v c_3 \frac{\lambda_{\min}^2(Q)\|e\|^2}{4\|PB\|^2 \Theta_0^2} \left(\|\tilde{\Theta}\| - c_4\right)^2$$
$$+ v c_3 c_4^2 \frac{\lambda_{\min}^2(Q)\|e\|^2}{4\|PB\|^2 \Theta_0^2} \tag{9.203}$$

若 $\dot{V}(e) \leqslant 0$，则需要 $\|e\|^2$ 的系数为负。因此，存在最大值 $v_{\max}$ 使得 $v < v_{\max}$，其中

$$v_{\max} = \frac{4\lambda_{\min}\left(B^{\top}A_m^{-\top}QA_m^{-1}B\right)\|PB\|^2}{\lambda_{\min}(Q)\left\|B^{\top}PA_m^{-1}B\right\|^2} \tag{9.204}$$

注意，$v_{\max}$ 并不依赖于参数化不确定性 Θ_0 的界。然后，$\dot{V}(e, \tilde{\Theta})$ 变为

$$\dot{V}(e, \tilde{\Theta}) \leqslant -c_1\left(1 - \frac{v}{v_{\max}}\right)\|e\|^2 + 2c_1c_2\|e\| - vc_3\frac{\lambda_{\min}^2(Q)\|e\|^2}{4\|PB\|^2\Theta_0^2}\left(\|\tilde{\Theta}\| - c_4\right)^2 \tag{9.205}$$

补全平方项，得到

$$\begin{aligned}\dot{V}\left(e, \tilde{\Theta}\right) \leqslant &-c_1\left(1 - \frac{v}{v_{\max}}\right)\left(\|e\| - \frac{c_2}{1 - \frac{v}{v_{\max}}}\right)^2 \\ &+ \frac{c_1c_2^2}{1 - \frac{v}{v_{\max}}} - \frac{vc_3\lambda_{\min}^2(Q)\|e\|^2}{4\|PB\|^2\Theta_0^2}\left(\|\tilde{\Theta}\| - c_4\right)^2\end{aligned} \tag{9.206}$$

当 $\dot{V}\left(e, \tilde{\Theta}\right) \leqslant 0$ 时，$\|e\|$ 的下界由下式确定：

$$-c_1\left(1 - \frac{v}{v_{\max}}\right)\|e\|^2 + 2c_1c_2\|e\| \leqslant 0 \tag{9.207}$$

求解可得

$$\|e\| \geqslant \frac{2c_2}{1 - \frac{v}{v_{\max}}} = p \tag{9.208}$$

设 $\|e\| = \dfrac{c_2}{1 - \frac{v}{v_{\max}}}$，$\|\tilde{\Theta}\|$ 的下界可由下式确定：

$$\dot{V}\left(\tilde{\Theta}\right) \leqslant \frac{c_1c_2^2}{1 - \frac{v}{v_{\max}}} - \frac{vc_3\lambda_{\min}^2(Q)c_2^2}{4\left(1 - \frac{v}{v_{\max}}\right)^2\|PB\|^2\Theta_0^2}\left(\|\tilde{\Theta}\| - c_4\right)^2 \tag{9.209}$$

249

由 $\dot{V}\left(\tilde{\Theta}\right) \leqslant 0$ 得

$$\|\tilde{\Theta}\| \geqslant c_4 + \sqrt{\frac{4c_1\left(1 - \frac{v}{v_{\max}}\right)\|PB\|^2\Theta_0^2}{vc_3\lambda_{\min}^2(Q)}} = \alpha \tag{9.210}$$

那么，闭环系统是一致最终有界的，最终界由式（9.197）和式（9.198）给出。

2）闭环系统的标称控制器不能保证稳定性，也就是不确定性能够造成系统的不稳定。如果 $v = 0$，那么根据式（9.195）和式（9.196）可得 $\|e\|$ 有界，但 $\|\tilde{\Theta}\|$ 无界，这就是模型参考自适应控制中的参数漂移现象。另一方面，如果 $v \to \infty$，那么 $\|\tilde{\Theta}\|$ 有界，但 $\|e\|$ 可能无界。因此，存在最大值 $v_{\max}$ 使得 $v < v_{\max}$ 成立，其对应的最大值 $\|\Phi(x)\| \leqslant \Phi_0$，从而求得 $\|e\|$ 的最大最终界。根据式（9.194），$\|e\|$ 的最大最终界可由下式求得：

$$\dot{V}\left(e, \tilde{\Theta}\right) \leqslant -c_1\left(\|e\| - c_2\right)^2 + c_1c_2^2 + vc_3c_4^2\|\Phi(x)\|^2 \tag{9.211}$$

但是

$$-e^{\top}Qe = -(x_m - x)^{\top}Q(x_m - x) = -x^{\top}Qx + 2x_mQx - x_m^{\top}Qx_m \tag{9.212}$$

因此

$$-c_1\|e\|^2 \leqslant -c_1\|x\|^2 + 2c_5\|x\|\,\|x_m\| - c_1\|x_m\|^2 \tag{9.213}$$

式中 $c_5 = \lambda_{\max}(Q)$。

设

$$\varphi\left(\|x\|,\|x_m\|,Q,v,w_0,\Theta_0\right) = -c_1\|x\|^2 + 2\left(c_1c_2 + c_5\|x_m\|\right)\|x\| \\ + 2c_1c_2\|x_m\| - c_1\|x_m\|^2 + vc_3c_4^2\|\Phi(x)\|^2 \tag{9.214}$$

式中 $\varphi()$ 是使 $\dot{V}\left(e,\tilde{\Theta}\right) \leqslant \varphi(\|x\|,\|x_m\|,Q,v,w_0,\Theta_0)$ 成立的 $\dot{V}\left(e,\tilde{\Theta}\right)$ 最大上界。

那么，对于任意 $v < v_{\max}$，$\|x\|$ 可由下式给出：

$$\|x\| = \varphi^{-1}\left(\|x_m\|,Q,v,w_0,\Theta_0\right) \tag{9.215}$$

其中 $\varphi^{-1}()$ 是 $\varphi()$ 的逆函数。从而可以得出 $\|\Phi(x)\|$ 是有界的，且满足

250

$$\|\Phi(x)\| = \left\|\Phi\left(\varphi^{-1}\left(\|x_m\|,Q,v,w_0,\Theta_0\right)\right)\right\| = \Phi_0 \tag{9.216}$$

那么，对于任意的 $0 < v < v_{\max}$，闭环系统是一致最终有界的，且满足

$$c_2 + \sqrt{c_2^2 + \frac{vc_3c_4^2\Phi_0^2}{c_1}} = p \leqslant \|e\| \leqslant \rho = \sqrt{\frac{\lambda_{\max}(P)r^2 + \lambda_{\max}\left(\Gamma^{-1}\right)\alpha^2}{\lambda_{\min}(P)}} \tag{9.217}$$

$$c_4 + \sqrt{c_4^2 + \frac{c_1c_2^2}{vc_3\Phi_0^2}} = \alpha \leqslant \|\tilde{\Theta}\| \leqslant \beta = \sqrt{\frac{\lambda_{\max}(P)r^2 + \lambda_{\max}\left(\Gamma^{-1}\right)\alpha^2}{\lambda_{\min}\left(\Gamma^{-1}\right)}} \tag{9.218}$$

考虑当 $\Phi(x)$ 是一类回归函数且满足 $\|\Phi(x)\| \leqslant \|x\|$ 的特殊情况。这类回归函数也包括 $\Phi(x) = x$。那么，根据式（9.214）可得 $\dot{V}\left(e,\tilde{\Theta}\right)$ 的界为

$$\varphi\left(\|x\|,\|x_m\|,Q,v,w_0,\Theta_0\right) = -\left(c_1 - vc_3c_4^2\right)\|x\|^2 + 2\left(c_1c_2 + c_5\|x_m\|\right)\|x\| \\ + 2c_1c_2\|x_m\| - c_1\|x_m\|^2 \tag{9.219}$$

根据下式可以求得 $\|x\|$：

$$\|x\| = \varphi^{-1}\left(\|x_m\|,Q,v,w_0,\Theta_0\right)$$
$$= \frac{c_2 + c_5\|x_m\| + \sqrt{(c_1c_2 + c_5\|x_m\|)^2 + 4\left(c_1 + vc_3c_4^2\right)\left(2c_1c_2\|x_m\| - c_1\|x_m\|^2\right)}}{c_1 - vc_3c_4^2} \tag{9.220}$$

对于任意的 $0 < v < v_{\max}$ 满足 $c_1 - vc_3c_4^2 > 0$，进而可得

$$v_{\max} = \frac{c_1}{c_3c_4^2} = \frac{\lambda_{\min}(Q)\lambda_{\min}\left(B^\top A_m^{-\top}QA_m^{-1}B\right)}{\left\|B^\top PA_m^{-1}B\right\|^2 \Theta_0^2} \tag{9.221}$$

注意，现在 $v_{\max}$ 依赖于参数不确定性 Θ_0 的上界，并且由于忽略了式（9.194）中带有 $\|\tilde{\theta}\|^2$ 的负定项，所以上式是一个保守的估计值。随着不确定性界的增加，必须减小 $v_{\max}$ 来保证闭环系统的稳定性。因此，最优控制修正的稳定性依赖于不确定性的界。所以，如果存在关于不确定性界的先验知识，那么能够保证自适应律是稳定的。 ∎

与不对修正系数 σ 和 μ 施加限制的 σ 修正和 e 修正相比，似乎最优控制修正自适应律的限制性更强。然而，缺乏修正系数明确的上界限制有时可能是产生稳定性问题的根源。Rohrs 反例的数值仿真表明，无论 σ 修正、e 修正还是最优控制修正，其分别对应的修正系数 σ、μ 以及 v 均存在极限值。

值得注意的是，根据李雅普诺夫分析得出的极限值 $v_{\max}$ 通常是真实 $v_{\max}$ 的保守估计值。考虑如下具有最优控制修正自适应控制器的一阶单输入单输出系统：

$$\dot{x} = ax + b\left(u + \theta^* x\right) \tag{9.222}$$

$$u = k_x x - \theta(t)x \tag{9.223}$$

$$\dot{\theta} = -\gamma\left(-x^2 b - vx^2 a_m^{-1}b^2\theta\right) \tag{9.224}$$

式中 a 和 b 已知，且 $a_m < 0$。

闭环系统为

$$\dot{x} = \left(a_m - b\theta + b\theta^*\right)x \tag{9.225}$$

注意，该自适应律隐含使用 $p = 1$，其中 p 是标量李雅普诺夫方程的解：

$$2pa_m = -q \tag{9.226}$$

设 $\gamma \to \infty$，$\theta(t)$ 的平衡值为

$$\bar{\theta} = -\frac{1}{va_m^{-1}b} \tag{9.227}$$

利用平衡值 $\bar{\theta}$，闭环系统变为

$$\dot{x} = \left(a_m + \frac{a_m}{v} + b\theta^*\right)x \tag{9.228}$$

如果不确定性是稳定的，那么 $b\theta^* < 0$。因此，对于任意的 $v > 0$，闭环系统均是稳定的。根据李雅普诺夫分析中的式（9.204）可知，v 应该被限制为

$$v_{\max} = \frac{4b^2a_m^{-2}b^2}{b^4a_m^{-2}} = 4 \tag{9.229}$$

如果不确定性是不稳定的，但是考虑标称（非自适应）控制器 $u(t) = k_x x(t)$ 的闭环系统是稳定的，那么 $0 < b\theta^* < -a_m$。因此，对于任意的 $v > 0$，闭环系统仍然是稳定的。根据式（9.221），v 应该被限制为

$$v_{\max} = \frac{4a_m^2 b^2 a_m^{-2}}{b^4 a_m^{-2}\theta^{*2}} = \left(\frac{2a_m}{b\theta^*}\right)^2 \tag{9.230}$$

最后，如果不确定性是不稳定的，并且考虑标称控制器的闭环控制系统也是不稳定的，那么 $b\theta^* > -a_m$。如果

$$a_m + \frac{a_m}{v} + b\theta^* < 0 \tag{9.231}$$

则闭环被控系统是稳定的。

因此，v 被限制为

$$v_{\max} = -\frac{a_m}{a_m + b\theta^*} \tag{9.232}$$

结合李雅普诺夫表达式，$v_{\max}$ 可以表示为

$$v_{\max} = \min\left[\left(\frac{2a_m}{b\theta^*}\right)^2, -\frac{a_m}{a_m + b\theta^*}\right] \tag{9.233}$$

设 $b\theta^* = \alpha a_m$，其中 $\alpha > 1$，那么 $\left(\frac{2a_m}{b\theta^*}\right)^2 \to \left(\frac{2}{\alpha}\right)^2$，$-\frac{a_m}{a_m + b\theta^*} \to \frac{1}{\alpha - 1}$。由于对于所有的 $\alpha > 1$，$\left(\frac{2}{\alpha}\right)^2 < \frac{1}{\alpha - 1}$，因此 $v_{\max}$ 最保守的值是由李雅普诺夫分析得出的，有

$$v_{\max} = \frac{4}{\alpha^2} \tag{9.234}$$

另一方面，保守性最差的 $v_{\max}$ 值是 $v_{\max}$ 的真实值，有

$$v_{\max} = \frac{1}{\alpha - 1} \tag{9.235}$$

虽然最优控制修正是由式（9.170）定义的，但还存在其他形式的最优控制修正，包括：

$$\dot{\Theta} = -\Gamma\Phi(x)\left[e^\top P + v\Phi^\top(x)\Theta B^\top A_m^{-\top} Q A_m^{-1}\right]B \tag{9.236}$$

$$\dot{\Theta} = -\Gamma\Phi(x)\left[e^\top P + v\Phi^\top(x)\Theta B^\top R\right]B \tag{9.237}$$

$$\dot{\Theta} = -\Gamma\Phi(x)\left[e^\top PB + v\Phi^\top(x)\Theta R\right] \tag{9.238}$$

$$\dot{\Theta} = -\Gamma\Phi(x)\left[e^\top PB + v\Phi^\top(x)\Theta\right] \tag{9.239}$$

式中 $R = R^\top > 0$ 是正定矩阵。

9.5.4　线性渐近特性

考虑线性不确定多输入多输出系统

$$\dot{x} = Ax + B\left(u + \Theta^{*\top} x\right) \tag{9.240}$$

为被控对象设计自适应控制器

$$u = K_x x + K_r r - \Theta^\top(t) x \tag{9.241}$$

来跟踪参考模型

$$\dot{x}_m = A_m x_m + B_m r \tag{9.242}$$

式中 $A_m = A + BK_x$, $B_m = BK_r$。

参数 $\Theta(t)$ 的最优控制修正自适应律为

$$\dot{\Theta} = -\Gamma\left(xe^\top PB - vxx^\top \Theta B^\top PA_m^{-1}B\right) \tag{9.243}$$

前面已经得出模型参考自适应控制能够实现非鲁棒的快速自适应。当自适应速率趋近于无穷时，模型参考自适应控制的时滞裕度趋近于零。因为如果 $x_m(t) = 0$，$\Theta(t)$ 的平衡值是独立于 $x(t)$ 的，所以随着 $\Gamma \to \infty$，最优控制修正展现出线性渐近特性，例如文献 [20 – 21] 中简单的单输入单输出系统。$\Theta^\top(t)x(t)$ 的平衡值为

$$\bar{\Theta}^\top x = \frac{1}{v}\left(B^\top A_m^{-\top}PB\right)^{-1}B^\top Pe \tag{9.244}$$

那么，当 $\Gamma \to \infty$ 时，闭环系统会趋近于渐近线性系统

$$\dot{x} = \left[A_m + \frac{1}{v}B\left(B^\top A_m^{-\top}PB\right)^{-1}B^\top P + B\Theta^{*\top}\right]x \\ -\frac{1}{v}B\left(B^\top A_m^{-\top}PB\right)^{-1}B^\top Px_m + B_m r \tag{9.245}$$

如果 $A_m + B\Theta^{*\top}$ 是赫尔维茨矩阵，那么上述系统对于所有的 $v > 0$ 是稳定的；如果 $A_m + B\Theta^{*\top}$ 是不稳定矩阵，那么上述系统对于 $v < v_{\max}$ 是稳定的。

考虑当最优控制修正自适应律的 $v = 1$ 且 B 为可逆方阵时的特殊情况，那么

$$A_m + B\left(B^\top A_m^{-\top}PB\right)^{-1}B^\top P = P^{-1}PA_m + BB^{-1}P^{-1}A_m^\top B^{-\top}B^\top P \\ = P^{-1}\left(PA_m + A_m^\top P\right) = -P^{-1}Q \tag{9.246}$$

误差动力学方程最终会趋近于

$$\dot{e} = -\left(P^{-1}Q - B\Theta^{*\top}\right)e - B\Theta^{*\top}x_m \tag{9.247}$$

由于 $P > 0$ 且 $Q > 0$，所以 $-P^{-1}Q < 0$。当 $\Theta^* = 0$ 时，理想系统的闭环极点都是负实数。因此，闭环系统具有最大的稳定裕度。理想系统是指数稳定的，并且没有高频振荡。通过选取合适的 Q 使得 $-P^{-1}Q + B\Theta^{*\top}$ 是赫尔维茨矩阵，那么可以保证闭环系统是稳定的。

最优控制修正的线性渐近特性十分有用，因为可以利用许多现有的线性分析工具对其稳定性进行分析。线性渐近特性带来的另一个优点是闭环系统的成比例输入–输出特性。也就是如果将 $r(t)$ 放大 c 倍，那么系统状态 $x(t)$ 也会相应地放大 c 倍。为了说明这一点，将渐近闭环系统表示为传递函数的形式

$$sx = \left[A_m + \frac{1}{v}B\left(B^\top A_m^{-\top}PB\right)^{-1}B^\top P + B\Theta^{*\top}\right]x \\ -\frac{1}{v}B\left(B^\top A_m^{-\top}PB\right)^{-1}B^\top Px_m + B_m r \tag{9.248}$$

根据参考模型，可以得到

$$sx_m = A_m x_m + B_m r \Rightarrow x_m = (sI - A_m)^{-1}B_m r \tag{9.249}$$

因此

$$x = \left[sI - A_m - \frac{1}{v} B \left(B^\top A_m^{-\top} PB \right)^{-1} B^\top P - B\Theta^{*\top} \right]^{-1}$$
$$\times \left[-\frac{1}{v} B \left(B^\top A_m^{-\top} PB \right)^{-1} B^\top P (sI - A_m)^{-1} + I \right] B_m r \tag{9.250}$$

如果 $x(t) = x_0(t)$ 是在指令 $r(t) = r_0(t)$ 作用下的系统响应，那么如果将 $r(t)$ 放大 c 倍，即 $r(t) = cr_0(t)$，则 $x(t)$ 也将放大 c 倍，即 $x(t) = cx_0(t)$。成比例输入–输出特性使最优控制修正比不具有线性渐近特性的模型参考自适应控制更具有可预测性。

255

如果 $r(t)$ 是一个常值信号，那么当 $t \to \infty$ 时，可以通过让 $s = 0$ 得到 $x(t)$ 的平衡值。即

$$\bar{x} = - \left[A_m + \frac{1}{v} B \left(B^\top A_m^{-\top} PB \right)^{-1} B^\top P + B\Theta^{*\top} \right]^{-1}$$
$$\times \left[\frac{1}{v} B \left(B^\top A_m^{-\top} PB \right)^{-1} B^\top P A_m^{-1} + I \right] B_m r \tag{9.251}$$

如果 $v = 0$，可以得到模型参考自适应控制的理想渐近跟踪特性，因为

$$\bar{x} = - \lim_{v \to 0} \left[A_m + \frac{1}{v} B \left(B^\top A_m^{-\top} PB \right)^{-1} B^\top P + B\Theta^{*\top} \right]^{-1}$$
$$\times \left[\frac{1}{v} B \left(B^\top A_m^{-\top} PB \right)^{-1} B^\top P A_m^{-1} + I \right] B_m r$$
$$= - \lim_{v \to 0} \left[\frac{1}{v} B \left(B^\top A_m^{-\top} PB \right)^{-1} B^\top P \right]^{-1} \frac{1}{v} B \left(B^\top A_m^{-\top} PB \right)^{-1} B^\top P A_m^{-1} B_m r$$
$$= - A_m^{-1} B_m r = \bar{x}_m \tag{9.252}$$

跟踪误差的平衡值为

$$\bar{e} = \bar{x}_m - \bar{x} = \left\{ -A_m^{-1} + \left[A_m + \frac{1}{v} B \left(B^\top A_m^{-\top} PB \right)^{-1} B^\top P + B\Theta^{*\mathrm{T}} \right]^{-1} \right.$$
$$\left. \times \left[\frac{1}{v} B \left(B^\top A_m^{-\top} PB \right)^{-1} B^\top P A_m^{-1} + I \right] \right\} B_m r \tag{9.253}$$

可以将 $\Gamma \to \infty$ 时的稳态误差视为 $\bar{e}(t)$ 的最大范数，有

$$\|\bar{e}\| = \left\| -A_m^{-1} B_m + \left[A_m + \frac{1}{v} B \left(B^\top A_m^{-\top} PB \right)^{-1} B^\top P + B\Theta^{*\top} \right]^{-1} \right.$$
$$\left. \times \left[\frac{1}{v} B \left(B^\top A_m^{-\top} PB \right)^{-1} B^\top P A_m^{-1} + I \right] B_m \right\| \|r\| \tag{9.254}$$

线性渐近特性还提供了另一个优点，即可以计算系统极限的稳定裕度。

考虑具有最优控制修正自适应控制器的一阶时滞单输入单输出系统

256

$$\dot{x} = ax + b \left[u(t - t_d) + \theta^* x \right] \tag{9.255}$$

$$u = k_x x + k_r r - \theta(t) x \tag{9.256}$$

$$\dot{\theta} = -\gamma \left(xeb - vx^2 a_m^{-1} b^2 \theta \right) \tag{9.257}$$

式中 a 和 b 已知，且 $a_m = a + bk_x < 0$。

在快速自适应 $\gamma \to \infty$ 及常值指令信号 $r(t)$ 的情况下，$\theta(t)x(t)$ 的平衡值为

$$\overline{\theta}x = \frac{x_m - x}{v a_m^{-1} b} \tag{9.258}$$

那么，闭环系统在极限时趋近于

$$\dot{x} = (a + b\theta^*) x + \left(bk_x + \frac{a_m}{v}\right) x (t - t_d) - \frac{a_m}{v} x_m (t - t_d) + bk_r r (t - t_d) \tag{9.259}$$

为简化分析，设 $r(t) = 1$ 和 $x_m(t) = 1$。那么在 $s = \mathrm{j}\omega$ 时的特征方程为

$$\mathrm{j}\omega - (a + b\theta^*) - \left(bk_x + \frac{a_m}{v}\right)(\cos(\omega t_d) - \mathrm{j}\sin(\omega t_d)) = 0 \tag{9.260}$$

从而可得如下方程：

$$-(a + b\theta^*) - \left(bk_x + \frac{a_m}{v}\right)\cos(\omega t_d) = 0 \tag{9.261}$$

$$\omega + \left(bk_x + \frac{a_m}{v}\right)\sin(\omega t_d) = 0 \tag{9.262}$$

可以计算得到穿越频率和时滞裕度为

$$\omega = \sqrt{\left(bk_x + \frac{a_m}{v}\right)^2 - (a + b\theta^*)^2} \tag{9.263}$$

$$t_d = \frac{1}{\omega} \arccos\left(-\frac{a + b\theta^*}{bk_x + \dfrac{a_m}{v}}\right) \tag{9.264}$$

如果 $v = 0$，那么最优控制修正退化为标准模型参考自适应控制。此时，时滞裕度会趋近于零：

$$\omega = \lim_{v \to 0} \sqrt{\left(bk_x + \frac{a_m}{v}\right)^2 - (a + b\theta^*)^2} \to \infty \tag{9.265}$$

$$t_d = \lim_{v \to 0} \frac{1}{\omega} \arccos\left(-\frac{a + b\theta^*}{bk_x + \dfrac{a_m}{v}}\right) = 0 \tag{9.266}$$

这与模型参考自适应控制中得到的结果相吻合。对于任意 $0 < v < v_{\max}$，最优控制修正可以在快速自适应下保证非零时滞裕度。这就是鲁棒自适应控制体现出的鲁棒性，能够在快速自适应的情况下提供足够的稳定裕度。当给定一个时滞裕度 t_d 和 θ^* 的先验知识时，可以计算得到修正系数 v 以保证闭环系统的稳定性。

例 9.9　设 $a = 1$，$a_m = -1$，$b = b_m = 1$，$\theta^* = 0.2$，$r(t) = 1$。这与例 8.7 相同，其中时滞裕度为 0.0020s，$\gamma_x = 500$，开环系统不稳定。所以计算 v 的极限值为

$$v_{\max} = \left(\frac{2a_m}{b\theta^*}\right)^2 = 1$$

选择 $v = 0.1 < 1$。最优控制修正的闭环系统时滞裕度为

$$\omega = \sqrt{\frac{1}{v^2} - 1} = 9.9499 \mathrm{rad/s}$$

$$t_d = \frac{1}{\sqrt{\frac{1}{v^2} - 1}} \arccos v = 0.1478\text{s}$$

由于时滞裕度 t_d 会随着自适应速率 γ 的增加而减小，因此，在 $\gamma \to \infty$ 时的时滞裕度是对于任意有限自适应速率 $\gamma < \infty$ 时的时滞裕度的最小估计值。换句话说，利用线性渐近特性估计得到的时滞裕度 $t_d = 0.1478\text{s}$ 是时滞裕度的一个下界。任意自适应速率 γ 的实际时滞裕度在理论上应该大于该值。可以得出，即使很小的修正系数 v，与标准模型参考自适应控制的时滞裕度 0.0020s（$\gamma_x = 500$）相比，也会带来时滞裕度的显著增加。在极限值 $v \to 0$ 时，对应于标准模型参考自适应控制 $\gamma_x \to \infty$ 时的 $t_d \to 0$。

估计得到稳态误差为

$$\bar{e} = \left[-a_m^{-1} + \left(a_m + \frac{a_m}{v} + b\theta^* \right)^{-1} \left(\frac{1}{v} + 1 \right) \right] b_m r = -0.0185$$

计算得到 $\theta(t)$ 的平衡值为

$$\bar{\theta} = \frac{\bar{e}}{v a_m^{-1} b \bar{x}} = \frac{\bar{e}}{v a_m^{-1} b (\bar{x}_m - \bar{e})} = 0.1818$$

258

设自适应速率 $\gamma = 100$，初始值 $\theta(0) = 0$。最优控制修正的仿真结果如图 9-13 所示。闭环系统是完全稳定的。跟踪误差 $e(t)$ 和自适应参数 $\theta(t)$ 分别在第 10s 收敛至 −0.0185 和 0.1818。因此，仿真结果与计算得到的 $\bar{e}$ 和 $\bar{\theta}$ 完全一致。

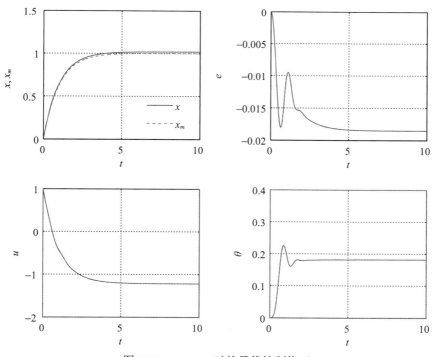

图 9-13　$\gamma = 100$ 时的最优控制修正

当在控制输入处引入 0.1477s 的时间延迟时，闭环系统处于不稳定的边缘，如图 9-14 所示。实际上，当自适应速率 $\gamma = 1000$，仿真步长 $\Delta t = 0.0001$ 时，闭环系统在 0.1478s 变得不稳定，这与预期相符。因此，时滞裕度的数值仿真结果与分析预测的结果一致。

为说明线性渐近特性，考虑如下极限渐近线性系统：

$$\dot{x} = ax + b\theta^* x - b\frac{x_m - x}{va_m^{-1}b}$$

如图 9-15 所示为 $r(t) = 1 + \sin(2t) + \cos(4t)$ 时，最优控制修正闭环系统响应曲线。两条曲线相互重叠，闭环响应几乎完美地跟随渐近线性系统响应。

为说明最优控制修正的成比例输入–输出线性特性，将参考指令信号 $r(t) = 1 + \sin(2t) + \cos(4t)$ 加倍，形成新的指令信号 $r_1(t) = 2 + 2\sin(2t) + 2\cos(4t)$。设 $x_1(t)$ 是在 $r_1(t)$ 作用下的闭环响应。如图 9-16 所示，$x_1(t)$ 是 $x(t)$ 的两倍。

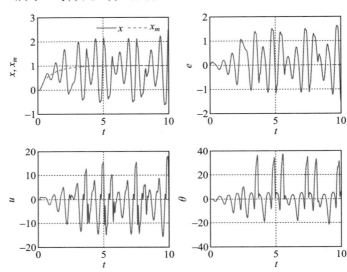

图 9-14 $\gamma = 1000$，$t_d = 0.1477$s 时的最优控制修正

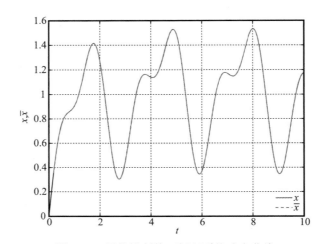

图 9-15   最优控制修正闭环系统响应曲线

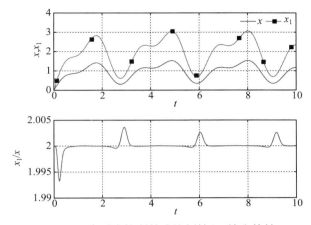

图 9-16 自适应控制的成比例输入–输出特性

9.6 自适应回路重构修正

自适应回路重构修正是由 Calise 和 Yucelen 在 2009 年共同提出的一种鲁棒修正自适应律[6]。自适应回路重构旨在实现渐近跟踪的同时，还可以在存在不确定性的情况下保持参考模型的稳定裕度。其修正方法如下所述：

$$\dot{\Theta} = -\Gamma \left[\Phi(x) e^{\top} P B + \eta \Phi_x(x) \Phi_x^{\top}(x) \Theta \right] \tag{9.267}$$

式中 $\eta > 0$ 是修正系数，并且 $\Phi_x(x) = \dfrac{\mathrm{d}\Phi(x)}{\mathrm{d}x}$。

自适应回路重构修正的思想是最小化控制系统中的非线性，从而保持线性参考模型的稳定裕度。考虑没有干扰的跟踪误差动力学方程

$$\dot{e} = A_m e + B \tilde{\Theta}^{\top} \Phi(x) \tag{9.268}$$

对跟踪误差动力学方程进行线性化，得

$$\Delta \dot{e} = A_m \Delta e + B \Delta \tilde{\Theta}^{\top} \Phi(\bar{x}) + B \tilde{\Theta}^{\top} \Phi_x(\bar{x})(x - \bar{x}) \tag{9.269}$$

式中 $\bar{x}$ 是平衡状态。

如果 $\Delta \tilde{\Theta}(t) = 0$ 并且 $\tilde{\Theta}^{\top}(t) \Phi_x(\bar{x}) = 0$，则

$$\Delta \dot{e} = A_m \Delta e \tag{9.270}$$

那么，闭环控制系统能够准确地跟踪参考模型，并且能够保持参考模型的稳定性。

如果能够使 $\Theta^{\top}(t) \Phi_x(x)$ 的值最小，则可以实现渐近跟踪并且能够保持参考模型的稳定裕度。可以通过最小化性能函数

$$J = \frac{1}{2} \Phi_x^{\top}(x) \Theta \Theta^{\top} \Phi_x(x) \tag{9.271}$$

来构建一个无约束最优化问题。

计算性能函数的梯度，得到

$$\nabla J_{\Theta} = \Phi_x(x) \Phi_x^{\top}(x) \Theta \tag{9.272}$$

然后将梯度更新律表示为

$$\dot{\Theta} = -\Gamma \nabla J_{\Theta} = -\Gamma \Phi_x(x) \Phi_x^{\top}(x) \Theta \tag{9.273}$$

标准模型参考自适应控制与上述更新律一起构成了自适应回路重构修正。

最初的稳定性证明是基于奇异摄动的方法的，读者可以在文献 [6, 22] 中找到完备的证明。因为这两种自适应律的阻尼项都与 $x(t)$ 的某个正定函数成比例，所以最优控制修正的稳定性证明也可以用于自适应回路重构修正。这里提供另外一种证明方法。

证明　选择李雅普诺夫候选函数

$$V(e, \tilde{\Theta}) = e^{\top} P e + \text{trace}(\tilde{\Theta}^{\top} \Gamma^{-1} \tilde{\Theta}) \tag{9.274}$$

计算 $\dot{V}(e, \tilde{\Theta})$，得到

$$\begin{aligned} \dot{V}(e, \tilde{\Theta}) = &- e^{\top} Q e + 2 e^{\top} P B \tilde{\Theta}^{\top} \Phi(x) - 2 e^{\top} P w \\ &- 2 \text{trace}(\tilde{\Theta}^{\top} [\Phi(x) e^{\top} P B + \eta \Phi_x(x) \Phi_x^{\top}(x) \Theta]) \\ = &- e^{\top} Q e - 2 e^{\top} P w - 2 \eta \Phi_x^{\top}(x) \Theta \tilde{\Theta}^{\top} \Phi_x(x) \end{aligned} \tag{9.275}$$

则 $\dot{V}(e, \tilde{\Theta})$ 的界为

$$\begin{aligned} \dot{V}(e, \tilde{\Theta}) \leqslant &- \lambda_{\min}(Q) \|e\|^2 + 2 \lambda_{\max}(P) \|e\| w_0 - 2 \eta \|\Phi_x(x)\|^2 \|\tilde{\Theta}\|^2 \\ &+ 2 \eta \|\Phi_x(x)\|^2 \|\tilde{\Theta}\| \Theta_0 \end{aligned} \tag{9.276}$$

设 $c_1 = \lambda_{\min}(Q)$，$c_2 = \dfrac{\lambda_{\max}(P) w_0}{c_1}$。补全平方项，得到

$$\dot{V}(e, \tilde{\Theta}) \leqslant -c_1 (\|e\| - c_2)^2 + c_1 c_2^2 - 2 \eta \|\Phi_x(x)\|^2 \left(\|\tilde{\Theta}\| - \frac{\Theta_0}{2}\right)^2 + \frac{\eta}{2} \|\Phi_x(x)\|^2 \Theta_0^2 \tag{9.277}$$

$\dot{V}(e, \tilde{\Theta}) \leqslant 0$ 意味着

$$\|e\| \geqslant c_2 + \sqrt{c_2^2 + \frac{\eta \|\Phi_x(x)\|^2 \Theta_0^2}{2 c_1}} = p \tag{9.278}$$

$$\|\tilde{\Theta}\| \geqslant \frac{\Theta_0}{2} + \sqrt{\frac{\Theta_0^2}{4} + \frac{c_1 c_2^2}{2 \eta \|\Phi_x(x)\|^2}} = \alpha \tag{9.279}$$

注意，下界 p 和 α 依赖于 $\|\Phi_x(x)\|$。因此，为证明其有界性，需要先证明 $\|\Phi_x(x)\|$ 是有界的。

存在最大值 $\eta_{\max}$ 使得对于所有的 $\eta < \eta_{\max}$，$\dot{V}(e, \tilde{\Theta}) \leqslant 0$ 成立。设

$$\begin{aligned} \varphi(\|x\|, \|x_m\|, Q, \eta, w_0, \Theta_0) = &-c_1 \|x\|^2 + 2 (c_1 c_2 + c_3 \|x_m\|) \|x\| \\ &+ 2 c_1 c_2 \|x_m\| - c_1 \|x_m\|^2 + \frac{\eta}{2} \|\Phi_x(x)\|^2 \Theta_0^2 \end{aligned} \tag{9.280}$$

式中 $c_3 = \lambda_{\max}(Q) > 0$。

那么，$\|\Phi_x(x)\|$ 的界为

$$\|\Phi_x(x)\| = \left\|\Phi_x\left(\varphi^{-1}\left(\|x_m\|_\infty, Q, v, w_0, \Theta_0\right)\right)\right\| = \Phi_{x_0} \tag{9.281}$$

可以得出，对于任意的 $0 < \eta < \eta_{max}$，闭环系统也是一致最终有界的。

考虑当 $\Phi(x)$ 是一类回归函数且满足 $\|\Phi(x)\| \leqslant \|x\|^2$ 或者 $\|\Phi_x(x)\| \leqslant 2\|x\|$ 的特殊情况。那么，可以证明自适应回路重构修正是稳定的，并且对于任意的 $0 \leqslant \eta < \eta_{max}$ 都是有界的，η_{max} 的保守估计由下式给出：

$$\eta_{max} = \frac{\lambda_{min}(Q)}{2\Theta_0^2} \tag{9.282}$$

考虑另外一个特例：$\Phi(x)$ 属于一类回归函数且满足 $\|\Phi(x)\| \leqslant \|x\|$ 或者 $\|\Phi_x(x)\| \leqslant 1$。那么，自适应回路重构修正是无条件稳定的。 ■

由于 $\Phi_x(x)$ 可能是无界的，所以自适应回路重构修正仅仅对有界的 $\Phi_x(x)$ 有效。例如，如果 $\Phi(x) = x^p$，那么只有当 $p \geqslant 1$ 时自适应律才有效。如果 $p = 1$，那么 $\Phi_x(x) = 1$，此时自适应回路重构修正变成了 σ 修正。

例 9.10 考虑一阶单输入单输出被控对象

$$\dot{x} = ax + b\left[u + \theta^*\phi(x)\right]$$

设计自适应控制器为

$$u = k_x x + k_r r - \theta(t)\phi(x)$$

设 $\phi(x) = x^2$。那么，自适应回路重构修正可以表示为

263

$$\dot{\theta} = -\gamma\left(x^2 eb + 4\eta x^2\theta\right)$$

考虑 $\gamma \to \infty$ 情况下的快速自适应，那么自适应回路重构修正的渐近特性由下式给出：

$$\bar{\theta}x^2 = -\frac{(x_m - x)bx^2}{4\eta}$$

$$\bar{u} = k_x x + k_r r + \frac{(x_m - x)bx^2}{4\eta}$$

当 $\gamma \to \infty$ 时，闭环系统变为

$$\dot{x} = a_m x + b_m r + b\left[\frac{(x_m - x)bx^2}{4\eta} + \theta^* x^2\right]$$

设 $r(t)$ 是常值指令信号。那么 $x(t)$ 的平衡值可由下式给出：

$$-a_m b^2 \bar{x}^3 + \left(4\eta b a_m\theta^* - b^2 b_m r\right)\bar{x}^2 + 4\eta a_m^2\bar{x} + 4\eta a_m b_m r = 0$$

例如，设 $r(t) = 1$，$a = 1$，$b = 1$，$\theta^* = 0.5$，$a_m = -2$，$b_m = 2$，$\eta = 0.1$。那么，$\bar{x} = 1.1223$，$\bar{\theta} = 0.3058$。当 $k_x = -3$，$k_r = 2$，$\gamma = 1$ 时，在自适应回路重构修正作用下的闭环系统响应如图 9-17 所示。$\bar{x}$ 和 $\bar{\theta}$ 的仿真值与分析值一致。 ■

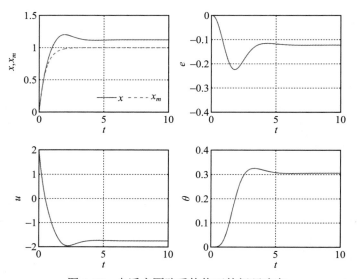

图 9-17   自适应回路重构修正的闭环响应

考虑一个特例：对于某个特定函数 $\phi(x)$，自适应回路重构修正的渐近特性使得控制器是线性的。自适应律一般表示为

$$\dot{\theta} = -\gamma \left[\phi(x)eb + \eta\phi_x^2(x)\theta \right] \tag{9.283}$$

为使线性渐近特性存在，即

$$\phi_x^2(x) = c^2\phi^2(x) \tag{9.284}$$

要求当 $\gamma \to \infty$ 时，有 $c > 0$。从而得到如下微分方程：

$$\frac{\mathrm{d}\phi}{\phi} = c\mathrm{d}x \tag{9.285}$$

上式具有如下有界的解：

$$\phi(x) = \mathrm{e}^{-cx} \tag{9.286}$$

那么，如果 $\eta c^2 = -vb^2 a_m^{-1}$，自适应回路重构修正和最优控制修正具有相同的线性渐近特性。注意，虽然自适应控制器会渐近地趋近于一个线性控制器，但由于 $\phi(x)$ 是非线性的，所以闭环控制系统仍然是非线性的。

例 9.11   考虑一阶时滞单输入单输出系统

$$\dot{x} = ax + b\left[u\left(t - t_d\right) + \theta^* \mathrm{e}^{-x}\right]$$

自适应回路重构修正的自适应控制器为

$$u = k_x x + k_r r - \theta(t)\mathrm{e}^{-x}$$

$$\dot{\theta} = -\gamma\left(\mathrm{e}^{-x}eb + \eta\mathrm{e}^{-2x}\theta\right)$$

式中 $a + bk_x = a_m$，$bk_r = b_m$。

由于 $\phi(x) = e^{-x}$，自适应回路重构修正与最优控制修正一致。当 $\gamma \to \infty$ 时，$\theta(t)\phi(x) \to -\dfrac{eb}{\eta}$，可以得到线性渐近自适应控制器为

$$u \to k_x x + k_r r + \frac{eb}{\eta}$$

虽然自适应控制器在极限时是线性的，但是由于存在非线性不确定性，即

$$\dot{x} = ax + b\left[\left(k_x - \frac{b}{\eta}\right)x(t - t_d) + k_r r(t - t_d) + \frac{b}{\eta}x_m(t - t_d) + \theta^* e^{-x}\right]$$

闭环控制系统仍然是非线性的。

设 $a = 1$，$b = 1$，$\theta^* = 2$，$t_d = 0.1$，$a_m = -1$，$b_m = 1$，$r(t) = 1$，$\eta = 0.1$，$\gamma = 10$。图 9-18 所示为闭环系统响应曲线。 ∎

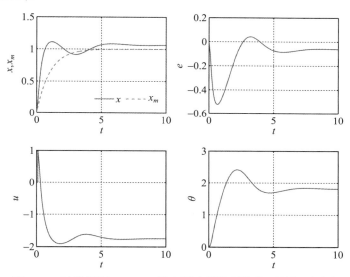

图 9-18　时滞裕度 $t_d = 0.1\text{s}$ 的自适应回路重构修正的闭环响应

现在对 σ 修正、e 修正、最优控制修正以及自适应回路重构修正这 4 种在自适应过程中加入了阻尼项的模型参考自适应控制的鲁棒修正方案进行总结。表 9-1 给出了这 4 种修正方案的自适应律。这些修正自适应律都有优于其他方案的优点，但总的来说，针对具有外界干扰、非最小相位特性、时间延迟以及未建模动态的系统，这些修正方案都是以各自的方式在自适应控制中引入阻尼项使得自适应参数有界，从而改善模型参考自适应控制的鲁棒性。

表 9-1　4 种鲁棒修正自适应律

σ 修正	$\dot{\Theta} = -\Gamma\left[\Phi(x)e^\top PB + \sigma\Theta\right]$
e 修正	$\dot{\Theta} = -\Gamma\left[\Phi(x)e^\top PB + \mu\left\|e^\top PB\right\|\Theta\right]$
最优控制修正	$\dot{\Theta} = -\Gamma\left[\Phi(x)e^\top PB - v\Phi(x)\Phi^\top(x)\Theta B^\top PA_m^{-1}B\right]$
自适应回路重构修正	$\dot{\Theta} = -\Gamma\left[\Phi(x)e^\top PB + \eta\Phi_x(x)\Phi_x^\top(x)\Theta\right]$

9.7 $\mathcal{L}_1$ 自适应控制

近年来，$\mathcal{L}_1$ 自适应控制因为能够在给定不确定性先验边界的情况下实现快速自适应并且保证鲁棒性而得到广泛关注。$\mathcal{L}_1$ 自适应控制是由 Hovakimyan 和 Cao 在 2006 年首次提

出[8,23-24]。自那以后，该方法在自适应控制实践中得到了广泛应用。$\mathcal{L}_1$ 自适应控制的基本原理是采用快速自适应技术提高瞬态响应或跟踪性能，并结合低通滤波器抑制高频响应来提高鲁棒性。因此，$\mathcal{L}_1$ 自适应控制可以在给定不确定性先验边界的情况下实现快速自适应并保证系统稳定裕度。$\mathcal{L}_1$ 自适应控制瞬态和稳态响应的鲁棒边界、稳定裕度、跟踪性能已有完备的理论证明[8]。

考虑如下具有匹配不确定性的线性单输入单输出不确定系统：

$$\dot{x} = A_m x + B\left[u + \Theta^{*\top}(t)x + d(t)\right] \tag{9.287}$$

$$y = Hx \tag{9.288}$$

其中 $x(0) = x_0$，$x(t) \in \mathbb{R}^n$ 是状态向量，$u(t) \in \mathbb{R}$ 是控制输入，$y(t) \in \mathbb{R}$ 是被控对象输出，$A_m \in \mathbb{R}^n \times \mathbb{R}^n$ 是已知的赫尔维茨矩阵，$B \in \mathbb{R}^n$ 是已知列向量，$H \in \mathbb{R}^n$ 是已知行向量，$\Theta^*(t) \in \mathbb{R}^n$ 是未知时变状态不确定性，$d(t) \in \mathbb{R}$ 是匹配有界时变干扰。

假设 $\Theta^*(t) \in \mathcal{S}_{\Theta^*}$，$d(t) \in \mathcal{S}_d$，其中 $\mathcal{S}_{\Theta^*}$ 和 $\mathcal{S}_d$ 是预先定义的紧集。因为 $\Theta^*(t)$ 是时变的，所以要求 $\|\dot{\Theta}^*\| \leqslant \Delta$。此外，假设干扰及其导数是有界的，即 $|d| \leqslant d_0$ 和 $|\dot{d}| \leqslant \delta$。不失一般性，利用如下已知约束集来限定自适应参数：

$$\mathcal{S}_{\Theta^*} = \left\{ \Theta^*(t) \in \mathbb{R}^n : g(\Theta^*) = \begin{bmatrix} \left(\theta_1^* - \dfrac{\theta_{1_{max}}^* + \theta_{1_{min}}^*}{2}\right)^2 - \left(\dfrac{\theta_{1_{max}}^* - \theta_{1_{min}}^*}{2}\right)^2 \\ \vdots \\ \left(\theta_n^* - \dfrac{\theta_{n_{max}}^* + \theta_{n_{min}}^*}{2}\right)^2 - \left(\dfrac{\theta_{n_{max}}^* - \theta_{n_{min}}}{2}\right)^2 \end{bmatrix} \leqslant 0 \right\} \tag{9.289}$$

$$\mathcal{S}_d = \left\{ d(t) \in \mathbb{R} : g_d(d) = \left(d - \dfrac{d_{max} + d_{min}}{2}\right) - \left(\dfrac{d_{max} - d_{min}}{2}\right)^2 \leqslant 0 \right\} \tag{9.290}$$

定义状态预测模型为

$$\dot{\hat{x}} = A_m \hat{x} + B\left[u + \Theta^\top(t)x + \hat{d}(t)\right] \tag{9.291}$$

其中初始条件为 $\hat{x}(0) = x_0$，$\hat{x}(t)$、$\Theta(t)$ 和 $\hat{d}(t)$ 分别是 $x(t)$、$\Theta^*(t)$ 和 $d(t)$ 的估计值。

定义状态预测误差为 $e_p(t) = \hat{x}(t) - x(t)$，那么 $\Theta^*(t)$ 和 $d(t)$ 的估计值可以根据如下具有投影算法的自适应律进行求解：

$$\dot{\Theta} = \mathrm{Pro}\left(\Theta, -\Gamma x e_p^\top PB\right) = \begin{cases} -\Gamma x e_p^\top PB, & \text{如果} g(\Theta) < 0 \text{ 或者如果} g(\Theta) = 0 \\ & \text{且} -\left(x e_p^\top PB\right)^\top \nabla g_\Theta(\Theta) \leqslant 0 \\ 0, & \text{其他} \end{cases} \tag{9.292}$$

$$\dot{\hat{d}} = \mathrm{Pro}\left(\hat{d}, -\gamma_d e_p^\top PB\right) = \begin{cases} -\gamma_d e_p^\top PB, & \text{如果} g_d(\hat{d}) < 0 \text{ 或者如果} g_d(\hat{d}) = 0 \\ & \text{且} -e_p^\top PB \nabla g_d(\hat{d}) \leqslant 0 \\ 0, & \text{其他} \end{cases} \tag{9.293}$$

其中初始条件为 $\Theta(0) = \Theta_0$ 和 $\hat{d}(0) = \hat{d}_0$。

自适应律的稳定性证明如下。

证明 预测误差动力学方程为

$$\dot{e}_p = \dot{\hat{x}} - \dot{x} = A_m e_p + B\left(\tilde{\Theta}^\top x + \tilde{d}\right) \tag{9.294}$$

式中 $\tilde{\Theta} = \Theta - \Theta^*$，$\tilde{d} = \hat{d} - d$。

选择李雅普诺夫候选函数

$$V\left(e_p, \tilde{\Theta}, \tilde{d}\right) = e_p^\top P e_p + \tilde{\Theta}^\top \Gamma^{-1} \tilde{\Theta} + \frac{\tilde{d}^2}{\gamma_d} \tag{9.295}$$

投影法可以保证 Θ 和 $\hat{d}$ 一直位于限制集之内，那么计算得到 $\dot{V}\left(e_p, \tilde{\Theta}, \tilde{d}\right)$ 为

$$\begin{aligned}
\dot{V}\left(e_p, \tilde{\Theta}, \tilde{d}\right) &= -e_p^\top Q e_p - 2\tilde{\Theta}^\top \Gamma^{-1} \dot{\Theta}^* - \frac{2\tilde{d}\dot{d}}{\gamma_d} \\
&\leqslant -\lambda_{\min}(Q)\left\|e_p\right\|^2 + 2\lambda_{\max}\left(\Gamma^{-1}\right)\left\|\tilde{\Theta}\right\|\Delta + \frac{2\left\|\tilde{d}\right\|\delta}{\gamma_d}
\end{aligned} \tag{9.296}$$

$\tilde{\Theta}(t)$ 和 $\tilde{d}(t)$ 满足如下约束：

$$\theta_{i_{\min}} - \theta_i^* \leqslant \tilde{\theta}_i \leqslant \theta_{i_{\max}} - \theta_i^* \tag{9.297}$$

$$d_{\min} - d \leqslant \tilde{d} \leqslant d_{\max} - d \tag{9.298}$$

268

这意味着

$$\left|\tilde{\theta}_i\right| \leqslant \max\left(\left|\theta_{i_{\min}} - \theta_i^*\right|, \left|\theta_{i_{\max}} - \theta_i^*\right|\right) \leqslant \max\left(\left|\theta_{i_{\min}}\right|, \left|\theta_{i_{\max}}\right|\right) + \max\left|\theta_i^*\right| \tag{9.299}$$

$$\left|\tilde{d}\right| \leqslant \max\left(\left|d_{\min} - d\right|, \left|d_{\max} - d\right|\right) \leqslant \max\left(\left|d_{\min}\right|, \left|d_{\max}\right|\right) + \max|d| = \tilde{d}_0 \tag{9.300}$$

设 $\tilde{\Theta}_0 = \max\left(\max\left(\left|\theta_{i_{\min}}\right|, \left|\theta_{i_{\max}}\right|\right) + \max\left|\theta_i^*\right|\right)$。那么

$$\dot{V}\left(e_p, \tilde{\Theta}, \tilde{d}\right) \leqslant -\lambda_{\min}(Q)\left\|e_p\right\|^2 + 2\lambda_{\max}\left(\Gamma^{-1}\right)\tilde{\Theta}_0\Delta + 2\gamma_d^{-1}\tilde{d}_0\delta \tag{9.301}$$

$\dot{V}\left(e_p, \tilde{\Theta}, \tilde{d}\right) \leqslant 0$ 意味着

$$\left\|e_p\right\| \geqslant \frac{2\lambda_{\max}\left(\Gamma^{-1}\right)\tilde{\Theta}_0\Delta + 2\gamma_d^{-1}\tilde{d}_0\delta}{\lambda_{\min}(Q)} = p \tag{9.302}$$

在由 $\left\|e_p\right\|$ 的上界和 $\left\|\tilde{\Theta}\right\|$ 的上界以及 $\left\|\tilde{d}\right\|$ 的上界构成的紧集之外，$\dot{V}\left(e_p, \tilde{\Theta}, \tilde{d}\right) \leqslant 0$。因此，所有信号是有界的。 ∎

定义 $\mathcal{L}_1$ 自适应控制器为

$$u(s) = -kD(s)w(s) \tag{9.303}$$

式中 $k > 0$ 是反馈增益，$D(s)$ 是真分式传递函数，$w(s)$ 是下式的拉普拉斯变换：

$$w(t) = u(t) + \Theta^\top(t)x + \hat{d}(t) - k_r r(t) \tag{9.304}$$

式中指令前馈增益 k_r 为

$$k_r = -\frac{1}{HA_m^{-1}B} \tag{9.305}$$

理想情况下的控制器为

$$u^*(t) = -\Theta^{*\top}(t)x(t) - d(t) + k_r r(t) \tag{9.306}$$

理想闭环控制系统变为

$$\dot{x} = A_m x + B k_r r \tag{9.307}$$

$\mathcal{L}_1$ 参考控制器由滤波后的理想控制器给出:

$$u_m(s) = C(s)u^*(s) \tag{9.308}$$

式中 $C(s)$ 是低通滤波器,由下式给出:

$$C(s) = \frac{kD(s)}{1 + kD(s)} \tag{9.309}$$

要求 $C(0) = 1$,所以 $D(s)$ 是任意能够满足 $\lim_{s \to 0} \frac{1}{D(s)} = 0$ 的传递函数。

然后,$\mathcal{L}_1$ 自适应控制器转换为设计反馈增益 k 和定义低通滤波器 $C(s)$ 的传递函数 $D(s)$。由 $\mathcal{L}_1$ 参考控制器构成的闭环参考系统为

$$sx(s) = A_m x(s) + B\left[C(s)u^*(s) + k_r r(s) - u^*(s)\right] \tag{9.310}$$

设 Θ^* 的最大界由如下 $\mathcal{L}_1$ 范数给出:

$$L = \|\Theta^*\|_1 = \max \sum_{i=1}^{n} |\theta_i^*| \tag{9.311}$$

那么,为使闭环参考系统是稳定的,系统传递函数 $G(s)$ 的 $\mathcal{L}_1$ 范数必须满足如下条件:

$$\|G(s)\| = \left\|(sI - A_m)^{-1} B[1 - C(s)]\right\|_1 L < 1 \tag{9.312}$$

上述条件是离散时间系统的单位圆稳定性条件,等价于连续时间系统 $A_m + B[1 - C(s)]\Theta^{*\top}$ 的赫尔维茨稳定性条件。

k 和 $D(s)$ 的选择可以极大地影响 $\mathcal{L}_1$ 自适应控制的性能和稳定性。例如,考虑如下传递函数:

$$D(s) = \frac{1}{s} \tag{9.313}$$

该传递函数满足理想的闭环传递函数

$$C(0) = \left.\frac{k}{s + k}\right|_{s=0} = 1 \tag{9.314}$$

那么,$\mathcal{L}_1$ 自适应控制器为

$$u = -\frac{k}{s}w(s) \tag{9.315}$$

或者将其转换到时域:

$$\dot{u} = -ku - k\left[\Theta^\top(t)x + \hat{d}(t) - k_r r\right] \tag{9.316}$$

考虑 Θ^* 和 d 是常值的情况。此时，闭环参考系统变为

$$\begin{bmatrix} \dot{x} \\ \dot{u} \end{bmatrix} = \begin{bmatrix} A_m + B\Theta^{*\top} & B \\ -k\Theta^{*\top} & -k \end{bmatrix} \begin{bmatrix} x \\ u \end{bmatrix} + \begin{bmatrix} Bd \\ -k(d - k_r r) \end{bmatrix} \tag{9.317}$$

稳定性条件需要选择合适的反馈增益 $k > 0$，使得

$$A_c = \begin{bmatrix} A_m + B\Theta^{*\top} & B \\ -k\Theta^{*\top} & -k \end{bmatrix} \tag{9.318}$$

是赫尔维茨矩阵。

考虑一阶单输入单输出控制系统

$$\dot{x} = a_m x + b(u + \theta^* x + d) \tag{9.319}$$

式中 θ^* 和 d 是未知常数，但已知这两个参数的界。

状态预测模型为

$$\dot{\hat{x}} = a_m \hat{x} + b(u + \theta x + \hat{d}) \tag{9.320}$$

选择 $D(s) = \dfrac{1}{s}$。那么，定义 $\mathcal{L}_1$ 自适应控制器为

$$u = -\frac{k}{s} w(s) \tag{9.321}$$

$$\dot{\theta} = \text{Pro}(\theta, -\gamma x e_p b) \tag{9.322}$$

$$\dot{\hat{d}} = \text{Pro}(\hat{d}, -\gamma_d e_p b) \tag{9.323}$$

那么，闭环系统矩阵为

$$A_c = \begin{bmatrix} a_m + b\theta^* & b \\ -k\theta^* & -k \end{bmatrix} \tag{9.324}$$

271

然后，可以得到闭环特征方程为

$$\det(sI - A_c) = \begin{vmatrix} s - a_m - b\theta^* & -b \\ k\theta^* & s + k \end{vmatrix} = s^2 + (k - a_m - b\theta^*)s - ka_m = 0 \tag{9.325}$$

将上述特征方程和二阶系统的特征方程进行比较：

$$s^2 + 2\zeta\omega_n s + \omega_n^2 = 0 \tag{9.326}$$

那么

$$\omega_n^2 = -ka_m \tag{9.327}$$

$$2\zeta\omega_n = k - a_m - b\theta^* \tag{9.328}$$

给定一个阻尼比 ζ，可以根据下式计算得到 k：

$$k^2 - 2k(a_m + b\theta^* - 2\zeta^2 a_m) + (a_m + b\theta^*)^2 = 0 \tag{9.329}$$

求解可得

$$k = a_m + b\theta^* - 2\zeta^2 a_m + 2\zeta\sqrt{a_m[-(a_m + b\theta^*) + \zeta^2 a_m]} \tag{9.330}$$

考虑如下两种情况：

1) 具有不确定性的开环系统是稳定的，并且 $a_m + b\theta^* < 0$。那么，如果

$$\zeta \geqslant \sqrt{\frac{a_m + b\theta^*}{a_m}} \tag{9.331}$$

则 $k \geqslant -(a_m + b\theta^*) > 0$。

2) 具有不确定性的开环系统是不稳定的，并且 $a_m + b\theta^* > 0$。那么闭环系统的极点为

$$s = -\frac{k - a_m - b\theta^*}{2}\left[1 \pm \sqrt{1 + \frac{4ka_m}{(k - a_m - b\theta^*)^2}}\right] \tag{9.332}$$

如果 $k > a_m + b\theta^*$，则极点位于左半平面。

例 9.12 考虑例 8.1 中参数漂移的示例。设 $a_m = -1$，$b = 1$，$\theta^* = 2$，$d(t) = \dfrac{w(t)}{b}$，$p = -\dfrac{5}{12}$。

选择 $D(s) = \dfrac{1}{s}$。因为 $a_m + b\theta^* = 1 > 0$，所以选择 $k = 2 > 1$。那么，$\mathcal{L}_1$ 自适应调节器为

$$\dot{u} = -2u - 2(\theta x + \hat{d})$$

$$\dot{\theta} = \text{Pro}\left(\theta, -\gamma x e_p b\right) = \begin{cases} -\gamma x e_p b, & \text{如果} \theta_{\min} < \theta < \theta_{\max} \text{ 或者如果} \theta = \theta_{\min} \\ & \text{且} \dot{\theta} \geqslant 0 \text{ 或者如果} \theta = \theta_{\max} \text{ 且} \dot{\theta} \leqslant 0 \\ 0, & \text{其他} \end{cases}$$

$$\dot{\hat{d}} = \text{Pro}\left(\hat{d}, -\gamma_d e_p b\right) = \begin{cases} -\gamma_d e_p b, & \text{如果} d_{\min} \leqslant \hat{d} \leqslant d_{\max} \text{ 或者如果} \hat{d} = d_{\min} \\ & \text{且} \dot{\hat{d}} \geqslant 0 \text{ 或者如果} \hat{d} = d_{\max} \text{ 且} \dot{\hat{d}} \leqslant 0 \\ 0, & \text{其他} \end{cases}$$

选择 $\theta_{\min} = 0$，$\theta_{\max} = 3$，$d_{\min} = -2$，$d_{\max} = 11$。为保证快速自适应，γ 和 γ_d 的值要足够大。当 γ 和 γ_d 的值足够大时，时间步长要足够小。选择 $\Delta t = 0.001$，$\gamma = \gamma_d = 100$。初始条件为 $x(0) = 0$，$\hat{x}(0) = 0$，$\theta(0) = 0$，$\hat{d}(0) = 0$。图 9-19 所示为 $\mathcal{L}_1$ 自适应控制的闭环系统响应。注意，由于 $\theta(t)$ 的上界太小，所以 $\theta(t) \to \theta_{\max}$。尽管如此，当 $t \to \infty$ 时，$x(t) \to \varepsilon$，$\hat{d}(t) \to d(t) + \delta$。

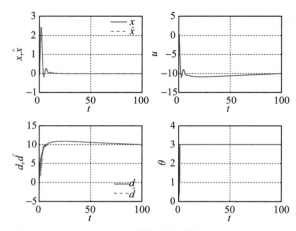

图 9-19 $\mathcal{L}_1$ 自适应控制的闭环系统响应 1，$\theta \to \theta_{\max}$

假设将上界提高为 $\theta_{\max} = 10$。那么在 $\theta(t)$ 新上界作用下的系统响应如图 9-20 所示。从图中可以得出 $\theta(t) \to \bar{\theta} = 5.1011 < \theta_{\max}$。注意，$\theta(t)$ 并没有趋近于 θ^*。

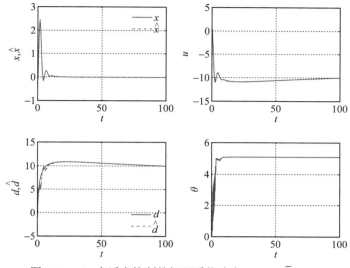

图 9-20　$\mathcal{L}_1$ 自适应控制的闭环系统响应 2，$\theta \to \bar{\theta} < \theta_{\max}$

9.8　归一化法

　　快速自适应可能导致模型参考自适应控制的鲁棒性丢失。快速自适应通常和大的自适应速率相关。然而，这不仅仅是由快速自适应造成的结果。当回归函数 $\varPhi(x)$ 的幅值比较大时，也会造成相同的结果。当输入幅值比较大时，归一化法是一种可以用来提高鲁棒性的方法[5]。归一化法的目标是利用回归函数的幅值来减小由快速自适应带来的影响。归一化自适应可以显著提高闭环自适应系统的时滞裕度。归一化模型参考自适应控制的自适应律为

$$\dot{\Theta} = -\frac{\varGamma \varPhi(x) e^{\top} PB}{1 + \varPhi^{\top}(x) R \varPhi(x)} \tag{9.333}$$

式中 $R = R^{\top} > 0$ 是正定的权重矩阵。

　　为防止参数漂移，投影法可以用来限定自适应参数。因此，结合投影法的归一化模型参考自适应控制可以描述为

$$\dot{\Theta} = \mathrm{Pro}\left(\Theta, -\frac{\varGamma \varPhi(x) e^{\top} PB}{1 + \varPhi^{\top}(x) R \varPhi(x)}\right) \tag{9.334}$$

式中 Θ 被限定在约束集之内，使得 $\|\tilde{\Theta}\| \leqslant \tilde{\Theta}_0$。

　　称 $1 + \varPhi^{\top}(x) R \varPhi(x)$ 的值为归一化系数。当闭环系统的鲁棒性较低时，回归函数 $\varPhi(x)$ 的幅值应该很大，归一化可以有效地抑制自适应过程从而提高鲁棒性。给出归一化最优控制修正法的稳定性证明如下。

　　证明　选择李雅普诺夫候选函数

$$V\left(e, \tilde{\Theta}\right) = e^{\top} Pe + \mathrm{trace}\left(\tilde{\Theta}^{\top} \varGamma^{-1} \tilde{\Theta}\right) \tag{9.335}$$

考虑如下两种情况：

1) 当 $g(\Theta) < 0$，或者 $g(\Theta) = 0$ 和 $-[\Phi(x)e^\top PB]^\top \nabla g_\Theta(\Theta) \leqslant 0$ 时，计算 $\dot{V}(e, \tilde{\Theta})$ 为

$$\dot{V}(e, \tilde{\Theta}) = -e^\top Qe - 2e^\top Pw + \frac{2e^\top PB\tilde{\Theta}^\top \Phi(x)\Phi^\top(x)R\Phi(x)}{1 + \Phi^\top(x)R\Phi(x)}$$

$$\leqslant -\lambda_{\min}(Q)\|e\|^2 + 2\|e\|\lambda_{\max}(P)w_0 \tag{9.336}$$

$$+ \frac{2e^\top PB\tilde{\Theta}^\top \Phi(x)\lambda_{\max}(R)\|\Phi(x)\|^2}{m^2(\|x\|)}$$

式中 $m^2(\|x\|) = 1 + \lambda_{\min}(R)\|\Phi(x)\|^2$。

设 $g(\Theta) = (\Theta - \Theta^*)^\top (\Theta - \Theta^*) - \beta^2 \leqslant 0$，那么 $\nabla g_\Theta(\Theta) = 2\tilde{\Theta}$。所以

$$-[\Phi(x)e^\top PB]^\top \nabla g_\Theta(\Theta) = -2e^\top PB\tilde{\Theta}^\top \Phi(x) = -c_0 \leqslant 0 \tag{9.337}$$

式中 $c_0 > 0$。

因此

$$\dot{V}(e, \tilde{\Theta}) \leqslant -\lambda_{\min}(Q)\|e\|^2 + 2\|e\|\lambda_{\max}(P)w_0 + \frac{c_0\lambda_{\max}(R)\|\Phi(x)\|^2}{m^2(\|x\|)} \tag{9.338}$$

因为 $\dfrac{\|\Phi(x)\|^2}{m^2(\|x\|)} \leqslant \dfrac{1}{\lambda_{\min}(R)}$，所以如果

$$-c_1\|e\|^2 + 2c_1 c_2\|e\| + \frac{c_0\lambda_{\max}(R)}{\lambda_{\min}(R)} \leqslant 0 \tag{9.339}$$

或者

$$\|e\| \geqslant c_2 + \sqrt{c_2 + \frac{c_0\lambda_{\max}(R)}{c_1\lambda_{\min}(R)}} = p \tag{9.340}$$

成立，那么 $\dot{V}(e, \tilde{\Theta}) \leqslant 0$。式中 $c_1 = \lambda_{\min}(Q)$，$c_2 = \frac{\lambda_{\max}(P)w_0}{\lambda_{\min}(Q)}$。

因为 $g(\Theta) \leqslant 0$，所以 $\|\tilde{\Theta}\|$ 的上界为 $\|\tilde{\Theta}\| \leqslant \beta$。因此，闭环系统是一致最终有界的，最终界为

$$p \leqslant \|e\| \leqslant \sqrt{\frac{\lambda_{\max}(P)p^2 + \lambda_{\max}(\Gamma^{-1})\alpha^2}{\lambda_{\min}(P)}} = \rho \tag{9.341}$$

$$\alpha \leqslant \|\tilde{\Theta}\| \leqslant \sqrt{\frac{\lambda_{\max}(P)p^2 + \lambda_{\max}(\Gamma^{-1})\alpha^2}{\lambda_{\min}(P)}} = \beta \tag{9.342}$$

2) 当 $g(\Theta) \geqslant 0$ 且 $-[\Phi(x)e^\top PB]^\top \nabla g_\Theta(\Theta) > 0$ 时，有

$$\dot{V}(e, \tilde{\Theta}) = -e^\top Qe - 2e^\top Pw$$

$$+ 2\tilde{\Theta}^\top \frac{\nabla g_\Theta(\Theta)\nabla^\top g_\Theta(\Theta)}{\nabla^\top g_\Theta(\Theta)\nabla g_\Theta(\Theta)} \frac{\Phi(x)e^\top PB\Phi^\top(x)R\Phi(x)}{1 + \Phi^\top(x)R\Phi(x)} \tag{9.343}$$

对于相同的 $g(\Theta)$，有 $2e^\top PB\tilde{\Theta}^\top \Phi(x) = -c_0 < 0$，其中 $c_0 > 0$，所以

$$\frac{\nabla g_\Theta(\Theta)\nabla^\top g_\Theta}{\nabla^\top g_\Theta(\Theta)\nabla g_\Theta(\Theta)} = \frac{\tilde{\Theta}\tilde{\Theta}^\top}{\tilde{\Theta}^\top \tilde{\Theta}} \tag{9.344}$$

因此

$$\dot{V}\left(e, \tilde{\Theta}\right) \leqslant -\lambda_{\min}(Q)\|e\|^2 + 2\|e\|\lambda_{\max}(P)w_0 - \frac{c_0\lambda_{\min}(R)\|\Phi(x)\|^2}{n^2(\|x\|)}$$

$$\leqslant -\lambda_{\min}(Q)\|e\|^2 + 2\|e\|\lambda_{\max}(P)w_0 \tag{9.345}$$

式中 $n^2(\|x\|) = 1 + \lambda_{\max}(R)\|\Phi(x)\|^2$。

那么，如果

$$\|e\| \geqslant \frac{2\lambda_{\max}(P)w_0}{\lambda_{\min}(Q)} = p \tag{9.346}$$

成立，则 $\dot{V}\left(e, \tilde{\Theta}\right) \leqslant 0$。

因为 $g(\Theta) \geqslant 0$，所以 $\|\tilde{\Theta}\|$ 的下界为 $\|\tilde{\Theta}\| \geqslant \alpha$。因此，闭环系统是一致最终有界的。 ∎

注意，随着 $\lambda_{\max}(R)$ 的增多，归一化法会使跟踪性能变差，但同时在存在大幅值输入或者快速自适应的情况下会提高系统鲁棒性。

对于没有考虑投影法的归一化模型参考自适应控制，如果没有外界干扰，那么跟踪误差是渐近的，但当存在干扰时，李雅普诺夫稳定性证明并不能保证自适应参数是有界的。所以，不考虑投影法的归一化模型参考自适应控制对于参数漂移并不鲁棒。

除了投影法，归一化技术还可以与其他任何一种鲁棒修正方法相结合，比如 σ 修正、e 修正和最优控制修正。例如，归一化 σ 修正可由下式给出：

$$\dot{\Theta} = -\frac{\Gamma\left(\Phi(x)e^{\top}PB + \sigma\Theta\right)}{1 + \Phi^{\top}(x)R\Phi(x)} \tag{9.347}$$

276

因为没有投影，所以必须选择 R 和 σ 使得闭环系统稳定。这可以由如下李雅普诺夫稳定性分析得到。

证明 选择常见的李雅普诺夫候选函数

$$V\left(e, \tilde{\Theta}\right) = e^{\top}Pe + \text{trace}\left(\tilde{\Theta}^{\top}\Gamma^{-1}\tilde{\Theta}\right) \tag{9.348}$$

那么，因为 $\dfrac{\|\Phi(x)\|^2}{m^2(\|x\|)} \leqslant \dfrac{1}{\lambda_{\min}(R)}$，所以计算 $\dot{V}\left(e, \tilde{\Theta}\right)$ 得

$$\dot{V}\left(e, \tilde{\Theta}\right) = -e^{\top}Qe + 2e^{\top}PB\tilde{\Theta}^{\top}\Phi(x) - 2e^{\top}Pw$$

$$- \text{trace}\left(\frac{2\tilde{\Theta}^{\top}\left(\Phi(x)e^{\top}PB + \sigma\Theta\right)}{1 + \Phi^{\top}(x)R\Phi(x)}\right)$$

$$\leqslant -\lambda_{\min}(Q)\|e\|^2 + 2\|e\|\lambda_{\max}(P)w_0 \tag{9.349}$$

$$+ \frac{2\lambda_{\max}(R)\|e\|\|PB\|\left\|\tilde{\Theta}\right\|\|\Phi(x)\|}{\lambda_{\min}(R)} - \frac{2\sigma\left\|\tilde{\Theta}\right\|^2}{n^2(\|x\|)} + \frac{2\sigma\left\|\tilde{\Theta}\right\|\Theta_0}{m^2(\|x\|)}$$

利用不等式 $2\|a\|\|b\| \leqslant \|a\|^2 + \|b\|^2$ 可以得到 $\dot{V}\left(e, \tilde{\Theta}\right)$ 的界为

$$\dot{V}\left(e, \tilde{\Theta}\right) \leqslant -c_1\left(\|e\| - c_2\right)^2 + c_1c_2^2 + \frac{\lambda_{\max}(R)\|PB\|\left\|\tilde{\Theta}\right\|^2\|\Phi(x)\|^2}{\lambda_{\min}(R)}$$

$$- c_3\left(\left\|\tilde{\Theta}\right\| - c_4\right)^2 + c_3c_4^2 \tag{9.350}$$

式中 $c_1 = \lambda_{\min}(Q) - \frac{\lambda_{\max}(R)\|PB\|}{\lambda_{\min}(R)}$, $c_2 = \frac{\lambda_{\max}(P)w_0}{c_1}$, $c_3 = \frac{2\sigma}{n^2(\|x\|)}$, $c_4 = \frac{n^2(\|x\|)\Theta_0}{2m^2(\|x\|)}$。

设 $\|\tilde{\Theta}\| = c_4$ 可以使 $\dot{V}(e, \tilde{\Theta})$ 增大。因为 $\frac{n^2(\|x\|)}{m^2(\|x\|)} \leqslant \frac{\lambda_{\max}(R)}{\lambda_{\min}(R)}$ 并且 $\frac{n^2(\|x\|)}{m^4(\|x\|)} \leqslant 1$,所以

$$\dot{V}(e, \tilde{\Theta}) \leqslant -c_1(\|e\| - c_2)^2 + c_1 c_2^2 + \frac{\lambda_{\max}^3(R)\|PB\|\Theta_0^2\|\Phi(x)\|^2}{4\lambda_{\min}^3(R)} + \frac{\sigma\Theta_0^2}{2} \tag{9.351}$$

因此,选择 R 和 σ 使如下不等式成立:

$$\varphi(\|x\|, \|x_m\|, Q, R, w_0, \Theta_0) = \begin{aligned} &-c_1\|x\|^2 + 2(c_1 c_2 + c_5\|x_m\|)\|x\| \\ &+ 2c_1 c_2\|x_m\| - c_1\|x_m\|^2 + c_6\|\Phi(x)\|^2 + c_7 \leqslant 0 \end{aligned} \tag{9.352}$$

式中 $c_5 = \lambda_{\max}(Q) - \frac{\lambda_{\max}(R)\|PB\|}{\lambda_{\min}(R)}$, $c_6 = \frac{\lambda_{\max}^3(R)\|PB\|\Theta_0^2}{4\lambda_{\min}^3(R)}$, $c_7 = \frac{\sigma\Theta_0^2}{2}$。　■

将归一化法与鲁棒修正法结合使用可以显著提高系统对参数漂移、时间延迟以及未建模动态的鲁棒性[16, 25]。

考虑具有自适应控制器的一阶单输入单输出系统,该自适应控制器是不考虑投影法的归一化模型参考自适应控制

$$\dot{x} = ax + bu \tag{9.353}$$

$$u = k_x(t)x + k_r r \tag{9.354}$$

$$\dot{k}_x = \frac{\gamma_x x(x_m - x)b}{1 + Rx^2} \tag{9.355}$$

式中 r 是常值参考指令信号。

对闭环系统进行微分得到

$$\ddot{x} - [a + bk_x(t)]\dot{x} + b\frac{\gamma_x x^2 b}{1 + Rx^2}x = b\frac{\gamma_x x^2 x_m b}{1 + Rx^2} \tag{9.356}$$

归一化模型参考自适应控制的作用是减弱模型参考自适应控制的非线性积分控制作用。归一化模型参考自适应控制的非线性积分增益为

$$k_i(x) = \frac{\gamma_x x^2 b}{1 + Rx^2} \tag{9.357}$$

然后,将闭环系统表示为

$$\ddot{x} - [a + bk_x(t)]\dot{x} + bk_i(x)x = bk_i(x)x_m \tag{9.358}$$

注意,$k_i(x)$ 是一个有界函数:

$$0 < k_i(x) \leqslant \frac{\gamma_x b}{R} \tag{9.359}$$

因此,最大闭环频率不依赖于 $x(t)$。所以,无论多大的输入幅值都不会影响非线性积分控制作用。尽管如此,$k_i(x)$ 仍会趋近于和 γ_x 相关的较大值。

例 9.13　考虑如下一阶单输入单输出系统：

$$\dot{x} = ax + b\left(u + \theta^* x^2\right)$$

式中 $a = 1$，$b = 1$，为已知参数，$\theta^* = 2$ 是未知参数。

[278]

设计自适应控制器为

$$u = k_x x + k_r r - \theta(t) x^2$$

采用不考虑投影法的归一化模型参考自适应控制

$$\dot{\theta} = -\frac{\gamma x^2 eb}{1 + Rx^4}$$

给定参考模型为

$$\dot{x}_m = a_m x_m + b_m r$$

式中 $a_m = -1$，$b_m = 1$，$r = 1$。

选择 $\gamma = 1000$，$R = 100$，$x(0) = 1$。图 9-21 中给出了标准模型参考自适应控制和归一化模型参考自适应控制的闭环系统响应曲线。由于采用大的自适应增益，在标准模型自适应控制的响应中出现了高频振荡。另一方面，归一化模型参考自适应控制有效地消除了快速自适应带来的高频振荡。由于没有外界干扰，跟踪误差和参数估计误差都收敛于零。

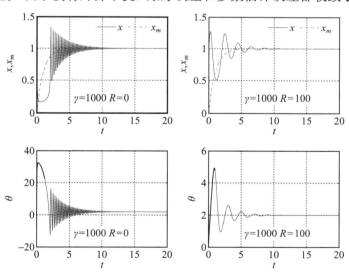

图 9-21　标准模型参考自适应控制和归一化模型参考自适应控制的闭环响应

例 9.14　考虑例 8.1

$$\dot{x} = ax + bu + w$$

其中

$$w = p(1+t)^{p-1} - a(1+t)^p + b\left[\gamma_x b \frac{(1+t)^{2p+1} - 1}{2p+1} - k_x(0)\right](1+t)^p$$

自适应调节控制器为

[279]

$$u = k_x(t) x$$

式中 $k_x(t)$ 由不考虑投影法的归一化模型参考自适应控制计算得到:

$$\dot{k}_x = -\frac{\gamma_x x^2 b}{1 + Rx^2}$$

设 $a = 1$,$b = 1$,$n = -\frac{5}{12}$,$\gamma_x = 10$,$R = 1$。归一化模型参考自适应控制的闭环系统响应如图 9-22 所示。注意,图中的闭环响应出现了参数漂移现象,即 $k_x(t) \to -\infty$。因此,不考虑投影法的归一化模型参考自适应控制对于参数漂移不是鲁棒的。

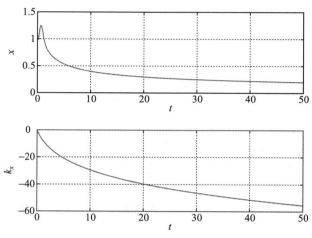

图 9-22   归一化模型参考自适应控制的参数漂移

9.9   自适应速率的协方差调节

当系统中存在大的不确定性时,需要快速自适应以迅速地减小跟踪误差。然而,在大多数情况下,当自适应过程已经实现预期的跟踪性能时,通常不再需要快速自适应。即使在自适应达到预期目标后,保持快速自适应依然能够实现持续学习。好的一方面是,一旦自适应达到预期目标,持续学习无法进一步改善跟踪性能。不好的一方面是,持续学习降低了自适应控制器的鲁棒性,这是我们不想要的结果。因此,可以通过协方差调节法来降低自适应速率。这种修正方法允许在初始阶段使用任意大的自适应速率来实现快速自适应。然后,协方差调节会将自适应速率调整到较小的值,从而在自适应后期提高鲁棒性。协方差调节通过降低自适应速率来改善系统的鲁棒性,同时可以保留初始自适应阶段的跟踪性能[5, 16, 25]。

将考虑协方差调节自适应速率的标准模型参考自适应控制表示为

$$\dot{\Theta} = -\Gamma(t)\Phi(x)e^{\top}PB \tag{9.360}$$

$$\dot{\Gamma} = -\eta\Gamma\Phi(x)\Phi^{\top}(x)\Gamma \tag{9.361}$$

式中 $\eta > 0$ 是调节系数。

该调节方法与递归最小二乘法中协方差矩阵 $R(t)$ 的更新律相同。

还有其他形式的协方差调节法,如具有遗忘因子的协方差调节法可以表示为

$$\dot{\Gamma} = \beta\Gamma - \eta\Gamma\Phi(x)\Phi^{\top}(x)\Gamma \tag{9.362}$$

式中 $\beta > 0$ 是遗忘因子。

归一化协方差调节法可以表示为

$$\dot{\Gamma} = \frac{\beta\Gamma - \eta\Gamma\Phi(x)\Phi^\top(x)\Gamma}{1 + \Phi^\top(x)R\Phi(x)} \tag{9.363}$$

由于投影法可以用来限定自适应参数的界，所以考虑投影法和自适应速率协方差调节的模型参考自适应控制为

$$\dot{\Theta} = \mathrm{Pro}\left(\Theta, -\Gamma(t)\Phi(x)e^\top PB\right) \tag{9.364}$$

自适应速率协方差调节法的稳定性证明如下。

证明 选择李雅普诺夫候选函数

$$V\left(e, \tilde{\Theta}\right) = e^\top Pe + \mathrm{trace}\left(\tilde{\Theta}^\top\Gamma^{-1}\tilde{\Theta}\right) \tag{9.365}$$

考虑 $g(\Theta) < 0$ 或者 $g(\Theta) = 0$ 和 $-[\Phi(x)e^\top PB]^\top \nabla g_\Theta(\Theta) \leqslant 0$ 的情况。计算 $\dot{V}\left(e, \tilde{\Theta}\right)$，得到

$$\dot{V}\left(e, \tilde{\Theta}\right) = -e^\top Qe - 2e^\top Pw + \mathrm{trace}\left(\tilde{\Theta}^\top \frac{\mathrm{d}\Gamma^{-1}}{\mathrm{d}t}\tilde{\Theta}\right) \tag{9.366}$$

由于

$$\Gamma\Gamma^{-1} = I \tag{9.367}$$

281

则有

$$\dot{\Gamma}\Gamma^{-1} + \Gamma\frac{\mathrm{d}\Gamma^{-1}}{\mathrm{d}t} = 0 \tag{9.368}$$

所以

$$\frac{\mathrm{d}\Gamma^{-1}}{\mathrm{d}t} = -\Gamma^{-1}\dot{\Gamma}\Gamma^{-1} = \eta\Phi(x)\Phi^\top(x) \tag{9.369}$$

故

$$\begin{aligned}\dot{V}\left(e, \tilde{\Theta}\right) = &-e^\top Qe - 2e^\top Pw + \eta\Phi^\top(x)\tilde{\Theta}\tilde{\Theta}^\top\Phi(x) \leqslant -\lambda_{\min}(Q)\|e\|^2 \\ &+2\|e\|\lambda_{\max}(P)w_0 + \eta\left\|\tilde{\Theta}\right\|^2\|\Phi(x)\|^2\end{aligned} \tag{9.370}$$

因为 $\|\tilde{\Theta}\| \leqslant \beta$，其中 β 是根据投影法得到的先验界，故可以选择参数 η 使得 $\dot{V}\left(e, \tilde{\Theta}\right) \leqslant 0$ 或者满足如下不等式：

$$\begin{aligned}\varphi\left(\|x\|, \|x_m\|, Q, \eta, w_0, \|\tilde{\Theta}\|\right) = &-c_1\|x\|^2 + 2\left(c_1c_2 + c_5\|x_m\|\right)\|x\| \\ &+2c_1c_2\|x_m\| - c_1\|x_m\|^2 + \eta\beta^2\|\Phi(x)\|^2 \leqslant 0\end{aligned} \tag{9.371}$$

如果不存在外界干扰，那么跟踪误差会渐近地收敛到零，但是自适应参数仅仅是有界的。如果存在外界干扰，即使自适应速率调整到零也会出现参数漂移现象。理论上，随着 $t \to \infty$，$\Gamma(t) \to 0$，此时自适应参数会停止漂移。但实际上，自适应参数会增长到一个相当大的值，从而导致鲁棒性问题。因此，协方差调节法需要和投影法或者其他鲁棒修正法结合使用，这样才能防止参数漂移。

当与其他鲁棒修正法结合使用时，协方差调节法能够进一步地改善系统鲁棒性。例如，考虑协方差调节的最优控制修正法为[25]

$$\dot{\Theta} = -\Gamma(t)\Phi(x)\left[e^{\top}P - v\Phi^{\top}(x)\Theta B^{\top}PA_m^{-1}\right]B \tag{9.372}$$

$$\dot{\Gamma} = -\eta\Gamma\Phi(x)\Phi^{\top}(x)\Gamma \tag{9.373}$$

计算 $\dot{V}\left(e, \tilde{\Theta}\right)$，得到

$$\dot{V}\left(e, \tilde{\Theta}\right) \leqslant -c_1\left(\|e\| - c_2\right)^2 + c_1 c_2^2 - vc_3\|\Phi(x)\|^2\left(\|\tilde{\Theta}\| - c_4\right)^2 + vc_3 c_4^2\|\Phi(x)\|^2 \tag{9.374}$$

式中的 c_1、c_2、c_4 已在 9.5 节中定义，$c_3 = \lambda_{\min}\left(B^{\top}A_m^{-\top}QA_m^{-1}B\right)\left(1 - \dfrac{\eta}{\eta_{\max}}\right)$，并且 $0 \leqslant \eta < \eta_{\max}$，其中 $\eta_{\max} = v\lambda_{\min}\left(B^{\top}A_m^{-\top}QA_m^{-1}B\right)$。

因此，在紧集之外有 $\dot{V}\left(e, \tilde{\Theta}\right) \leqslant 0$。所以，闭环自适应系统是完全有界的。

考虑在自适应控制器作用下的一阶单输入单输出系统，其中自适应控制器采用了协方差调节的自适应速率

$$\dot{x} = ax + bu \tag{9.375}$$

$$u = k_x(t)x + k_r r \tag{9.376}$$

$$\dot{k}_x = \gamma_x xeb \tag{9.377}$$

$$\dot{\gamma}_x = -\eta\gamma_x^2 x^2 \tag{9.378}$$

将自适应速率进行积分：

$$-\frac{\mathrm{d}\gamma_x}{\gamma_x^2} = \eta x^2\mathrm{d}t \Rightarrow \frac{1}{\gamma_x} - \frac{1}{\gamma_x(0)} = \eta\int_0^t x^2(\tau)\mathrm{d}\tau \tag{9.379}$$

求解上式得到

$$\gamma_x = \frac{\gamma_x(0)}{1 + \gamma_x(0)\eta\displaystyle\int_0^t x^2(\tau)\mathrm{d}\tau} \tag{9.380}$$

那么，自适应律变为

$$\dot{k}_x = \frac{\gamma_x(0)xeb}{1 + \gamma_x(0)\eta\displaystyle\int_0^t x^2(\tau)\mathrm{d}\tau} \tag{9.381}$$

这实际上是一个带有积分平方归一化因子的归一化自适应律。

设 $r(t)$ 是一个常值参考指令信号。对闭环系统进行微分，得到

$$\ddot{x} - [a + bk_x(t)]\dot{x} + bk_i(x)x = bk_i(x)x_m \tag{9.382}$$

式中 $k_i(x)$ 是非线性积分增益

$$k_i(x) = \frac{\gamma_x(0)x^2 b}{1 + \gamma_x(0)\eta\displaystyle\int_0^t x^2(\tau)\mathrm{d}\tau} \tag{9.383}$$

随着 $t \to \infty$，因为 $\int_0^t x^2(\tau)\mathrm{d}\tau \to \infty$，$r(t)$ 是一个常值指令信号，故有 $k_i(x) \to 0$，其中 $x(t) \notin \mathscr{L}_2$，因此完全消除了快速自适应的作用。

自适应速率协方差调节的作用是逐渐关闭自适应过程。协方差调节的一个问题是，一旦自适应速率降低到零附近，当再出现新的不确定性时，需要手动重启自适应过程。而在其他的自适应控制方法中，自适应速率一直不变并且自适应过程一直处于运行状态。可以使用协方差调节法来设计一个重置自适应过程，每当满足阈值条件时，可以使用新的自适应速率初值来重置自适应过程。例如，协方差调节重置算法可以表示为

$$\dot{\Gamma} = \begin{cases} \dot{\Gamma} \text{ 其中} \Gamma(t_e) = \Gamma_e, & t \geqslant t_e, \text{ 当} t = t_e \text{ 时，满足} \|e(t)\| > e_0 \\ \dot{\Gamma} \text{ 其中} \Gamma(0) = \Gamma_0, & \text{其他} \end{cases} \tag{9.384}$$

应该选择适当的阈值防止误触发重置机制。此外，当切换动作使得 $\Gamma(t)$ 的初值具有较大变化时，可以使用滤波器来处理 $\Gamma(t)$ 的新值，从而防止瞬态行为的出现。例如，如果使用一阶滤波器，那么当 $t \in [t_e, t_e + \Delta t]$ 时，有

$$\dot{\Gamma} = -\lambda(\Gamma - \Gamma_e) \tag{9.385}$$

式中 $\lambda > 0$，当 $t = t_e$ 时的 $\Gamma(t_e) = \Gamma(t)$ 是根据之前的协方差调节计算得到的，Γ_e 是 $\Gamma(t)$ 新的重置初始值。

例 9.15 考虑与例 9.13 中相同的一阶单输入单输出系统

$$\dot{x} = ax + b\left(u + \theta^* x^2\right)$$

设计如下模型参考自适应控制的自适应律，该自适应律使用了协方差调节法，但没有考虑投影法修正：

$$\dot{\theta} = -\gamma x^2 eb$$

$$\dot{\gamma} = -\eta \gamma^2 x^4$$

设 $\gamma(0) = 1000$，$\eta = 0.1$。闭环系统的响应如图 9-23 所示。与图 9-21 相比，协方差调节的闭环响应中没有高频振荡。跟踪误差和自适应参数估计误差都渐近地趋近于零。$t = 20\mathrm{s}$ 时的自适应速率为 $\gamma(t) = 0.6146$，小于初始值 $\gamma(0) = 1000$。

例 9.16 考虑与例 9.14 中相同的参数漂移示例，在本例中的自适应律不考虑投影法修正，只考虑协方差调节修正：

$$\dot{k}_x = -\gamma_x x^2 b$$

$$\dot{\gamma}_x = -\eta \gamma_x^2 x^2$$

设 $\gamma_x(0) = 10$，$\eta = 1$。闭环响应如图 9-24 所示。注意，虽然从图中观察到 $k_x(t)$ 的值似乎达到了稳态值，但实际上，$k_x(t)$ 只是非常缓慢地漂移，这是因为此时的自适应速率非常小且在有限时间内不为零。

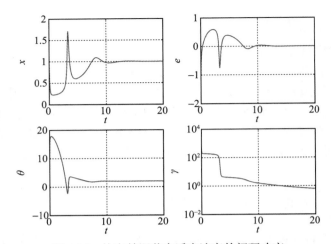

图 9-23　协方差调节自适应速率的闭环响应

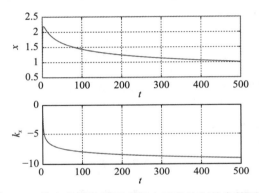

图 9-24　协方差调节模型参考自适应控制的参数漂移

9.10　具有控制输入不确定性系统的最优控制修正

在某些情况下,控制系统的控制效果可能由于故障而得不到保证。当控制输入中存在不确定性时,系统的闭环特性会发生显著变化,从而影响控制系统的稳定和性能。所以,必须相应地对控制信号进行修正,从而在控制效率降低的情况下保证系统性能。

考虑具有控制输入不确定性和匹配不确定性的线性系统

$$\dot{x} = Ax + B\Lambda\left(u + \Omega^{*\top}x\right) \tag{9.386}$$

式中 $x \in \mathbb{R}^n$ 是状态向量, $u \in \mathbb{R}^m$ 是控制向量, $A \in \mathbb{R}^n \times \mathbb{R}^n$, $B \in \mathbb{R}^n \times \mathbb{R}^m$ 是已知常值矩阵,使得 (A, B) 能控, $\Lambda \in \mathbb{R}^m \times \mathbb{R}^m$ 是表示控制效率的未知对角阵, $\Omega^* \in \mathbb{R}^{n \times m}$ 是未知常值矩阵。

设 $\Delta A = B\Lambda\Omega^{*\top}$ 和 $\Delta B = B(\Lambda - I)$,那么被控对象也可以表示为

$$\dot{x} = (A + \Delta A)x + (B + \Delta B)u \tag{9.387}$$

设计一个标称固定增益控制器来稳定不考虑不确定性的被控对象,并使其能够跟踪参考指令 r:

$$\bar{u} = K_x x + K_r r \tag{9.388}$$

式中 $r \in \mathbb{R}^q \in \mathcal{L}_\infty$ 是一个分段连续的有界参考指令向量。

不考虑不确定性的闭环标称系统为

$$\dot{x} = A_m x + B_m r \tag{9.389}$$

式中 $A_m = A + BK_x \in \mathbb{R}^n \times \mathbb{R}^n$ 是赫尔维茨矩阵，矩阵 $B_m = BK_r \in \mathbb{R}^n \times \mathbb{R}^q$ 的维数满足 $q \leqslant n$。

然后，利用标称被控对象来构造参考模型

$$\dot{x}_m = A_m x_m + B_m r \tag{9.390}$$

式中 $x_m \in \mathbb{R}^n$ 是参考状态向量。

此处的目标是设计一个全状态反馈的自适应增广控制器，使得 $x(t)$ 能够在不确定性 ΔA 和 ΔB 的作用下跟踪 $x_m(t)$：

$$u = \bar{u} + \Delta K_x x + \Delta K_r r - \Omega^\top x \tag{9.391}$$

为方便起见，将 u 表示为

$$u = \bar{u} - \Theta^\top \Phi(x, r) \tag{9.392}$$

式中 $\Theta^\top = \begin{bmatrix} -\Delta K_x(t) + \Omega^\top(t) & -\Delta K_r(t) \end{bmatrix} \in \mathbb{R}^m \times \mathbb{R}^{n+q}$，$\Phi(x, r) = \begin{bmatrix} x^\top & r^\top \end{bmatrix}^\top \in \mathbb{R}^{n+q}$。

假设存在未知常值矩阵 ΔK_x^* 和 ΔK_r^*，且二者满足如下模型匹配条件：

$$A + B\Lambda(K_x + \Delta K_x^*) = A_m \tag{9.393}$$

$$B\Lambda(K_r + \Delta K_r^*) = B_m \tag{9.394}$$

设 $\tilde{\Lambda}(t) = \hat{\Lambda}(t) - \Lambda$，$\Delta\tilde{K}_x(t) = \Delta K_x(t) - \Delta K_x^*$，$\Delta\tilde{K}_r(t) = \Delta K_r(t) - \Delta K_r^*$，$\tilde{\Omega}(t) = \Omega(t) - \Omega^*$ 和 $\tilde{\Theta}(t) = \Theta(t) - \Theta^*$ 为估计误差，那么闭环控制系统变为

$$\dot{x} = A_m x + B_m r - B\hat{\Lambda}\tilde{\Theta}^\top \Phi(x, r) + B\tilde{\Lambda}\tilde{\Theta}^\top \Phi(x, r) \tag{9.395}$$

定义跟踪误差 $e(t) = x_m(t) - x(t)$，那么跟踪误差动力学方程为

$$\dot{e} = A_m e + B\hat{\Lambda}\tilde{\Theta}^\top \Phi(x, r) + B\varepsilon \tag{9.396}$$

式中

$$\varepsilon = -\tilde{\Lambda}\tilde{\Theta}^\top \Phi(x, r) \tag{9.397}$$

如果 Λ 的符号已知，那么可以使用标准模型参考自适应控制律来更新 Θ：

$$\dot{\Theta} = -\Gamma_\Theta \Phi(x, r) e^\top P B \operatorname{sgn}\Lambda \tag{9.398}$$

上述模型参考自适应控制律，只能提供渐近跟踪特性，无法保证在未建模动态作用下的鲁棒性。最优控制修正自适应律可以提供鲁棒参数自适应[21]：

$$\dot{\Theta} = -\Gamma_\Theta \Phi(x, r) \left[e^\top P - \nu \Phi^\top(x, r)\Theta\hat{\Lambda}^\top B^\top P A_m^{-1} \right] B\hat{\Lambda} \tag{9.399}$$

注意，上述自适应律依赖于 Λ 的估计值。为此，设计被控对象的预测模型

$$\dot{\hat{x}} = A_m \hat{x} + (A - A_m) x + B\hat{\Lambda}\left(u + \Omega^\top x \right) \tag{9.400}$$

定义预测误差为 $e_p(t) = \hat{x}(t) - x(t)$，那么

$$\dot{e}_p = A_m e_p + B\hat{\Lambda}\tilde{\Omega}^\top x + B\tilde{\Lambda}\left(u + \Omega^\top x\right) + B\varepsilon_p \tag{9.401}$$

式中

$$\varepsilon_p = -\tilde{\Lambda}\tilde{\Omega}^\top x \tag{9.402}$$

Λ 可以通过如下自适应律进行估计:

$$\dot{\Omega} = -\Gamma_\Omega x\left(e_p^\top P - vx^\top \Omega\hat{\Lambda}^\top B^\top PA_m^{-1}\right)B\hat{\Lambda} \tag{9.403}$$

$$\dot{\Lambda}^\top = -\Gamma_\Lambda\left(u + \Omega^\top x\right)\left[e_p^\top P - v\left(u^\top + x^\top \Omega\right)\hat{\Lambda}^\top B^\top PA_m^{-1}\right]B \tag{9.404}$$

李雅普诺夫稳定性证明如下。

证明　选择李雅普诺夫候选函数

$$V\left(e, e_p, \tilde{\Theta}, \tilde{\Omega}, \tilde{\Lambda}\right) = e^\top Pe + e_p^\top Pe_p + \operatorname{trace}\left(\tilde{\Theta}^\top \Gamma_\Theta^{-1}\tilde{\Theta}\right) \\ + \operatorname{trace}\left(\tilde{\Omega}^\top \Gamma_\Omega^{-1}\tilde{\Omega}\right) + \operatorname{trace}\left(\tilde{\Lambda}\Gamma_\Lambda^{-1}\tilde{\Lambda}^\top\right) \tag{9.405}$$

计算 $\dot{V}\left(e, e_p, \tilde{\Theta}, \tilde{\Omega}, \tilde{\Lambda}\right)$, 得到

$$\dot{V}\left(e, e_p, \tilde{\Theta}, \tilde{\Omega}, \tilde{\Lambda}\right) = -e^\top Qe - e_p^\top Qe_p + 2e^\top PB\varepsilon + 2e_p^\top PB\varepsilon_p \\ + 2v\operatorname{trace}\left(\tilde{\Theta}^\top \Phi(x, r)\Phi^\top(x, r)\Theta\hat{\Lambda}^\top B^\top PA_m^{-1}B\hat{\Lambda}\right) \\ + 2v\operatorname{trace}\left(\tilde{\Omega}^\top xx^\top \Omega\hat{\Lambda}^\top B^\top PA_m^{-1}B\hat{\Lambda}\right) \\ + 2v\operatorname{trace}\left(\tilde{\Lambda}\left(u + \Omega^\top x\right)\left(u^\top + x^\top \Omega\right)\hat{\Lambda}^\top B^\top PA_m^{-1}B\right) \tag{9.406}$$

设 $\bar{B} = [\ B\ \ B\ \ B\ ] \in \mathbb{R}^n \times \mathbb{R}^{3m}$, $\Pi(t) = \begin{bmatrix} \Theta(t)\hat{\Lambda}^\top(t) & 0 & 0 \\ 0 & \Omega(t)\hat{\Lambda}^\top(t) & 0 \\ 0 & 0 & \hat{\Lambda}^\top(t) \end{bmatrix} \in \mathbb{R}^{2n+m+q} \times$

$\mathbb{R}^{3m}$, $\Psi(x, r) = [\ \Phi^\top(x, r)\ \ x^\top\ \ u^\top + x^\top \Omega\ ]^\top \in \mathbb{R}^{2n+m+q}$, 那么

$$\operatorname{trace}\left(\tilde{\Pi}^\top \Psi(x, r)\Psi^\top(x, r)\Pi\bar{B}^\top PA_m^{-1}\bar{B}\right) \\ = \operatorname{trace}\left(\tilde{\Theta}^\top \Phi(x, r)\Phi^\top(x, r)\Theta\hat{\Lambda}^\top B^\top PA_m^{-1}B\hat{\Lambda}\right) \\ + \operatorname{trace}\left(\tilde{\Omega}^\top xx^\top \Omega\hat{\Lambda}^\top B^\top PA_m^{-1}B\hat{\Lambda}\right) \\ + \operatorname{trace}\left(\tilde{\Lambda}\left(u + \Omega^\top x\right)\left(u^\top + x^\top \Omega\right)\hat{\Lambda}^\top B^\top PA_m^{-1}B\right) \tag{9.407}$$

$\dot{V}\left(e, e_p, \tilde{\Theta}, \tilde{\Omega}, \tilde{\Lambda}\right)$ 可以表示为

$$\dot{V}\left(e, e_p, \tilde{\Pi}\right) = -e^\top Qe - e_p^\top Qe_p + 2e^\top PB\varepsilon + 2e_p^\top PB\varepsilon_p \\ - v\Psi^\top(x, r)\tilde{\Pi}\bar{B}^\top A_m^{-\top}QA_m^{-1}\bar{B}\tilde{\Pi}^\top \Psi(x, r) \\ + 2v\Psi^\top(x, r)\Pi^*\bar{B}^\top PA_m^{-1}\bar{B}\tilde{\Pi}^\top \Psi(x, r) \tag{9.408}$$

则 $\dot{V}\left(e, e_p, \tilde{\Pi}\right)$ 的界为

$$\dot{V}\left(e, e_p, \tilde{\Pi}\right) \leqslant -\lambda_{\min}(Q)\left(\|e\|^2 + \|e_p\|^2\right) + 2\|PB\|\left(\|e\|\varepsilon_0 + \|e_p\|\varepsilon_{p_0}\right) \\ - v\lambda_{\min}\left(\bar{B}^\top A_m^{-\top}QA_m^{-1}\bar{B}\right)\|\Psi(x, r)\|^2\left\|\tilde{\Pi}\right\|^2 \\ + 2v\left\|\bar{B}^\top PA_m^{-1}\bar{B}\right\|\|\Psi(x, r)\|^2\left\|\tilde{\Pi}\right\|\Pi_0 \tag{9.409}$$

式中 $\sup_{\forall x \in \mathscr{D}} \|\varepsilon(x)\| \leqslant \varepsilon_0$, $\sup_{\forall x \in \mathscr{D}} \|\varepsilon_p(x)\| \leqslant \varepsilon_{p0}$, $\Pi_0 = \|\Pi^*\|$。

设 $c_1 = \lambda_{\min}(Q)$, $c_2 = \dfrac{\|PB\|\varepsilon_0}{\lambda_{\min}(Q)}$, $c_3 = \dfrac{\|PB\|\varepsilon_{p0}}{\lambda_{\min}(Q)}$, $c_4 = \lambda_{\min}\left(\bar{B}^\top A_m^{-\top} Q A_m^{-1} \bar{B}\right)\|\Psi(x,r)\|^2$, $c_5 = \dfrac{\left\|\bar{B}^\top P A_m^{-1} \bar{B}\right\| \Pi_0}{\lambda_{\min}\left(\bar{B}^\top A_m^{-\top} Q A_m^{-1} \bar{B}\right)}$。那么

$$\dot{V}\left(e, e_p, \tilde{\Pi}\right) \leqslant -c_1\left(\|e\| - c_2\right)^2 + c_1 c_2^2 - c_1\left(\|e_p\| - c_3\right)^2 \\ + c_1 c_3^2 - v c_4\left(\|\tilde{\Pi}\| - c_5\right)^2 + v c_4 c_5^2 \tag{9.410}$$

因此，在紧集 $\mathscr{S}$

$$\mathscr{S} = \left\{\left(e(t), e_p(t), \tilde{\Pi}(t)\right) : c_1\left(\|e\| - c_2\right)^2 + c_1\left(\|e_p\| - c_3\right)^2 \\ + v c_4\left(\|\tilde{\Pi}\| - c_5\right)^2 \leqslant c_1 c_2^2 + c_1 c_3^2 + v c_4 c_5^2\right\} \tag{9.411}$$

外部 $\dot{V}\left(e, e_p, \tilde{\Pi}\right) \leqslant 0$。

这意味着

$$\|e\| \geqslant c_2 + \sqrt{c_2^2 + c_3^2 + \frac{v c_4 c_5^2}{c_1}} = p \tag{9.412}$$

$$\|e_p\| \geqslant c_3 + \sqrt{c_2^2 + c_3^2 + \frac{v c_4 c_5^2}{c_1}} = q \tag{9.413}$$

$$\|\tilde{\Pi}\| \geqslant c_5 + \sqrt{c_5^2 + \frac{c_1 c_2^2 + c_1 c_3^2}{v c_4}} = \alpha \tag{9.414}$$

存在 Ψ_0 使得对于任意 $0 < v < v_{\max}$, 有 $\|\Psi(x,r)\| \leqslant \Psi_0$ 成立, 并且满足如下不等式:

$$\varphi\left(\|x\|, \|x_m\|, Q, v, \varepsilon_0, \Pi_0\right) = -c_1\|x\|^2 + 2\left(c_1 c_2 + \lambda_{\max}(Q)\|x_m\|\right)\|x\| \\ + 2 c_1 c_2 \|x_m\| - c_1\|x_m\|^2 + c_1 c_3^2 \\ + v c_4(\|\Psi(x,r)\|) c_5^2 \leqslant 0 \tag{9.415}$$

$$\phi\left(\|x_p\|, \|x_m\|, Q, v, \varepsilon_{p0}, \Pi_0\right) = -c_1\|x_p\|^2 + 2\left(c_1 c_3 + \lambda_{\max}(Q)\|x\|\right)\|x_p\| \\ + 2 c_1 c_3\|x\| - c_1\|x\|^2 + c_1 c_2^2 \\ + v c_4(\|\Psi(x,r)\|) c_5^2 \leqslant 0 \tag{9.416}$$

那么，也存在依赖于 $\|\Psi(x,r)\|$ 的下界。由于在紧集 $\mathscr{S}$ 之外 $\dot{V}\left(e, e_p, \tilde{\Pi}\right) \leqslant 0$, 所以 $V\left(e, e_p, \tilde{\Pi}\right)$ $\leqslant V_0$, 其中 V_0 是 $\dot{V}\left(e, e_p, \tilde{\Pi}\right)$ 的最小上界, 由下式给出:

$$V_0 = \lambda_{\max}(P)\left(p^2 + q^2\right) + \left[\lambda_{\max}\left(\Gamma_\Theta^{-1}\right) + \lambda_{\max}\left(\Gamma_\Omega^{-1}\right) + \lambda_{\max}\left(\Gamma_\Lambda^{-1}\right)\right]\alpha^2 \tag{9.417}$$

那么

$$\lambda_{\min}(P)\|e\|^2 \leqslant V\left(e, e_p, \tilde{\Pi}\right) \leqslant V_0 \tag{9.418}$$

$$\lambda_{\min}(P)\left\|e_p\right\|^2 \leqslant V\left(e, e_p, \tilde{\Pi}\right) \leqslant V_0 \tag{9.419}$$

289

因此，闭环系统是一致最终有界的，最终界为

$$\|e\| \leqslant \sqrt{\frac{V_0}{\lambda_{\min}(P)}} \tag{9.420}$$

$$\|e_p\| \leqslant \sqrt{\frac{V_0}{\lambda_{\min}(P)}} \tag{9.421}$$

9.11   具有控制输入不确定性系统的双目标最优控制修正

考虑如下具有控制输入不确定性和匹配不确定性的多输入多输出系统：

$$\dot{x} = Ax + B\Lambda \left[u + \Theta^{*\top}\Phi(x) \right] + w \tag{9.422}$$

式中 $x \in \mathbb{R}^n$ 是状态向量，$u \in \mathbb{R}^m$ 是控制向量，$A \in \mathbb{R}^n \times \mathbb{R}^n$ 是已知矩阵，$B \in \mathbb{R}^n \times \mathbb{R}^m$ 也是已知矩阵，使得 (A, B) 能控，$\Lambda = \Lambda^\top > 0 \in \mathbb{R}^m \times \mathbb{R}^m$ 是未知常值对角阵，表示控制输入不确定性，$\Theta^* \in \mathbb{R}^p \times \mathbb{R}^m$ 是未知参数，$\Phi(x) \in \mathbb{R}^p$ 是已知回归函数，$w \in \mathbb{R}^n$ 是有界的外部干扰并且其对时间的导数也有界，即 $\sup\|w\| \leqslant w_0$，$\sup\|\dot{w}\| \leqslant \delta_0$。

设计控制器使得闭环系统跟随给定的参考模型

$$\dot{x}_m = A_m x_m + B_m r \tag{9.423}$$

式中 $x_m \in \mathbb{R}^n$ 是参考状态向量，$A_m \in \mathbb{R}^n \times \mathbb{R}^n$ 是赫尔维茨矩阵，$B_m \in \mathbb{R}^n \times \mathbb{R}^q$ 是与分段连续且有界的参考指令向量 $r \in \mathbb{R}^q$ 相关联的输入矩阵。

由于同时存在控制输入不确定性和匹配不确定性 Λ 和 Θ^*，所以设计自适应控制器为

$$u = K_x(t)x + K_r(t)r - \Theta^\top(t)\Phi(x) \tag{9.424}$$

式中 $K_x(t) \in \mathbb{R}^m \times \mathbb{R}^n$ 是自适应反馈增益，$K_r(t) \in \mathbb{R}^m \times \mathbb{R}^q$ 是自适应指令前馈增益，$\Theta(t) \in \mathbb{R}^p \times \mathbb{R}^m$ 是 Θ^* 的估计值。

假设存在未知常值矩阵 K_x^* 和 K_r^*，且二者满足如下模型匹配条件：

$$A + B\Lambda K_x^* = A_m \tag{9.425}$$

$$B\Lambda K_r^* = B_m \tag{9.426}$$

如果 Λ 未知，但是其符号已知，那么标准模型参考自适应控制的自适应律为

$$\dot{K}_x^\top = \Gamma_x x e^\top PB \operatorname{sgn}\Lambda \tag{9.427}$$

$$\dot{K}_r^\top = \Gamma_r r e^\top PB \operatorname{sgn}\Lambda \tag{9.428}$$

$$\dot{\Theta} = -\Gamma_\Theta \Phi(x) e^\top PB \operatorname{sgn}\Lambda \tag{9.429}$$

然而，标准的模型参考自适应控制不是鲁棒的。为改善系统鲁棒性，自适应律应该结合鲁棒修正方案或者投影法一起使用。例如，σ 修正的自适应律为

$$\dot{K}_x^\top = \Gamma_x \left(xe^\top PB \operatorname{sgn} \Lambda - \sigma K_x^\top \right) \tag{9.430}$$

$$\dot{K}_r^\top = \Gamma_r \left(re^\top PB \operatorname{sgn} \Lambda - \sigma K_r^\top \right) \tag{9.431}$$

$$\dot{\Theta} = -\Gamma_\Theta \left[\Phi(x) e^\top PB \operatorname{sgn} \Lambda + \sigma \Theta \right] \tag{9.432}$$

如果 Λ 完全未知，那么需要考虑其他方法，例如 9.10 节中的方法。现在，介绍一种新的最优控制修正法，该方法利用两种误差进行自适应更新：跟踪误差和预测误差，故称这种方法为双目标最优控制修正自适应律[26-29]。同时利用跟踪误差和预测误差或被控对象建模误差的模型参考自适应控制也称为复合自适应控制[30]。其他也使用这类自适应方法的工作还包括混合自适应控制[31] 和复合模型参考自适应控制[7]。

设 $\tilde{\Lambda}(t) = \hat{\Lambda}(t) - \Lambda$，$\tilde{K}_x(t) = K_x(t) - K_x^*$，$\tilde{K}_r(t) = K_r(t) - K_r^*$ 和 $\tilde{\Theta}(t) = \Theta(t) - \Theta^*$ 是估计误差，那么闭环系统变为

$$\dot{x} = A_m x + B_m r + B\left(\hat{\Lambda} - \tilde{\Lambda}\right)\left[\tilde{K}_x x + \tilde{K}_r r - \tilde{\Theta}^\top \Phi(x)\right] + w \tag{9.433}$$

跟踪误差动力学方程为

$$\dot{e} = A_m e + B\hat{\Lambda}\left[-\tilde{K}_x x - \tilde{K}_r r + \tilde{\Theta}^\top \Phi(x)\right] - w + B\varepsilon \tag{9.434}$$

式中 $\varepsilon \in \mathbb{R}^m$ 是被控对象模型的残余估计误差

$$\varepsilon = \tilde{\Lambda}\left[\tilde{K}_x x + \tilde{K}_r r - \tilde{\Theta}^\top \Phi(x)\right] \tag{9.435}$$

满足 $\sup \|\varepsilon\| \le \varepsilon_0$。

考虑被控对象的预测模型

$$\dot{\hat{x}} = A_m \hat{x} + (A - A_m) x + B\hat{\Lambda}\left[u + \Theta^\top \Phi(x)\right] + \hat{w} \tag{9.436}$$

式中 $\hat{w}$ 是干扰 w 的估计值。

定义预测误差为 $e_p(t) = \hat{x}(t) - x(t)$，那么

$$\dot{e}_p = A_m e_p + B\tilde{\Lambda}\left[u + \Theta^\top \Phi(x)\right] + B\hat{\Lambda}\tilde{\Theta}^\top \Phi(x) + \tilde{w} + B\varepsilon_p \tag{9.437}$$

式中 $\tilde{w} = \hat{w} - w$ 是干扰估计误差，$\varepsilon_p \in \mathbb{R}^m$ 是预测模型的残余估计误差

292

$$\varepsilon_p = -\tilde{\Lambda}\tilde{\Theta}^\top \Phi(x) \tag{9.438}$$

满足 $\sup \|\varepsilon_p\| \le \varepsilon_{p0}$。

命题 可以采用如下双目标最优控制修正自适应律来计算 $K_x(t)$、$K_r(t)$ 和 $\Theta(t)$：

$$\dot{K}_x^\top = \Gamma_x x\left(e^\top P + vu^\top \hat{\Lambda}^\top B^\top PA_m^{-1}\right) B\hat{\Lambda} \tag{9.439}$$

$$\dot{K}_r^\top = \Gamma_r r\left(e^\top P + vu^\top \hat{\Lambda}^\top B^\top PA_m^{-1}\right) B\hat{\Lambda} \tag{9.440}$$

$$\dot{\Theta} = -\Gamma_{\Theta}\Phi(x)\left(e^{\top}P + vu^{\top}\hat{\Lambda}^{\top}B^{\top}PA_m^{-1} + e_p^{\top}W \right.$$
$$\left. -\eta\left\{\left[u + 2\Theta^{\top}\Phi(x)\right]^{\top}\hat{\Lambda}^{\top}B^{\top} + \hat{w}^{\top}\right\}WA_m^{-1}\right)B\hat{\Lambda} \tag{9.441}$$

$$\dot{\Lambda}^{\top} = -\Gamma_{\Lambda}\left[u + \Theta^{\top}\Phi(x)\right]\left(e_p^{\top}W - \eta\left\{\left[u + 2\Theta^{\top}\Phi(x)\right]^{\top}\hat{\Lambda}^{\top}B^{\top} + \hat{w}^{\top}\right\}WA_m^{-1}\right)B \tag{9.442}$$

$$\dot{w}^{\top} = -\gamma_w\left(e_p^{\top}W - \eta\left\{\left[u + 2\Theta^{\top}\Phi(x)\right]^{\top}\hat{\Lambda}^{\top}B^{\top} + \hat{w}^{\top}\right\}WA_m^{-1}\right) \tag{9.443}$$

式中 $\Gamma_x = \Gamma_x^{\top} > 0 \in \mathbb{R}^n \times \mathbb{R}^n$，$\Gamma_r = \Gamma_r^{\top} > 0 \in \mathbb{R}^q \times \mathbb{R}^q$，$\Gamma_{\Theta} = \Gamma_{\Theta}^{\top} > 0 \in \mathbb{R}^p \times \mathbb{R}^p$，$\Gamma_{\Lambda} = \Gamma_{\Lambda}^{\top} > 0 \in \mathbb{R}^m \times \mathbb{R}^m$，$\gamma_w > 0$ 是自适应速率矩阵；$v > 0 \in \mathbb{R}$ 和 $\eta > 0 \in \mathbb{R}$ 是最优控制修正系数；$P = P^{\top} > 0 \in \mathbb{R}^n \times \mathbb{R}^n$ 和 $W = W^{\top} > 0 \in \mathbb{R}^n \times \mathbb{R}^n$ 是如下李雅普诺夫方程的解：

$$PA_m + A_m^{\top}P = -Q \tag{9.444}$$

$$WA_m + A_m^{\top}W = -R \tag{9.445}$$

式中 $Q = Q^{\top} > 0 \in \mathbb{R}^n \times \mathbb{R}^n$ 和 $R = R^{\top} > 0 \in \mathbb{R}^n \times \mathbb{R}^n$ 均是正定权重矩阵。

双目标最优控制修正自适应律是 9.10 节中最优控制修正自适应律的一般形式。

最优控制修正自适应律也称为双目标最优控制修正自适应律，这是因为二者都利用跟踪误差和预测误差进行自适应更新，而且都是从如下无限时间性能函数推导得到的：

$$J_1 = \lim_{t_f \to \infty} \frac{1}{2} \int_0^{t_f} (e - \Delta_1)^{\top} Q (e - \Delta_1) \, dt \tag{9.446}$$

$$J_2 = \lim_{t_f \to \infty} \frac{1}{2} \int_0^{t_f} \left(e_p - \Delta_2\right)^{\top} R \left(e_p - \Delta_2\right) dt \tag{9.447}$$

上述两式分别受式（9.434）和式（9.437）的约束，式中 Δ_1 和 Δ_2 分别表示未知跟踪误差和预测误差的下界。

性能函数 J_1 和 J_2 合在一起成为如下双目标性能函数：

$$J = J_1 + J_2 \tag{9.448}$$

双目标性能函数 J 能够使跟踪误差和预测误差离原点的界最小。从几何角度看，它代表着从轨迹 $e(t)$ 和 $e_p(t)$ 上的点到超球面法平面距离的加权范数平方和，其中超球面的定义为 $B_{\Delta} = \left\{e(t) \in \mathbb{R}^n, e_p(t) \in \mathbb{R}^n : (e - \Delta_1)^{\top} Q (e - \Delta_1) + \left(e_p - \Delta_2\right)^{\top} R \left(e_p - \Delta_2\right) \leqslant \Delta^2\right\} \subset \mathscr{D} \subset \mathbb{R}^n$。双目标性能函数不是通过实现渐近跟踪（即当 $t \to \infty$ 时，$e(t) \to 0$，$e_p(t) \to 0$），而是通过有界跟踪（即误差趋于某个下界）来改善稳定性和鲁棒性。因为不需要实现渐近跟踪，所以自适应过程可以具有更强的鲁棒性。因此，可以通过选择合适的修正系数 v 和 η 来用跟踪性能换取稳定性和鲁棒性。通过减小 v 和 η 可以改善跟踪性能，但同时也会降低自适应律对未建模动态的鲁棒性，反之，增大 v 和 η 会牺牲跟踪性能来换取自适应律对未建模动态的鲁棒性。

自适应律是根据庞特里亚金极小值原理推导而来的。

证明 根据最优控制理论，定义性能函数的哈密顿函数为：

$$H = \frac{1}{2}\left(e - \Delta_1\right)^\top Q\left(e - \Delta_1\right) + \frac{1}{2}\left(e_p - \Delta_2\right)^\top R\left(e_p - \Delta_2\right)$$
$$+ \lambda^\top\left\{A_m e + B\hat{\Lambda}\left[-\tilde{K}_x x - \tilde{K}_r r + \tilde{\Theta}^\top \Phi(x)\right] - w + B\varepsilon\right\} \tag{9.449}$$
$$+ \mu^\top\left\{A_m e_p + B\tilde{\Lambda}\left[u + \Theta^\top \Phi(x)\right] + B\hat{\Lambda}\tilde{\Theta}^\top \Phi(x) + \hat{w} - w + B\varepsilon_p\right\}$$

式中 $\lambda \in \mathbb{R}^n$ 和 $\mu \in \mathbb{R}^n$ 是伴随变量。

根据最优必要条件可以得到伴随方程为

$$\dot{\lambda} = -\nabla H_e^\top = -Q\left(e - \Delta_1\right) - A_m^\top \lambda \tag{9.450}$$

$$\dot{\mu} = -\nabla H_{e_p}^\top = -R\left(e_p - \Delta_2\right) - A_m^\top \mu \tag{9.451}$$

294

由于 $e(0)$ 和 $e_p(0)$ 已给定，所以满足横截条件 $\lambda\left(t_f \to \infty\right) = 0$ 和 $\mu\left(t_f \to \infty\right) = 0$。

将 $\tilde{K}_x(t)$、$\tilde{K}_r(t)$、$\tilde{\Theta}(t)$、$\tilde{\Lambda}(t)$ 和 $\hat{w}(t)$ 视作控制变量，那么根据如下梯度自适应律可以得到最优控制解：

$$\dot{K}_x^\top = \dot{\tilde{K}}_x^\top = -\Gamma_x \nabla H_{\tilde{K}_x} = \Gamma_x x \lambda^\top B\hat{\Lambda} \tag{9.452}$$

$$\dot{K}_r^\top = \dot{\tilde{K}}_r^\top = -\Gamma_r \nabla H_{\tilde{K}_r} = \Gamma_r r \lambda^\top B\hat{\Lambda} \tag{9.453}$$

$$\dot{\Theta} = \dot{\tilde{\Theta}} = -\Gamma_\Theta \nabla H_{\tilde{\theta}}^\top = -\Gamma_\Theta \Phi(x)\left(\lambda^\top + \mu^\top\right) B\hat{\Lambda} \tag{9.454}$$

$$\dot{\Lambda}^\top = \dot{\tilde{\Lambda}}^\top = -\Gamma_\Lambda \nabla H_{\tilde{\Lambda}} = -\Gamma_\Lambda\left[u + \Theta^\top \Phi(x)\right] \mu^\top B \tag{9.455}$$

$$\dot{\hat{w}}^\top = -\gamma_w \nabla H_{\hat{w}} = -\gamma_w \mu^\top \tag{9.456}$$

假设伴随方程解的形式为

$$\lambda = Pe + S\hat{\Lambda}\left[-K_x x - K_r r + \Theta^\top \Phi(x)\right] \tag{9.457}$$

$$\mu = We_p + T\hat{\Lambda}\left[u + 2\Theta^\top \Phi(x)\right] + V\hat{w} \tag{9.458}$$

则可以用"前推回代"法消除伴随变量，得到 $\lambda(t)$ 和 $\mu(t)$ 的闭合形式解。

将伴随方程的解回代入伴随方程

$$\dot{P}e + PA_m e + PB\hat{\Lambda}\left[-K_x x - K_r r + \Theta^\top \Phi(x)\right]$$
$$- PB\hat{\Lambda}\left[-K_x^* x - K_r^* r + \Theta^{*\top} \Phi(x)\right] - Pw + PB\varepsilon$$
$$+ \dot{S}\hat{\Lambda}\left[-K_x x - K_r r + \Theta^\top \Phi(x)\right]$$
$$+ S\frac{\mathrm{d}\left\{\hat{\Lambda}\left[-K_x x - K_r r + \Theta^\top \Phi(x)\right]\right\}}{\mathrm{d}t} \tag{9.459}$$
$$= -Q\left(e - \Delta_1\right) - A_m^\top Pe - A_m^\top S\hat{\Lambda}\left[-K_x x - K_r r + \Theta^\top \Phi(x)\right]$$

$$\dot{W}e_p + WA_m e_p + WB\hat{\Lambda}\left[u + \Theta^\top \Phi(x)\right] - WB\Lambda\left[u + \Theta^\top \Phi(x)\right] + WB\hat{\Lambda}\Theta^\top \Phi(x)$$

$$-WB\hat{\Lambda}\Theta^{*\top}\Phi(x) + W\hat{w} - Ww + WB\varepsilon_p$$

$$+\dot{T}\hat{\Lambda}\left[u + 2\Theta^\top \Phi(x)\right] + T\frac{\mathrm{d}\left\{\hat{\Lambda}\left[u + 2\Theta^\top \Phi(x)\right]\right\}}{\mathrm{d}t} + \dot{V}\hat{w} \tag{9.460}$$

$$+V\dot{\hat{w}} = -R\left(e_p - \Delta_2\right) - A_m^\top We_p - A_m^\top T\hat{\Lambda}\left[u + 2\Theta^\top \Phi(x)\right] - A_m^\top V\hat{w}$$

进而可得

$$\dot{P} + PA_m + A_m^\top P + Q = 0 \tag{9.461}$$

$$\dot{S} + A_m^\top S + PB = 0 \tag{9.462}$$

$$Q\Delta_1 + PB\hat{\Lambda}\left[-K_x^* x - K_r^* r + \Theta^{*\top}\Phi(x)\right] + Pw$$

$$-PB\varepsilon - S\frac{\mathrm{d}\left\{\hat{\Lambda}\left[-K_x x - K_r r + \Theta^\top \Phi(x)\right]\right\}}{\mathrm{d}t} = 0 \tag{9.463}$$

$$\dot{W} + WA_m + A_m^\top W + R = 0 \tag{9.464}$$

$$\dot{T} + A_m^\top T + WB = 0 \tag{9.465}$$

$$\dot{V} + A_m^\top V + W = 0 \tag{9.466}$$

$$R\Delta_2 + WB\Lambda\left[u + \Theta^\top \Phi(x)\right] + WB\hat{\Lambda}\Theta^{*\top}\Phi(x) + Ww - WB\varepsilon_p$$

$$-T\frac{\mathrm{d}\left\{\hat{\Lambda}\left[u + 2\Theta^\top \Phi(x)\right]\right\}}{\mathrm{d}t} - V\dot{\hat{w}} = 0 \tag{9.467}$$

满足横截条件 $P\left(t_f \to \infty\right) = 0$, $S\left(t_f \to \infty\right) = 0$, $W\left(t_f \to \infty\right) = 0$, $T\left(t_f \to \infty\right) = 0$ 和 $V\left(t_f \to \infty\right) = 0$。

当 $t_f \to \infty$ 时, $P(t)$ 和 $W(t)$ 的解趋近于它们在 $t = 0$ 时的平衡解, 由如下代数李雅普诺夫方程给出

$$PA_m + A_m^\top P + Q = 0 \tag{9.468}$$

$$WA_m + A_m^\top W + R = 0 \tag{9.469}$$

$S(t)$、$T(t)$ 和 $V(t)$ 的解也趋近于它们的平衡解:

$$A_m^\top S + PB = 0 \tag{9.470}$$

$$A_m^\top T + WB = 0 \tag{9.471}$$

$$A_m^\top V + W = 0 \tag{9.472}$$

在任何控制器设计中, 通常认为系统性能和鲁棒性是两个相互矛盾的设计需求。要提高鲁棒性, 往往需要性能上的妥协, 而要提高性能, 往往也要牺牲鲁棒性。因此, 为了使双目标最优控制修正自适应律足够灵活, 将修正系数 $v > 0$ 和 $\eta > 0$ 作为自由设计参数引入, 从而允许在自适应律中调整双目标最优控制修正项。

因此, $S(t)$、$T(t)$ 和 $V(t)$ 的解为

$$S = -vA_m^{-\top} PB \tag{9.473}$$

$$T = -\eta A_m^{-\top} W B \tag{9.474}$$

$$V = -\eta A_m^{-\top} W \tag{9.475}$$

利用 $u(t)$ 的表达式可以求得伴随方程的解为

$$\lambda = Pe + \nu A_m^{-\top} PB\hat{\Lambda}u \tag{9.476}$$

$$\mu = We_p - \eta A_m^{-\top} WB\hat{\Lambda}\left[u + 2\Theta^\top \Phi(x)\right] - \eta A_m^{-\top} W\hat{w} \tag{9.477}$$

将伴随方程的解代入梯度自适应律，得到式（9.452）～式（9.456）中的双目标最优控制修正自适应律。　　■

注意，$K_x(t)$ 和 $K_r(t)$ 是根据跟踪误差进行自适应的，$\hat{\Lambda}(t)$ 和 $\hat{w}(t)$ 是根据预测误差进行自适应的，而 $\Theta(t)$ 是同时根据跟踪误差和预测误差进行自适应的。

当 $t_f \to \infty$ 时，对 $\Delta_1(t)$ 和 $\Delta_2(t)$ 的界进行估计，得到

$$
\begin{aligned}
\|\Delta_1\| \leqslant \frac{1}{\lambda_{\min}(Q)} &\left[\|PB\hat{\Lambda}\| \left\| -K_x^* x - K_r^* r + \Theta^{*\top}\Phi(x) \right\| + \lambda_{\max}(P)w_0 + \|PB\|\varepsilon_0 \right. \\
&\left. + \nu \|A_m^{-\top}PB\| \left\| \frac{\mathrm{d}\left\{ \hat{\Lambda}\left[-K_x x - K_r r + \Theta^\top \Phi(x)\right]\right\}}{\mathrm{d}t} \right\| \right]
\end{aligned} \tag{9.478}
$$

$$
\begin{aligned}
\|\Delta_2\| \leqslant \frac{1}{\lambda_{\min}(R)} &\left[\|WB\Lambda\| \left\| u + \Theta^\top \Phi(x) \right\| + \|WB\hat{\Lambda}\| \left\| \Theta^{*\top}\Phi(x) \right\| + \lambda_{\max}(W)w_0 \right. \\
&\left. + \|WB\|\varepsilon_{p_0} + \eta \|A_m^{-\top}WB\| \left\| \frac{\mathrm{d}\left\{ \hat{\Lambda}\left[u + 2\Theta^\top \Phi(x)\right]\right\}}{\mathrm{d}t} \right\| + \eta \|A_m^{-\top}W\| \|\hat{w}\| \right]
\end{aligned} \tag{9.479}
$$

上述两式依赖于修正系数、控制不确定性、匹配不确定性以及残余跟踪误差和预测误差。

注意，如果 $R = Q$，$\eta = \nu$，那么 Θ、$\hat{\Lambda}$ 和 $\hat{w}$ 的双目标最优控制修正自适应律变为

$$\dot{\Theta} = -\Gamma_\Theta \Phi(x) \left[\left(e^\top + e_p^\top \right) P - \nu \left\{ 2\Phi^\top(x)\Theta\hat{\Lambda}^\top B^\top + \hat{w}^\top \right\} PA_m^{-1} \right] B\hat{\Lambda} \tag{9.480}$$

$$\dot{\hat{\Lambda}}^\top = -\Gamma_\Lambda \left[u + \Theta^\top \Phi(x) \right] \left(e_p^\top P - \nu \left\{ \left[u + 2\Theta^\top \Phi(x) \right]^\top \hat{\Lambda}^\top B^\top + \hat{w}^\top \right\} PA_m^{-1} \right) B \tag{9.481}$$

$$\dot{\hat{w}}^\top = -\gamma_w \left(e_p^\top P - \nu \left\{ \left[u + 2\Theta^\top \Phi(x) \right]^\top \hat{\Lambda}^\top B^\top + \hat{w}^\top \right\} PA_m^{-1} \right) \tag{9.482}$$

双目标最优控制修正自适应律稳定的证明如下。

证明　选择李雅普诺夫候选函数

$$
\begin{aligned}
V\left(e, e_p, \tilde{K}_x, \tilde{K}_r, \tilde{\Theta}, \tilde{\Lambda}, \tilde{w}\right) = &\, e^\top Pe + e_p^\top We_p + \mathrm{trace}\left(\tilde{K}_x \Gamma_x^{-1} \tilde{K}_x^\top\right) \\
&+ \mathrm{trace}\left(\tilde{K}_r \Gamma_r^{-1} \tilde{K}_r^\top\right) + \mathrm{trace}\left(\tilde{\Theta}^\top \Gamma_\Theta^{-1} \tilde{\Theta}\right) \\
&+ \mathrm{trace}\left(\tilde{\Lambda} \Gamma_\Lambda^{-1} \tilde{\Lambda}^\top\right) + \tilde{w}^\top \gamma_w^{-1} \tilde{w}
\end{aligned} \tag{9.483}
$$

计算 $\dot{V}\left(e, e_p, \tilde{K}_x, \tilde{K}_r, \tilde{\Theta}, \tilde{\Lambda}, \tilde{w}\right)$，得到

$$
\begin{aligned}
\dot{V}\left(e, e_p, \tilde{K}_x, \tilde{K}_r, \tilde{\Theta}, \tilde{\Lambda}, \tilde{w}\right) =& -e^\top Q e + 2 e^\top P B \hat{\Lambda}\left[-\tilde{K}_x x - \tilde{K}_r r + \tilde{\Theta}^\top \Phi(x)\right] \\
& -2 e^\top P w + 2 e^\top P B \varepsilon \\
& -e_p^\top R e_p + 2 e_p^\top W B \left\{\tilde{\Lambda}\left[u + \Theta^\top \Phi(x)\right] + \hat{\Lambda}\tilde{\Theta}^\top \Phi(x)\right\} \\
& +2 e_p^\top W \tilde{w} + 2 e_p^\top W B \varepsilon_p \\
& + 2\,\mathrm{trace}\left(\tilde{K}_x x\left(e^\top P + v u^\top \hat{\Lambda}^\top B^\top P A_m^{-1}\right) B \hat{\Lambda}\right) \\
& + 2\,\mathrm{trace}\left(\tilde{K}_r r\left(e^\top P + v u^\top \hat{\Lambda}^\top B^\top P A_m^{-1}\right) B \hat{\Lambda}\right) \\
& - 2\,\mathrm{trace}\left(\tilde{\Theta}^\top \Phi(x)\left(e^\top P + v u^\top \hat{\Lambda}^\top B^\top P A_m^{-1} + e_p^\top W\right.\right. \\
& - \eta\left\{\left[u + 2\Theta^\top \Phi(x)\right]^\top \hat{\Lambda}^\top B^\top + \hat{w}^\top\right\}\left.\left. W A_m^{-1}\right) B \hat{\Lambda}\right) \\
& - 2\,\mathrm{trace}\left(\tilde{\Lambda}\left[u + \Theta^\top \Phi(x)\right]\right. \\
& \left(e_p^\top W - \eta\left\{\left[u + 2\Theta^\top \Phi(x)\right]^\top \hat{\Lambda}^\top B^\top + \hat{w}^\top\right\} W A_m^{-1}\right) B\Bigg) \\
& - 2 e_p^\top W \tilde{w} + 2\left(\eta\left\{\left[u + 2\Theta^\top \Phi(x)\right]^\top \hat{\Lambda}^\top B^\top + \hat{w}^\top\right\} W A_m^{-1}\right)\tilde{w} \\
& - 2 \dot{w}^\top \gamma_w^{-1}\tilde{w}
\end{aligned}
\tag{9.484}
$$

将 $\dot{V}\left(e, e_p, \tilde{K}_x, \tilde{K}_r, \tilde{\Theta}, \tilde{\Lambda}, \tilde{w}\right)$ 进一步简化为

$$
\begin{aligned}
\dot{V}\left(e, e_p, \tilde{K}_x, \tilde{K}_r, \tilde{\Theta}, \tilde{\Lambda}, \tilde{w}\right) =& -e^\top Q e - 2 e^\top P w + 2 e^\top P B \varepsilon - e_p^\top R e_p + 2 e_p^\top W B \varepsilon_p - 2\dot{w}^\top \gamma_w^{-1}\tilde{w} \\
& + 2 v u^\top \hat{\Lambda}^\top B^\top P A_m^{-1} B \hat{\Lambda}\tilde{u} \\
& + 2\eta\,\mathrm{trace}\left(\tilde{\Theta}^\top \Phi(x)\left\{\left[u + 2\Theta^\top \Phi(x)\right]^\top \hat{\Lambda}^\top B^\top + \hat{w}^\top\right\} W A_m^{-1} B\hat{\Lambda}\right) \\
& + 2\eta\,\mathrm{trace}\left(\tilde{\Lambda}\left[u + \Theta^\top \Phi(x)\right]\left\{\left[u + 2\Theta^\top \Phi(x)\right]^\top \hat{\Lambda}^\top B^\top + \hat{w}^\top\right\} W A_m^{-1} B\right) \\
& + 2\eta\,\mathrm{trace}\left(\tilde{w}\left\{\left[u + 2\Theta^\top \Phi(x)\right]^\top \hat{\Lambda}^\top B^\top + \hat{w}^\top\right\} W A_m^{-1}\right)
\end{aligned}
\tag{9.485}
$$

式中 $\tilde{u} = \tilde{K}_x x + \tilde{K}_r r - \tilde{\Theta}^\top \Phi$。

设 $\bar{B} = [B \quad B \quad I] \in \mathbb{R}^{n \times 2m+n}$，$\Omega(t) = \begin{bmatrix} \Theta(t)\hat{\Lambda}^\top(t) & 0 & 0 \\ 0 & \hat{\Lambda}^\top(t) & 0 \\ 0 & 0 & \hat{w}^\top(t) \end{bmatrix} \in \mathbb{R}^{p+m+1 \times 2m+n}$，$\Psi(x, r) = $

$\begin{bmatrix} \Phi(x) \\ u + \Theta^\top \Phi(x) \\ 1 \end{bmatrix} \in \mathbb{R}^{p+m+1}$。那么

$$
\begin{aligned}
& \mathrm{trace}\left(\tilde{\Omega}^\top \Psi(x, r)\Psi^\top(x, r)\Omega \bar{B}^\top W A_m^{-1}\bar{B}\right) \\
=& \mathrm{trace}\left(\tilde{\Theta}^\top \Phi(x)\left\{\left[u + 2\Theta^\top \Phi(x)\right]^\top \hat{\Lambda}^\top B^\top + \hat{w}^\top\right\} W A_m^{-1} B\hat{\Lambda}\right) \\
& \times \mathrm{trace}\left(\tilde{\Lambda}\left[u + \Theta^\top \Phi(x)\right]\left\{\left[u + 2\Theta^\top \Phi(x)\right]^\top \hat{\Lambda}^\top B^\top + \hat{w}^\top\right\} W A_m^{-1} B\right) \\
& + \mathrm{trace}\left(\tilde{w}\left\{\left[u + 2\Theta^\top \Phi(x)\right]^\top \hat{\Lambda}^\top B^\top + \hat{w}^\top\right\} W A_m^{-1}\right)
\end{aligned}
\tag{9.486}
$$

式中 $\tilde{\Omega} = \Omega - \Omega^*$，$\Omega^* = \begin{bmatrix} \Theta^* & 0 & 0 \\ 0 & \Lambda^\top & 0 \\ 0 & 0 & w^\top \end{bmatrix} \in \mathbb{R}^{p+m+1} \times \mathbb{R}^{2m+n}$。

因此

$$\dot{V}\left(e, e_p, \tilde{u}, \tilde{\Omega}\right) = -e^\top Q e - 2e^\top P w + 2e^\top P B \varepsilon - e_p^\top R e_p + 2e_p^\top W B \varepsilon_p - 2\dot{w}^\top \gamma_w^{-1} \tilde{w} \\ + 2v u^\top \hat{\Lambda}^\top B^\top P A_m^{-1} B \hat{\Lambda} \tilde{u} + 2\eta \Psi^\top(x, r) \Omega \bar{B}^\top W A_m^{-1} \bar{B} \tilde{\Omega}^\top \Psi(x, r) \tag{9.487}$$

注意，$B^\top P A_m^{-1} B^\top$ 和 $\bar{B}^\top W A_m^{-1} \bar{B}$ 都是负定矩阵，所以

299

$$\begin{aligned} \dot{V}\left(e, e_p, \tilde{\Omega}, \tilde{u}\right) = & -e^\top Q e - 2e^\top P w + 2e^\top P B \varepsilon - e_p^\top R e_p + 2e_p^\top W B \varepsilon_p - 2\dot{w}^\top \gamma_w^{-1} \tilde{w} \\ & - v \tilde{u}^\top \hat{\Lambda}^\top B^\top A_m^{-\top} Q A_m^{-1} B \hat{\Lambda} \tilde{u} + 2v u^{*\top} \hat{\Lambda}^\top B^\top P A_m^{-1} B \hat{\Lambda} \tilde{u} \\ & - \eta \Psi^\top(x, r) \tilde{\Omega} \bar{B}^\top A_m^{-\top} R A_m^{-1} \bar{B} \tilde{\Omega}^\top \Psi(x, r) \\ & + 2\eta \Psi^\top(x, r) \Omega^* \bar{B}^\top W A_m^{-1} \bar{B} \tilde{\Omega}^\top \Psi(x, r) \end{aligned} \tag{9.488}$$

设 $K(t) = [K_x(t) \ \ K_r(t) \ \ -\Theta^\top(t)] \in \mathbb{R}^m \times \mathbb{R}^{n+q+p}$，$z(x, r) = \begin{bmatrix} x \\ r \\ \Phi(x) \end{bmatrix} \in \mathbb{R}^{n+q+p}$，那么 $\dot{V}\left(e, e_p, \tilde{\Omega}, \tilde{u}\right)$ 的界为

$$\begin{aligned} \dot{V}\left(e, e_p, \tilde{K}, \tilde{\Omega}\right) \leqslant & -\lambda_{\min}(Q)\|e\|^2 + 2\|e\|\lambda_{\max}(P)w_0 + 2\|e\| \|PB\|\varepsilon_0 \\ & -\lambda_{\min}(R)\left\|e_p\right\|^2 + 2\left\|e_p\right\| \|WB\|\varepsilon_{p0} \\ & + 2\gamma_w^{-1}\left\|\tilde{\Omega}\right\|\delta_0 - v\lambda_{\min}\left(B^\top A_m^{-\top} Q A_m^{-1} B\right)\|z(x, r)\|^2 \left\|\hat{\Lambda}\right\|^2 \left\|\tilde{K}\right\|^2 \\ & + 2v\|z(x, r)\|^2 \left\|B^\top P A_m^{-1} B\right\| \left\|\hat{\Lambda}\right\|^2 \left\|\tilde{K}\right\| K_0 \\ & - \eta\lambda_{\min}\left(\bar{B}^\top A_m^{-\top} R A_m^{-1} \bar{B}\right)\|\Psi(x, r)\|^2 \left\|\tilde{\Omega}\right\|^2 \\ & + 2\eta \left\|\bar{B}^\top W A_m^{-1} \bar{B}\right\|\|\Psi(x, r)\|^2 \left\|\tilde{\Omega}\right\|\Omega_0 \end{aligned} \tag{9.489}$$

式中 $K_0 = \|K^*\|$，$\Omega_0 = \sup\|\Omega^*\|$。

设 $c_1 = \lambda_{\min}(Q)$，$c_2 = \dfrac{\lambda_{\max}(P)w_0 + \|PB\|\varepsilon_0}{\lambda_{\min}(Q)}$，$c_3 = \lambda_{\min}(R)$，$c_4 = \dfrac{\|WB\|\varepsilon_{p0}}{\lambda_{\min}(R)}$，$c_5 = \lambda_{\min}\left(B^\top A_m^{-\top} Q A_m^{-1} B\right)$ $\|z(x, r)\|^2$，$c_6 = \dfrac{\left\|B^\top P A_m^{-1} B\right\| K_0}{\lambda_{\min}\left(B^\top A_m^{-\top} Q A_m^{-1} B\right)}$，$c_7 = \lambda_{\min}\left(\bar{B}^\top A_m^{-\top} R A_m^{-1} \bar{B}\right)\|\Psi(x, r)\|^2$，$c_8 = \dfrac{\left\|\bar{B}^\top W A_m^{-1} \bar{B}\right\| \Omega_0}{\lambda_{\min}\left(\bar{B}^\top A_m^{-\top} R A_m^{-1} \bar{B}\right)} + \dfrac{\gamma_w^{-1}\delta_0}{\eta c_7 \left\|\bar{B}\right\|^2}$。那么

$$\begin{aligned} \dot{V}\left(e, e_p, \tilde{K}, \tilde{\Omega}\right) \leqslant & -c_1 \left(\|e\| - c_2\right)^2 + c_1 c_2^2 - c_3 \left(\left\|e_p\right\| - c_4\right)^2 + c_3 c_4^2 \\ & - v c_5 \left\|\hat{\Lambda}\right\|^2 \left(\left\|\tilde{K}\right\| - c_6\right)^2 + v c_5 c_6^2 \left\|\hat{\Lambda}\right\|^2 \\ & - \eta c_7 \left(\left\|\tilde{\Omega}\right\| - c_8\right)^2 + \eta c_7 c_8^2 \end{aligned} \tag{9.490}$$

因为 $\|\tilde{\Lambda}\| \leqslant \|\tilde{\Omega}\|$，所以

$$\left\|\hat{\Lambda}\right\|^2 = \|\Lambda + \tilde{\Lambda}\|^2 \leqslant \left(\|\Lambda\| + \left\|\tilde{\Omega}\right\|\right)^2 \tag{9.491}$$

设 $\|\tilde{\Omega}\| = c_8$，则 $\dot{V}\left(e, e_p, \tilde{K}, \tilde{\Omega}\right)$ 的界为

$$
\begin{aligned}
\dot{V}\left(e, e_p, \tilde{K}, \tilde{\Omega}\right) \leqslant &- c_1 \left(\|e\| - c_2\right)^2 + c_1 c_2^2 - c_3 \left(\|e_p\| - c_4\right)^2 \\
&+ c_3 c_4^2 - v c_5 \Lambda_0^2 \left(\|\tilde{K}\| - c_6\right)^2 + v c_5 c_6^2 \Lambda_0^2 + \eta c_7 c_8^2
\end{aligned}
\tag{9.492}
$$

式中 $\Lambda_0 = (\|\Lambda\| + c_8)^2$。

因此，在紧集

$$
\begin{aligned}
\mathscr{S} = \Big\{ &\left(e(t), e_p(t), \tilde{K}(t), \tilde{\Omega}(t)\right) : c_1 \left(\|e\| - c_2\right)^2 \\
&+ c_3 \left(\|e_p\| - c_4\right)^2 + v c_5 \Lambda_0^2 \left(\|\tilde{K}\| - c_6\right)^2 \\
&+ \eta c_7 \left(\|\tilde{\Omega}\| - c_8\right)^2 \leqslant c_1 c_2^2 + c_3 c_4^2 + v c_5 c_6^2 \Lambda_0^2 + \eta c_7 c_8^2 \Big\}
\end{aligned}
\tag{9.493}
$$

之外，有 $\dot{V}\left(e, e_p, \tilde{K}, \tilde{\Omega}\right) \leqslant 0$。

这意味着

$$
\|e\| \geqslant c_2 + \sqrt{c_2^2 + \frac{c_3 c_4^2 + v c_5 c_6^2 \Lambda_0^2 + \eta c_7 c_8^2}{c_1}} = p
\tag{9.494}
$$

$$
\|e_p\| \geqslant c_4 + \sqrt{c_4^2 + \frac{c_1 c_2^2 + v c_5 c_6^2 \Lambda_0^2 + \eta c_7 c_8^2}{c_3}} = q
\tag{9.495}
$$

$$
\|\tilde{K}\| \geqslant c_6 + \sqrt{c_6^2 + \frac{c_1 c_2^2 + c_3 c_4^2 + \eta c_7 c_8^2}{v c_5 \Lambda_0^2}} = \alpha
\tag{9.496}
$$

$$
\|\tilde{\Omega}\| \geqslant c_8 + \sqrt{c_8^2 + \frac{c_1 c_2^2 + c_3 c_4^2 + v c_5 c_6^2 \Lambda_0^2}{\eta c_7}} = \beta
\tag{9.497}
$$

对于任意 $0 < v < v_{max}$ 和 $0 < \eta < \eta_{max}$，存在 z_0 和 Ψ_0 使得 $\|z(x, r)\| \leqslant z_0$，$\|\Psi(x, r)\| \leqslant \Psi_0$，并且满足如下不等式：

$$
\begin{aligned}
\varphi\left(\|x\|, \|x_m\|, Q, v, w_0, \varepsilon_0, \Lambda_0, K_0\right) = &-c_1 \|x\|^2 + 2 \left(c_1 c_2 + \lambda_{max}(Q) \|x_m\|\right) \|x\| \\
&+ 2 c_1 c_2 \|x_m\| - c_1 \|x_m\|^2 \\
&+ c_3 c_4^2 + v c_5(\|z(x, r)\|) c_6^2 \Lambda_0^2 \\
&+ \eta c_7(\|\Psi(x, r)\|) c_8^2 \leqslant 0
\end{aligned}
\tag{9.498}
$$

$$
\begin{aligned}
\phi\left(\|x_p\|, \|x_m\|, R, \eta, \dot{w}_0, \varepsilon_{p_0}, B_0, \Omega_0\right) = &-c_3 \|x_p\|^2 + 2 \left(c_3 c_4 + \lambda_{max}(R) \|x\|\right) \|x_p\| \\
&+ 2 c_3 c_4 \|x\| - c_3 \|x\|^2 \\
&+ c_1 c_2^2 + v c_5(\|z(x, r)\|) c_6^2 \Lambda_0^2 \\
&+ \eta c_7(\|\Psi(x, r)\|) c_8^2 \leqslant 0
\end{aligned}
\tag{9.499}
$$

那么，存在依赖于 $\|z(x, r)\|$ 和 $\|\Psi(x, r)\|$ 的下界。由于在紧集 $\mathscr{S}$ 之外 $\dot{V}\left(e, e_p, \tilde{K}, \tilde{\Omega}\right) \leqslant 0$，所以 $\lim_{t \to \infty} \dot{V}\left(e, e_p, \tilde{K}, \tilde{\Omega}\right) \leqslant V_0$，其中 V_0 是 $\dot{V}\left(e, e_p, \tilde{K}, \tilde{\Omega}\right)$ 的最小上界，由下式给出：

$$
\begin{aligned}
V_0 = &\lambda_{max}(P) p^2 + \lambda_{max}(W) q^2 + \lambda_{max}\left(\Gamma_x^{-1}\right) \alpha^2 \\
&+ \lambda_{max}\left(\Gamma_r^{-1}\right) \alpha^2 + \lambda_{max}\left(\Gamma_{\Theta}^{-1}\right) \left(\alpha^2 + \beta^2\right) \\
&+ \lambda_{max}\left(\Gamma_{\Lambda}^{-1}\right) \beta^2 + \gamma_w^{-1} \beta^2
\end{aligned}
\tag{9.500}
$$

那么

$$\lambda_{\min}(P)\|e\|^2 \leqslant V\left(e, e_p, \tilde{K}, \tilde{\Omega}\right) \leqslant V_0 \tag{9.501}$$

$$\lambda_{\min}(W)\left\|e_p\right\|^2 \leqslant V\left(e, e_p, \tilde{K}, \tilde{\Omega}\right) \leqslant V_0 \tag{9.502}$$

因此，闭环系统是一致最终有界的，最终界为

$$\|e\| \leqslant \sqrt{\frac{V_0}{\lambda_{\min}(P)}} \tag{9.503}$$

$$\|e_p\| \leqslant \sqrt{\frac{V_0}{\lambda_{\min}(W)}} \tag{9.504}$$

∎

例 9.17　考虑一阶单输入单输出控制系统

$$\dot{x} = ax + b\lambda\left[u\left(t - t_d\right) + \theta^* x^2\right] + w$$

式中 $a = 1$ 和 $b = 1$ 已知，$\lambda = -1$ 和 $\theta^* = 0.2$ 未知，$t_d = 0.1\mathrm{s}$ 是已知的延迟时间，$w = 0.01(\sin t + \cos(2t))$。

参考模型为

$$\dot{x}_m = a_m x_m + b_m r$$

式中 $a_m = -2$，$b_m = 2$，$r = \sin t$。

标称控制输入效率等于 1。所以，$\lambda = -1$ 表示控制信号反转，这对于任何控制系统都具有挑战性。

标称控制器的增益为 $\bar{k}_x = \dfrac{a_m - a}{b} = -3$，$k_r = \dfrac{b_m}{b} = 2$。当控制完全反转时，理想未知控制增益为 $k_x^* = -\bar{k}_x = 3$，$k_r^* = -\bar{k}_r = -2$。

设计自适应控制器为

$$u = k_x(t)x + k_r r(t) - \theta(t)x^2$$

使用具有如下预测模型的双目标最优控制修正法

$$\dot{\hat{x}} = a_m \hat{x} + (a - a_m)x + b\hat{\lambda}\left[u\left(t - t_d\right) + \theta x^2\right] + \hat{w}$$

双目标最优控制自适应律为

$$\dot{k}_x = \gamma_x x\left(e + v u \lambda b a_m^{-1}\right)b\hat{\lambda}$$

$$\dot{k}_r = \gamma_r r\left(e + v u \lambda b a_m^{-1}\right)b\hat{\lambda}$$

$$\dot{\theta} = -\gamma_\theta x^2\left\{e + v\hat{u}\lambda b a_m^{-1} + e_p - \eta\left[\left(u + 2\theta x^2\right)\lambda b + \hat{w}\right]a_m^{-1}\right\}b\hat{\lambda}$$

$$\dot{\hat{\lambda}} = -\gamma_\lambda\left(u + \theta x^2\right)\left\{e_p - \eta\left[\left(u + 2\theta x^2\right)\lambda b + \hat{w}\right]a_m^{-1}\right\}b$$

$$\dot{\hat{w}} = -\gamma_w\left\{e_p - \eta\left[\left(u + 2\theta x^2\right)\lambda b + \hat{w}\right]a_m^{-1}\right\}$$

初始条件为 $k_x(0) = \bar{k}_x$，$k_r(0) = \bar{k}_r$，$\theta(0) = 0$，$\hat{\lambda}(0) = 1$，$\hat{w}(0) = 0$。自适应增益选为 $\gamma_x = \gamma_r = \gamma_\theta = \gamma_\lambda = \gamma_w = 10$，修正系数为 $v = 0.1$，$\eta = 0.01$。

302

　　如图 9-25 所示为 $r(t) = \sin t$，$t \in [0, 60]$ 时的闭环系统响应曲线。从图中可以看出，虽然 $x(t)$ 和 $x_m(t)$ 在初始阶段由于控制反向造成 180° 的相位差，但最后 $x(t)$ 能够跟踪 $x_m(t)$。在 10s 之后，$\hat{x}(t)$ 能够很好地近似 $x(t)$。总体而言，双目标最优控制修正法表现出了良好的跟踪性能。

　　自适应参数 $k_x(t)$、$k_r(t)$ 和 $\theta(t)$ 随时间的变化关系如图 9-26 所示，可以看出这些参数都收敛到了各自对应的理想值。持续激励的参考指令信号 $r(t) = \sin t$ 也有助于参数的收敛。

　　控制输入效率 $\lambda(t)$ 和外界干扰 $\hat{w}(t)$ 的估计值如图 9-27 所示。从图中可以看出，$\lambda(t)$ 完美地收敛到其真实值 -1。虽然控制效率的符号是反转的，但由于 $\lambda(t)$ 收敛，所以双目标最优控制修正自适应律仍然稳定。如果 $\lambda(t)$ 的估计不准确，任何自适应控制器都很难维持系统的稳定。即使具有 0.1s 的时间延迟，该参数仍然会收敛。双目标最优控制修正在 0.108s 的时间延迟内都是稳定的。

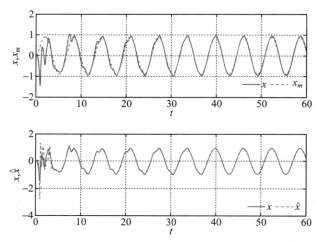

图 9-25　双目标最优控制修正的闭环系统响应

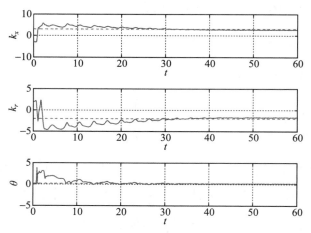

图 9-26　双目标最优控制修正的自适应参数收敛

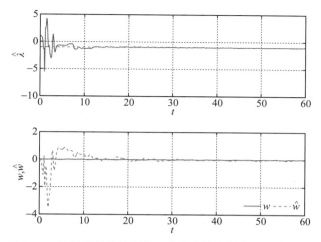

图 9-27　双目标最优控制修正的控制输入效率和干扰估计

为进行对比，此处根据 9.10 节重新设计了具有预测模型的最优控制修正控制器。对应的最优控制修正自适应律为

$$\dot{k}_x = \gamma_x x \left(e + v x k_x \hat{\lambda} b a_m^{-1} \right) b \hat{\lambda}$$

$$\dot{k}_r = \gamma_r r \left(e + v r k_r \hat{\lambda} b a_m^{-1} \right) b \hat{\lambda}$$

$$\dot{\theta} = -\gamma_\theta x^2 \left(e_p - \eta x^2 \theta \hat{\lambda} b a_m^{-1} \right) b \hat{\lambda}$$

$$\dot{\hat{\lambda}} = -\gamma_\lambda \left(u + \theta x^2 \right) \left[e_p - \eta \left(u + \theta x^2 \right) \hat{\lambda} b a_m^{-1} \right] b$$

$$\dot{\hat{w}} = -\gamma_w \left(e_p - \eta \hat{w} a_m^{-1} \right)$$

保持相同的初始条件，从图 9-28~图 9-30 中可以看出，最优控制修正的控制效果不如双目标最优控制修正。即使预测模型能够准确地估计 $x(t)$ 的值，最优控制修正的跟踪性能也远不及双目标最优控制修正的跟踪性能。从图 9-29 和图 9-30 中可以看出，最优控制修正的自适应参数没有收敛到其真实值。

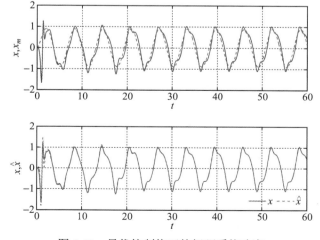

图 9-28　最优控制修正的闭环系统响应

设 $v = 0$，$\eta = 0$，可以得到具有预测模型的标准模型参考自适应控制。对比这 3 个控制器的鲁棒性，最优控制修正控制器具有最大的时滞裕度 0.116s，而标准模型参考自适应控制的时滞裕度最小，只有 0.082s。

305
~
306

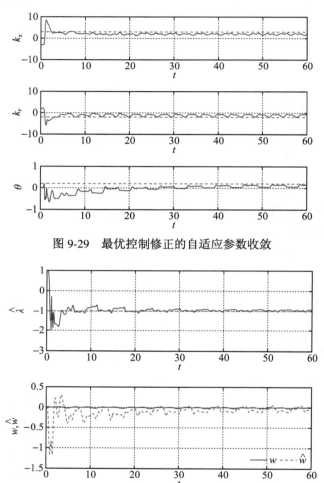

图 9-29   最优控制修正的自适应参数收敛

图 9-30   最优控制修正的控制效率和干扰估计

9.12   具有一阶慢执行机构动力学的奇异摄动系统自适应控制

当具有快动力学的被控对象与具有慢动力学的执行机构之间存在时间尺度分离，并使得被控对象无法跟踪参考模型时，可以使用奇异摄动法来分离被控对象和执行机构之间的时间尺度，然后在奇异摄动系统中为具有慢动力学的执行机构修正自适应律[32]。奇异摄动法将原来的系统转换为慢时间的降阶系统。将模型匹配条件应用到降阶系统和慢时间体系下的参考模型上，从而改变执行机构指令以适应具有慢动力学的执行机构。然后，得到的控制信号可以比未经过修正的执行机构指令更好地跟踪参考模型。

考虑线性系统

$$\dot{x} = Ax + B\left(u + \Theta^{*\top} x\right) \tag{9.505}$$

式中 $x(t) \in \mathbb{R}^n$ 是状态向量，$u(t) \in \mathbb{R}^n$ 是控制向量，$A \in \mathbb{R}^n \times \mathbb{R}^n$ 和 $B \in \mathbb{R}^{n \times m}$（$m \geqslant n$）是已知矩阵，并且 A 为赫尔维茨矩阵，(A, B) 能控，$\Theta^* \in \mathbb{R}^m \times \mathbb{R}^n$ 是未知常值矩阵。

控制信号 $u(t)$ 受一阶慢执行机构动力学的限制：

$$\dot{u} = \varepsilon G (u - u_c) \tag{9.506}$$

式中 $u_c \in \mathbb{R}^m$ 是执行机构指令向量，ε 是一个正常数，$G \in \mathbb{R}^{m \times m}$ 是已知的赫尔维茨矩阵。

此处的目标是设计一个控制器 $u(t)$ 使得被控对象能够跟随参考模型

$$\dot{x}_m = A_m x_m + B_m r \tag{9.507}$$

式中 $A_m \in \mathbb{R}^n \times \mathbb{R}^n$ 是已知的赫尔维茨矩阵，$B_m \in \mathbb{R}^n \times \mathbb{R}^q$ 也是已知矩阵，$r \in \mathbb{R}^q \in \mathscr{L}_\infty$ 是有界指令向量。

如果执行机构动力学相对于参考模型的动力学足够快，即 $\varepsilon \|G\| \gg \|A_m\|$，那么可以忽略执行机构动力学的影响。对于大多数应用而言，执行机构动力学通常比被控对象动力学快几倍，以避免未建模执行机构动力学的鲁棒性问题。那么，可以设计控制器 $u(t)$ 来跟踪执行机构指令

$$u_c = K_x^* x + K_r^* r - u_{ad} \tag{9.508}$$

式中 $K_x^* \in \mathbb{R}^m \times \mathbb{R}^n$，$K_r^* \in \mathbb{R}^m \times \mathbb{R}^q$ 是已知标称增益矩阵，$u_{ad} \in \mathbb{R}^m$ 是自适应信号。

选择控制增益矩阵 K_x^* 和 K_r^*，并使其满足模型匹配条件 $A + BK_x^* = A_m$ 和 $BK_r^* = B_m$，选择自适应控制信号 $u_{ad}(t)$ 为

$$u_{ad} = \Theta^\top \Phi(x) \tag{9.509}$$

式中 Θ 是 Θ^* 的估计值。

定义跟踪误差为 $e(t) = x_m(t) - x(t)$，那么跟踪误差动力学方程变为

$$\dot{e} = A_m e + B \tilde{\Theta}^\top x \tag{9.510}$$

式中 $\tilde{\Theta} = \Theta - \Theta^*$ 为估计误差。

当执行机构具有慢动力学特性时，即 $\varepsilon \ll 1$ 是一个小的系数，$\varepsilon \|G\| \ll \|A\|$，那么 $x(t)$ 具有快动力学特性而 $u(t)$ 具有慢动力学特性。这种情况会导致鲁棒性问题。为对快模态 $x(t)$ 和慢模态 $u(t)$ 进行解耦，利用奇异摄动法进行时间尺度分离。为此，考虑如下慢时间转换：

$$\tau = \varepsilon t \tag{9.511}$$

式中 τ 是慢时间变量。

然后，将被控对象和执行机构模型转换成一个奇异摄动系统

$$\varepsilon \frac{\mathrm{d}x}{\mathrm{d}\tau} = Ax + B \left(u + \Theta^{*\top} x \right) \tag{9.512}$$

$$\frac{\mathrm{d}u}{\mathrm{d}\tau} = G (u - u_c) \tag{9.513}$$

307

设 $\varepsilon = 0$，可以根据 Tikhonov 定理用"降阶"系统的解来近似奇异摄动系统的解[33]。那么，$x(u, \varepsilon)$ 位于一个快流形上。当 $\varepsilon \to 0$ 时，快动力学使得 $x(u, \varepsilon)$ 趋近于其近零时间的渐近解。因此，将降阶系统表示为

$$\varepsilon \frac{\mathrm{d}x_0}{\mathrm{d}\tau} = Ax_0 + B\left[u_0 + \Theta^{*\top}x_0\right] = 0 \tag{9.514}$$

$$\frac{\mathrm{d}u_0}{\mathrm{d}\tau} = G\left(u_0 - u_c\right) \tag{9.515}$$

式中 x_0 和 u_0 是奇异摄动系统的"外层"解。

术语"外层"与"内层"或"边界层"的概念有关，都源于普朗特的边界层理论。该系统"内层"或"边界层"的解为

$$\dot{x}_i = Ax_i + B\left[u_i + \Theta^{*\top}x_i\right] \tag{9.516}$$

$$\dot{u}_i = \varepsilon G\left(u_i - u_c\right) = 0 \tag{9.517}$$

那么，解可以表示为

$$x(t) = x_0(t) + x_i(t) - x_{MAE}(t) \tag{9.518}$$

式中 $x_{MAE}(t)$ 是将匹配渐近展开法应用到内层和外层解后得到的修正项[34]。外层解实际上是原系统在 $t \to \infty$ 时的渐近解。

$x_0(\tau)$ 的解为

$$x_0 = -\left(A + B\Theta^{*\top}\right)^{-1}Bu_0 \tag{9.519}$$

将式（9.519）对慢时间变量进行微分，然后将执行机构动力学代入其中，得到

$$\frac{\mathrm{d}x_0}{\mathrm{d}\tau} = -\left(A + B\Theta^{*\top}\right)^{-1}BG\left(u_0 - u_c\right) \tag{9.520}$$

根据式（9.514）可得

$$u_0 = -\bar{B}^{-1}Ax_0 - \Theta^{*\top}x_0 \tag{9.521}$$

式中 $\bar{B}^{-1} = B^\top\left(BB^\top\right)^{-1}$ 是矩阵 B 的右伪逆。

因此，可以得到如下受慢执行机构动力学约束的降阶被控对象模型：

$$\frac{\mathrm{d}x_0}{\mathrm{d}\tau} = \left(A + B\Theta^{*\top}\right)^{-1}BG\left(\bar{B}^{-1}Ax_0 + \Theta^{*\top}x_0 + u_c\right) \tag{9.522}$$

根据矩阵求逆引理可得

$$\left(A + B\Theta^{*\top}\right)^{-1} = A^{-1} - A^{-1}B\left(I + \Theta^{*\top}A^{-1}B\right)^{-1}\Theta^{*\top}A^{-1} \tag{9.523}$$

令 $\Psi^{*\top} = A^{-1}B\left(I + \Theta^{*\top}A^{-1}B\right)^{-1}\Theta^{*\top}A^{-1}$，那么

$$\begin{aligned}\frac{\mathrm{d}x_0}{\mathrm{d}\tau} = {} & A^{-1}BG\bar{B}^{-1}Ax_0 + \left[-\Psi^{*\top}BG\bar{B}^{-1}A + \left(A^{-1} - \Psi^{*\top}\right)BG\Theta^{*\top}\right]x_0 \\ & + \left(A^{-1} - \Psi^{*\top}\right)BGu_c\end{aligned} \tag{9.524}$$

接下来考虑奇异摄动系统的渐近解。实际上，由于忽略了内层解，所以 $x(t) = x_0(t)$。降阶模型可以表示为

$$\frac{\mathrm{d}x}{\mathrm{d}\tau} = A_s x + B_s \Lambda \left(u_c + \Theta_s^{*\top} x \right) \tag{9.525}$$

式中 $A_s = A^{-1} B G \bar{B}^{-1} A$，$B_s = A^{-1} B G$，$B_s \Lambda = \left(A^{-1} - \Psi^{*\top} \right) B G$，$B_s \Lambda \Theta_s^{*\top} = -\Psi^{*\top} B G \bar{B}^{-1} A + \left(A^{-1} - \Psi^{*\top} \right) B G \Theta^{*\top}$。

如果 A_s 为赫尔维茨矩阵并且 $\Theta_s^* = 0$，那么 Tikhonov 定理可以保证当 $\varepsilon > 0$ 时，降阶解会随着 $\varepsilon \to 0$ 而收敛至原系统的解[33]。

由于执行机构是慢动力学，这使得被控对象响应的时间尺度不能超过执行机构响应的时间尺度。因此，如果参考模型比执行机构快，则由于模型不匹配，即使使用自适应控制也无法保证跟踪误差很小。一种可行的解决方案是修改参考模型以匹配受执行机构动力学约束的被控对象模型，或者重新设计执行机构指令来减小跟踪误差。

在慢时间体系下，参考模型可以表示为

$$\frac{\mathrm{d}x_m}{\mathrm{d}\tau} = \frac{1}{\varepsilon} \left(A_m x_m + B_m r \right) \tag{9.526}$$

选择如下执行机构指令信号：

$$u_c = K_x x + K_r r - u_{ad} \tag{9.527}$$

式中 K_x 和 K_r 是不考虑慢执行机构动力学的理想被控对象的标称控制增益，u_{ad} 的形式为

$$u_{ad} = \Delta K_x(t) x + \Delta K_r(t) r - \Theta_s^\top(t) x = -\Omega^\top(t) \Phi(x, r) \tag{9.528}$$

式中 $\Omega^\top(t) = [\, \Theta_s^\top(t) - \Delta K_x(t) \quad -\Delta K_r(t) \,]$，$\Phi(x, r) = [\, x^\top \quad r^\top \,]^\top$。

假设存在理想控制增益矩阵 ΔK_x^* 和 ΔK_r^*，并满足如下模型匹配条件：

$$\frac{1}{\varepsilon} A_m = A_s + B_s \Lambda \left(K_x + \Delta K_x^* \right) \tag{9.529}$$

$$\frac{1}{\varepsilon} B_m = B_s \Lambda \left(K_r + \Delta K_r^* \right) \tag{9.530}$$

那么，闭环系统变为

$$\frac{\mathrm{d}x}{\mathrm{d}\tau} = \frac{1}{\varepsilon} \left(A_m x_m + B_m r \right) - B_s \Lambda \tilde{\Omega}^\top \Phi(x, r) \tag{9.531}$$

式中 $\tilde{\Omega} = \Omega - \Omega^*$。

在慢时间体系下的跟踪误差动力学方程为

$$\frac{\mathrm{d}e}{\mathrm{d}\tau} = \frac{\mathrm{d}x_m}{\mathrm{d}\tau} - \frac{\mathrm{d}x}{\mathrm{d}\tau} = \frac{1}{\varepsilon} \left[A_m e + \varepsilon B_s \Lambda \tilde{\Omega}^\top \Phi(x, r) \right] \tag{9.532}$$

如果 $\tilde{\Omega}(t)$ 有界且 A_m 是赫尔维茨矩阵，那么由 Tikhonov 定理可以保证当 $\varepsilon > 0$ 时，降阶系统的解会随着 $\varepsilon \to 0$ 而收敛至原系统的解。

转换到真实时间体系下，跟踪误差方程变为

$$\dot{e} = A_m e + \varepsilon B_s \Lambda \tilde{\Omega}^\top \Phi(x, r) \tag{9.533}$$

如果 Λ 是符号已知的对角矩阵，那么在真实时间体系下的最优控制修正自适应律为

$$\dot{\Omega} = -\varepsilon \Gamma \Phi(x, r) \left[e^\top P \operatorname{sgn} \Lambda - \varepsilon v \Phi^\top(x, r) \Omega B_s^\top P A_m^{-1} \right] B_s \tag{9.534}$$

310

　　然而，上述假设并不总是成立，因为 Λ 可能是混合符号的。可以利用如下预测模型，并根据双目标最优控制修正自适应律来估计 Λ：

$$\dot{\hat{x}} = A_m\hat{x} + (\varepsilon A_s - A_m)x + \varepsilon B_s\hat{\Lambda}\left(u_c + \Theta_s^\top x\right) \tag{9.535}$$

　　那么，双目标最优控制修正自适应律可以表示为

$$\begin{aligned}\dot{\Omega} = &- \varepsilon\Gamma_\Omega\Phi(x,r)\left\{e^\top P + \varepsilon v u^\top\hat{\Lambda}^\top B^\top P A_m^{-1} + e_p^\top W\right.\\ &\left.- \varepsilon\eta\left[u + 2\Theta_s^\top\Phi(x)\right]^\top\hat{\Lambda}^\top B_s^\top W A_m^{-1}\right\}B_s\hat{\Lambda}\end{aligned} \tag{9.536}$$

$$\dot{\Theta}_s = -\varepsilon\Gamma_{\Theta_s}x\left\{e_p^\top W - \varepsilon\eta\left[u + 2\Theta_s^\top\Phi(x)\right]^\top\hat{\Lambda}^\top B_s^\top W A_m^{-1}\right\}B_s\hat{\Lambda} \tag{9.537}$$

$$\dot{\hat{\Lambda}}^\top = -\varepsilon\Gamma_\Lambda\left[u + \Theta_s^\top\Phi(x)\right]\left\{e_p^\top W - \varepsilon\eta\left[u + 2\Theta_s^\top\Phi(x)\right]^\top\hat{\Lambda}^\top B_s^\top W A_m^{-1}\right\}B_s \tag{9.538}$$

式中 $e_p = \hat{x} - x$。

　　例 9.18　考虑如下简单的标量系统

$$\dot{x} = ax + bu + \theta^* x + w(t)$$

具有一阶慢执行机构动力学

$$\dot{u} = \varepsilon g(u - u_c)$$

式中 $a < 0$，$g < 0$，$\varepsilon > 0$，$|\varepsilon g| < |a|$，$w(t)$ 为干扰信号。

311

　　参考模型为

$$\dot{x}_m = a_m x_m + b_m r$$

式中 $a_m < 0$。

　　为慢执行机构动力学设计执行机构指令为

$$u_c = k_x x + k_r r - \Omega^\top\Phi(x,r)$$

式中 $k_x = \dfrac{a_m - a}{b}$，$k_r = \dfrac{b_m}{b}$，$\Phi(x,r) = [x \quad r]^\top$。

　　如果执行机构动力学足够快，那么执行机构指令为

$$u_c = k_x x + k_r r - \theta x$$

　　慢执行机构动力学的最优控制修正自适应律为

$$\dot{\Omega} = -\varepsilon\Gamma\Phi(x,r)\left[e\,\mathrm{sgn}\,\lambda - \varepsilon v\Phi^\top(x,r)\Omega b_s a_m^{-1}\right]b_s$$

式中 $b_s = \dfrac{bg}{a}$，$\lambda = \dfrac{a}{a + b\theta^*}$，快执行机构动力学的最优控制修正自适应律为

$$\dot{\theta} = -\Gamma x\left(e - v x\theta b a_m^{-1}\right)b$$

　　如果 a 和 b 在标称上具有相同的数量级，那么对于慢执行机构动力学来说，由 ε 降低的有效自适应增益实现了与快执行机构动力学相同的系统性能。

在该算例中，设 $a = -1$，$b = 1$，$\theta^* = 0.1$，$g = -1$，$\varepsilon = 0.1$，$a_m = -5$，$b_m = 1$，$r(t) = \sin t$，$w(t) = 0.05 \sin(10t)$。在利用奇异摄动法设计的标准模型参考自适应控制自适应律和最优控制修正自适应律作用下的系统响应如图 9-31 所示。与使用相同自适应增益的最优控制修正相比，标准模型参考自适应控制表现出更严重的瞬态响应。

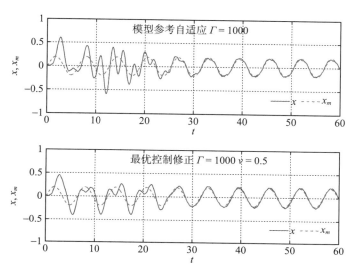

图 9-31　模型参考自适应控制和最优控制修正作用下的慢执行机构动力学的系统响应

图 9-32 所示是在奇异摄动法作用下，控制信号和执行机构指令随时间变化的曲线。从图中可以看出，执行机构指令信号要比控制信号大得多。这是因为执行机构动力学很慢，因此大的执行机构指令不能在有限时间内转换为相同的控制输入。最优控制修正控制输入中振荡幅值比标准模型参考自适应控制的小，这可以表明最优控制修正的有效性。

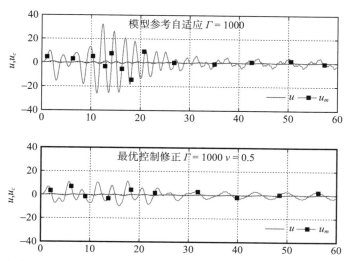

图 9-32　模型参考自适应控制和最优控制修正作用下的慢执行机构动力学的控制和执行机构指令

图 9-33 所示是在快执行机构动力学未修正执行机构指令作用下的系统响应。从图中可

312 以看出，即使采用自适应控制，被控对象也无法跟随参考模型。

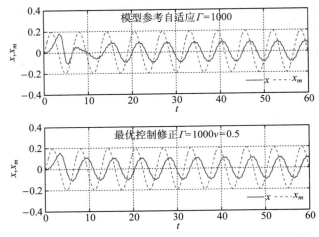

图 9-33   慢执行机构动力学在未修正执行机构指令作用下的响应

313

9.13   具有未建模动态的线性不确定系统最优控制修正

考虑系统

$$\dot{x} = Ax + Bu + \Delta(x, z, u) \tag{9.539}$$

$$\dot{z} = f(x, z, u) \tag{9.540}$$

$$y = Cx \tag{9.541}$$

式中 z 是内部状态向量，$\Delta(x, z, u)$ 是未考虑的被控对象未知建模误差，$\dot{z}$ 是未建模动态，y 是被控对象输出向量。

当只有基于输出信号 $y(t)$ 的跟踪误差用于模型参考适应控制器的设计时，称这种自适应控制为输出反馈自适应控制。如果要求输出 $y(t)$ 跟踪一个稳定的一阶参考模型输出 $y_m(t)$，若控制系统的闭环传递函数满足严格正实（SPR）条件，则模型参考自适应控制是可行的。因此，输出反馈自适应控制的核心要求是闭环传递函数必须满足严格正实条件。在第 8 章中曾提到，标准模型参考自适应控制对于非最小相位系统是不稳定的（见例 8.3），因为非最小相位系统的传递函数不满足严格正实条件。因此，为不满足严格正实条件的系统设计输出反馈控制器具有很大的挑战性。

下面给出严格正实条件的定义：

定义 9.1   考虑一个单输入单输出的真分式传递函数

$$G(s) = \frac{Z(s)}{R(s)} \tag{9.542}$$

式中 $Z(s)$ 和 $R(s)$ 分别是阶次为 m 和 n 的多项式，其中 $n > m$。定义相对阶为 $n - m$。如果 $G(s)$ 的相对阶不大于 1 并且 $G(s)$ 的实部对于所有的 $\sigma \geqslant 0$ 是正值（其中 $s = \sigma + j\omega$）即对于 $\sigma \geqslant 0$，有 $\Re(G(s)) \geqslant 0$，那么称该传递函数是正实（PR）的。进一步，如果对于 $\varepsilon > 0$，$G(s - \varepsilon)$ 为正实的，那么 $G(s)$ 是严格正实（SPR）[30]。

例 9.19

- 考虑例 8.2 中的传递函数

$$G(s) = \frac{s+1}{s^2+5s+6}$$

将上式表示为复变量 σ 和 w 的形式

$$G(s) = \frac{\left(\sigma^3 + 6\sigma^2 + \sigma\omega^2 + 11\sigma + 4\omega^2 + 6\right) + \mathrm{j}\omega\left(-\sigma^2 - 2\sigma - \omega^2 + 1\right)}{\left(\sigma^2 + 5\sigma - \omega^2 + 6\right)^2 + \omega^2(2\sigma+5)^2}$$

314

可以看出，对于所有的 $\sigma \geq 0$ 和 $\omega \geq 0$，有 $\Re(G(s)) > 0$。如果设 $\sigma = -\varepsilon$ 和 $\omega = 0$，那么对于 $0 < \varepsilon \leq 1$ 有 $\Re(G(s)) \geq 0$。因此，$G(s)$ 是严格正实的，并且是相对阶为 1 的最小相位稳定传递函数。

- 考虑传递函数

$$G(s) = \frac{s}{s^2+5s+6} = \frac{\left(\sigma^3 + 5\sigma^2 + \sigma\omega^2 + 6\sigma + 5\omega^2\right) + \mathrm{j}\omega\left(-\sigma^2 - \omega^2 + 6\right)}{\left(\sigma^2 + 5\sigma - \omega^2 + 6\right)^2 + \omega^2(2\sigma+5)^2}$$

可以看出，对于所有的 $\sigma \geq 0$ 和 $\omega \geq 0$，有 $\Re(G(s)) \geq 0$。因此，$G(s)$ 仅仅是正实的，而不是严格正实的。$G(s)$ 是有一个零点位于 $\mathrm{j}\omega$ 轴上的稳定传递函数。

- 考虑例 8.2 中的传递函数

$$G(s) = \frac{s-1}{s^2+5s+6}$$
$$= \frac{\left(\sigma^3 + 4\sigma^2 + \sigma\omega^2 + \sigma + 6\omega^2 - 6\right) + \mathrm{j}\omega\left(-\sigma^2 + 2\sigma - \omega^2 + 11\right)}{\left(\sigma^2 + 5\sigma - \omega^2 + 6\right)^2 + \omega^2(2\sigma+5)^2}$$

不是严格正实的，因为 $\Re(G(s))$ 对于某些 $\sigma \geq 0$ 和 $\omega \geq 0$ 可能为负值，其中 $G(s)$ 是非最小相位的。

- 传递函数

$$G(s) = \frac{s+1}{s^2-5s+6}$$
$$= \frac{\left(\sigma^3 - 4\sigma^2 + \sigma\omega^2 + \sigma - 6\omega^2 + 6\right) + \mathrm{j}\omega\left(-\sigma^2 - 2\sigma - \omega^2 + 11\right)}{\left(\sigma^2 - 5\sigma - \omega^2 + 6\right)^2 + \omega^2(2\sigma-5)^2}$$

不是严格正实的，因为 $\Re(G(s))$ 对于某些 $\sigma \geq 0$ 和 $\omega \geq 0$ 可能为负值，其中 $G(s)$ 是不稳定的。

- 传递函数

$$G(s) = \frac{1}{s^2+5s+6} = \frac{\left(\sigma^2 + 5\sigma - \omega^2 + 6\right) - \mathrm{j}\omega(2\sigma+5)}{\left(\sigma^2 + 5\sigma - \omega^2 + 6\right)^2 + \omega^2(2\sigma+5)^2}$$

不是严格正实的，因为 $\Re(G(s))$ 对于某些 $\sigma \geq 0$ 和 $\omega \geq 0$ 可能为负值，其中 $G(s)$ 的相对阶为 2。

鲁棒自适应控制的研究是由自适应控制的不稳定现象引起的。实际上在 20 世纪 60 年代早期，自适应控制的不稳定性导致了一架 NASA X-15 高超声速飞行器的坠毁，这也引起了人们对自适应控制可行性的极大关注。Rohrs 等人研究了多种由未建模动态引起自适应控制不稳定的机制[1]。Rohrs 的反例证明了模型参考自适应控制缺乏鲁棒性，现在重新审视在 8.4 节中讨论过的未建模动态[20]。

具有二阶未建模执行机构动力学的一阶单输入单输出控制系统开环传递函数为

$$\frac{y(s)}{u(s)} = \frac{b\omega_n^2}{(s-a)(s^2 + 2\zeta\omega_n s + \omega_n^2)} \tag{9.543}$$

式中 $a < 0$，未知，b 也未知，但已知 $b > 0$，ζ 和 ω_n 都已知。

该系统的相对阶为 3，因此不是严格正实的。

参考模型的传递函数为

$$\frac{y_m(s)}{r(s)} = \frac{b_m}{s - a_m} \tag{9.544}$$

参考模型是相对阶为 1 的严格正实传递函数。由于参考模型的相对阶小于被控对象的相对阶，所以不可能实现完美跟踪。相对阶大于 1 的自适应控制系统更加难以控制，因为参考模型不能为严格正实[30]。

设计控制器为

$$u = k_y(t)y + k_r(t)r \tag{9.545}$$

$$\dot{k}_y = \gamma_x ye \tag{9.546}$$

$$\dot{k}_r = \gamma_r re \tag{9.547}$$

式中 $e = y_m - y$。

$k_y(t)$ 和 $k_r(t)$ 的初值分别为 $k_y(0) = -1$，$k_r(0) = 1$。

参考指令信号为

$$r = r_0 \sin(\omega_0 t) \tag{9.548}$$

式中 $r_0 = 1$，$\omega_0 = \sqrt{30}\,\text{rad/s}$ 是闭环传递函数相位裕度为 0 时的频率。

闭环系统是不稳定的，如图 9-34 所示。

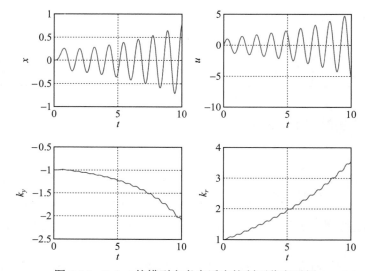

图 9-34　Rohrs 的模型参考自适应控制不稳定反例

　　造成不稳定的根本原因是闭环系统缺乏鲁棒性。如果具有足够的相位裕度，则改变 $k_y(t)$ 的初始条件或者参考指令信号的频率就可以使闭环系统稳定。

316

　　利用线性渐近特性，可以设计最优控制修正自适应律来处理具有未建模动态的线性系统。

　　假设开环系统通常可以表示为如下传递函数：

$$\frac{y(s)}{u(s)} \triangleq W_p(s) = k_p \frac{Z_p(s)}{R_p(s)} \tag{9.549}$$

式中 k_p 是高频增益，$Z_p(s)$ 和 $R_p(s)$ 分别是阶次为 m_p 和 n_p 的首一赫尔维茨多项式，并且 $n_p - m_p > 0$ 为被控对象的相对阶。

　　参考模型的传递函数为

$$\frac{y_m(s)}{r(s)} \triangleq W_m(s) = k_m \frac{Z_m(s)}{R_m(s)} \tag{9.550}$$

式中 k_m 是高频增益，$Z_m(s)$ 和 $R_m(s)$ 分别是阶次为 m_m 和 n_m 的首一赫尔维茨多项式，并且 $n_m - m_m > 0$ 为参考模型的相对阶。

　　设 $n_p - m_p > n_m - m_m$。因此，严格正实条件无法保证能够跟踪参考模型，标准模型参考自适应控制也无法保证闭环系统的稳定性。

　　假设利用最优控制修正重新设计自适应控制器为

$$u = k_y y + k_r r \tag{9.551}$$

式中

$$\dot{k}_y = \gamma_y \left(y e - v y^2 k_y \right) \tag{9.552}$$

$$\dot{k}_r = \gamma_r \left(r e - v r^2 k_r \right) \tag{9.553}$$

317

　　利用最优控制修正的线性渐近特性，可以计算得到 $\gamma_y \to \infty$ 和 $\gamma_r \to \infty$ 时，自适应控制器 u 的渐近值。那么

$$\bar{u} = \frac{2y_m - 2y}{v} \tag{9.554}$$

　　可以计算得到渐近闭环传递函数为

$$\frac{\bar{y}}{r} = \frac{2W_p(s)W_m(s)}{v + 2W_p(s)} = \frac{2k_m k_p Z_p(s) Z_m(s)}{R_m(s)\left(v R_p(s) + 2k_p Z_p(s)\right)} \tag{9.555}$$

　　通过适当选择修正系数 v，可以使渐近闭环传递函数具有闭环稳定性。一旦选择了修正系数 v，就可以选择任意合理的自适应速率 γ_y 和 γ_r，不会损害自适应律的闭环稳定性。

　　回到之前具有二阶未建模执行机构动力学的一阶被控对象，其自适应控制器会随着 $\gamma_y \to \infty$ 和 $\gamma_r \to \infty$ 而渐近地趋近于

$$\bar{u} = \frac{2y_m - 2y}{v} = \frac{2b_m r}{v(s - a_m)} - \frac{2y}{v} \tag{9.556}$$

　　那么可以得到渐近闭环传递函数为

$$\frac{\bar{y}}{r} \triangleq G(s) = \frac{2b\omega_n^2 b_m}{v(s - a_m)\left[(s - a)(s^2 + 2\zeta\omega_n s + \omega_n^2) + \dfrac{2b\omega_n^2}{v}\right]} \tag{9.557}$$

注意，闭环传递函数的相对阶为 4，而参考模型的相对阶为 1，这使得输出 $y(t)$ 无法跟踪 $y_m(t)$。

在考虑输入时间延迟时，传递函数 $G(s)$ 的特征方程为

$$s^3 + (2\zeta\omega_n - a)\,s^2 + \left(\omega_n^2 - 2a\zeta\omega_n\right)s - a\omega_n^2 + \frac{2b\omega_n^2}{v}\mathrm{e}^{-t_d s} = 0 \tag{9.558}$$

将 $s = \mathrm{j}\omega$ 代入上式得

$$-\mathrm{j}\omega^3 - (2\zeta\omega_n - a)\,\omega^2 + \left(\omega_n^2 - 2a\zeta\omega_n\right)\mathrm{j}\omega - a\omega_n^2 + \frac{2b\omega_n^2}{v}\left(\cos(\omega t_d) - \mathrm{j}\sin(\omega t_d)\right) = 0 \tag{9.559}$$

318

进而得到如下两个频率方程：

$$-(2\zeta\omega_n - a)\,\omega^2 - a\omega_n^2 + \frac{2b\omega_n^2}{v}\cos(\omega t_d) = 0 \tag{9.560}$$

$$-\omega^3 + \left(\omega_n^2 - 2a\zeta\omega_n\right)\omega - \frac{2b\omega_n^2}{v}\sin(\omega t_d) = 0 \tag{9.561}$$

然后，将穿越频率和相位裕度表示为修正系数 v 的函数：

$$\omega^6 + \left(a^2 + 4\zeta^2\omega_n^2 - 2\omega_n^2\right)\omega^4 + \left(\omega_n^2 + 4a^2\zeta^2 - 2a^2\right)\omega_n^2\omega^2 + \left(a^2 - \frac{4b^2}{v^2}\right)\omega_n^4 = 0 \tag{9.562}$$

$$\phi = \omega t_d = \arctan\left[\frac{-\omega^3 + \left(\omega_n^2 - 2a\zeta\omega_n\right)\omega}{(2\zeta\omega_n - a)\,\omega^2 + a\omega_n^2}\right] \tag{9.563}$$

注意，在零相位裕度时的穿越频率 $\omega_0 = \sqrt{\omega_n^2 - 2a\zeta\omega_n}$ 与未经过修正的频率（见 8.4 节）相等。然而，该穿越频率对应于修正系数 $v_{\min}$。通过选择满足特定相位裕度要求的修正系数 $v > v_{\min}$，就可以使得闭环自适应系统是鲁棒稳定的。

例 9.20　考虑例 8.5，相关参数为 $a = -1$，$b = 1$，$a_m = -2$，$b_m = 2$，$\omega_n = 5 \text{ rad/s}$，$\zeta = 0.5$。计算得到零相位裕度时的穿越频率为 $\omega_0 = \sqrt{30}\text{ rad/s}$。如图 9-35 所示，穿越频率和相位裕度是修正系数 v 的函数。

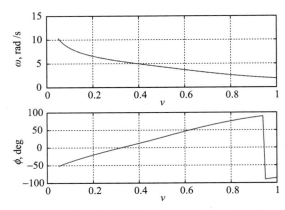

图 9-35　渐近相位裕度和穿越频率是 v 的函数

零相位裕度和 90° 相位裕度对应的修正系数分别为 $v_{\min} = v_0 = 0.3226$ 和 $v_{\max} = v_{90°} = 0.9482$。所以，选择介于这二者之间的修正系数 v 可以使具有未建模动态的自适应系统稳定。在零相位裕度和 90° 相位裕度处的穿越频率分别为 $\omega_0 = \sqrt{\omega_n^2 - 2a\zeta\omega_n} = \sqrt{30}$ rad/s 和 $\omega_{90°} = \sqrt{-\dfrac{a\omega_n^2}{2\zeta\omega_n - a}} = \sqrt{\dfrac{25}{6}}$ rad/s。因此，通过减小闭环系统的穿越频率可以提升最优控制修正的鲁棒性。

假设选择相位裕度为 45°，那么，根据式（9.562）可以得到穿越频率为如下方程的根：

$$\omega^3 + (2\zeta\omega_n - a)\omega^2 + \left(2a\zeta\omega_n - \omega_n^2\right)\omega + a\omega_n^2 = 0$$

得到 $\omega_{45°} = 3.7568$ rad/s。那么，根据式（9.562）可以计算得到修正系数为 $v_{45°} = 0.5924$。

当 $v_{45°} = 0.5924$ 时，渐近闭环传递函数为

$$G(s) = \frac{\dfrac{100}{v_{45°}}}{s^4 + 8s^3 + 42s^2 + \left(85 + \dfrac{50}{v_{45°}}\right)s + 50 + \dfrac{100}{v}}$$

319

如果 $r(t)$ 是常值指令信号，那么当 $t \to \infty$ 时，$G(0) = \dfrac{2}{2 + v_{45°}} = 0.7715$，参考模型传递函数的稳态值为 $\dfrac{y_m(s)}{r(s)} = 1$。因此，虽然被控对象无法跟踪参考模型，但是闭环自适应系统是鲁棒稳定的。

在仿真时，为实现快速自适应，设自适应速率 γ_x 和 γ_r 为 1×10^6，时间步长为 1×10^{-6}。参考指令信号为 $r(t) = \sin(\sqrt{30}t)$。解析方式得到的渐近响应 $\bar{y}(t)$ 和控制信号 $\bar{u}(t)$ 分别与仿真结果 $y(t)$ 和 $u(t)$ 相匹配，如图 9-36 所示。在自适应增益 $k_r(t)$ 的作用下，虽然控制信号 $u(t)$ 出现了陡峭峰值，但能够很好地跟踪渐近控制信号 $\bar{u}(t)$。因此，最优控制修正的线性渐近特性能够用于分析具有未建模动态、时间延迟或者非最小相位特性的不确定线性系统的稳定性。在本例中，最优控制修正可以很容易地处理相对阶大于 1 的系统。

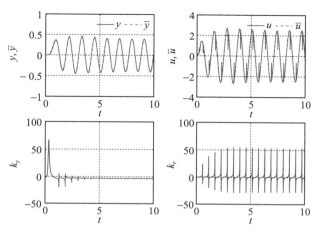

图 9-36　最优控制修正的闭环响应（$v = 0.5924$, $\gamma_x = \gamma_r = 10^6$）

320

例 9.21　考虑例 8.6 中的 Rohrs 反例[1]。穿越频率和相位裕度是修正系数 v 的函数，如图 9-37 所示。在零相位裕度和 90° 相位裕度处的穿越频率分别为 $\omega_0 = \sqrt{259}$ rad/s 和 $\omega_{90°} =$

$\sqrt{\dfrac{229}{31}}$ rad/s。对应的修正系数分别为 $v_0 = 0.1174$ 和 $v_{90°} = 1.3394$。

为最优控制修正自适应律选择修正系数 $v_{45°} = 0.4256$，对应的相位裕度为 45°，穿越频率为 $\omega_{45°} = 7.5156$ rad/s。闭环系统响应如图 9-38 所示。闭环自适应系统是鲁棒稳定的。

3 种鲁棒修正方案，即 σ 修正、e 修正和最优控制修正，使 Rohrs 反例中被控对象开始稳定的修正系数为其最小值。σ 修正和 e 修正的修正系数可以通过反复试验找到。相反，最优控制修正的修正系数 v 能够借助于线性渐近特性以解析形式给出。

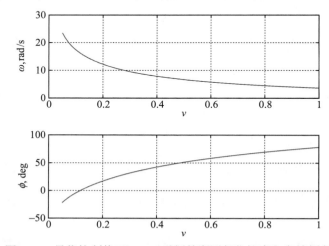

图 9-37　最优控制修正 Rohrs 反例的渐近相位裕度和穿越频率

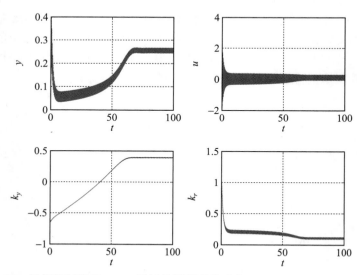

图 9-38　最优控制修正 Rohrs 反例的闭环系统响应（$v = 0.4256$，$\gamma_x = \gamma_r = 1$）

9.14　相对阶为 1 的非最小相位系统自适应控制

为非最小相位控制系统设计模型参考自适应控制通常比在最小相位控制系统中设计更难。输出反馈自适应控制通常需要严格正实特性来保证系统的稳定性。而非最小相位系统的传递函数不满足严格正实条件。因此，不能用严格正实条件为非最小相位控制系统设计自适应控制器。为非最小相位控制系统设计自适应控制器的难点在于模型参考自适应控制需要实现理想跟踪特性。这导致非最小相位系统在右半平面出现零极点对消的情况，从而产生无界信号。

最优控制修正的线性渐近特性可以用于非最小相位被控对象的自适应控制器设计。通过对标准模型参考自适应控制进行修正，可以避免右半平面中的零极点对消，从而实现有界跟踪，而不是渐近跟踪。通过合适地选择修正系数 v 可以保证闭环系统的稳定性。在本节中，我们将使用最优控制修正方案，为相对阶为 1 的非最小相位被控对象设计自适应控制器[20]。

考虑如下单输入单输出被控对象：

$$\dot{x} = ax + bu + gz \tag{9.564}$$

$$\dot{z} = hz + lx + mu \tag{9.565}$$

$$y = x \tag{9.566}$$

式中 z 是不可测的内部动力学状态，a 是未知参数，其他参数均已知且 $h < 0$。

此处的目标是设计一个输出反馈自适应控制器跟踪如下参考模型：

$$y_m = W_m(s)r = k_m \frac{Z_m(s)}{R_m(s)} r = \frac{b_m r}{s - a_m} \tag{9.567}$$

式中 $a_m < 0$，$k_m = b_m$。

将控制系统的传递函数表述为如下形式：

$$\frac{y}{u} = W_p(s) = k_p \frac{Z_p(s)}{R_p(s)} = \frac{b(s-h) + gm}{(s-a)(s-h) - gl} \tag{9.568}$$

式中 $k_p = b$。

注意，$W_m(s)$ 是严格正实且相对阶为 1，被控对象的相对阶也为 1 并假设稳定，故 $R_p(s) = (s-a)(s-h) - gl$ 是赫尔维茨多项式。

322

设计理想的输出反馈自适应控制器为

$$u^* = -b^{-1}\theta_1^* y^* - \frac{b^{-1}\theta_2^* y^*}{s - \lambda} - \frac{b^{-1}\theta_3^* u^*}{s - \lambda} + b^{-1}b_m r \tag{9.569}$$

式中 $\lambda < 0$ 是待选参数，θ_1^*、θ_2^* 和 θ_3^* 是未知常值。

可以将 $u^*(s)$ 明确地表示为

$$u^* = \frac{b^{-1}\left[-\theta_1^*(s-\lambda) - \theta_2^*\right]y^* + b^{-1}b_m(s-\lambda)r}{s - \lambda + b^{-1}\theta_3^*} \tag{9.570}$$

那么理想的输出 $y^*(s)$ 为

$$y^* = \frac{Z_p(s)}{R_p(s)} \frac{\left[-\theta_1^*(s-\lambda) - \theta_2^*\right]y^* + b_m(s-\lambda)r}{s - \lambda + b^{-1}\theta_3^*} \tag{9.571}$$

考虑如下不同情况。

9.14.1 最小相位系统

如果被控对象是最小相位系统，则 $Z_p(s)$ 是赫尔维茨多项式。那么，零极点对消将出现在左半平面，因此可得

$$Z_p(s) = s - \lambda + b^{-1}\theta_3^* \tag{9.572}$$

这使得

$$\theta_3^* = b(\lambda - h) + gm \tag{9.573}$$

理想控制器 $u^*(s)$ 变为

$$u^* = \frac{b^{-1}\left[-\theta_1^*(s-\lambda) - \theta_2^*\right]y^* + b^{-1}b_m(s-\lambda)r}{Z_p(s)} \tag{9.574}$$

从而得到理想输出 $y^*(s)$ 为

$$y^* = \frac{\left[-\theta_1^*(s-\lambda) - \theta_2^*\right]y^* + b_m(s-\lambda)r}{(s-a)(s-h) - gl} \tag{9.575}$$

进而得到如下理想的闭环传递函数：

$$\frac{y^*}{r} = \frac{b_m(s-\lambda)}{s^2 - \left(a+h-\theta_1^*\right)s + ah - gl - \lambda\theta_1^* + \theta_2^*} \tag{9.576}$$

我们希望理想的闭环系统能够跟踪参考模型。因此，理想的闭环传递函数必须与参考模型的传递函数 $W_m(s)$ 相等。所以

$$\frac{b_m(s-\lambda)}{s^2 - \left(a+h-\theta_1^*\right)s + ah - gl - \lambda\theta_1^* + \theta_2^*} = \frac{b_m}{s-a_m} \tag{9.577}$$

这导致如下模型匹配条件：

$$a + h - \theta_1^* = \lambda + a_m \tag{9.578}$$

$$ah - gl - \lambda\theta_1^* + \theta_2^* = \lambda a_m \tag{9.579}$$

根据上述匹配条件，计算 θ_1^* 和 θ_2^* 为

$$\theta_1^* = a - a_m + h - \lambda \tag{9.580}$$

$$\theta_2^* = gl - ah + \lambda(a+h-\lambda) \tag{9.581}$$

然后得到自适应控制器为

$$u = -b^{-1}\theta_1 y - \frac{b^{-1}\theta_2 y}{s-\lambda} - \frac{b^{-1}\theta_3 u}{s-\lambda} + b^{-1}b_m r \tag{9.582}$$

式中 θ_1、θ_2 和 θ_3 分别是 θ_1^*、θ_2^* 和 θ_3^* 的估计值。

设 $\tilde{\theta}_1 = \theta_1 - \theta_1^*$, $\tilde{\theta}_2 = \theta_2 - \theta_2^*$, $\tilde{\theta}_3 = \theta_3 - \theta_3^*$。那么，输出 y 可以表示为

$$y = W_m(s)r - \frac{W_m(s)}{b_m}\left(\tilde{\theta}_1 y + \frac{\tilde{\theta}_2 y}{s-\lambda} + \frac{\tilde{\theta}_3 u}{s-\lambda}\right) \tag{9.583}$$

定义跟踪误差 $e(t) = y_m(t) - y(t)$，得到跟踪误差动力学方程为

$$\dot{e} = a_m e + \tilde{\Theta}^\top \Phi(t) \tag{9.584}$$

式中 $\tilde{\Theta} = [\, \tilde{\theta}_1(t) \quad \tilde{\theta}_2(t) \quad \tilde{\theta}_3(t)\,]^\top$，$\Phi = [\, \phi_1(t) \quad \phi_2(t) \quad \phi_3(t)\,]^\top$。

设计自适应律为

$$\dot{\Theta} = -\Gamma \Phi(t) e \tag{9.585}$$

式中

$$\phi_1 = y \tag{9.586}$$

$$\dot{\phi}_2 = \lambda \phi_2 + y \tag{9.587}$$

$$\dot{\phi}_3 = \lambda \phi_3 + u \tag{9.588}$$

因此，所有信号有界，且跟踪误差是渐近稳定的。

9.14.2　非最小相位系统

对于非最小相位被控对象，标准模型参考自适应控制试图通过右半平面的零极点对消实现渐近跟踪，所以自适应控制器会变得无界。因此，如果自适应控制器只实现有界跟踪而不是渐近跟踪，那么可以避免在右半平面的零极点对消。此时，控制系统就是稳定的。

对于非最小相位被控对象，考虑如下两种可用的自适应控制器。

1）使用式（9.582）中的自适应控制器，并且考虑最优控制修正的自适应律

$$\dot{\Theta} = -\Gamma \Phi(t) \left[e - v \Phi^\top(t) \Theta a_m^{-1} \right] \tag{9.589}$$

当 $\Gamma \to \infty$ 时，利用最优控制修正的线性渐近特性得到

$$\Theta^\top \Phi(t) = \frac{a_m (y_m - y)}{v} \tag{9.590}$$

那么，渐近线性控制器会趋近于

$$u = \frac{a_m y}{vb} + \frac{[vb_m - a_m W_m(s)] r}{vb} \tag{9.591}$$

对比理想控制器和渐近线性控制器，可以发现自适应控制器不会消除 $W_p(s)$ 不稳定的零点，因为 $W_m(s)$ 使其在 $s = a_m$ 处具有稳定的极点。否则，由于 $Z_p(s)$ 不稳定，零极点对消会出现在右半平面。因此，$W_p(s)$ 的非最小相位特性不会再影响自适应控制器的稳定性，那么可以通过适当选择修正参数 $v > 0$ 使得闭环传递函数是稳定的。

渐近闭环传递函数可以表示为

$$\frac{y}{r} = \frac{W_p(s) \left[vb_m - a_m W_m(s) \right]}{vb - a_m W_p(s)} \tag{9.592}$$

当 $\Gamma \to \infty$ 时，$y(t)$ 的平衡值会趋近于

$$\bar{y} = \frac{W_p(0)\left[vb_m - a_m W_m(0)\right]}{vb - a_m W_p(0)} r \tag{9.593}$$

所以，无论 $W_p(s)$ 是否为最小相位系统，跟踪都是有界的。因此，具有最优控制修正的闭环系统是鲁棒稳定的。但是，当 v 太大而无法保证系统的稳定性时，会导致较差的跟踪性能。

2）如果不存在使 $z(t) = 0$ 的非最小相位动力学，为一阶单输入单输出被控对象设计简单的自适应控制器

$$u(t) = k_y(t)y + k_r r \tag{9.594}$$

式中 $k_r = b^{-1}b_m$ 和 k_y 由如下最优控制修正自适应律计算得到：

$$\dot{k}_y = \gamma_y y \left(e + vyk_y ba_m^{-1}\right) b \tag{9.595}$$

根据最优控制修正的线性渐近特性得到

$$k_y y = \frac{a_m(y - y_m)}{vb} \tag{9.596}$$

那么，渐近线性控制器会趋近于

$$u = \frac{a_m y}{vb} + \frac{\left[vb_m - a_m W_m(s)\right]r}{vb} \tag{9.597}$$

注意，该渐近线性控制器与第一种情况的渐近线性控制器相同。因此，虽然两个自适应控制器不同，但两个控制器对应的闭环系统在极限时的系统特性是一样的。

接下来会给出由式（9.564）和式（9.565）描述的相对阶为 1 的非最小相位被控对象最优控制修正的严格证明，其中 a 未知，其他参数已知且 $h < 0$。自适应控制器由式（9.594）和式（9.595）给出。

闭环系统变为

$$\dot{y} = a_m y + b_m r + b\tilde{k}_y y + gz \tag{9.598}$$

$$\dot{z} = hz + \left(l + mk_y^*\right)y + m\tilde{k}_y y + mk_r r \tag{9.599}$$

式中 $\tilde{k}_y = k_y - k_y^*$，$k_y^* = \dfrac{a_m - a}{b}$。

跟踪误差动力学方程为

$$\dot{e} = a_m e - b\tilde{k}_y y - gz \tag{9.600}$$

定义参考模型内部状态动力学为

$$\dot{z}_m = hz_m + \left(l + mk_y^*\right)y_m + mk_r r \tag{9.601}$$

设 $\varepsilon(t) = z_m(t) - z(t)$ 为内部状态的跟踪误差，那么内部状态跟踪误差动力学方程为

$$\dot{\varepsilon} = h\varepsilon + \left(l + mk_y^*\right)e - m\tilde{k}_y y \tag{9.602}$$

证明　选择李雅普诺夫候选函数

$$V\left(e, \varepsilon, \tilde{k}_y\right) = \alpha e^2 + \beta \varepsilon^2 + \alpha\gamma_y^{-1}\tilde{k}_y^2 \tag{9.603}$$

式中 $\alpha > 0$，$\beta > 0$。

计算 $V\left(e,\varepsilon,\tilde{k}_y\right)$，得到

$$
\begin{aligned}
\dot{V}\left(e,\varepsilon,\tilde{k}_y\right) = {} & 2\alpha a_m e^2 - 2\alpha g(z_m - \varepsilon)e + 2\beta h\varepsilon^2 + 2\beta\left(l + mk_y^*\right)e\varepsilon - 2\beta m\tilde{k}_y y\varepsilon \\
& + 2\alpha vb^2 a_m^{-1}\tilde{k}_y\left(\tilde{k}_y + k_y^*\right)y^2 \leqslant -2\alpha\,|a_m|\,\|e\|^2 + 2\alpha|g|\,\|z_m\|\,\|e\| \\
& - 2\beta|h|\|\varepsilon\|^2 + 2\left|\alpha g + \beta\left(l + mk_y^*\right)\right|\|e\|\|\varepsilon\| + 2\beta|m|\|y\|\,\|\tilde{k}_y\|\,\|\varepsilon\| \\
& - 2\alpha vb^2\left|a_m^{-1}\right|\|y\|^2\left\|\tilde{k}_y\right\|^2 + 2\alpha vb^2\left|a_m^{-1}\right|\left|k_y^*\right|\|y\|^2\left\|\tilde{k}_y\right\|
\end{aligned}
\tag{9.604}
$$

根据不等式 $2\|a\|\,\|b\| \leqslant \delta^2\|a\|^2 + \dfrac{\|b\|^2}{\delta^2}$ 可得

$$
\begin{aligned}
\dot{V}\left(e,\varepsilon,\tilde{k}_y\right) \leqslant {} & -2\alpha\,|a_m|\,\|e\|^2 + 2\alpha|g|\,\|z_m\|\,\|e\| - 2\beta|h|\,\|\varepsilon\|^2 \\
& + \left|\alpha g + \beta\left(l + mk_y^*\right)\right|\left(\delta_1^2\|e\|^2 + \frac{\|\varepsilon\|^2}{\delta_1^2}\right) \\
& + \beta|m|\left(\delta_2^2\|y\|^2\left\|\tilde{k}_y\right\|^2 + \frac{\|\varepsilon\|^2}{\delta_2^2}\right) \\
& - 2\alpha vb^2\left|a_m^{-1}\right|\|y\|^2\left\|\tilde{k}_y\right\|^2 \\
& + 2\alpha vb^2\left|a_m^{-1}\right|\left|k_y^*\right|\|y\|^2\left\|\tilde{k}_y\right\|
\end{aligned}
\tag{9.605}
$$

注意，最优控制修正中的负定项 $-2\alpha vb^2\left|a_m^{-1}\right|\|y\|^2\left\|\tilde{k}_y\right\|^2$ 可以主导正定项 $\beta|m|\delta_2^2\|y\|^2\left\|\tilde{k}_y\right\|^2$，使得 $\dot{V}\left(e,\varepsilon,\tilde{k}_y\right)$ 为负定的。

设 $c_1 = 2\alpha\,|a_m| - \left|\alpha g + \beta\left(l + mk_y^*\right)\right|\delta_1^2$，$c_2 = 2\beta|h| - \dfrac{\left|\alpha g + \beta\left(l + mk_y^*\right)\right|}{\delta_1^2} - \dfrac{\beta|m|}{\delta_2^2}$，$c_3 = 2\alpha vb^2\left|a_m^{-1}\right| - \beta|m|\delta_2^2$，$c_4 = \dfrac{\alpha vb^2\left|a_m^{-1}\right|\left|k_y^*\right|}{c_3}$，那么

327

$$
\dot{V}\left(e,\varepsilon,\tilde{k}_y\right) \leqslant -c_1\|e\|^2 + 2\alpha|g|\,\|z_m\|\,\|e\| - c_2\|\varepsilon\|^2 - c_3\|y\|^2\left(\left\|\tilde{k}_y\right\| - c_4\right)^2 + c_3 c_4^2\|y\|^2
\tag{9.606}
$$

因为 $\|y\|^2 \leqslant \|e\|^2 + 2\|e\|\,\|y_m\| + \|y_m\|^2$，所以 $\|y_m\|$ 和 $\|z_m\|$ 的最终界为 $\|y_m\| \leqslant c_y r_0$ 和 $\|z_m\| \leqslant c_z r_0$，式中 $c_y = \left|a_m^{-1}b_m\right|$，$c_z = \left|h^{-1}mk_r\right| + \left|h^{-1}\left(l + mk_y^*\right)\right|\left|a_m^{-1}b_m\right|$，$r_0 = \|r\|$。设 $c_5 = c_1 - c_3 c_4^2$，$c_6 = \dfrac{\left(\alpha|g|c_z + c_3 c_4^2 c_y\right)r_0}{c_5}$ 和 $c_7 = c_5 c_6^2 + c_3 c_4^2 c_y^2 r_0^2$，那么

$$
\dot{V}\left(e,\varepsilon,\tilde{k}_y\right) \leqslant -c_5\left(\|e\| - c_6\right)^2 - c_2\|\varepsilon\|^2 - c_3\|y\|^2\left(\left\|\tilde{k}_y\right\| - c_4\right)^2 + c_7
\tag{9.607}
$$

选择 v，α，β，δ_1 和 δ_2 使得 $c_2 > 0$，$c_3 > 0$ 以及 $c_5 > 0$。如果

$$
\|e\| \geqslant c_6 + \sqrt{\frac{c_7}{c_5}} = p
\tag{9.608}
$$

$$
\|\varepsilon\| \geqslant \sqrt{\frac{c_7}{c_2}} = q
\tag{9.609}
$$

$$
\left\|\tilde{k}_y\right\| \geqslant c_4 + \sqrt{\frac{c_7}{c_3\left(p + c_y r_0\right)^2}} = \kappa
\tag{9.610}
$$

成立，那么 $\dot{V}\left(e, \varepsilon, \tilde{k}_y\right)$ 成立。

因此，闭环非最小相位系统在最优控制修正的输出反馈自适应控制的作用下是稳定的。$\|e\|$ 的最终界为

$$\|e\| \leqslant \sqrt{p^2 + \frac{\beta}{\alpha} q^2 + \gamma_y^{-1} \kappa^2} \tag{9.611}$$

∎

应当注意，上述输出反馈自适应控制器的设计过程仅仅适用于被控对象传递函数除 a 之外大部分参数均已知的情况。该要求为设计非最小相位被控对象的输出反馈自适应控制器施加了严格限制。因为在大多数情况下，如果被控对象存在不确定性，则无法满足上述要求。该方法的另一个缺点是无法保证期望的跟踪性能。在实际应用中，较差的跟踪性能可能是该方法面临的主要问题。

例 9.22 考虑系统

$$\dot{x} = ax + bu + gz$$

$$\dot{z} = -z + u$$

$$y = x$$

式中 $a < 0$ 未知，但是在仿真中将其设为 $a = -2$，$b = 1$ 已知。

给定参考模型为 $a_m = -1$ 和 $b_m = 1$ 时的 $W_m(s)$。

开环传递函数为

$$W_p(s) = \frac{s + 1 + g}{(s - a)(s + 1)}$$

如果 $g > -1$，那么该系统是非最小相位的。考虑 $g = 2$ 时的最小相位系统，那么根据式（9.582）设计输出反馈自适应控制器。设 $\lambda = -1$，$\Gamma = I$，$r(t) = 1$。图 9-39 给出了闭环系统的响应曲线，当 $t \to \infty$ 时，闭环系统能够很好地跟踪参考模型。

考虑 $g = -2$ 时的非最小相位系统。采用式（9.582）和式（9.594）中的两种自适应控制器。

此时，渐近闭环传递函数为

$$\frac{y}{r} = \frac{(s - 1)\left[v b_m (s - a_m) - a_m b_m\right]}{(s - a_m)\left[v(s - a)(s + 1) - a_m(s - 1)\right]}$$

稳态闭环传递函数为

$$\frac{\bar{y}}{r} = \frac{b_m(v + 1)}{va - a_m}$$

若 $a = -2$，$a_m = -1$，那么修正系数 $v > 0.5$ 时传递函数是稳定的。选择 $v = 2$，$\gamma_y = 1$。稳态闭环系统的输出 $\bar{y}(t) = -1$。图 9-40 中给出了非最小相位系统在两种控制器作用下的稳定闭环响应。具有自适应参数 $\Theta(t)$ 的控制器 1 的响应比具有自适应参数 $k_y(t)$ 的控制器 2 的响应要快。两个控制器均趋近于相同的稳态闭环响应。

虽然闭环系统跟踪参考模型和预期一样差，但是闭环响应是稳定的，而且会趋近于平衡值 $\bar{y} = -1$，这与根据稳态闭环传递函数分析得到的解析解一致。糟糕的跟踪性能是输出响应与输入信号相反的非最小相位系统的典型特征。

∎

从例 9.22 可以看出，虽然最优控制修正能够保证非最小相位控制系统是稳定的，但是跟踪性能无法接受。该问题要求非最小相位控制系统能够跟踪具有相同相对阶的最小相位参考模型。这是一个最基本的要求，但也可能是不切实际的要求。因此，模型参考自适应控制 329 试图实现渐近跟踪，但会导致不稳定的零极点对消。如果可以重新设计参考模型使得在满足跟踪性能的同时又不会产生不稳定的零极点对消，那么输出反馈自适应控制将得到更广泛的认可。其中一种方法是利用龙伯格观测器来设计一个基于观测器的状态反馈自适应控制。

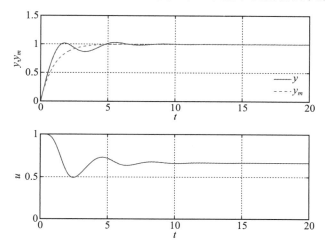

图 9-39　最小相位系统在模型参考自适应控制作用下的闭环响应

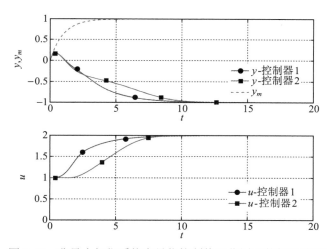

图 9-40　非最小相位系统在最优控制修正作用下的闭环响应

考虑一个多输入多输出的控制系统

$$\dot{x} = Ax + Bu \Leftrightarrow \begin{bmatrix} \dot{x}_1 \\ \dot{x}_2 \end{bmatrix} = \begin{bmatrix} A_{11} & A_{12} \\ A_{21} & A_{22} \end{bmatrix} \begin{bmatrix} x_1 \\ x_2 \end{bmatrix} + \begin{bmatrix} B_1 \\ B_2 \end{bmatrix} u \tag{9.612}$$

$$y = Cx = \begin{bmatrix} C_1 & 0 \end{bmatrix} \begin{bmatrix} x_1 \\ x_2 \end{bmatrix} = C_1 x_1 \tag{9.613}$$

330

式中 $x_1 \in \mathbb{R}^p$，$x_2 \in \mathbb{R}^{n-p}$，$u \in \mathbb{R}^m$，$y \in \mathbb{R}^p$，其中 $p > m$，$A_{11} \in \mathbb{R}^{p \times p}$ 未知，$A_{12} \in \mathbb{R}^{p \times (n-p)}$ 和 $A_{21} \in \mathbb{R}^{(n-p) \times p}$ 已知，$A_{22} \in \mathbb{R}^{(n-p) \times (n-p)}$ 是已知的赫尔维茨矩阵，$B_1 \in \mathbb{R}^{p \times m}$ 和 $B_2 \in \mathbb{R}^{(n-p) \times m}$ 为已知矩阵，$C_1 \in \mathbb{R}^{p \times p}$ 为已知的满秩矩阵。假设 (A, B) 能控，(A, C) 能观，被控对象的这种分块形式有利于输出反馈自适应控制器的设计，并且在实际应用中也很常见。例如，具有未建模动态的系统可以表示成这种形式，其中 $x_1(t)$ 是被控对象的状态变量，$x_2(t)$ 是未建模状态变量。

可以使用 Kalman-Yakubovich 引理[30] 来判断传递函数矩阵 $G(s) = C(sI - A)^{-1}B$ 是否满足严格正实条件。如果矩阵 A 是赫尔维茨矩阵，并且存在矩阵 $P = P^\top \in \mathbb{R}^{n \times n} > 0$ 和 $Q = Q^\top > 0 \in \mathbb{R}^{r \times n}$ 使得

$$PA + A^\top P = -Q \tag{9.614}$$

$$B^\top P = C \tag{9.615}$$

成立，那么 $G(s)$ 是严格正实的。

假设 $A = A_0 + \Delta A$，其中 A_0 是已知矩阵，ΔA 是由 A_{11} 中的不确定性导致的矩阵 A_0 的未知小干扰，并且假设传递函数 $G(s) = C(sI - A)^{-1}B$ 不是严格正实的。龙伯格观测器设计方法为被控对象构建如下状态空间形式的观测器：

$$\dot{\hat{x}} = \hat{A}\hat{x} + L(y - \hat{y}) + Bu \tag{9.616}$$

式中 $\hat{x}$ 是用来估计被控对象状态 $x(t)$ 的观测器状态，$\hat{A}$ 是矩阵 A 的估计，$\hat{y} = C\hat{x}(t)$ 是估计被控对象输出 $y(t)$ 的观测器输出，L 是利用 A_0 计算的卡尔曼滤波增益矩阵。

可以设计全状态反馈控制器使系统输出 $y(t)$ 跟踪参考指令信号 $r(t)$。例如，可以根据 LQR 方法，利用如下性能函数设计一个全状态反馈控制器来跟踪一个常值参考指令信号 $r(t)$，

$$J = \lim_{t_f \to \infty} \frac{1}{2} \int_0^{t_f} \left[(Cx - r)^\top Q(Cx - r) + u^\top Ru \right] \mathrm{d}t \tag{9.617}$$

然后，计算得到控制增益为

$$K_x^* = -R^{-1}B^\top W \tag{9.618}$$

$$K_r = -R^{-1}B^\top \left(A^\top - WBR^{-1}B^\top \right)^{-1} C^\top Q \tag{9.619}$$

式中 W 是如下黎卡提方程的解：

$$WA + A^\top W - WBR^{-1}B^\top W + C^\top QC = 0 \tag{9.620}$$

那么，可以通过 LQR 设计来构建参考模型，其中 $A_m = A + BK_x^*$，$B_m = BK_r$。

如果 A 未知，那么可以设计如下自适应控制器

$$u = K_x(t)\hat{x} + K_r r \tag{9.621}$$

式中用观测状态 $\hat{x}(t)$ 代替被控对象状态。

定义跟踪误差 $e(t) = x_m(t) - \hat{x}(t)$ 和状态估计误差 $e_p(t) = x(t) - \hat{x}(t)$，那么误差动力学方程为

$$\dot{e} = A_m e - LCe_p - \tilde{A}\hat{x} - B\tilde{K}_x\hat{x} \tag{9.622}$$

$$\dot{e}_p = \left(A_p + \Delta A \right) e_p - \tilde{A}\hat{x} \tag{9.623}$$

式中 $\tilde{A} = \hat{A} - A$，$\tilde{K}_x = K_x - K_x^*$，$A_p = A_0 - LC$，通过选择合适的 L 使得 $A_p + \Delta A$ 是赫尔维茨矩阵。

注意，通常状态估计误差信号 $e_p(t)$ 是无法得到的，但是对于现在考虑的多输入多输出系统来说，可以通过构造得到该信号。因为 C_1 是可逆的，所以可以根据 $y(t)$ 来构造 $x_1(t)$。设 $z(t) = x_2(t)$ 为内部状态，那么根据下式可以计算得到 $z(t)$：

$$\dot{z} = A_{22}z + A_{21}C_1^{-1}y + B_2u \tag{9.624}$$

式中 $z = z_0$，并且 A_{21}、A_{22} 和 B_2 为已知矩阵。

那么，可以得到构造的被控对象状态为 $x(t) = [\, y^\top(t)C_1^{-\top} \quad z^\top(t)\,]^\top$。

可以根据观测器状态 $\hat{x}(t)$ 和从输出 $y(t)$ 及内部状态 $z(t)$ 中构造得到的被控对象状态 $x(t)$ 来设计最优控制修正自适应律，从而实现式（9.612）和式（9.613）中非最小相位系统的稳定自适应：

$$\dot{K}_x^\top = \Gamma_x \hat{x} \left(e^\top P + v\hat{x}^\top K_x^\top B^\top P A_m^{-1} \right) B \tag{9.625}$$

$$\hat{A}^\top = \Gamma_A \hat{x} \left(e^\top P + e_p^\top W + \eta\hat{x}^\top \hat{A}^\top P A_m^{-1} \right) \tag{9.626}$$

式中 $P = P^\top > 0$ 和 $W = W^\top > 0$ 是李雅普诺夫方程的解

$$PA_m + A_m^\top P = -Q \tag{9.627}$$

$$WA_p + A_p^\top W = -R \tag{9.628}$$

式中 $Q = Q^\top > 0$，$R = R^\top > 0$。

接下来给出具有最优控制修正的观测器输出反馈自适应控制的稳定性证明。

证明 选择李雅普诺夫候选函数

$$V\left(e, e_p, \tilde{K}_x, \tilde{A}\right) = e^\top Pe + e_p^\top We_p + \mathrm{trace}\left(\tilde{K}_x \Gamma_x^{-1} \tilde{K}_x^\top\right) + \mathrm{trace}\left(\tilde{A}\Gamma_A^{-1}\tilde{A}^\top\right) \tag{9.629}$$

计算 $\dot{V}\left(e, e_p, \tilde{K}_x, \tilde{A}\right)$ 为

$$
\begin{aligned}
\dot{V}\left(e, e_p, \tilde{K}_x, \tilde{A}\right) =\ & -e^\top Qe - e_p^\top \bar{R}e_p - 2e^\top PLCe_p + 2v\hat{x}^\top K_x^\top B^\top P A_m^{-1} B\tilde{K}_x\hat{x} + \eta v\hat{x}^\top \hat{A}^\top P A_m^{-1}\tilde{A}\hat{x} \\
\leqslant\ & -c_1\|e\|^2 - c_2\left\|e_p\right\|^2 + 2c_3\|e\|\left\|e_p\right\| - vc_4\|\hat{x}\|^2\left(\left\|\tilde{K}_x\right\| - c_5\right)^2 + vc_4c_5^2\|\hat{x}\|^2 \\
& - \eta c_6\|\hat{x}\|^2\left(\|\tilde{A}\| - c_7\right)^2 + \eta c_6c_7^2\|\hat{x}\|^2
\end{aligned}
\tag{9.630}
$$

式中 $\bar{R} = R - W\Delta A - \Delta A^\top W$，$c_1 = \lambda_{\min}(Q)$，$c_2 = \lambda_{\min}(\bar{R})$，$c_3 = \|PLC\|$，$c_4 = \lambda_{\min}\left(B^\top A_m^{-\top} Q A_m^{-1} B\right)$，$c_5 = \dfrac{\left\|K_x^{*\top} B^\top P A_m^{-1} B\right\|}{c_4}$，$c_6 = \lambda_{\min}\left(A_m^{-\top} Q A_m^{-1}\right)$，$c_7 = \dfrac{\left\|\Delta A^\top P A_m^{-1}\right\|}{c_6}$。

然后利用不等式 $2\|a\|\|b\| \leqslant \|a\|^2 + \|b\|^2$ 和 $\|\hat{x}\|^2 \leqslant \|e\|^2 + 2\|e\|\|x_m\| + \|x_m\|^2$ 得到 $\dot{V}\left(e, e_p, \tilde{K}_x, \tilde{A}\right)$ 的界为

$$
\begin{aligned}
\dot{V}\left(e, e_p, \tilde{K}_x, \tilde{A}\right) \leqslant\ & -\left(c_1 - c_3 - vc_4c_5^2 - \eta c_6c_7^2\right)\|e\|^2 + 2\left(vc_4c_5^2 + \eta c_6c_7^2\right)\|e\|\|x_m\| \\
& - (c_2 - c_3)\left\|e_p\right\|^2 - vc_4\|\hat{x}\|^2\left(\left\|\tilde{K}_x\right\| - c_5\right)^2 \\
& - \eta c_6\|\hat{x}\|^2\left(\|\tilde{A}\| - c_7\right)^2 + \left(vc_4c_5^2 + \eta c_6c_7^2\right)\|x_m\|^2
\end{aligned}
\tag{9.631}
$$

332

注意，$\|x_m\|$ 的最终界可以表示为 $\|x_m\| \leqslant c_x r_0$。设 $c_8 = c_1 - c_3 - vc_4 c_5^2 - \eta c_6 c_7^2$，$c_9 = \dfrac{\left(vc_4 c_5^2 + \eta c_6 c_7^2\right) c_x r_0}{c_8}$，$c_{10} = c_2 - c_3$，$c_{11} = c_8 c_9^2 + \left(vc_4 c_5^2 + \eta c_6 c_7^2\right) c_x^2 r_0^2$。那么，合适地选择 L、Q、R、v 和 η 使得 $c_8 > 0$ 且 $c_{10} > 0$，此时在紧集

$$\mathscr{S} = \Big\{ e(t) \in \mathbb{R}^n, e_p(t) \in \mathbb{R}^n, \tilde{K}_x(t) \in \mathbb{R}^{n \times m}, \tilde{A}(t) \in \mathbb{R}^{n \times n} : c_8 \left(\|e\| - c_9\right)^2$$
$$+ c_{10} \|e_p\|^2 + vc_4 \|\hat{x}\|^2 \left(\|\tilde{K}_x\| - c_5\right)^2 + \eta c_6 \|\hat{x}\|^2 \left(\|\tilde{A}\| - c_7\right)^2 \leqslant c_{11} \Big\} \tag{9.632}$$

之外有 $\dot{V}\left(e, e_p, \tilde{K}_x, \tilde{A}\right) \leqslant 0$。

设 $v = 0$ 和 $\eta = 0$，可以得到标准的模型参考自适应控制。由于 $\ddot{V}\left(e, e_p, \tilde{K}_x, \tilde{A}\right)$ 是有界的，那么利用 Barbalat 引理可得 $\dot{V}\left(e, e_p, \tilde{K}_x, \tilde{A}\right)$ 是一致连续的，也就是当 $t \to \infty$ 时，$e(t) \to 0$，$e_p \to 0$。 ∎

注意，如果参考模型不是根据非严格正实被控对象的理想控制器得到的，那么标准模型参考自适应控制无法稳定被控对象。另一方面，最优控制修正自适应律可以处理被控对象与参考模型之间的这种不匹配。因此，为实现使用标准模型参考自适应控制设计得到的输出反馈控制器的稳定自适应，必须依据非严格正实被控对象的理想控制器构建参考模型。参考模型与非严格正实被控对象之间的不匹配会导致模型参考自适应控制使用高增益控制来实现渐近跟踪，而这会导致系统的不稳定。

假设参考模型为

$$\dot{x}_m = A_m^* x_m + B_m r \tag{9.633}$$

式中的 A_m^* 不是根据非严格正实被控对象得到的。那么，由于不存在 K_x^* 的解，所以模型匹配条件不再满足。为证明这一点，假设 K_x^* 存在，并且可以利用 B 的伪逆求得（满足 $m < p < n$）：

$$K_x^* = \left(B^\top B\right)^{-1} B^\top \left(A_m^* - A\right) \tag{9.634}$$

但是

$$A + B K_x^* = A + B\left(B^\top B\right)^{-1} B^\top \left(A_m^* - A\right) \neq A_m^* \tag{9.635}$$

对于标准的模型参考自适应控制来说，当在参考模型和非严格正实被控对象之间存在不匹配时，跟踪误差动力学方程为

$$\dot{e} = A_m^* e + \left(A_m^* - A_m\right) \hat{x} - LC e_p - \tilde{A}\hat{x} - B\tilde{K}_x \hat{x} \tag{9.636}$$

因为最优控制修正仅寻求有界跟踪，所以不满足模型匹配条件。利用最优控制修正的线性跟踪特性，令 $\varGamma \to \infty$，可以根据式（9.625）和式（9.626）计算得到 $K_x(t)$ 和 $\hat{A}(t)$ 的渐近值。对于常值参考指令信号 $r(t)$，有 $K_x(t) \to \bar{K}_x$ 和 $\hat{A}(t) \to \bar{A}$。根据线性渐近特性，可以得到

$$\bar{K}_x \hat{x} = -\frac{1}{v} \left(B^\top A_m^{*-\top} P B\right)^{-1} B^\top P e \tag{9.637}$$

$$\bar{A}\hat{x} = -\frac{1}{\eta} P^{-1} A_m^{*\top} \left(P e + W e_p\right) \tag{9.638}$$

式中 $P = P^\top > 0$ 是如下李雅普诺夫方程的解：

$$PA_m^* + A_m^{*\top}P = -Q \tag{9.639}$$

定义估计误差 $\tilde{K}_x(t) = K_x(t) - \bar{K}_x$ 和 $\tilde{A}(t) = \hat{A}(t) - \bar{A}$，建立误差动力学方程为

$$
\begin{aligned}
\dot{e} = &\left[A_m^* + \frac{1}{v}B\left(B^\top A_m^{*-\top}PB\right)^{-1}B^\top P + \frac{1}{\eta}P^{-1}A_m^{*\top}P \right]e \\
&- \left(LC - \frac{1}{\eta}P^{-1}A_m^{*\top}W \right)e_p + A_m^*\hat{x} - \tilde{A}\hat{x} - B\tilde{K}_x\hat{x}
\end{aligned}
\tag{9.640}
$$

$$\dot{e}_p = \frac{1}{\eta}P^{-1}A_m^{*\top}Pe + \left(A_p + \frac{1}{\eta}P^{-1}A_m^{*\top}W \right)e_p + A\hat{x} - \Delta\tilde{A}\hat{x} \tag{9.641}$$

如果 $A + BK_x^* = A_m \neq A_m^*$，$PA_m + A_m^\top P \not\prec 0$，那么参考模型和非严格正实被控对象之间的不匹配会引起标准模型参考自适应控制的不稳定。然而，最优控制修正可以实现被控对象的稳定自适应。

证明　选择和式（9.627）相同的李雅普诺夫候选函数，对于标准模型参考自适应控制来说，计算 $\dot{V}\left(e, e_p, \tilde{K}_x, \tilde{A}\right)$ 得到

$$
\begin{aligned}
\dot{V}\left(e, e_p, \tilde{K}_x, \tilde{A}\right) = &\ e^\top \left(PA_m^* + A_m^{*\top}P\right)e + e^\top P\left(A_m^* - A_m\right)\hat{x} \\
&+ \hat{x}^\top\left(A_m^{*\top} - A_m^\top\right)Pe \\
&- 2e^\top PLCe_p - e_p^\top \bar{R}e_p
\end{aligned}
\tag{9.642}
$$

将 $\hat{x}(t) = x_m(t) - e(t)$ 代入上式，得到

$$\dot{V}\left(e, e_p, \tilde{K}_x, \tilde{A}\right) = e^\top\left(PA_m + A_m^\top P\right)e + 2e^\top P\left(A_m^* - A_m\right)x_m - 2e^\top PLCe_p - e_p^\top \bar{R}e_p \tag{9.643}$$

注意，$PA_m + A_m^\top P$ 并不一定是负定的。因此

$$
\begin{aligned}
\dot{V}\left(e, e_p, \tilde{K}_x, \tilde{A}\right) \leqslant &\left\| PA_m + A_m^\top P \right\|\|e\|^2 + \left\| P\left(A_m^* - A_m\right) \right\|\left(\|e\|^2 + \|x_m\|^2\right) \\
&+ c_3\left(\|e\|^2 + \|e_p\|^2\right) - c_2\|e_p\|^2
\end{aligned}
\tag{9.644}
$$

所以，$\dot{V}\left(e, e_p, \tilde{K}_x, \tilde{A}\right) \not\leqslant 0$。因此，跟踪误差不是有界的，闭环系统不稳定。

335

另一方面，对于最优控制修正，计算 $\dot{V}\left(e, e_p, \tilde{K}_x, \tilde{A}\right)$ 得到

$$
\begin{aligned}
\dot{V}\left(e, e_p, \tilde{K}_x, \tilde{A}\right) = &\ e^\top\left\{ -\frac{1}{\eta}Q + \frac{1}{v}PB\left[\left(B^\top A_m^{*-\top}PB\right)^{-1} + \left(B^\top A_m^{*-\top}PB\right)^{-\top}\right]B^\top P \right\}e^\top \\
&+ 2e^\top PA_m^*x_m - 2e^\top\left[PLC - \frac{1}{\eta}\left(A_m^{*\top} + PA_m^*P^{-1}\right)W + A^\top W \right]e_p \\
&+ e_p^\top\left[-\bar{R} + \frac{1}{\eta}W\left(P^{-1}A_m^{*\top} + A_m^*P^{-1}\right)W \right]e_p + 2e_p^\top WAx_m \\
&+ 2v\hat{x}^\top K_x^\top B^\top PA_m^{-1}B\tilde{K}_x\hat{x} + \eta v\hat{x}^\top\Delta\hat{A}^\top PA_m^{-1}\Delta\tilde{A}\hat{x}
\end{aligned}
\tag{9.645}
$$

注意，$P^{-1}A_m^{*\top} + A_m^*P^{-1} = -P^{-1}QP^{-1}$，那么

$$
\begin{aligned}
\dot{V}\left(e, e_p, \tilde{K}_x, \tilde{A}\right) \leqslant &-c_{12}\|e\|^2 - c_{13}\|e_p\|^2 + 2c_{14}\|e\|\|e_p\| + 2c_{15}\|e\| + 2c_{16}\|e_p\| \\
&- vc_4\|\hat{x}\|^2\left(\|\tilde{K}_x\| - c_5\right)^2 + vc_4c_5^2\|\hat{x}\|^2 - \eta c_6\|\hat{x}\|^2\left(\|\tilde{A}\| - c_7\right)^2 + \eta c_6c_7^2\|\hat{x}\|^2
\end{aligned}
\tag{9.646}
$$

式中 $c_{12} = \lambda_{\min}\left(\frac{1}{\eta}Q - \frac{1}{v}PB\left[(B^\top A_m^{*-\top}PB)^{-1} + (B^\top A_m^{*-\top}PB)^{-\top}\right]B^\top P\right)$，$c_{13} = \lambda_{\min}\left(\bar{R} - \frac{1}{\eta}WP^{-1}QP^{-1}W\right)$，

$c_{14} = \left\|PLC + \frac{1}{\eta}QP^{-1}W + A^\top W\right\|$，$c_{15} = \|PA_m^*\|c_x r_0$，$c_{16} = \|WA\|c_x r_0$，$c_{4,5,6,7}$ 的定义与之前相同。

利用不等式 $\|\hat{x}\|^2 \leqslant \|e\|^2 + 2\|e\|\|x_m\| + \|x_m\|^2$ 对上式进一步简化，得

$$
\begin{aligned}
\dot{V}\left(e, e_p, \tilde{K}_x, \tilde{A}\right) \leqslant &-c_{17}\left(\|e\| - c_{18}\right)^2 - c_{19}\left(\|e_p\| - c_{20}\right)^2 - vc_4\|\hat{x}\|^2 \\
&\cdot\left(\|\tilde{K}_x\| - c_5\right)^2 - \eta c_6\|\hat{x}\|^2\left(\|\tilde{A}\| - c_7\right)^2 + c_{21}
\end{aligned}
\tag{9.647}
$$

式中 $c_{17} = c_{12} - c_{14} - vc_4 c_5^2 - \eta c_6 c_7^2$，$c_{18} = \dfrac{c_{15} + \left(vc_4 c_5^2 + \eta c_6 c_7^2\right)c_x r_0}{c_{17}}$，$c_{19} = c_{13} - c_{14}$，$c_{20} = \dfrac{c_{16}}{c_{19}}$，$c_{21} = c_{17}c_{18}^2 + c_{19}c_{20}^2 + \left(vc_4 c_5^2 + \eta c_6 c_7^2\right)c_x^2 r_0^2$。

选择 L、Q、R、v 和 η 使得 $c_{17} > 0$ 和 $c_{19} > 0$，那么在紧集之外有 $\dot{V}\left(e, e_p, \tilde{K}_x, \tilde{A}\right) \leqslant 0$。因此，最优控制修正的闭环系统是一致最终有界的。 ∎

利用最优控制修正的线性渐近特性，可以选择 L、Q、R、v 和 η 使得由 $\left(\dot{x}(t), \dot{\hat{x}}(t)\right)$ 构造的闭环系统矩阵

$$
A_c = \begin{bmatrix}
A & \frac{1}{v}B(B^\top A_m^{*-\top}PB)^{-1}B^\top P \\
LC - \frac{1}{\eta}P^{-1}A_m^{*\top}W & -LC + \frac{1}{v}B(B^\top A_m^{*-\top}PB)^{-1}B^\top P + \frac{1}{\eta}P^{-1}A_m^{*\top}(P + W)
\end{bmatrix}
\tag{9.648}
$$

是赫尔维茨矩阵。

为展示观测器状态反馈自适应控制，重新考虑例 9.22。

例 9.23 例 9.22 中非最小相位被控对象的各矩阵为

$$
A = \begin{bmatrix} a & g \\ 0 & -1 \end{bmatrix},\, B = \begin{bmatrix} b \\ 1 \end{bmatrix},\, C = \begin{bmatrix} 1 & 0 \end{bmatrix}
$$

式中 $a = -2$，$b = 1$，$g = -2$。

卡尔曼滤波增益为

$$
L = \begin{bmatrix} 0.4641 \\ -0.2679 \end{bmatrix}
$$

设 $Q = 100$，$R = 1$，计算得到 LQR 控制增益为

$$
K_x^* = \begin{bmatrix} -2.7327 & -5.4654 \end{bmatrix},\, k_r = -9.8058
$$

选择 $\Gamma_x = I$，$\Gamma_A = 0.1I$，$Q = I$，$R = I$。如图 9-41 所示，标准模型参考自适应控制闭环输出 $y(t)$ 能够很好地跟踪重新设计的参考模型。注意，从初始阶段的逆向响应可以看出参考模型具有非最小相位特性。所有的控制和自适应参数都是有界的。

假设将利用 LQR 计算得到的参考模型替换为由如下矩阵定义的理想最小相位一阶参考模型：

$$
A_m^* = \begin{bmatrix} a_m & 0 \\ 0 & -1 \end{bmatrix},\, B = \begin{bmatrix} b_m \\ 0 \end{bmatrix}
$$

图 9-42 给出了标准模型参考自适应控制的不稳定闭环响应，系统输出不再跟踪参考模型。当 $t \to \infty$ 时，自适应参数不是有界的，并会出现漂移现象。

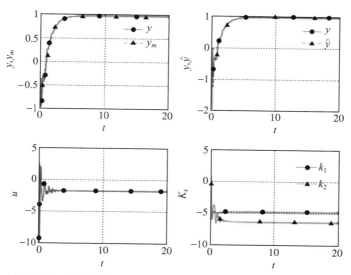

图 9-41 观测器状态输出反馈模型参考自适应控制闭环输出响应（LQR 非最小相位参考模型）

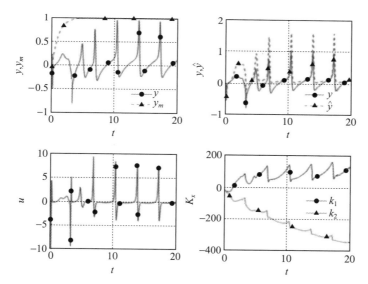

图 9-42 观测器状态输出反馈模型参考自适应控制闭环输出响应（理想的最小相位参考模型）

　　然后，采用 $v = 0.13$ 的最优控制修正方案。图 9-43 所示为最优控制修正的闭环响应，系统输出能够很好地跟踪理想参考模型。所有的控制和自适应参数都是有界的。　　■

337

　　例 9.23 说明了参考模型在非最小相位被控对象自适应控制中的重要作用。如果可以将参考模型重新设计成非最小相位的，那么即使系统响应会呈现非最小相位特性，标准模型参考自适应控制仍然能够实现渐近跟踪。否则，如果参考模型是最小相位的，即使采用观测器状态反馈控制设计方法，标准模型参考自适应控制仍然会导致系统的不稳定。另一方面，对于上述两种参考模型，最优控制修正都能实现有界跟踪。

　　我们对龙伯格观测器状态反馈自适应控制的分析进行了简化。有一些教材对输出反馈自适应控制进行了深入的探讨。有兴趣的读者可以参考由 Ioannu[5] 和 Narendra 与 Annaswamy[35] 编写的教材。在 Lavretsky 和 Wise 编写的教材中，提出了一种基于方化控制输入矩阵以满足多输入多 输出系统严格正实条件的龙伯格观测器状态反馈自适应控制方法[36]。本节阐述了在对只有输出信息的被控对象进行自适应控制器设计时遇到的一些挑战。

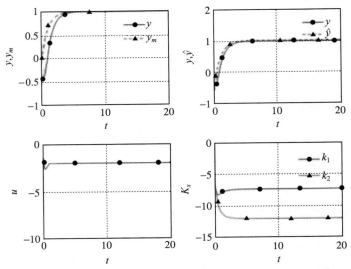

图 9-43　最优控制修正的闭环输出响应（理想的最小相位参考模型）

9.15　小结

鲁棒自适应控制是一个研究热点。鲁棒自适应控制的首要目标是提升自适应控制系统在参数漂移、时间延迟、未建模动态以及其他可能造成系统不稳定因素作用下的鲁棒性。在过去的几十年里，为了保证自适应参数的有界性，研究人员提出了多种修正方案。鲁棒修正主要通过两个基本准则来提高鲁棒性，分别是限制自适应参数；在模型参考自适应控制中添加阻尼机制。这些鲁棒修正方法在很大程度上改善了由参数漂移、非最小相位特性、时间延迟、未建模动态以及快速自适应等因素带来的鲁棒性问题，但如果系统的不确定性完全未知，则不能完全消除不确定性的影响。

标准的鲁棒自适应控制技术包括死区法、投影法、σ 修正以及 e 修正等方法。归一化法和自适应增益的协方差调节是另外两种自适应控制方法。近年来出现了诸如最优控制修正、自适应回路重构修正以及 $\mathcal{L}_1$ 自适应控制等一系列鲁棒自适应控制方法。新方法的出现，使得在处理自适应控制的鲁棒性问题上有了更多的选择。其中，最优控制修正是一种通过最小化跟踪误差 $\mathcal{L}_2$ 范数来提升系统鲁棒性的自适应最优控制方法。对于线性不确定系统，最优控制修正的线性渐近特性使得闭环系统在极限时趋近于线性系统。这个特性使得我们可以利用现有的一些线性控制技术来设计和分析自适应控制系统。对于具有输入不确定性的系统，双目标最优控制修正的自适应机制同时依赖于跟踪误差和预测误差，其中预测误差是用预测模型来近似被控对象动力学导致的。对于具有一阶慢执行机构动力学的系统，提出了一种通过缩放自适应律使得被控对象跟踪参考模型的奇异摄动方法。最优控制修正的输出反馈自适应控制能够利用线性渐近特性来稳定具有相对阶大于 1 的未建模动态的一阶系统，该方法还能够扩展到相对阶为 1 的非最小相位系统。对于一些非最小相位系统，可以通过适当选择修正系数来设计最优控制修正律以防止不稳定的零极点对消，从而确保闭环系统的稳定性。可以通过利用龙伯格观测器设计的观测器状态反馈自适应控制技术来解决非最小相位系统中出现的输出反馈自适应控制跟踪性能下降的问题。

9.16　习题

1. 考虑一个二阶时滞单输入单输出控制系统

$$\ddot{y} + 2\zeta\omega_n\dot{y} + \omega_n^2 y = bu\,(t - t_d)$$

式中 $b = 1$，$t_d = \dfrac{1}{3}$ s，ζ 和 ω_n 是未知参数，其真实值分别为 -0.5 rad/s 和 1 rad/s。

要求系统能够跟踪如下二阶参考模型：

$$\ddot{y}_m + 2\zeta_m\omega_m\dot{y}_m + \omega_m^2 y_m = b_m r(t)$$

式中 $\zeta_m = 0.5$，$\omega_m = 2$ rad/s，$b_m = 4$，$r(t) = 1$，设计自适应控制器为

$$u = K_x(t)x + k_r r$$

式中 $x = [\,y(t)\quad \dot{y}(t)\,]^\top$，$K_x(t) = [\,k_p(t)\quad k_d(t)\,]$。

（a）　当闭环系统的相位裕度为 $60°$，时滞裕度为 $\dfrac{1}{3}$ s 时，计算固定增益 $k_{p_{\min}}$ 和 $k_{d_{\min}}$ 的值。

（b）　定义一个由椭圆描述的包含 $k_p(t)$ 和 $k_d(t)$ 的凸集

$$g\left(k_p, k_d\right) = \left(\frac{k_p}{a}\right)^2 + \left(\frac{k_d}{b}\right)^2 - 1 \leqslant 0$$

式中 a 和 b 是依赖于 $k_{p_{\min}}$ 和 $k_{d_{\min}}$ 的参数。当存在时间延迟时，为自适应控制器设计投影法来保证系统的鲁棒性，并给出自适应律。根据如下参数在 Simulink 中搭建自适应控制器：$y(0) = 0$，$\dot{y}(0) = 0$，$K_x(0) = 0$，$\Gamma_x = 0.2I$，时间步长 $\Delta t = 0.001$ s。给出 $t \in [0, 600]$ s 内 $y(t)$、$u(t)$、$k_p(t)$ 和 $k_d(t)$ 随时间变化的曲线。如果将投影法从自适应律中移除，会出现什么现象？

2. 在 Simulink 中搭建 Rohrs 反例的 σ 修正和 e 修正自适应控制器，其中参考指令为

$$r = 0.3 + 1.85\sin(16.1t)$$

采用相同的初始条件 $k_y(0)$ 和 $k_r(0)$，$\gamma_x = \gamma_r = 1$，$\sigma = 0.2$，$\mu = 0.2$，$\Delta t = 0.001$ s。给出 $t \in [0, 100]$ s 内 $y(t)$、$u(t)$、$k_y(t)$ 和 $k_r(t)$ 随时间变化的曲线。对不同的 σ 和 μ 进行仿真，通过反复试验确定系统开始稳定的 σ 和 μ 值。

3. 考虑一个一阶单输入单输出控制系统

$$\dot{x} = ax + bu + w$$

式中 a 未知，b 已知，w 是未知干扰。

340

为防止参数漂移，在自适应调节器中采用 σ 修正

$$u = k_x(x)x$$

$$\dot{k}_x = -\gamma_x\left(x^2 b + \sigma k_x\right)$$

假设 $x(t)$ 是一个正弦响应，即 $x(t) = \sin t$。

（a）以参数 a，b，γ_x，σ 和 $k_x(0)$ 的形式，给出能够产生给定响应 $x(t)$ 的时变干扰 $w(t)$ 的表达式。设 $a = 1$，$b = 1$，$\gamma_x = 10$，$\sigma = 0.1$，$x(0) = 0$，$k_x(0) = 0$。

（b）在 Simulink 中搭建该控制系统，其中时间步长为 $\Delta t = 0.001\,\mathrm{s}$。绘制 $t \in [0, 20]\,\mathrm{s}$ 内 $x(t)$、$u(t)$、$w(t)$ 和 $k_x(t)$ 随时间变化的曲线。

（c）设 $\sigma = 0$，重复（b）中的步骤。系统会出现参数漂移现象吗？

4. 考虑如下线性系统：

$$\dot{x} = Ax + Bu$$

$$y = Cx$$

根据最优控制修正方案并采用如下性能函数，设计一个参考指令为 $r(t)$、输出为 $y(t)$ 的参考模型：

$$J = \lim_{t_f \to \infty} \frac{1}{2} \int_0^{t_f} \left[(Cx - r)^\top Q(Cx - r) + u^\top Ru\right]\mathrm{d}t$$

为如下闭环系统推导最优控制增益矩阵 K_x 和 K_r 的表达式：

$$\dot{x} = (A + BK_x)\,x + BK_r r$$

给定

$$\dot{x} = \begin{bmatrix} 1 & 2 \\ 1 & -1 \end{bmatrix} + \begin{bmatrix} 2 \\ 1 \end{bmatrix} u$$

$$y = \begin{bmatrix} 1 & 0 \end{bmatrix}$$

$$r = \sin t - 2\cos(4t) - 2\mathrm{e}^{-t}\sin^2(4t)$$

在 Simulink 中搭建控制系统。设 $Q = q$，$R = \dfrac{1}{q}$。确定一组合适的 q、K_x 和 K_r 的值，使得在 $t \in [0, 10]\,\mathrm{s}$ 内，满足 $\sqrt{\dfrac{1}{t_f} \int_0^{t_f} (y - r)^2 \mathrm{d}t} \leqslant 0.05$。给定系统初值 $x(0) = [-2 \quad 1]^\top$。在同一张图中绘制出 $y(t)$ 和 $r(t)$ 以及 $e(t) = y(t) - r(t)$ 的曲线。

5. 考虑一个二阶时滞单输入单输出控制系统

$$\ddot{y} - \dot{y} + y = u\,(t - t_d)$$

式中 $t_d = 0.1\,\mathrm{s}$ 是时间延迟。

设计如下自适应控制器使得不稳定的开环系统稳定：

$$u = K_x x$$

式中 $x = [\, y(t) \quad \dot{y}(t) \,]^\top \in \mathbb{R}^2$，$K_x = [\, k_p(t) \quad k_d(t) \,]$。理想的参考模型为

$$\ddot{y}_m + 6\dot{y}_m + y_m = 0$$

（a）　给出 $K_x(t)$ 最优控制自适应律的表达式。设 $\Gamma \to \infty$，$Q = I$，将修正系数 v 作为参数计算 $K_x(t)$ 的平衡值。

（b）　利用数值方法计算达到最大时滞裕度时修正参数 v 的值，精度为 0.001，并计算与之对应的 $K_x(t)$ 平衡值。利用该修正系数在 Simulink 中搭建自适应控制器，其他参数值为：$\Gamma = 10I$，$y(0) = 1$，$\dot{y}(0) = 0$，$K_x(0) = 0$，时间步长为 $\Delta t = 0.001$s。绘制 $t \in [0, 10]$ s 内 $x(t)$、$u(t)$ 和 $K_x(t)$ 随时间变化的曲线。

342

（c）　增加自适应速率到 $\Gamma = 10000I$。利用时间步长 $\Delta t = 0.0001$s 重新进行仿真。在 $t = 10$s 时与（b）中 $K_x(t)$ 的稳态值进行对比。

6. 考虑一阶单输入单输出控制系统

$$\dot{x} = ax + b(u + \theta^* x + w)$$

式中 $a = -1$，$b = 1$，$\theta^* = 2$，并且

$$w = \cos t + 4\sin t - 4\mathrm{e}^{-t}\sin t - (\cos(2t) + 2\sin(2t))\sin t$$

当利用标准模型参考自适应控制设计调节器时，这种干扰会导致参数漂移。
设计自适应控制器

$$u = k_r r - \theta(t)x - \hat{w}(t)$$

令被控对象能够跟踪参考模型

$$\dot{x}_m = a_m x_m + b_m r$$

式中 $a_m = -2$，$b_m = 2$，$r = 1$。

（a）　计算 k_r。当修正系数 $\eta = 0.1$ 时，给出 $\theta(t)$ 和 $\hat{w}(t)$ 的自适应回路重构修正自适应律。

（b）　在 Simulink 中搭建自适应控制器，参数如下：$x(0) = 0$，$\theta(0) = 0$，$\hat{d}(0) = 0$，$\gamma = \gamma_d = 100$，时间步长为 $\Delta t = 0.001$s。绘制出 $x(t)$、$u(t)$、$\theta(t)$ 在 $t \in [0, 100]$ s 内的变化曲线，并在一张图里给出 $d(t)$ 和 $\hat{d}(t)$ 的变化曲线。

7. 考虑一个二阶单输入单输出控制系统

$$\ddot{y} + 2\zeta\omega_n\dot{y} + \omega_n^2 y = bu(t - t_d)$$

式中 $\zeta = -0.5$ 和 $\omega_n = 1$ rad/s 未知，$b = 1$ 已知，t_d 是已知的时间延迟。

不考虑投影法，利用归一化模型参考自适应控制设计一个自适应控制器使得被控对象能够跟踪如下参考模型：

$$\ddot{y}_m + 2\zeta_m\omega_m\dot{y}_m + \omega_m^2 y_m = b_m r(t)$$

式中 $\zeta_m = 3$，$\omega_m = 1$，$b_m = 1$，$r(t) = r_0\sin t$。

343

（a）　利用如下信息在 Simulink 中搭建自适应控制器：$t_d = 0$，$x(0) = 0$，$K_x(0) = 0$，$\Gamma_x = 100I$，时间步长 $\Delta t = 0.001$ s。绘制出 $t \in [0, 100]$ s 内 $y(t)$ 和 $y_m(t)$，以及 $e_1(t) = y_m(t) - y(t)$，$u(t)$，$K_x(t)$ 的变化曲线。讨论参考指令信号幅值对模型参考自适应控制的影响。

（b） 当 $R = I$，$r_0 = 100$ 时，利用归一化模型参考自适应控制分别对 $t_d = 0$ 和 $t_d = 0.1$ s 重复（a）。讨论归一化对参考指令信号幅值和时间延迟的影响。

8. 不考虑投影修正，为 Rohrs 反例设计一个具有协方差调节的标准模型参考自适应控制器。

（a） 根据如下信息在 Simulink 中搭建自适应控制器：$y(0) = 0$，$k_y(0) = -0.65$，$k_r(0) = 1.14$，$\gamma_y(0) = \gamma_r(0) = 1$，$\eta = 5$，时间步长为 $\Delta t = 0.01$ s。绘制出 $t \in [0, 100]$ s 内 $k_y(t)$、$k_r(t)$、$\gamma_y(t)$ 和 $\gamma_r(t)$ 的变化曲线。注意，绘制 $\gamma_y(t)$ 和 $\gamma_r(t)$ 时，为便于观察，y 轴可以采用对数坐标。

（b） 当 $t \in [0, 1000]$s 时，重复（a），判断 $k_y(t)$ 和 $k_r(t)$ 是趋于平衡值还是出现参数漂移现象？

9. 考虑一阶单输入单输出控制系统

$$\dot{x} = ax + b\lambda\left[u(t - t_d) + \theta^*\phi(x)\right] + w$$

式中 $a = -1$ 和 $b = 1$ 已知，$\lambda = -1$ 和 $\theta^* = 0.5$ 未知，但是 λ 的符号已知，$\phi(x) = x^2$，$t_d = 0.1$ s 是已知的时间延迟，$w(t) = 0.02 + 0.01\cos(2t)$。

给定参考模型为

$$\dot{x}_m = a_m x_m + b_m r$$

式中 $a_m = -2$，$b_m = 2$，$r = \sin t$。

（a） 根据基于跟踪误差的最优控制修正方案设计一个自适应控制器。给出自适应律的表达式。

（b） 根据如下信息在 Simulink 中搭建自适应控制器：$x(0) = k_x(0) = k_r(0) = \theta(0) = 0$，$\gamma_x = \gamma_r = \gamma_\theta = 20$，时间步长为 $\Delta t = 0.001$ s，标准模型参考自适应控制的 $\nu = 0$，最优控制修正的 $\nu = 0.2$。绘制出 $t \in [0, 60]$ s 内 $u(t)$、$k_x(t)$、$k_r(t)$ 和 $\theta(t)$ 的变化曲线，并在一张图里给出 $x(t)$ 和 $x_m(t)$ 的变化曲线。

10. 重新考虑习题 9 中的算例，假设 λ 完全未知。

（a） 利用双目标最优控制修正方案设计一个自适应控制器，并给出自适应律的表达式。

（b） 在 Simulink 中搭建自适应控制器，其中 $\gamma_\lambda = \gamma_w = 20$，$\eta = 0$，其他参数与习题 9 相同，初始条件为 $\hat{\lambda}(t) = 1$，$\hat{w}(t) = 0$。绘制出 $u(t)$、$k_x(t)$、$k_r(t)$、$\theta(t)$、$\hat{\lambda}(t)$ 在 $t \in [0, 60]$ s 内的变化曲线，并在同一张图里给出 $x(t)$ 和 $x_m(t)$ 的变化曲线，在另一张图里给出 $\hat{w}(t)$ 和 w 的变化曲线。

（c） 对比习题 9 和习题 10 的仿真结果，讨论哪种方法的控制效果更好。

参考文献

[1] Rohrs, C. E., Valavani, L., Athans, M., & Stein, G. (1985). Robustness of continuous-time adaptive control algorithms in the presence of unmodeled dynamics. *IEEE Transactions on Automatic Control*, *AC-30*(9) 881-889.

[2] Ioannou, P., & Kokotovic, P. (1984). Instability analysis and improvement of robustness of adaptive control. *Automatica*, *20*(5), 583-594.

[3] Ioannu, P.A. and Sun, J., (1996). *Robust Adaptive Control*, Prentice-Hall, Inc., 1996

[4] Narendra, K. S., & Annaswamy, A. M. (1987). A new adaptive law for robust adaptation without persistent excitation. *IEEE Transactions on Automatic Control, AC-32*(2), 134-145.

[5] Ioannu, P. A., & Sun, J. (1996). *Robust adaptive control*. Upper Saddle River: Prentice-Hall, Inc.

[6] Calise, A.J., & Yucelen, T. (2012). Adaptive loop transfer recovery. *AIAA Journal of Guidance, Control, and Dynamics, 35*(3), 807-815.

[7] Lavretsky, E. (2009). Combined/composite model reference adaptive control. *IEEE Transactions on Automatic Control, 54*(11), 2692-2697.

[8] Hovakimyan, N., & Cao, C. (2010). $\mathscr{L}_1$ *Adaptive control theory: Guaranteed robustness with fast adaptation*. Philadelphia: Society for Industrial and Applied Mathematics.

[9] Nguyen, N.(2012). Optimal control modification for robust adaptive control with large adaptive gain. *Systems and Control Letters, 61*(2012), 485-494.

[10] Yucelen, T., & Calise, A. J. (2011). Derivative-free model reference adaptive control. *AIAA Journal of Guidance, Control, and Dynamics, 34*(4), 933-950.

[11] Nguyen, N., Krishnakumar, K., & Boskovic, J. (2008). An optimal control modification to model-reference adaptive control for fast adaptation. In *AIAA Guidance, Navigation, and Control Conference, AIAA 2008-7283, August 2008*.

[12] Campbell, S., Kaneshige, J., Nguyen, N., & Krishnakumar, K. (2010). An adaptive control simulation study using pilot handling qualities evaluations. In *AIAA Guidance, Navigation, and Control Conference, AIAA-2010-8013, August 2010*.

[13] Campbell, S., Kaneshige, J., Nguyen, N., & Krishnakumar, K. (2010). Implementation and evaluation of multiple adaptive control technologies for a generic transport aircraft simulation. In *AIAA Infotech@Aerospace Conference, AIAA-2010-3322, April 2010*.

[14] Hanson, C., Johnson, M., Schaefer, J., Nguyen, N., & Burken, J. (2011). Handling qualities evaluations of low complexity model reference adaptive controllers for reduced pitch and roll damping scenarios. In *AIAA Guidance, Navigation, and Control Conference, AIAA-2011-6607, August 2011*.

[15] Hanson, C., Schaefer, J., Johnson, M., & Nguyen, N. Design of Low Complexity Model Reference Adaptive Controllers, NASA-TM-215972.

[16] Nguyen, N., Hanson, C., Burken, J., & Schaefer, J. (2016). Normalized optimal control modification and flight experiments on NASA F/A-18 Aircraft. *AIAA Journal of Guidance, Control, and Dynamics*.

[17] Schaefer, J., Hanson, C., Johnson, M., & Nguyen, N. (2011). Handling qualities of model reference adaptive controllers with varying complexity for pitch-roll coupled failures. *AIAA Guidance, Navigation, and Control Conference, AIAA-2011-6453, August 2011*.

[18] Bryson, A. E., & Ho, Y. C. (1979). *Applied optimal control: Optimization, estimation, and control*. John Wiley & Sons, Inc.

[19] Bryson, A. E., & Ho, Y. C. (1979). *Applied optimal control: Optimization, estimation, and control*. New Jersey: Wiley Inc.

[20] Nguyen, N. (2013). Adaptive control for linear uncertain systems with unmodeled dynamics revisited via optimal control modification. In *AIAA Guidance, Navigation, and Control Conference, AIAA-2013-4988, August 2013*.

[21] Nguyen, N. (2010). Asymptotic linearity of optimal control modification adaptive law with analytical stability margins. In *AIAA Infotech@Aerospace Conference, AIAA-2010-3301, April 2010*.

[22] Calise, A. J., Yucelen, T., Muse, J., & Yang, B. (2009). A loop recovery method for adaptive control. In

345

AIAA Guidance, Navigation, and Control Conference, AIAA-2009-5967, August 2009.

[23] Cao, C., & Hovakimyan, N. (2007). Guaranteed transient performance with $\mathscr{L}_1$ adaptive controller for systems with unknown time-varying parameters and bounded disturbances: Part I. In *American Control Conference, July 2007.*

[24] Cao, C., & Hovakimyan, N. (2008). Design and analysis of a novel $\mathscr{L}_1$ adaptive control architecture with guaranteed transient performance. *IEEE Transactions on Automatic Control, 53*(2), 586-591.

[25] Nguyen, N., Burken, J., & Hanson, C.(2011). Optimal control modification adaptive law with covariance adaptive gain adjustment and normalization. In *AIAA Guidance, Navigation, and Control Conference, AIAA-2011-6606, August 2011.*

[26] Nguyen, N.(2014). Multi-objective optimal control modification adaptive control method for systems with input and unmatched uncertainties. In *AIAA Guidance, Navigation, and Control Conference, AIAA-2014-0454, January 2014.*

[27] Nguyen, N. and Balakrishnan, S.N.(2014). Bi-objective optimal control modification adaptive control for systems with input uncertainty. *IEEE/CAA Journal of Automatica Sinica, 1*(4), 423- 434.

[28] Nguyen, N.(2012). Bi-objective optimal control modification adaptive control for systems with input uncertainty. In *AIAA Guidance, Navigation, and Control Conference, AIAA-2012-4615, August 2012.*

[29] Nguyen, N. (2013). Bi-objective optimal control modification adaptive law for unmatched uncertain systems. In *AIAA Guidance, Navigation, and Control Conference, AIAA-2013-4613, August 2013.*

[30] Slotine, J.-J., &Li, W.(1991). *Applied nonlinear control.* Upper Saddle River: Prentice-Hall, Inc.

[31] Nguyen, N., Krishnakumar, K., Kaneshige, J., & Nespeca, P.(2008). Flight dynamics modeling and hybrid adaptive control of damaged asymmetric aircraft. *AIAA Journal of Guidance, Control, and Dynamics, 31*(3), 751-764.

[32] Nguyen, N., Ishihara, A., Stepanyan, V., & Boskovic, J.(2009). Optimal control modification for robust adaptation of singularly perturbed systems with slow actuators. In *AIAA Guidance, Navigation, and Control Conference, AIAA-2009-5615, August 2009.*

[33] Kokotovic, P., Khalil, H., & O' Reilly, J. (1987). *Singular perturbation methods in control: analysis and design.* Philadelphia: Society for Industrial and Applied Mathematics.

[34] Ardema, M.(1981). Computational singular perturbation method for dynamical systems. *AIAA Journal of Guidance, Control, and Dynamics, 14*, 661-663.

[35] Narendra, K. S., & Annaswamy, (2005). *Stable adaptive systems.* New York: Dover Publications.

[36] Lavretsky, E., & Wise, K.(2012). *Robust and adaptive control.* Berlin: Springer.

346
∼
347

第10章

航空航天应用案例

引言 本章介绍了几种自适应控制方法的应用，特别是其在航空航天飞行控制中的应用。利用两个相对简单的摆的应用，来展示适用于跟踪线性参考模型的非线性动态逆自适应控制设计方法。本章的剩余部分介绍了几种适用于刚性飞机和柔性飞机的自适应飞行控制方法。在本章最后将最优控制修正应用于 F-18 飞机模型。应用于刚性飞机的自适应控制方法包括 σ 修正、e 修正、双目标最优控制修正、最小二乘自适应控制、神经网络自适应控制、结合模型参考自适应控制和最小二乘参数估计的混合自适应控制。应用到柔性飞机的自适应控制方法采用了最优控制修正的自适应律，并利用自适应回路重构修正来抑制飞机的柔性模态动力学。基于最优控制修正设计了一种自适应线性二次高斯控制器来抑制颤振。利用线性渐近特性，可以设计自适应颤振抑制控制器以实现具有输出测量的闭环稳定。

自适应控制是一种很有前景的控制技术，可以提高传统固定增益控制器的性能和稳定性。近些年来，自适应控制得到了广泛的关注。在航空航天领域中，自适应控制技术已成功地应用于无人和有人飞机。在 2002—2006 年，NASA 发布了智能飞行控制系统（IFCS）计划，以演示 NF-15B 研究型飞机（机尾编号 837）上的神经网络智能飞行控制系统的能力，如图 10-1 所示，用于增强飞机故障情况下的飞行控制性能[1-2]。该飞行演示计划是由美国航空航天局艾姆斯研究中心、美国航空航天局阿姆斯特朗飞行研究中心、波音公司和其他组织联合进行的。该智能飞行控制系统基于采用 sigma-pi 神经网络[4] 的 e 修正[3] 进行设计。飞行测试项目的第一阶段显示，智能飞行控制系统的性能不如仿真中那么好。在某些情况下，智能飞行控制系统会产生大的控制指令，可能导致负载极限偏移。对神经网络进行简化，通过仿真说明了该方法对智能飞行控制系统的改进。然而，在飞行试验的最后阶段，得到的结果喜忧参半。在飞行模拟稳定器失效的过程中，出现了驾驶员诱导的侧向振荡。因此，在 2006 年 IFCS 项目结束时进行了进一步的深入研究。研究结果表明，归一化方法在仿真中具有较好的性能。

图 10-1 NASA NF-15B 验证机（尾翼编号 837）

在 2010—2011 年，NASA 在一架 F/A-18A 飞机（尾翼编号 853）上进行了一项后续飞行测试计划，如图 10-2 所示。自适应控制器是一个 $\Phi(x) = x$ 的简化后的模型参考自适应控制，以及带有和不带有参数归一化的最优控制修正 [5-8]。在进行飞行测试之前，NASA 艾姆斯研究中心的 8 名飞行员于 2009 年利用先进飞行概念模拟器对几种自适应控制器进行了评估 [9-10]。评估测试表明，在多种失效情况下，最优控制修正的表现最好 [7,9]。NASA 阿姆斯特朗飞行研究中心对最优控制修正进行了进一步的验证，并在 F-18 飞行模拟器上进行了仿真验证 [11]。仿真结果表明，在简化的自适应控制器设计中，采用最优控制修正能够改进控制器性能。此外，基于先前 IFCS 计划的研究成果，实现了归一化方法和最优控制修正方案 [12]。飞行测试表明，在大多数故障情况下，自适应过程得到了改善 [5-8]。

图 10-2　NASA F/A-18A 验证机（尾翼编号 853）

自适应控制技术的使用可能会降低航空航天飞行器飞行控制系统的研发成本。通常，在航空生产系统中，必须建立精准的被控对象模型以确保飞行控制设计的高可靠性。一般来说，建立精准航空航天系统模型的成本是很高的，因为通常需要在风洞和真实飞行中进行大量的实验验证。考虑到自适应控制的自适应机制能够处理被控对象中的不确定性，所以自适应控制允许使用不太精确的被控对象模型。要做到这一点，必须克服自适应控制在认证过程中的难题。

在航空航天应用中，自适应控制器对预设计控制系统的修正能力既是一个优点也是一个缺点。一方面，能够处理系统故障是自适应控制的一个主要优势，另一方面，自适应控制在鲁棒性方面存在潜在问题。因此，尽管自适应控制在最近取得了一些进展，但目前还没有在任务至上或安全至上的系统上得到认证。这并不意味着自适应控制不是一种可行的解决方案，恰恰相反，近些年来，在一些重要的航空航天系统中，自适应控制一直都被视作一种可行的解决方案。

开发可认证的自适应飞行控制系统是一大挑战。除非可以证明它是高度安全和可靠的，否则自适应控制永远不会成为未来控制技术的一部分，幸好科研界一直在致力于解决这些技术难题。

本章通过自适应控制在航空航天飞行控制领域中的一些应用来说明自适应控制的优点。本章的学习目标如下：

- 能够为不同应用设计自适应控制器。
- 能够为非线性系统设计非线性动态逆自适应控制器。
- 熟悉各种飞行器的应用，对飞行器的飞行控制有基本的了解。

- 能够利用卡尔曼滤波器设计具有部分状态信息的自适应控制器。
- 能够将直接模型参考自适应控制和非直接最小二乘参数估计结合以改善自适应控制器的性能。

10.1　一级倒立摆

如图 10-3 所示的倒立摆是一个和运载火箭非常相似的不稳定非线性系统，当倒立摆处在上方的平衡点时，轻微的扰动将导致倒立摆向下摆动至正下方的稳定平衡点。

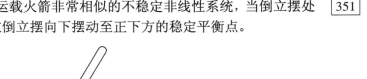

图 10-3　倒立摆

考虑一个简单倒立摆的运动方程

$$\frac{1}{3}mL^2\ddot{\theta} - \frac{1}{2}mgL\sin\theta + c\dot{\theta} = u(t - t_d) \tag{10.1}$$

式中 m 是摆杆的质量，L 是摆杆的长度，g 是重力常数，c 是未知的阻尼系数，θ 是摆杆与竖直平面的夹角，u 代表电机扭矩的控制输入，t_d 表示由电机动力学引入的时间延迟。

定义 $x_1(t) = \theta(t)$，$x_2(t) = \dot{\theta}(t)$ 以及 $x(t) = [\, x_1(t) \quad x_2(t)\,]^\top$。那么

$$\dot{x} = f(x) + B\,[u(t - t_d) - cx_2] \tag{10.2}$$

式中

$$f(x) = \begin{bmatrix} x_2 \\ \dfrac{3g}{2L}\sin x_1 \end{bmatrix} \tag{10.3}$$

$$B = \begin{bmatrix} 0 \\ \dfrac{3}{mL^2} \end{bmatrix} \tag{10.4}$$

设计一个自适应控制器使闭环系统能够跟随参考模型

$$\dot{x}_m = A_m x_m + B_m r \tag{10.5}$$

利用矩阵伪逆运算，得到自适应控制器的表达式

$$u = \left(B^\top B\right)^{-1} B^\top [A_m x + B_m r - f(x)] + \hat{c}(t)x_2 \tag{10.6}$$

无时延闭环系统可以表示为

$$\dot{x} = A_m x + B_m r + B\tilde{c}x_2 \tag{10.7}$$

352

无时延跟踪误差方程为

$$\dot{e} = A_m e - B\tilde{c}x_2 \tag{10.8}$$

然后，可得参数 $\hat{c}(t)$ 的标准模型参考自适应律为

$$\dot{\hat{c}} = \gamma x_2 e^\top PB \tag{10.9}$$

进而，当存在时间延迟时，考虑最优控制修正的自适应律为

$$\dot{\hat{c}} = \gamma \left(x_2 e^\top PB + \nu x_2^2 \hat{c} B^\top PA_m^{-1}B \right) \tag{10.10}$$

当存在时间延迟时，根据最优控制修正的线性渐近特性选择修正系数 ν 使得闭环系统稳定，即当 $\gamma \to \infty$ 时，有

$$B\hat{c}x_2 = -\frac{1}{\nu} \left(B^\top A_m^{-\top}P \right)^{-1} B^\top Pe \tag{10.11}$$

考虑时间延迟的闭环控制系统为

$$\dot{x} = f(x) - f(x(t-t_d)) + A_m x(t-t_d) + B_m r(t-t_d) + B\hat{c}(t-t_d)x_2(t-t_d) - Bcx_2 \tag{10.12}$$

由于非线性项 $f(x)$ 的存在，使得不能使用线性稳定性分析工具。然而，可以考虑 t_d 为小量的情况，那么

$$f(x) - f(x(t-t_d)) = \begin{bmatrix} x_2 - x_2(t-t_d) \\ \dfrac{3g}{2L}\sin x_1 - \dfrac{3g}{2L}\sin x_1(t-t_d) \end{bmatrix} \tag{10.13}$$

如果 t_d 是小量，那么利用一阶有限差分可以得到

$$\frac{\sin x_1 - \sin x_1(t-t_d)}{t_d} \approx \frac{\mathrm{d}\sin x_1}{\mathrm{d}t} = \dot{x}_1 \cos x_1 = x_2 \cos x_1 \tag{10.14}$$

因此

$$f(x) - f(x(t-t_d)) \approx \begin{bmatrix} x_2 - x_2(t-t_d) \\ \dfrac{3g}{2L}t_d x_2 \cos x_1 \end{bmatrix} \tag{10.15}$$

当 $\cos x_1 = 1$ 时，线性稳定性最差。所以

$$\dot{x} = A(t_d)x - A(0)x(t-t_d) + \left[A_m + \frac{1}{\nu}\left(B^\top A_m^{-\top}P \right)^{-1} B^\top P \right] x(t-t_d) + B_m r(t-t_d)$$
$$-\frac{1}{\nu}\left(B^\top A_m^{-\top}P \right)^{-1} B^\top P x_m(t-t_d) - Bcx_2 \tag{10.16}$$

353

式中

$$A(t) = \begin{bmatrix} 0 & 1 \\ 0 & \dfrac{3g}{2L}t \end{bmatrix} \tag{10.17}$$

注意，该方法是非线性系统稳定性分析的有界线性近似。并非总是可以将非线性系统与线性系统绑定来进行稳定性分析。通常来说，如果系统是非线性的，则必须使用时滞系统的李雅普诺夫稳定性理论。但是，非线性时滞系统的李雅普诺夫稳定性理论通常难以应用，并且会得到非常保守的结果 [13]。

例 10.1　设 $m = 0.1775$ slug，$L = 2$ ft，$c = 0.2$ slug-ft^2/s，$t_d = 0.05$ s，$\theta(0) = \dot{\theta}(0) = 0$。给定参考模型为

$$\ddot{\theta}_m + 2\zeta_m\omega_m\dot{\theta}_m + \omega_m^2\theta_m = \omega_m^2 r$$

式中 $\zeta_m = 0.5$，$\omega_m = 2$，$r = 15°$。

当 $\gamma = 100$、$v = 0.5$ 时，最优控制修正的闭环系统响应如图 10-4 所示。

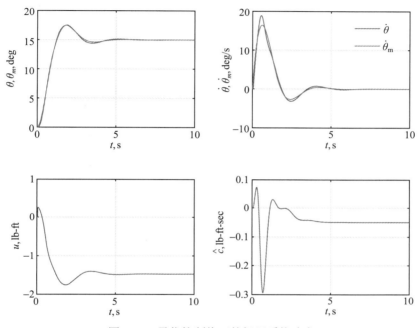

图 10-4　最优控制修正的闭环系统响应

10.2　机器人应用中的双摆

通常将机械臂建模为如图 10-5 所示的双连杆摆，控制目的是通过控制连杆的角位置使双摆呈现指定的构型。

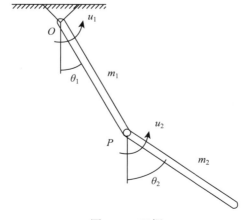

图 10-5　双摆

354

双摆的运动方程为

$$\frac{1}{3}(m_1 + 3m_2)L_1^2\ddot{\theta}_1 + \frac{1}{2}m_2L_1L_2\ddot{\theta}_2\cos(\theta_2 - \theta_1) - \frac{1}{2}m_2L_1L_2\dot{\theta}_2^2\sin(\theta_2 - \theta_1)$$
$$+\frac{1}{2}(m_1 + 2m_2)gL_1\sin\theta_1 + (c_1 + c_2)\dot{\theta}_1 - c_2\dot{\theta}_2 = u_1(t - t_d) + u_2(t - t_d) \tag{10.18}$$

$$\frac{1}{3}m_2L_2^2\ddot{\theta}_2 + \frac{1}{2}m_2L_1L_2\ddot{\theta}_1\cos(\theta_2 - \theta_1) + \frac{1}{2}m_2L_1L_2\dot{\theta}_1^2\sin(\theta_2 - \theta_1)$$
$$+\frac{1}{2}m_2gL_2\sin\theta_2 + c_2\dot{\theta}_2 = u_2(t - t_d) \tag{10.19}$$

式中 m_1 和 m_2 是连杆的质量，L_1 和 L_2 是连杆长度，c_1 和 c_2 是关节处的摩擦系数，假设是未知的，g 是重力常数，θ_1 和 θ_2 是双摆的角位置，u_1 和 u_2 是表示关节处电机力矩的控制变量，t_d 是由电机动力学引入的时间延迟。

重新整理上述两式，得到

$$\underbrace{\begin{bmatrix} \dfrac{(m_1 + 3m_2)L_1^2}{3} & \dfrac{m_2L_1L_2\cos(\theta_2 - \theta_1)}{2} \\ \dfrac{m_2L_1L_2\cos(\theta_2 - \theta_1)}{2} & \dfrac{m_2L_2^2}{3} \end{bmatrix}}_{p(x_1)}\begin{bmatrix} \ddot{\theta}_1 \\ \ddot{\theta}_2 \end{bmatrix}$$

$$= \underbrace{\begin{bmatrix} \dfrac{m_2L_1L_2\theta_2^2\sin(\theta_2 - \theta_1)}{2} - \dfrac{(m_1 + 2m_2)gL_1\sin\theta_1}{2} \\ -\dfrac{m_2L_1L_2\theta_1^2\sin(\theta_2 - \theta_1)}{2} - \dfrac{m_2gL_2\sin\theta_2}{2} \end{bmatrix}}_{f(x_1)} \tag{10.20}$$

$$+ \underbrace{\begin{bmatrix} 1 & 1 \\ 0 & 1 \end{bmatrix}}_{C}\begin{bmatrix} u_1(t - t_d) \\ u_2(t - t_d) \end{bmatrix} + \underbrace{\begin{bmatrix} -c_1 - c_2 & c_2 \\ 0 & -c_2 \end{bmatrix}}_{D}\begin{bmatrix} \dot{\theta}_1 \\ \dot{\theta}_2 \end{bmatrix}$$

355

设 $x_1(t) = [\theta_1(t) \quad \theta_2(t)]^\top$，$x_2(t) = \left[\dot{\theta}_1(t) \quad \dot{\theta}_2(t)\right]^\top$，$u(t) = [u_1(t) \quad u_2(t)]^\top$，那么运动方程变为

$$\dot{x}_2 = p^{-1}(x_1)f(x_1) + p^{-1}(x_1)Cu(t - t_d) + p^{-1}(x_1)Dx_2 \tag{10.21}$$

设计一个自适应控制器使闭环系统能够跟踪参考模型

$$\begin{bmatrix} \dot{x}_{m_1} \\ \dot{x}_{m_2} \end{bmatrix} = \underbrace{\begin{bmatrix} 0 & I \\ K_p & K_d \end{bmatrix}}_{A_m}\begin{bmatrix} x_{m_1} \\ x_{m_2} \end{bmatrix} + \underbrace{\begin{bmatrix} 0 \\ -K_p \end{bmatrix}}_{B_m}r \tag{10.22}$$

式中 K_p 和 K_d 分别是比例和微分控制增益矩阵，满足

$$K_p = \begin{bmatrix} -\omega_{m_1}^2 & 0 \\ 0 & -\omega_{m_2}^2 \end{bmatrix} = \text{diag}\left(-\omega_{m_1}^2, -\omega_{m_2}^2\right) \tag{10.23}$$

$$K_d = \begin{bmatrix} -2\xi_{m_1}\omega_{m_1} & 0 \\ 0 & -2\xi_{m_2}\omega_{m_2} \end{bmatrix} = \text{diag}\left(-2\xi_{m_1}\omega_{m_1}, -2\xi_{m_2}\omega_{m_2}\right) \tag{10.24}$$

对无时延运动方程 $t_d = 0$ 求逆得到自适应控制器应满足

$$K_px_1 + K_dx_2 - K_pr = \dot{x}_2 = p^{-1}(x_1)f(x_1) + p^{-1}(x_1)Cu + p^{-1}(x_1)\hat{D}(t)x_2 \tag{10.25}$$

进而得到

$$u = C^{-1} p(x_1)\left(K_p x_1 + K_d x_2 - K_p r\right) - C^{-1} f(x_1) - C^{-1} \hat{D}(t) x_2 \tag{10.26}$$

将无时延闭环系统表示为

$$\dot{x}_2 = K_p x_1 + K_d x_2 - K_p r - p^{-1}(x_1) \tilde{D}(t) x_2 \tag{10.27}$$

上式中的 $p^{-1}(x_1)\tilde{D}(t)x_2(t)$ 为

$$
p^{-1}(x_1)\tilde{D}(t)x_2 = \frac{1}{\det p(x_1)}
\begin{bmatrix}
\dfrac{m_2 L_2^2}{3} & -\dfrac{m_2 L_1 L_2 \cos(\theta_2 - \theta_1)}{2} \\
-\dfrac{m_2 L_1 L_2 \cos(\theta_2 - \theta_1)}{2} & \dfrac{(m_1 + 3m_2)L_1^2}{3}
\end{bmatrix}
\begin{bmatrix}
-\tilde{c}_1 - \tilde{c}_2 & \tilde{c}_2 \\
0 & -\tilde{c}_2
\end{bmatrix}
\begin{bmatrix}
\dot{\theta}_1 \\
\dot{\theta}_2
\end{bmatrix}
$$

$$
= \underbrace{\begin{bmatrix}
-\dfrac{m_2 L_2^2 (\tilde{c}_1 + \tilde{c}_2)}{3} & \dfrac{m_2 L_2^2 \tilde{c}_2}{3} & 0 & \dfrac{m_2 L_1 L_2 \tilde{c}_2}{2} \\
0 & -\dfrac{(m_1 + 3m_2)L_1^2 \tilde{c}_2}{3} & \dfrac{m_2 L_1 L_2 (\tilde{c}_1 + \tilde{c}_2)}{2} & -\dfrac{m_2 L_1 L_2 \tilde{c}_2}{2}
\end{bmatrix}}_{\tilde{\Theta}^\top}
$$

$$
\underbrace{\begin{bmatrix}
\dfrac{\dot{\theta}_1}{\det p(x_1)} \\[2ex]
\dfrac{\dot{\theta}_2}{\det p(x_1)} \\[2ex]
\dfrac{\dot{\theta}_1 \cos(\theta_2 - \theta_1)}{\det p(x_1)} \\[2ex]
\dfrac{\dot{\theta}_2 \cos(\theta_2 - \theta_1)}{\det p(x_1)}
\end{bmatrix}}_{\Phi(x_1, x_2)} = \tilde{\Theta}^\top \Phi(x_1, x_2)
\tag{10.28}
$$

356

这意味着

$$\hat{D}(t) x_2 = p(x_1) \Theta^\top \Phi(x_1, x_2) \tag{10.29}$$

所以，自适应控制器变为

$$u = C^{-1} p(x_1)\left(K_p x_1 + K_d x_2 - K_p r\right) - C^{-1} f(x_1) - C^{-1} p(x_1) \Theta^\top \Phi(x_1, x_2) \tag{10.30}$$

因此，闭环系统可以表示为

$$
\begin{bmatrix} \dot{x}_1 \\ \dot{x}_2 \end{bmatrix} = \underbrace{\begin{bmatrix} 0 & I \\ K_p & K_d \end{bmatrix}}_{A_m} \begin{bmatrix} x_1 \\ x_2 \end{bmatrix} + \underbrace{\begin{bmatrix} 0 \\ -K_p \end{bmatrix}}_{B_m} r - \underbrace{\begin{bmatrix} 0 \\ I \end{bmatrix}}_{B} \tilde{\Theta}^\top \Phi(x_1, x_2) \tag{10.31}
$$

设 $e(t) = \begin{bmatrix} x_{m_1}^\top(t) - x_1^\top(t) & x_{m_2}^\top(t) - x_2^\top(t) \end{bmatrix}^\top$，那么跟踪误差动力学方程为

$$\dot{e} = A_m e + B \tilde{\Theta}^\top \Phi(x_1, x_2) \tag{10.32}$$

式中

$$
A_m = \begin{bmatrix}
0 & 0 & 1 & 0 \\
0 & 0 & 0 & 1 \\
-\omega_{m_1}^2 & 0 & -2\zeta_{m_1}\omega_{m_1} & 0 \\
0 & -\omega_{m_2}^2 & 0 & -2\zeta_{m_2}\omega_{m_2}
\end{bmatrix} \tag{10.33}
$$

$$B = \begin{bmatrix} 0 & 0 \\ 0 & 0 \\ 1 & 0 \\ 0 & 1 \end{bmatrix} \tag{10.34}$$

由于存在电机动力学引入的时间延迟，应该在 $\Theta(t)$ 的自适应律中加入鲁棒修正项或者采用投影法修正。例如，考虑 σ 修正的 $\Theta(t)$ 自适应律为

$$\dot{\Theta} = -\Gamma \left[\Phi(x_1, x_2) e^\top PB + \sigma\Theta \right] \tag{10.35}$$

357

例 10.2 设 $m_1 = m_2 = 0.1775$ slug，$L_1 = L_2 = 2$ ft，$c_1 = c_2 = 0.2$ slug-ft^2/s，$t_d = 0.005$s，$\theta_1(0) = \dot{\theta}_1(0) = \theta_2(0) = \dot{\theta}_2(0) = 0$。给定参考模型参数为 $\omega_{m_1} = \omega_{m_2} = 2$ rad/s，$\zeta_{m_1} = \zeta_{m_2} = 0.5$，$r(t) = [90° \quad 180°]^\top$，$\Gamma = 10I$，$\sigma = 1$。

标准模型参考自适应控制和 σ 修正的闭环系统响应分别如图 10-6 和图 10-7 所示。由于存在时间延迟，标准模型参考自适应控制的闭环响应非常差，自适应控制信号非常大，自适应参数近乎漂移。换句话说，闭环系统处在不稳定的边缘。而另一方面，σ 修正的闭环响应非常好。虽然自适应控制信号在初始阶段存在高频振荡，但是最终趋近于稳态值，自适应参数都收敛至零。

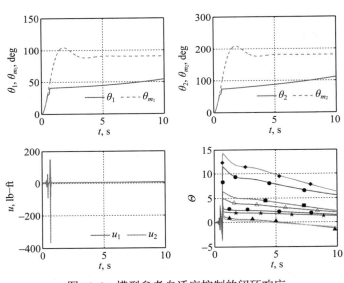

图 10-6　模型参考自适应控制的闭环响应

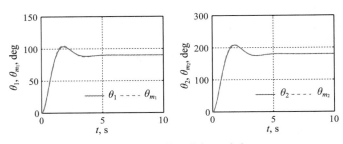

图 10-7　σ 修正的闭环响应

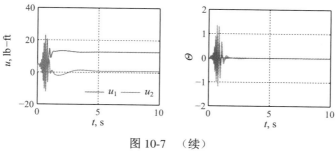

图 10-7 （续）

358

10.3 飞机纵向动力学的自适应控制

飞机在三维空间中的运动是不受限的。因此，飞机动力学具有 6 个自由度，包含沿滚转、俯仰和偏航各轴的平移运动以及角运动。飞机的组合运动可以分解为俯仰轴上的对称或者纵向运动以及滚转和偏航轴上的非对称或侧向运动。

飞机的纵向动力学由空速 V、攻角 α、俯仰速率 q 来描述，如图 10-8 所示。纵向动力学具有两个模态：起伏模态和短周期模态，短周期模态包括能够影响纵向稳定性的攻角和俯仰速率。

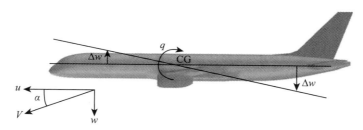

图 10-8 飞机纵向动力学

对称飞行的运动方程由下式给出 [14]：

$$mV\dot{\alpha} = -C_L\bar{q}S - T\sin\alpha + mg\cos(\theta - \alpha) + mVq \tag{10.36}$$

$$I_{yy}\dot{q} = C_m\bar{q}S\bar{c} + Tz_e \tag{10.37}$$

式中 m 是飞机的质量，$\bar{q}$ 是动压，S 是机翼参考面积，$\bar{c}$ 是平均气动弦长，T 是发动机推力，V 是飞行速度，α 是攻角，θ 是俯仰姿态，$q = \dot{\theta}$ 是俯仰速率，I_{yy} 是绕飞机俯仰轴的转动惯量，C_L 是升力系数，C_m 是绕飞机质心的俯仰力矩系数。注意，由于燃油的燃烧，飞机质量和惯性特征及气动系数均是时变的。

运动可以分解成平衡运动和摄动运动。平衡运动指的是飞机在平衡状态下的稳态飞行，其中 $V(t) = \bar{V}$，$\alpha(t) = \bar{\alpha}$，$q(t) = \bar{q} = 0$。摄动运动是在平衡运动附近的小振幅运动。由于假定幅值较小，所以可以对运动方程进行线性化得到扰动运动的线性运动方程。线性化后的运动方程为

359

$$m\bar{V}\dot{\alpha} = -\left(C_{L_\alpha}\alpha + C_{L_{\dot{\alpha}}}\frac{\dot{\alpha}\bar{c}}{2\bar{V}} + C_{L_q}\frac{q\bar{c}}{2\bar{V}} + C_{L_{\delta_e}}\delta_e\right)\bar{q}S + mg\sin\bar{\gamma}(\alpha - \theta) + m\bar{V}q \tag{10.38}$$

$$I_{yy}\dot{q} = \left(C_{m_\alpha}\alpha + C_{m_{\dot{\alpha}}}\frac{\dot{\alpha}\bar{c}}{2\bar{V}} + C_{m_q}\frac{q\bar{c}}{2\bar{V}} + C_{m_{\delta_e}}\delta_e\right)\bar{q}S\bar{c} \tag{10.39}$$

式中 $\bar{\gamma} = \bar{\theta} - \bar{\alpha}$ 是平衡航迹角，$\delta_e(t)$ 是升降舵控制面的偏转角，C_{L_α}、$C_{L_{\dot\alpha}}$、C_{L_q} 和 $C_{L_{\delta_e}}$ 是 C_L 的稳定和控制导数，C_{m_α}、$C_{m_{\dot\alpha}}$、C_{m_q} 和 $C_{m_{\delta_e}}$ 是 C_m 的稳定和控制导数。

设 $\bar{\gamma} = 0$ 并且忽略小量 $C_{L_{\dot\alpha}}$ 和 C_{L_q}，则运动方程可以表示为

$$
\underbrace{\begin{bmatrix} \dot\alpha \\ \dot\theta \\ \dot q \end{bmatrix}}_{\dot x} = \underbrace{\begin{bmatrix} \dfrac{Z_\alpha}{\overline{V}} & 0 & 1 \\ 0 & 0 & 1 \\ M_\alpha + \dfrac{M_{\dot\alpha}Z_\alpha}{\overline{V}} & 0 & M_q + M_{\dot\alpha} \end{bmatrix}}_{A} \underbrace{\begin{bmatrix} \alpha \\ \theta \\ q \end{bmatrix}}_{x}
$$
$$
+ \lambda \underbrace{\begin{bmatrix} \dfrac{Z_{\delta_e}}{\overline{V}} \\ 0 \\ M_{\delta_e} + \dfrac{M_{\dot\alpha}Z_{\delta_e}}{\overline{V}} \end{bmatrix}}_{B} \left(\underbrace{\delta_e(t-t_d)}_{u(t-t_d)} + \underbrace{[\theta_\alpha^* \quad 0 \quad \theta_q^*]}_{\Theta^{*\top}} \underbrace{\begin{bmatrix} \alpha \\ \theta \\ q \end{bmatrix}}_{x} \right) + \begin{bmatrix} w_\alpha \\ w_\theta \\ w_q \end{bmatrix}
\tag{10.40}
$$

式中 $Z_\alpha = -\dfrac{C_{L_\alpha}\bar{q}S}{m}$，$Z_{\delta_e} = \dfrac{C_{L_{\delta_e}}\bar{q}S}{m}$ 是法向力导数（向下为正）；$M_\alpha = \dfrac{C_{m_\alpha}\bar{q}S\bar{c}}{I_{yy}}$，$M_{\delta_e} = \dfrac{C_{m_{\delta_e}}\bar{q}S\bar{c}}{I_{yy}}$，$M_{\dot\alpha} = \dfrac{C_{m_{\dot\alpha}}\bar{q}S\bar{c}^2}{2I_{yy}\overline{V}}$，$M_q = \dfrac{C_{m_q}\bar{q}S\bar{c}^2}{2I_{yy}\overline{V}}$ 是俯仰力矩导数（飞机抬头为正）；θ_α^* 和 θ_q^* 是由于失效导致的 $\alpha(t)$ 和 $q(t)$ 中的不确定性；λ 是升降舵控制面控制效率的不确定性；t_d 是升降舵控制面执行机构引入的时间延迟。

设计一个自适应俯仰姿态控制器使得飞机的俯仰姿态能够跟踪如下参考模型：

$$
\ddot\theta_m + 2\zeta_m\omega_m\dot\theta_m + \omega_m^2\theta_m = \omega_m^2 r \tag{10.41}
$$

为实现完美跟踪，要求俯仰姿态具有相同的动力学。因此，

$$
\ddot\theta = -2\zeta_m\omega_m q - \omega_m^2(\theta - r) \tag{10.42}
$$

不考虑时间延迟的俯仰速率运动方程为

$$
\ddot\theta - \left(M_\alpha + \dfrac{M_{\dot\alpha}Z_\alpha}{\overline{V}}\right)\alpha - (M_q + M_{\dot\alpha})\dot\theta = \left(M_{\delta_e} + \dfrac{M_{\dot\alpha}Z_{\delta_e}}{\overline{V}}\right)(\delta_e + \Theta^{*\top}x) \tag{10.43}
$$

式中 $\Theta^* = [\theta_\alpha^* \quad 0 \quad \theta_q^*]^\top$，$x = [\alpha \quad \theta \quad q]^\top$。

升降舵控制面偏转角 $\delta_e(t)$ 可以通过对俯仰速率方程求逆获得，即

$$
\delta_e = k_\alpha\alpha + k_\theta(\theta - r) + k_q q - \Theta^\top(t)x \tag{10.44}
$$

式中

$$
k_\alpha = -\dfrac{M_\alpha + \dfrac{M_{\dot\alpha}Z_\alpha}{\overline{V}}}{M_{\delta_e} + \dfrac{M_{\dot\alpha}Z_{\delta_e}}{\overline{V}}} \tag{10.45}
$$

$$
k_\theta = -\dfrac{\omega_m^2}{M_{\delta_e} + \dfrac{M_{\dot\alpha}Z_{\delta_e}}{\overline{V}}} \tag{10.46}
$$

$$k_q = -\frac{2\zeta_m\omega_m + M_q + M_{\dot\alpha}}{M_{\delta_e} + \dfrac{M_{\dot\alpha}Z_{\delta_e}}{\overline{V}}} \tag{10.47}$$

因此，姿态控制器是俯仰速率的比例–积分（PI）控制器，其中 k_p 是比例增益，k_θ 是积分增益。$\alpha(t)$ 中的反馈增益 k_α 用来消除俯仰速率方程中的攻角动力学。

采用没有自适应过程的标称控制器，即 $\Theta(t) = 0$，全状态参考模型可以表示为

$$\underbrace{\begin{bmatrix} \dot\alpha_m \\ \dot\theta_m \\ \dot q_m \end{bmatrix}}_{\dot x_m} = \underbrace{\begin{bmatrix} \dfrac{Z_\alpha + Z_{\delta_e}k_\alpha}{\overline{V}} & \dfrac{Z_{\delta_e}k_\theta}{\overline{V}} & 1+\dfrac{Z_{\delta_e}k_q}{\overline{V}} \\ 0 & 0 & 1 \\ 0 & -\omega_m^2 & -2\xi_m\omega_m \end{bmatrix}}_{A_m} \underbrace{\begin{bmatrix} \alpha_m \\ \theta_m \\ q_m \end{bmatrix}}_{x_m} + \underbrace{\begin{bmatrix} -\dfrac{Z_{\delta_e}\omega_m^2}{M_{\delta_e}\overline{V} + M_{\dot\alpha}Z_{\delta_e}} \\ 0 \\ \omega_m^2 \end{bmatrix}}_{B_m} r \tag{10.48}$$

不考虑时间延迟的跟踪误差动力学为

$$\dot e = A_m e + B\tilde\Theta^\top x \tag{10.49}$$

可以将最优控制修正应用到自适应律中，利用其特有的线性渐近特性计算修正系数 v，进而保证具有时间延迟的闭环系统稳定性。

将具有双目标最优控制修正自适应律的控制器设计为

$$u = K_x x + k_r r + u_{ad} \tag{10.50}$$

式中

$$u_{ad} = \Delta K_x(t)x + \Delta k_r(t)r - \Theta^\top(t)x \tag{10.51}$$

那么，根据如下双目标最优控制修正自适应律可以计算得到 $\Delta K_x(t)$、$\Delta k_r(t)$ 和 $\Theta^\top(t)$：

$$\Delta \dot K_x^\top = \Gamma_{K_x}x\left(e^\top P + vu_{ad}^\top\hat\lambda B^\top PA_m^{-1}\right)B\hat\lambda \tag{10.52}$$

$$\Delta \dot k_r = \gamma_{k_r}r\left(e^\top P + vu_{ad}^\top\hat\lambda B^\top PA_m^{-1}\right)B\hat\lambda \tag{10.53}$$

$$\dot\Theta = -\Gamma_\Theta x\Big(e^\top P + vu_{ad}^\top\hat\lambda B^\top PA_m^{-1} + e_p^\top P \\ -\eta\left\{\left[u + 2\Theta^\top\Phi(x)\right]^\top\hat\lambda B^\top + \hat w^\top\right\}PA_m^{-1}\Big)B\hat\lambda \tag{10.54}$$

$$\dot{\hat\lambda} = -\gamma_\lambda\left[u + \Theta^\top x\right]\left(e_p^\top P - \eta\left\{\left[u + 2\Theta^\top\Phi(x)\right]^\top\hat\lambda B^\top + \hat w^\top\right\}PA_m^{-1}\right)B \tag{10.55}$$

$$\dot{\hat w}^\top = -\gamma_w\left(e_p^\top P - \eta\left\{\left[u + 2\Theta^\top\Phi(x)\right]^\top\hat\lambda B^\top + \hat w^\top\right\}PA_m^{-1}\right) \tag{10.56}$$

例 10.3　在 0.8 Mach、30000 ft 飞行条件下，运输机的短周期模态动力学为

$$\dot x = Ax + B\lambda\left[u(t - t_d) + \Theta^{*\top}x\right]$$

式中 $\lambda = 0.5$ 表示升降舵控制面控制效率的不确定性，$t_d = 0.05$ s 是由升降舵动力学引入的时间延迟，矩阵 A、B 和 Θ^* 分别为

$$A = \begin{bmatrix} -0.7018 & 0 & 0.9761 \\ 0 & 0 & 1 \\ -2.6923 & 0 & -0.7322 \end{bmatrix}, B = \begin{bmatrix} -0.0573 \\ 0 \\ -3.5352 \end{bmatrix}, \Theta^* = \begin{bmatrix} 0.5 \\ 0 \\ -0.4 \end{bmatrix}$$

给定参考模型系数为 $\zeta_m = 0.75$，$\omega_m = 1.5$ rad/s。设计标称控制器 $k_\alpha = -0.7616$，$k_\theta = -k_r = 0.6365$，$k_q = 0.4293$。标称被控对象的闭环特征值为 -0.6582 和 $-1.2750 \pm 0.7920i$。根据闭环标称被控对象构建参考模型为

$$A_m = \begin{bmatrix} -0.6582 & -0.0365 & 0.9466 \\ 0 & 0 & 1 \\ 0 & -2.2500 & -2.5500 \end{bmatrix}, B_m = \begin{bmatrix} 0.0365 \\ 0 \\ 2.2500 \end{bmatrix}$$

参数化不确定性 Θ^* 和控制输入不确定性 λ 使得短周期模态的阻尼比降为 0.2679，比标称短周期模态的阻尼比 0.4045 减小了 34%。

双目标最优控制修正的自适应飞行控制器的结构如图 10-9 所示 [15]。

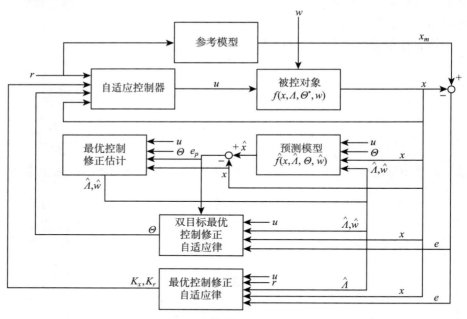

图 10-9　双目标最优控制修正的自适应飞行控制结构图

图 10-10 所示为基准控制器作用下的飞机响应，由于没有自适应过程，所以闭环系统不能很好地跟踪参考模型。

图 10-11 所示为 $\Gamma_x = \Gamma_\Theta = 50I$、$\gamma_r = 50$ 时，标准模型参考自适应控制器作用下的飞机响应图。俯仰角的指令跟踪效果有了很大的提升。然而，在俯仰速率响应中有较大的初始瞬态和高频振荡。

图 10-12 所示是在自适应速率为 $\Gamma_x = \Gamma_\Theta = 50I$，$\gamma_r = \gamma_\lambda = \gamma_w = 50$，双目标最优控制修正自适应律的系数为 $v = \eta = 0$ 时，双目标模型参考自适应控制的飞机响应图。闭环系统在 14 s

之后变得不稳定。自适应律的不稳定与理论分析一致，即当存在外部干扰 $w(t)$ 时，根据稳定性理论中的 c_8 项可得 η 不能为零。此外，这也与模型参考自适应控制理论一致，即当存在外部干扰时，标准模型参考自适应控制会出现参数漂移现象。为防止参数漂移，必须设 $\eta > 0$ 从而限定干扰估计 $\hat{w}(t)$ 的界。如果令 $\gamma_w = 0$，即不对干扰进行估计，那么双目标模型参考自适应控制是稳定的，如图 10-13 所示。这是因为当 $\hat{w}(t)$ 不存在时，c_8 是有界的。当 $\gamma_w = 0$ 时，双目标模型参考自适应控制的跟踪性能与标准模型参考自适应控制的跟踪性能相似。

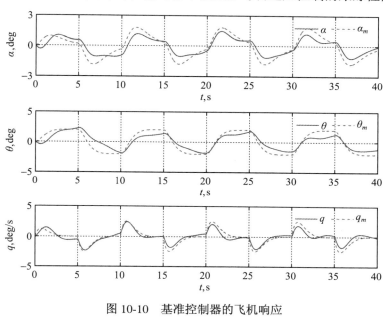

图 10-10　基准控制器的飞机响应

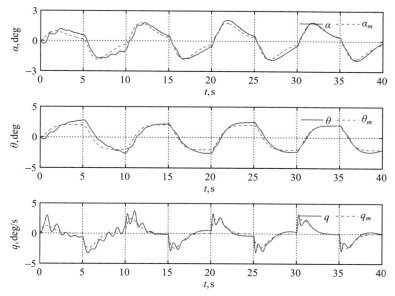

图 10-11　标准模型参考自适应控制的飞机响应

图 10-14 所示是当采用相同自适应速率，修正系数为 $v = \eta = 0.4$ 时，双目标最优控制修

正的飞机响应图。双目标最优控制修正的闭环响应得到了显著改善，具有很好的跟踪性能，并且消除了高频振荡。

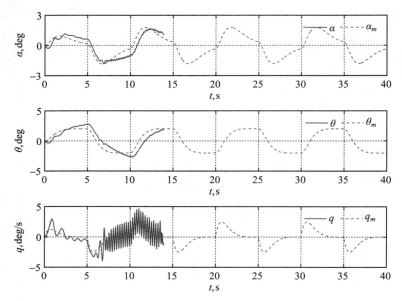

图 10-12 双目标模型参考自适应控制的飞机响应（$\gamma_w > 0$）

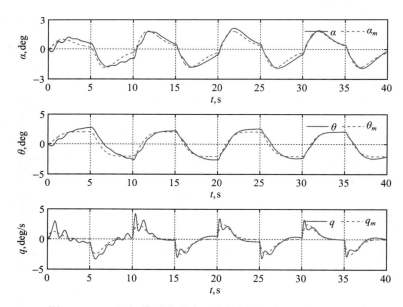

图 10-13 双目标模型参考自适应控制的飞机响应（$\gamma_w = 0$）

图 10-15 对比了上述各种控制器中的升降舵偏转角信号。在标准模型参考自适应控制和 $\gamma_w = 0$ 的双目标模型参考自适应控制的升降舵偏转角信号中，有明显的高频振荡，而且信号幅值较大。$\gamma_w > 0$ 时的双目标模型参考自适应控制的升降舵偏转信号，在控制器变得不稳定（第 14s）前进入了饱和状态。相比之下，双目标最优控制修正产生了良好的升降舵偏转信号，其中没有饱和或高频振荡现象。由双目标最优控制修正产生的升降舵偏转信号幅值大

约是基准控制器控制信号幅值的两倍,从而弥补了升降舵控制效率只有 50% 的缺陷。

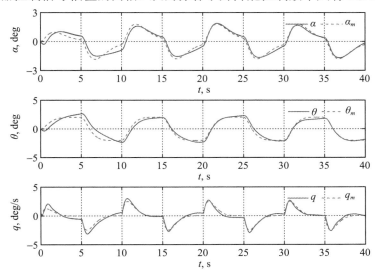

图 10-14 双目标最优控制修正的飞机响应

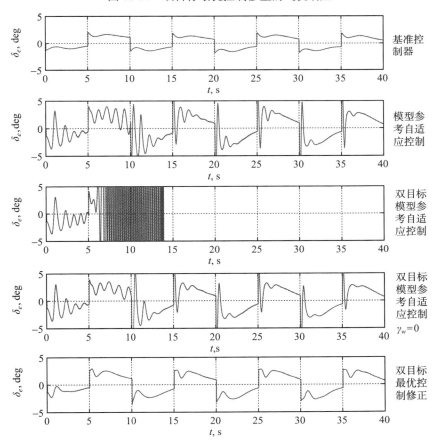

图 10-15 升降舵偏转角

10.4　递归最小二乘和神经网络俯仰姿态自适应飞行控制

考虑具有匹配非结构不确定性 $f(\alpha)$ 的飞机短周期动力学，其中攻角函数 $f(\alpha)$ 是由气动非线性引起的不确定性 [16]

$$\begin{bmatrix} \dot{\alpha} \\ \dot{\theta} \\ \dot{q} \end{bmatrix} = \begin{bmatrix} \dfrac{Z_\alpha}{\bar{u}} & 0 & 1 \\ 0 & 0 & 1 \\ M_\alpha + \dfrac{M_{\dot{\alpha}} Z_\alpha}{\bar{u}} & 0 & M_q + M_{\dot{\alpha}} \end{bmatrix} \begin{bmatrix} \alpha \\ \theta \\ q \end{bmatrix} + \begin{bmatrix} \dfrac{Z_{\delta_e}}{\bar{u}} \\ 0 \\ M_{\delta_e} + \dfrac{M_{\dot{\alpha}} Z_{\delta_e}}{\bar{u}} \end{bmatrix} [\delta_e + f(\alpha)] \tag{10.57}$$

设计一个俯仰姿态角控制器使被控对象跟踪一个期望的二阶俯仰姿态角动力学，俯仰速率方程为

$$\ddot{\theta} - \left(M_\alpha + \frac{M_{\dot{\alpha}} Z_\alpha}{\bar{u}}\right)\alpha - \left(M_q + M_{\dot{\alpha}}\right)\dot{\theta} = \left(M_{\delta_e} + \frac{M_{\dot{\alpha}} Z_{\delta_e}}{\bar{u}}\right)[\delta_e + f(\alpha)] \tag{10.58}$$

利用如下比例积分（PI）控制律设计升降舵的输入：

$$\delta_e = k_\alpha \alpha + k_\theta (\theta - r) + k_q q - \hat{f}(\alpha) \tag{10.59}$$

365
~
366

式中 $x = [\alpha(t) \quad \theta(t) \quad q(t)]^\top$，$K_x = [k_\alpha \quad k_\theta \quad k_q]^\top$，$\hat{f}(\alpha)$ 是非结构不确定性 $f(\alpha)$ 的函数近似。

被控对象的建模误差为 $\varepsilon(t) = \dot{x}_d(t) - \dot{x}(t) = A_m x(t) + B_m r(t) - \dot{x}(t)$，其中 $\dot{x}(t)$ 由后向有限差分法估计得到，不确定性由前四阶切比雪夫正交多项式进行建模：

$$\hat{f}(\alpha) = \Theta^\top \Phi(\alpha) = \theta_0 + \theta_1 \alpha + \theta_2 \left(2\alpha^2 - 1\right) + \theta_3 \left(4\alpha^3 - 3\alpha\right) \tag{10.60}$$

$\Theta(t)$ 由最小二乘梯度自适应律

$$\dot{\Theta} = -\Gamma \Phi(\alpha) \varepsilon^\top B \left(B^\top B\right)^{-1} \tag{10.61}$$

和递归最小二乘自适应律

$$\dot{\Theta} = -R \Phi(\alpha) \varepsilon^\top B \left(B^\top B\right)^{-1} \tag{10.62}$$

$$\dot{R} = -\eta R \Phi(\alpha) \Phi^\top(\alpha) R \tag{10.63}$$

共同估计得到。

注意，在应用自适应律时通过 $(B^\top B)^{-1}$ 将矩阵 B 进行缩放，从而使得递归最小二乘的系数 $\eta < 2$（见 7.3.2 节）。

正如在 6.6 节中所讨论的，信号 $\dot{x}(t)$ 不一定是必需的，也可以通过估计得到，如被控对象的预测模型就可以用来估计信号 $\dot{x}(t)$：

$$\dot{\hat{x}} = A_m \hat{x} + (A - A_m) x + B \left[u + \Theta^\top \Phi(\alpha)\right] \tag{10.64}$$

那么，基于预测模型的最小二乘梯度和递归最小二乘自适应律可以表示为

$$\dot{\Theta} = -\Gamma \Phi(\alpha) \varepsilon_p^\top B \left(B^\top B\right)^{-1} \tag{10.65}$$

$$\dot{\Theta} = -R \Phi(\alpha) \varepsilon_p^\top B \left(B^\top B\right)^{-1} \tag{10.66}$$

式中 $\varepsilon_p = \dot{x}_d - \dot{\hat{x}}$。

为了进行比较，使用相同的切比雪夫正交多项式将最小二乘梯度自适应控制器替换为标准模型参考自适应控制器

$$\dot{\Theta} = -\Gamma \Phi(\alpha) e^\top PB \qquad (10.67)$$

式中 $e = x_m - x$。

此外，利用具有 S 型激活函数的双层神经网络替换切比雪夫正交多项式来近似非结构不确定性：

$$\hat{f}(\alpha) = \Theta^\top \sigma\left(W^\top \overline{\alpha}\right) \qquad (10.68)$$

式中 $\overline{\alpha} = [1 \quad \alpha(t)]^\top$，$\sigma()$ 是 S 型激活函数。

神经网络自适应控制器的自适应控制律为：

$$\dot{\Theta} = -\Gamma_\Theta \Phi\left(W^\top \overline{\alpha}\right) e^\top PB \qquad (10.69)$$

$$\dot{W} = -\Gamma_W \overline{\alpha} e^\top PBV^\top \sigma'\left(W^\top \overline{\alpha}\right) \qquad (10.70)$$

式中 $\Theta^\top = [V_0(t) \quad V^\top(t)]$。

例 10.4 运输机在 0.8 Mach、30000 ft 时的短周期动力学模型为

$$\begin{bmatrix} \dot{\alpha} \\ \dot{\theta} \\ \dot{q} \end{bmatrix} = \begin{bmatrix} -0.7018 & 0 & 0.9761 \\ 0 & 0 & 1 \\ -2.6923 & 0 & -0.7322 \end{bmatrix} \begin{bmatrix} \alpha \\ \theta \\ q \end{bmatrix} + \begin{bmatrix} -0.0573 \\ 0 \\ -3.5352 \end{bmatrix} [\delta_e + f(\alpha)]$$

为进行仿真，将非线性气动力的非结构不确定性表示为

$$f(\alpha) = 0.1 \cos \alpha^3 - 0.2 \sin(10\alpha) + 0.05 e^{-\alpha^2}$$

利用参数 $\eta = 0.2$ 和 $\Gamma = R(0) = I$ 搭建最小二乘梯度和递归最小二乘自适应控制器。在标称控制器、最小二乘梯度自适应控制器和递归最小二乘自适应控制器作用下，飞机纵向响应分别如图 10-16~ 图 10-18 所示。

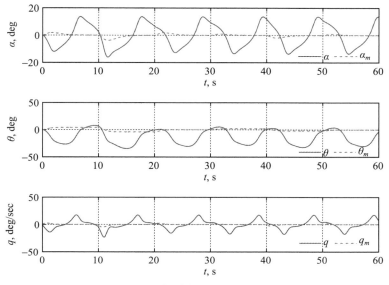

图 10-16 标称控制器的飞机响应

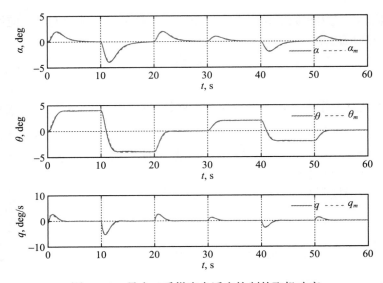

图 10-17   最小二乘梯度自适应控制的飞机响应

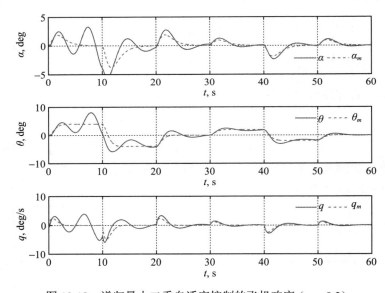

图 10-18   递归最小二乘自适应控制的飞机响应（$\eta = 0.2$）

飞机在标称控制器作用下的响应非常差，最大攻角达到了 14°，这时会出现失速现象。仿真结果表明最小二乘梯度自适应控制具有较好的跟踪性能，这充分展示了该方法的有效性。然而，递归最小二乘自适应控制效果不佳。这可能是递归最小二乘自适应控制的参数收敛较慢导致的。但当存在时间延迟或者未建模动态时，较慢的参数收敛可以用跟踪性能换取自适应控制的鲁棒性。

图 10-19 和图 10-20 给出了采用预测被控对象建模误差 $\varepsilon_p(t)$，而不是真实被控对象建模误差 $\varepsilon(t)$ 的最小二乘梯度和递归最小二乘自适应控制器的响应。与使用真实被控对象建模误差的最小二乘梯度自适应控制器相比，基于预测的最小二乘梯度自适应控制器能够提供更好的跟踪性能，俯仰速率响应在初始阶段有小幅度的高频振荡。基于预测的递归最小二乘自

适应控制器在 20 s 后的跟踪性能要比原始递归最小二乘自适应控制器好，但是这两种递归最小二乘自适应控制器的表现均不如最小二乘梯度自适应控制器。结果表明，预测模型能够很好地估计信号 $\dot{x}(t)$ 的值，且不需要用到可能引入噪声的微分运算。

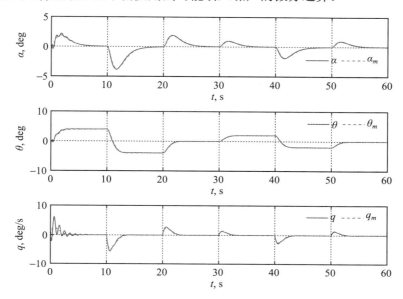

图 10-19 基于预测模型的最小二乘梯度自适应控制的飞机响应

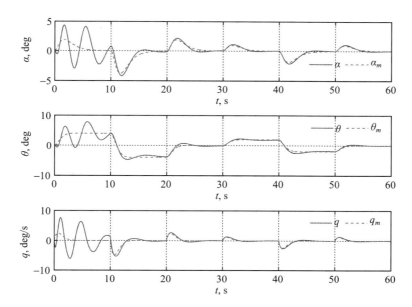

图 10-20 基于预测模型的递归最小二乘自适应控制器的飞机响应（$\eta = 0.2$）

基于切比雪夫正交多项式和神经网络的模型参考自适应控制（$\Gamma = \Gamma_{\Theta} = \Gamma_W = 10I$）的飞机响应如图 10-21 和图 10-22 所示。图 10-21 和图 10-22 中的响应在初始阶段都有高频振荡的现象，但后续的跟踪性能都很好。神经网络模型参考自适应控制的高频振荡更明显，这是由于神经网络权重的初始值是在 $-1 \sim 1$ 之间的随机数，导致升降舵的控制信号出现了饱和现象。

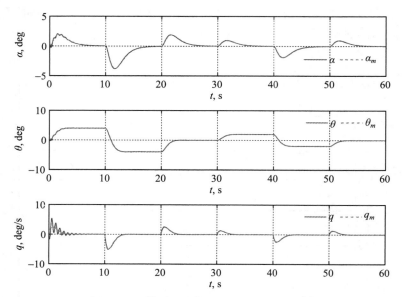

图 10-21   模型参考自适应控制的飞机响应

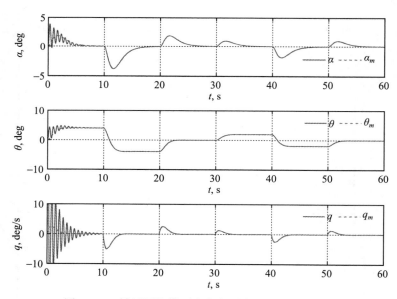

图 10-22   神经网络模型参考自适应控制的飞机响应

4 种自适应控制器的升降舵指令如图 10-23 所示。模型参考自适应控制和神经网络模型参考自适应控制在前 10 s 的控制信号中都出现了高频振荡。这通常是不可接受的，因此应该避免。

为了说明鲁棒性问题，并且表明递归最小二乘自适应控制器能够比最小二乘梯度自适应控制器或模型参考自适应控制器更好地处理时间延迟或未建模动态，采用 0.001 s 的时间步长对 4 种自适应控制器的时滞裕度进行计算，计算结果如表 10-1 所示。

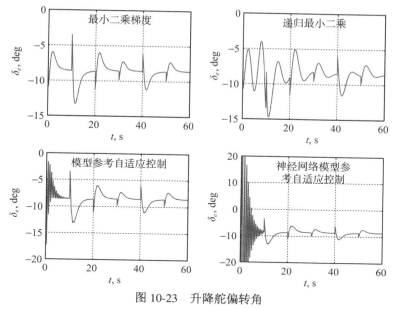

图 10-23 升降舵偏转角

表 10-1 时滞裕度估计值

自适应律	时滞裕度
最小二乘梯度	0.073 s
基于预测模型的最小二乘梯度	0.032 s
递归最小二乘（$\eta = 2$）	0.269 s
基于预测模型的递归最小二乘（$\eta = 0.2$）	0.103 s
模型参考自适应控制	0.020 s
神经网络模型参考自适应控制	0.046 s

　　递归最小二乘自适应控制器的时滞裕度要大于其他 3 种自适应控制器。标准模型参考自适应控制具有非常差的鲁棒性，这是众所周知的事实[17]。一般情况下，标准模型参考自适应控制需要结合投影法或者其他修正方法，比如 σ 修正[18]、e 修正[3]、最优控制修正[19]和自适应回路重构修正[20] 来提高鲁棒性。神经网络模型参考自适应控制的时滞裕度随神经网络权重初始值的变化而变化。应该注意的是，基于预测的最小二乘自适应控制器会使系统时滞裕度降低一半甚至更多。

　　在 0.020 s 时间延迟的作用下，4 种自适应控制器的飞机响应如图 10-24~ 图 10-27 所示。从图中可以看出，在 0.020 s 的时间延迟下，最小二乘梯度自适应控制器能够保持非常好的跟踪性能。模型参考自适应控制和神经网络模型参考自适应控制会出现高频振荡。递归最小二乘自适应控制器具有低频瞬态响应，因为它比其他 3 种自适应控制器具有更强的鲁棒性。总体而言，最小二乘梯度自适应控制器似乎在所有的自适应控制器中表现最好。

372

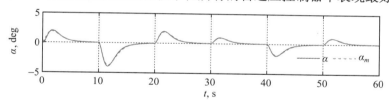

图 10-24 最小二乘梯度在 0.020 s 时间延迟时的飞机响应

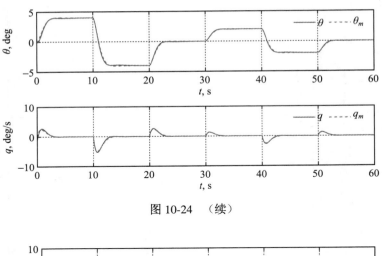

图 10-24 （续）

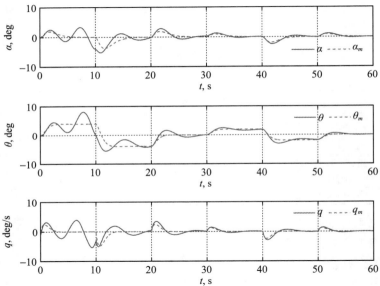

图 10-25 递归最小二乘在 0.020 s 时间延迟时的飞机响应（$\eta = 0.2$）

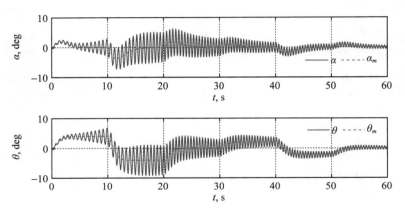

图 10-26 模型参考自适应控制在 0.020 s 时间延迟时的飞机响应

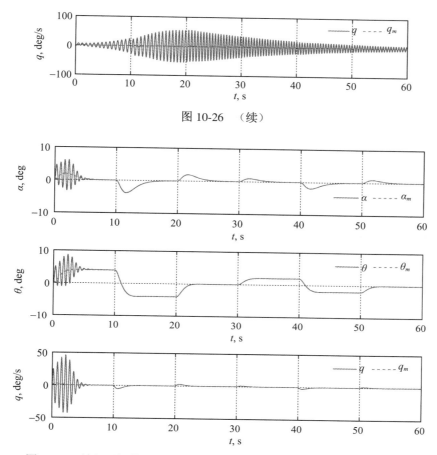

图 10-27 神经网络模型参考自适应控制在 0.020 s 时间延迟时的飞机响应

10.5 柔性飞机自适应控制

近年来，为提高巡航效率，轻型飞机设计受到了极大的关注。飞机质量的减小降低了对升力的需求，进而减小了阻力，并因此降低了巡航阶段对发动机推力的需求。对于今后的一些飞机，机身制造商将采用先进复合材料等轻质材料。现代轻质材料在提供所需承载力的同时，可以减小结构的刚度。随着结构柔韧性的提高，气动弹性与空气动力和力矩之间的相互作用成为飞机设计中越来越重要的考虑因素。了解气动弹性效应可以提高对飞机气动性能的认知，并可以为如何设计具有气动效率的柔性机身以降低油耗提供参考。 机身结构的柔韧性也会导致显著的气弹效应，从而降低飞机的稳定裕度，进而降低飞行品质。在综合考虑飞行动力学、稳定性和控制性能的情况下，需要在轻量、柔性结构和足够的鲁棒裕度之间进行权衡。

研究气动弹性对飞机短周期模态的影响具有十分重要的意义。假设飞机的气动弹性效应仅存在于柔性机翼结构上，忽略机身和尾翼上的气动弹性效应。方便起见，只考虑一阶对称弯曲模态（1B）和一阶对称扭转模态（1T），并采用准静态空气动力假设来简化模型。考虑机翼弯曲和扭转对飞机性能和俯仰轴稳定性影响的飞机气动弹性耦合飞行动力学模型可以表示为以下状态空间形式 [21]：

374

$$
\begin{bmatrix} \dot\alpha \\ \dot q \\ \dot w_1 \\ \dot\theta_1 \\ \ddot w_1 \\ \ddot\theta_1 \end{bmatrix} =
\begin{bmatrix}
-\dfrac{1}{m_{\alpha\alpha}}C_{L_\alpha} & \dfrac{1}{m_{\alpha\alpha}}\left(\dfrac{mV_\infty}{q_\infty S}-\dfrac{C_{L_q}\bar c}{2V_\infty}\right) & -\dfrac{1}{m_{\alpha\alpha}}\dfrac{C_{L_{w_1}}}{\bar c} \\[2mm]
\dfrac{1}{m_{qq}}\left(C_{m_\alpha}+\dfrac{m_{q\alpha}}{m_{\alpha\alpha}}C_{L_\alpha}\right) & \dfrac{1}{m_{qq}}\left[\dfrac{C_{mq}\bar c}{2V_\infty}+\dfrac{m_{q\alpha}}{m_{\alpha\alpha}}\left(\dfrac{C_{L_q}\bar c}{2V_\infty}-\dfrac{mV_\infty}{q_\infty S}\right)\right] & \dfrac{1}{m_{qq}}\left(\dfrac{C_{m_{w_1}}}{\bar c}+\dfrac{m_{q\alpha}}{m_{\alpha\alpha}}\dfrac{C_{L_{w_1}}}{\bar c}\right) \\[2mm]
0 & 0 & 0 \\
0 & 0 & 0 \\
-\dfrac{1}{m_{w_1 w_1}}h_{w_1\alpha} & -\dfrac{1}{m_{w_1 w_1}}h_{w_1 q} & -\dfrac{1}{m_{w_1 w_1}}k_{w_1 w_1} \\[2mm]
-\dfrac{1}{m_{\theta_1\theta_1}}h_{\theta_1\alpha} & -\dfrac{1}{m_{\theta_1\theta_1}}h_{\theta_1 q} & -\dfrac{1}{m_{\theta_1\theta_1}}k_{\theta_1 w_1}
\end{bmatrix}
$$

$$
\begin{bmatrix}
-\dfrac{1}{m_{\alpha\alpha}}C_{L_{\theta_1}} & -\dfrac{1}{m_{\alpha\alpha}}\dfrac{C_{L_{\dot w_1}}}{\overline V_\infty} & -\dfrac{1}{m_{\alpha\alpha}}\dfrac{C_{L_{\dot\theta_1}}\bar c}{2\overline V_\infty} \\[2mm]
\dfrac{1}{m_{qq}}\left(C_{m_{\theta_1}}+\dfrac{m_{q\alpha}}{m_{\alpha\alpha}}C_{L_{\theta_1}}\right) & \dfrac{1}{m_{qq}}\left(\dfrac{C_{m_{\dot w_1}}}{\overline V_\infty}+\dfrac{m_{q\alpha}}{m_{\alpha\alpha}}\dfrac{C_{L_{\dot w_1}}}{\overline V_\infty}\right) & \dfrac{1}{m_{qq}}\left(\dfrac{C_{m_{\dot\theta_1}}\bar c}{2\overline V_\infty}+\dfrac{m_{q\alpha}}{m_{\alpha\alpha}}\dfrac{C_{L_{\dot\theta_1}}\bar c}{2\overline V_\infty}\right) \\[2mm]
0 & 1 & 0 \\
0 & 0 & 1 \\
-\dfrac{1}{m_{w_1 w_1}}k_{w_1\theta_1} & -\dfrac{1}{m_{w_1 w_1}}c_{w_1 w_1} & -\dfrac{1}{m_{w_1 w_1}}c_{w_1\theta_1} \\[2mm]
-\dfrac{1}{m_{\theta_1\theta_1}}k_{\theta_1\theta_1} & -\dfrac{1}{m_{\theta_1\theta_1}}c_{\theta_1 w_1} & -\dfrac{1}{m_{\theta_1\theta_1}}c_{\theta_1\theta_1}
\end{bmatrix}
\begin{bmatrix} \alpha \\ q \\ w \\ \theta \\ \dot w \\ \dot\theta \end{bmatrix}
$$

$$
+
\begin{bmatrix}
-\dfrac{1}{m_{\alpha\alpha}}C_{L_{\delta e}} & -\dfrac{1}{m_{\alpha\alpha}}C_{L_\delta} \\[2mm]
\dfrac{1}{m_{qq}}\left(C_{m_{\delta e}}+\dfrac{m_{q\alpha}}{m_{\alpha\alpha}}C_{L_{\delta e}}\right) & \dfrac{1}{m_{qq}}\left(C_{m_\delta}+\dfrac{m_{q\alpha}}{m_{\alpha\alpha}}C_{L_\delta}\right) \\[2mm]
0 & 0 \\
0 & 0 \\
0 & \dfrac{1}{m_{w_1 w_1}}g_{w_1\delta_1} \\[2mm]
0 & -\dfrac{1}{m_{w_1 w_1}}g_{\theta_1\delta_1}
\end{bmatrix}
\begin{bmatrix} \delta_e \\ \delta_f \end{bmatrix}
\tag{10.71}
$$

式中 $\delta_f(t)$ 是机翼上的对称襟翼控制面偏转角，$m_{\alpha\alpha}$、$m_{q\alpha}$ 和 m_{qq} 分别定义为

$$
m_{\alpha\alpha}=\frac{m\overline V_\infty}{q_\infty S}+\frac{C_{L_{\dot\alpha}}\bar c}{2\overline V_\infty} \tag{10.72}
$$

$$
m_{q\alpha}=-\frac{C_{m_{\dot\alpha}}\bar c}{2\overline V_\infty} \tag{10.73}
$$

$$
m_{qq}=\frac{I_{YY}}{q_\infty S\,\bar c} \tag{10.74}
$$

　　下标 w_1 和 θ_1 分别表示一阶弯曲和一阶扭转量。符号 m、c 和 k 分别表示广义质量、广义阻尼（包含结构和气动阻尼）和广义刚度。下标 α 和 q 分别表示攻角和俯仰速率。符号 h 和 g 分别表示刚性飞机状态下，$\alpha(t)$ 和 $q(t)$ 以及对称襟翼控制面偏转角 $\delta_f(t)$ 作用在机翼结构上的广义力。

例 10.5 考虑具有柔性机翼的飞机在 0.8 Mach、30000 ft、剩余 50% 燃油的巡航条件下，并假定结构阻尼比 $\zeta_1 = 0.01$，系统矩阵 A 为

$$A = \begin{bmatrix} -8.0134 \times 10^{-1} & 9.6574 \times 10^{-1} & 1.2608 \times 10^{-2} & 5.0966 \times 10^{-1} & 5.4634 \times 10^{-4} & -2.4249 \times 10^{-3} \\ -2.4526 \times 10^{0} & -9.1468 \times 10^{-1} & 4.6020 \times 10^{-2} & 2.1726 \times 10^{0} & 3.5165 \times 10^{-3} & -6.2222 \times 10^{-2} \\ 0 & 0 & 0 & 0 & 1 & 0 \\ 0 & 0 & 0 & 0 & 0 & 1 \\ 1.4285 \times 10^{3} & 1.5869 \times 10^{1} & -3.1602 \times 10^{1} & -1.4029 \times 10^{3} & -2.4360 \times 10^{0} & 5.2088 \times 10^{0} \\ -3.9282 \times 10^{2} & -1.8923 \times 10^{0} & 5.6931 \times 10^{0} & -2.8028 \times 10^{2} & 3.2271 \times 10^{-1} & -6.1484 \times 10^{0} \end{bmatrix}$$

刚性飞行器短周期模态的特征值可以根据矩阵 A 左上角的 2×2 分块矩阵计算得到，这些特征值是稳定的：

$$\lambda_{SP} = -0.8580 \pm 1.5380i$$

右下角 4×4 分块矩阵的特征值对应一阶弯曲模态和一阶扭转模态的特征值，也都是稳定的：

$$\lambda_{1B} = -2.0955 \pm 8.2006i$$

$$\lambda_{1T} = -2.1967 \pm 15.1755i$$

柔性飞行器的特征值也是稳定的，但当一阶扭转模态的阻尼降低时，特征值变为

$$\lambda_{SP} = -0.5077 \pm 0.5229i$$

$$\lambda_{1B} = -3.1878 \pm 8.3789i$$

$$\lambda_{1T} = -1.4547 \pm 15.1728i$$

在 50% 燃油剩余时，短周期模态以及一阶弯曲和一阶扭转模态的频率和阻尼比如表 10-2 所示。可以看出短周期模态受到刚性飞机飞行动力学与一阶弯曲和一阶扭转模态耦合气弹效应的显著影响。耦合短周期模态的频率显著降低，但阻尼增加。

376

表 10-2 柔性飞机在 0.8 Mach、30000 ft 条件下的频率与阻尼比

模　　　态	短　周　期	一　阶　弯　曲	一　阶　扭　转
非耦合频率，rad/s	1.761	8.4641	15.3337
耦合频率，rad/s	0.7288	8.9648	15.2424
非耦合阻尼比	0.4872	0.2476	0.1433
耦合阻尼比	0.6966	0.3556	0.0954

图 10-28 和图 10-29 给出了在 30000 ft 高度下，频率和阻尼比与飞行速度的函数关系。一般来说，短周期模态和一阶弯曲模态的频率随飞行速度的增加而增加，而一阶扭转模态的频率随飞行速度的增加而急剧下降。发散速度是扭转模态频率为零时的飞行速度。

短周期模态和一阶弯曲模态的阻尼比一般会随着飞行速度的增加而增大。一阶扭转模态的阻尼比在 0.7 Mach 之前会随着飞行速度的增加而增加，之后随着飞行速度的增加而急剧下降。颤振速度是任意一个气弹模态的阻尼比变为零时的飞行速度。很明显，在大约 0.85 Mach 的颤振速度下，一阶扭转模态的阻尼比为零。一阶扭转模态的低阻尼比可能是导致飞机稳定

性问题的一个重要因素。气动弹性的不确定性会对柔性飞行器的性能和稳定性产生不利的
影响。主动反馈控制可以提高气弹模态的稳定裕度。

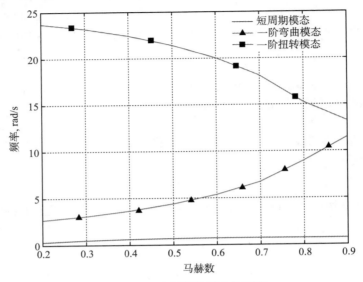

图 10-28 飞机柔性模态的频率

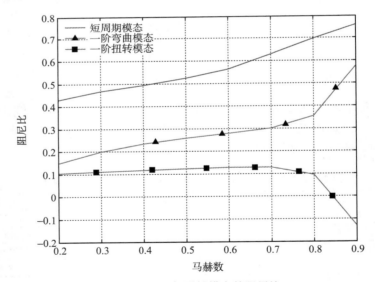

图 10-29 飞机柔性模态的阻尼比

考虑具有匹配不确定性的柔性飞行器线性化模型

$$\dot{x} = Ax + B\left[u + \Theta^{*\top}\Phi(x_r)\right] \tag{10.75}$$

$$x_r = Cx \tag{10.76}$$

式中 $x \in \mathbb{R}^n$ 是状态向量,包含刚性飞机状态向量 $x_r \in \mathbb{R}^{n_r}$ 和弹性机翼状态向量 $x_e \in \mathbb{R}^{n_e=n-n_r}$,$u \in \mathbb{R}^m$ 是控制向量,$A \in \mathbb{R}^n \times \mathbb{R}^n$ 和 $B \in \mathbb{R}^n \times \mathbb{R}^m$ 是已知常值矩阵,$\Theta^* \in \mathbb{R}^{p \times m}$ 是表示刚性飞机状态匹配不确定性的常值未知矩阵,$\Phi(x_r) \in \mathbb{R}^p$ 是刚性飞机状态已知的回归函数。

假设"慢"刚体动力学与"快"弹性机翼动力学之间存在足够大的频率差，那么可以采用标准奇异摄动法对快动力学和慢动力学进行解耦。假设弹性机翼模态的快动力学可以无限快地趋近平衡解，因此，设 $\dot{x}_e(t) = \varepsilon(x)$ 可以得到具有近似零阶弹性机翼动力学的刚性飞机动力学，其中 $\varepsilon(x)$ 是一个小量 [22]，所以

$$\begin{bmatrix} \dot{x}_r \\ \varepsilon \end{bmatrix} = \begin{bmatrix} A_{rr} & A_{re} \\ A_{er} & A_{ee} \end{bmatrix} \begin{bmatrix} x_r \\ x_e \end{bmatrix} + \begin{bmatrix} B_r \\ B_e \end{bmatrix} \left[u + \Theta^{*\top} \Phi(x_r) \right] \tag{10.77}$$

那么，可以近似得到弹性机翼动力学：

$$x_e = A_{ee}^{-1} \varepsilon(x) - A_{ee}^{-1} A_{er} x_r - A_{ee}^{-1} B_e \left[u + \Theta^{*\top} \Phi(x_r) \right] \tag{10.78}$$

将 $x_e(t)$ 代入刚性飞机动力学方程，得到

$$\dot{x}_r = A_p x_r + B_p \left[u + \Theta^{*\top} \Phi(x_r) \right] + \Delta(x) \tag{10.79}$$

式中

$$A_p = A_{rr} - A_{re} A_{ee}^{-1} A_{er} \tag{10.80}$$

$$B_p = B_r - A_{re} A_{ee}^{-1} B_e \tag{10.81}$$

$$\Delta(x) = A_{re} A_{ee}^{-1} \varepsilon(x) \tag{10.82}$$

$\Delta(x)$ 表示未建模弹性机翼模态的影响。设被控对象的降阶矩阵 A_p 是赫尔维茨矩阵，否则，需要进行输出反馈自适应控制器的设计。

此处的目标是设计一个自适应控制器使得刚性飞机状态向量 $x_r(t)$ 能够跟踪参考模型

$$\dot{x}_m = A_m x_m + B_m r \tag{10.83}$$

式中 $A_m \in \mathbb{R}^{n_r} \times \mathbb{R}^{n_r}$ 是已知的赫尔维茨矩阵，$B_m \in \mathbb{R}^{n_r} \times \mathbb{R}^r$ 是已知矩阵，$r \in \mathbb{R}^r$ 是分段连续有界参考指令向量。

设计自适应控制器为

$$u = K_x x_r + K_r r - \Theta^\top \Phi(x_r) \tag{10.84}$$

式中 Θ 是 Θ^* 的估计值，假设 K_x 和 K_r 可以通过如下模型匹配条件计算得到：

$$A_p + B_p K_x = A_m \tag{10.85}$$

$$B_p K_r = B_m \tag{10.86}$$

定义跟踪误差为 $e(t) = x_m(t) - x_r(t)$，那么跟踪误差动力学变为

$$\dot{e} = A_m e + B \tilde{\Theta}^\top \Phi(x_r) - \Delta(x) \tag{10.87}$$

式中 $\tilde{\Theta} = \Theta - \Theta^*$ 是估计误差。

因为存在未建模动态，$\Theta(t)$ 的标准模型自适应律

$$\dot{\Theta} = -\Gamma \Phi(x_r) e^\top P B \tag{10.88}$$

不是鲁棒的。随着自适应增益 Γ 的增加，自适应律对未建模动态 $\Delta(x)$ 变得越来越敏感，进而可能导致系统不稳定[17]。

为提高对未建模动态的鲁棒性，采用最优控制修正自适应律来估计未知参数 Θ^* [19]。最优控制修正自适应律为

$$\dot{\Theta} = -\Gamma\left[\Phi(x_r)\,e^{\top}PB - v\Phi(x_r)\,\Phi^{\top}(x_r)\,\Theta B^{\top}PA_m^{-1}B\right] \tag{10.89}$$

式中 $\Gamma = \Gamma^{\top} > 0 \in \mathbb{R}^p \times \mathbb{R}^p$ 是自适应速率矩阵，$v > 0 \in \mathbb{R}$ 是修正系数，P 是李雅普诺夫方程的解：

$$PA_m + A_m^{\top}P = -Q \tag{10.90}$$

另外，调整 $\Theta(t)$ 的自适应回路重构修正自适应律[20] 为

$$\dot{\Theta} = -\Gamma\left[\Phi(x_r)\,e^{\top}PB + \eta\frac{\mathrm{d}\Phi(x_r)}{\mathrm{d}x_r}\frac{\mathrm{d}\Phi^{\top}(x_r)}{\mathrm{d}x_r}\Theta\right] \tag{10.91}$$

式中 $\eta > 0 \in \mathbb{R}$ 是修正系数。

将最优控制修正和自适应回路重构修正自适应律结合到一起，得到如下组合自适应律：

$$\dot{\Theta} = -\Gamma\left[\Phi(x_r)\,e^{\top}PB - v\Phi(x_r)\,\Phi^{\top}(x_r)\,\Theta B^{\top}PA_m^{-1}B + \eta\frac{\mathrm{d}\Phi(x_r)}{\mathrm{d}x_r}\frac{\mathrm{d}\Phi^{\top}(x_r)}{\mathrm{d}x_r}\Theta\right] \tag{10.92}$$

例 10.6   仅考虑例 10.5 中刚性飞机状态的降阶柔性飞机模型为

$$\begin{bmatrix} \dot{\alpha} \\ \dot{q} \end{bmatrix} = \begin{bmatrix} -0.2187 & 0.9720 \\ -0.4053 & -0.8913 \end{bmatrix}\begin{bmatrix} \alpha \\ q \end{bmatrix} + \begin{bmatrix} -0.0651 \\ -3.5277 \end{bmatrix}\left(\delta_e + [\,\theta_\alpha^* \quad \theta_q^*\,]\begin{bmatrix} \alpha \\ q \end{bmatrix}\right)$$

$$+ \begin{bmatrix} \Delta_\alpha(x) \\ \Delta_q(x) \end{bmatrix} + \begin{bmatrix} f_\alpha(t) \\ f_q(t) \end{bmatrix}$$

式中 $\theta^* = 0.4$ 和 $\theta_q^* = -0.3071$ 表示短周期频率为 1.3247 rad/s 和阻尼比为 0.0199 的参数不确定性，对应于临界俯仰稳定模态。

时变函数 $f_\alpha(t)$ 和 $f_q(t)$ 是由垂直阵风导致的外界干扰，该干扰是在垂直速度为 10 ft/s、俯仰速率为 1.5 deg/s 时，由 Dryden 湍流模型[14] 建模得到的，如图 10-30 所示。

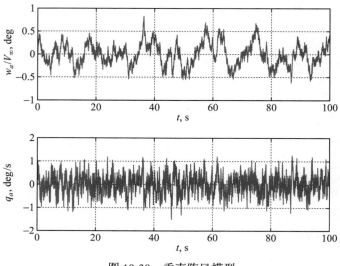

图 10-30   垂直阵风模型

给定期望的俯仰姿态参考模型为

$$\ddot{\theta}_m + 2\zeta\omega_m\dot{\theta}_m + \omega_m^2\theta_m = \omega_n^2 r$$

式中 $\zeta_m = 0.85$，$\omega_m = 1.5$ rad/s。

设 $x_r(t) = [\alpha(t)\quad \theta(t)\quad q(t)]^\top$，$u(t) = \delta_e(t)$，$\Theta^{*\top} = [\theta_\alpha^*\quad 0\quad \theta_q^*]$。设计标称控制器为 $\bar{u}(t) = K_x x(t) + k_r r(t)$，其中 $K_x = -\dfrac{1}{b_3}[a_{31}\quad \omega_n^2\quad 2\zeta\omega_n + a_{33}] = [-0.1149\quad 0.6378\quad 0.4702]$，$k_r = \dfrac{1}{b_3}\omega_n^2 =$ -0.6378。闭环系统的特征值为 -0.2112 和 $-1.2750 \pm 0.7902i$。选择标称闭环系统作为参考模型：

$$\underbrace{\begin{bmatrix} \dot{\alpha}_m \\ \dot{\theta}_m \\ \dot{q}_m \end{bmatrix}}_{\dot{x}_m} = \underbrace{\begin{bmatrix} -0.2112 & -0.0415 & 0.9414 \\ 0 & 0 & 1 \\ 0 & -2.2500 & -2.5500 \end{bmatrix}}_{A_m} \underbrace{\begin{bmatrix} \alpha_m \\ \theta_m \\ q_m \end{bmatrix}}_{x_m} + \underbrace{\begin{bmatrix} 0.0415 \\ 0 \\ 2.2500 \end{bmatrix}}_{B_m} r$$

自适应控制器的自适应速率为 $\Gamma = 100I$，输入函数为 $\Phi(x_r) = [1\quad \alpha\quad \theta\quad q]^\top$，其中需要偏差输入来处理时变阵风扰动。

最优控制修正的修正系数为 $\nu = 0.2$，自适应回路重构修正的修正系数为 $\eta = 0.2$。输入函数的雅可比矩阵 $\mathrm{d}\Phi(x_r)/\mathrm{d}x_r$ 为简单的单位矩阵，从而使自适应回路重构修正变为 σ 修正自适应律[18]。 381

给定一个 2 倍的俯仰姿态参考指令，不考虑自适应控制器的柔性飞机响应如图 10-31 所示，从图中可以看出飞机的响应不能很好地跟踪参考模型。此外，从飞行员操纵质量的角度看，由于气动弹性与弯曲和扭转模态的相互作用而引起的俯仰速率中的高频振荡是非常令人反感的。

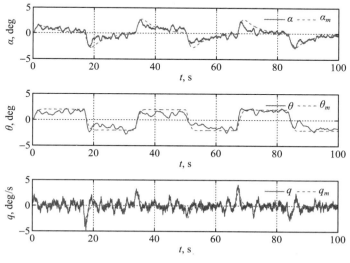

图 10-31　无自适应控制的柔性飞机纵向响应

设 $\nu = \eta = 0$，得到标准模型参考自适应控制，俯仰姿态的跟踪性能得到了很大提升，如图 10-32 所示。然而，俯仰速率的初始瞬态响应较大，使得俯仰速率响应中出现了高频振荡。 382

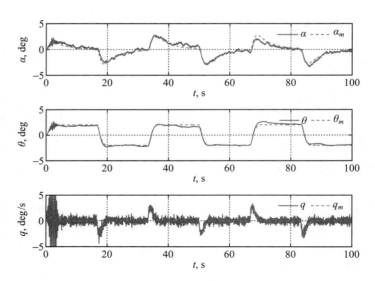

图 10-32   标准模型参考自适应控制的柔性飞机纵向响应（$\Gamma = 100I$）

相比之下，从图 10-33 中可以看出，最优控制修正自适应律能够抑制俯仰速率较大的初始瞬态响应和高频振荡的幅值。自适应回路重构修正自适应律的飞机响应如图 10-34 所示，从图中可以看出其与最优控制修正自适应律的响应相似。

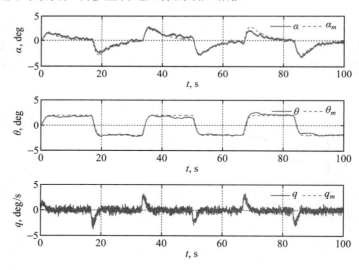

图 10-33   最优控制修正的柔性飞机纵向响应（$\Gamma = 100I$，$v = 0.2$）

图 10-35 和图 10-36 给出了 4 种不同控制器作用下气弹翼尖的弯曲变形和扭转变形。这 4 种控制器分别为基准标称控制器、标准模型参考自适应控制、最优控制修正以及自适应回路重构修正。在建模时，增大气弹机翼柔性来说明气动弹性对自适应控制的影响。在刚性飞机俯仰姿态指令和阵风作用下，翼尖处的弯曲变形幅度为 5 ft，扭转变形大约为 3°。由于飞行速度 0.8 Mach 接近 0.85 Mach 的颤振速度，因此气动弹性变形非常大。值得注意的是，标准模型参考自适应控制会导致较大的初始瞬态扭转变形，这么大的扭转变形显然是不现实的，并且在实际应用中可能会导致过大的机翼载荷和机翼失速，但在仿真模拟中并没有考虑

这些影响。然而，这说明了标准模型参考自适应控制在柔性飞机的控制器实现中会出现不佳的系统行为。

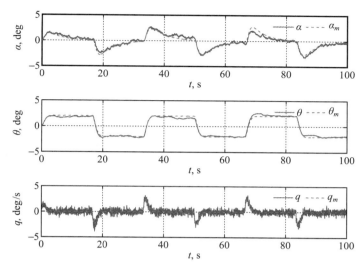

图 10-34　自适应回路重构修正的柔性飞机纵向响应（$\Gamma = 100I$，$\eta = 0.2$）

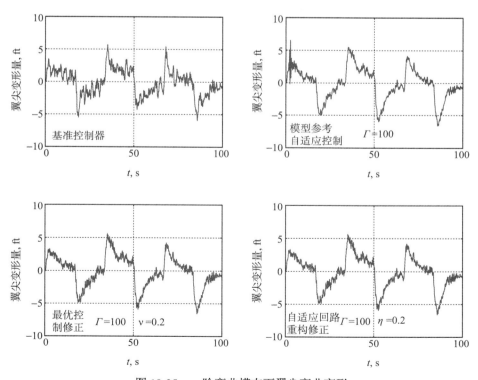

图 10-35　一阶弯曲模态下翼尖弯曲变形

图 10-37 所示是 4 种控制器作用下的升降舵偏转角曲线。标准模型参考自适应控制器会在初始瞬态响应中出现控制饱和现象，控制饱和会导致不必要的刚性飞机响应和气弹变形。

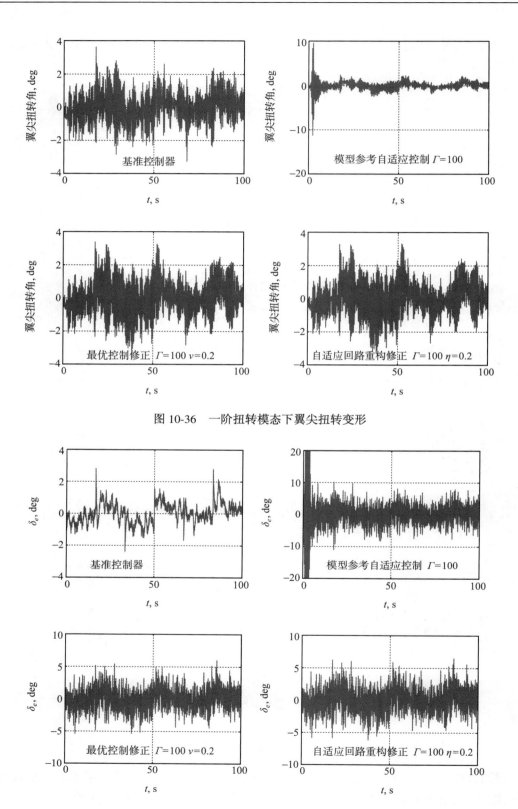

图 10-36 一阶扭转模态下翼尖扭转变形

图 10-37 升降舵偏转角

最优控制修正和自适应回路重构修正自适应律的升降舵偏转信号相似。同时还观察到，基准控制器升降舵偏转信号的频率要比最优控制修正以及自适应回路重构修正自适应律的升降舵偏转信号频率低。这说明自适应控制器有效地考虑了升降舵偏转指令中的气弹机翼动力学来抑制气弹机翼模态响应，然而基准控制器却不能。

　　研究表明，自适应控制器可以用来处理柔性飞机的不确定性。在降阶模型中，将气动弹性作为未建模动态。结果表明，标准模型参考自适应控制既不能保证系统的鲁棒性，也不能产生良好的控制信号，并且在标准模型参考自适应控制的作用下，出现了过度的扭转变形和控制饱和现象。最优控制修正和自适应回路重构修正自适应律能够更有效地减小跟踪误差，与此同时还能将气动弹性变形保持在合理的范围内。

384
～
385

10.6　自适应 LQG 颤振抑制控制

　　颤振是飞机飞行动力学中的一种结构动力学现象，表现为使结构失效的气动弹性不稳定。在飞机设计过程中必须保证颤振边界远离飞行包线。随着现代飞机开始在结构设计中采用轻质材料以提高燃油效率，会导致较强的气弹效应以及较差的颤振裕度。主动颤振抑制控制是一种抑制结构振动，提高飞机结构气弹稳定性的结构反馈控制。本节研究了自适应增强线性二次高斯（LQG）控制器在新型飞机飞行控制面颤振控制中的应用，其中采用了最优控制修正自适应律作为自适应增强控制器。

　　近年来，NASA 开发了一种新型飞机飞行控制面，称为变曲面连续后缘襟翼（VCC-TEF）[23-25]。如图 10-38 所示，VCCTEF 是一种机翼变形控制装置，通过在飞行过程中对柔性机翼结构的改变来改善气动性能，同时抑制不利的气弹效应。这种机翼采用 3 段不同的弦向襟翼来提供一个可变弯度以改变机翼形状，从而改善气动性能。襟翼也可由单独的展向截面组成，使得可以在每个襟翼翼展位置设计不同的襟翼。这使得可以通过改变翼展来改变机翼形状，从而改变机翼的扭转变形，以在任何飞行阶段或质量下得到最佳的升阻比。每段展向襟翼与柔性弹性材料相连，可以在没有襟翼间隙的情况下形成连续的后缘，从而减阻降噪。

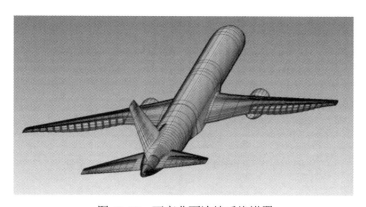

图 10-38　可变曲面连续后缘襟翼

　　考虑一架装备有大柔性机翼的概念飞机。现代运输机机翼的柔韧性会使得颤振裕度降低，从而影响飞机的稳定性。通过对 NASA 通用运输机模型（GTM）进行颤振分析[26]，来检验传统飞机机翼柔性增加的影响。其中将 GTM 机翼的基准刚度降低了 50%，将其变为柔性机翼 GTM。颤振分析计算了一系列飞行速度下对应的气弹频率和阻尼比，如图 10-39 和图 10-40 所示 [27]。当气弹模态的阻尼比过零时，记录下对应的颤振速度，最低颤振速度构成了颤振边界。

386

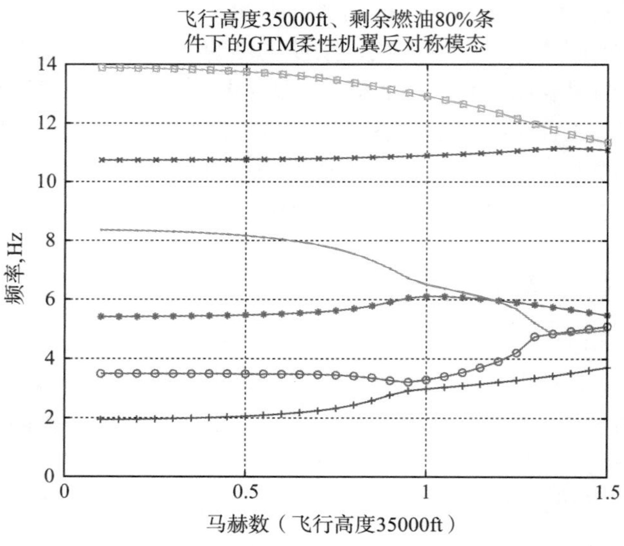

图 10-39　GTM 柔性机翼反对称模态的自然频率

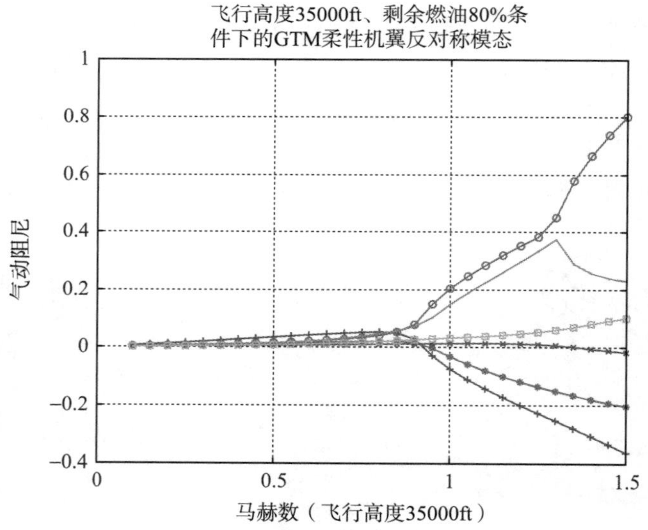

图 10-40　GTM 柔性机翼反对称模态的阻尼比

　　表 10-3 中给出了 35000 ft 时刚性机翼 GTM 和柔性机翼 GTM 的颤振速度预测值，其中临界颤振模态是反对称模态。柔性机翼 GTM 的颤振边界比刚性机翼的颤振边界降低了 31%。

　　美国联邦航空管理局（FAA）要求飞机的颤振裕度至少比其飞行测试中的俯冲速度高出 15%。对于最大工作马赫数为 0.8 的飞机，其俯冲速度估计要超过最大工作马赫数的 15%，即为 0.92 Mach。因此，在 35000 ft 高度时，要求这种概念飞机的最小颤振速度为 1.06 Mach。

刚性机翼的 GTM 满足上述要求，而柔性机翼 GTM 则不满足。主动颤振抑制是一种提升颤振速度的手段。目前，运输飞机的主动颤振抑制尚未获得认证，但随着 FAA 开始调研商用运输飞机主动颤振抑制控制的认证需求，这种情况可能会发生改变。

387

表 10-3   颤振速度预测值

	对 称 模 态	反对称模态
35000 ft 时的颤振马赫数（刚性机翼）	1.358	1.310
35000 ft 时的颤振马赫数（柔性机翼）	0.938	0.925

考虑通用气动伺服弹性（ASE）的状态空间模型为

$$\left[\begin{array}{c} \dot{\eta} \\ \dot{\mu} \end{array}\right] = \left[\begin{array}{cc} A_{11} & A_{12} \\ A_{21} & A_{22} \end{array}\right]\left[\begin{array}{c} \eta \\ \mu \end{array}\right] + \left[\begin{array}{ccc} B_{11} & B_{12} & B_{13} \\ B_{21} & B_{22} & B_{23} \end{array}\right]\left[\begin{array}{c} \delta \\ \dot{\delta} \\ \ddot{\delta} \end{array}\right] \tag{10.93}$$

$$y = C_1\eta + C_2\mu + D_1\delta + D_2\dot{\delta} + D_3\ddot{\delta} \tag{10.94}$$

式中 μ 是快状态向量，包含了高频气弹模态的广义气弹状态，η 是慢状态向量，包含了低频气弹模态和刚体飞机模态的广义气弹状态，δ 是控制面偏转角向量，y 是输出向量。

注意，气弹状态依赖于控制面偏转角向量 $\delta(t)$ 的速度和加速度。通常在刚体飞机动力学中忽略该依赖，但是在气动伺服弹性，特别是颤振抑制中尤为重要。

通过分块矩阵 A_{11} 和 A_{22} 的特征值可以检验快慢状态的性质。由于 $\mu(t)$ 是快状态向量，所以可以得到 $\varepsilon\|A_{11}\| < \|A_{22}\|$，其中 ε 是小量。

一般情况下，ASE 状态空间模型既包含低频的刚性飞机模态，也包含远高于刚性飞机模态的高频气弹模态。颤振模态通常与低频区的气弹模态相关，因此，高频气弹模态通常不会在颤振响应中出现。在控制器设计过程中，通常要去掉高频模态来简化控制器的设计。将高频气弹模态消除，对 ASE 状态空间模型进行降阶。这里采用奇异摄动法对 ASE 状态空间模型进行降阶 [28]。奇异摄动法的优点是在颤振抑制控制器设计中合理地保留了物理模态。

利用奇异摄动法可以将快慢模型进行解耦。为对快慢模态解耦，采用奇异摄动法对时间尺度进行分离。为此，考虑如下减缓或者拉伸时间变换：

388

$$\tau = \varepsilon t \tag{10.95}$$

式中 τ 为慢时间变量。

然后，将快和慢状态空间模型转换为奇异摄动系统

$$\dot{\eta} = A_{11}\eta + A_{12}\mu + B_{11}\delta + B_{12}\dot{\delta} + B_{13}\ddot{\delta} \tag{10.96}$$

$$\varepsilon\frac{\mathrm{d}\mu}{\mathrm{d}\tau} = A_{21}\eta + A_{22}\mu + B_{21}\delta + B_{22}\dot{\delta} + B_{23}\ddot{\delta} \tag{10.97}$$

可以根据 Tikhonov 定理，利用 $\varepsilon = 0$ 时 "降阶" 系统的解来近似奇异摄动系统的解 [22]。因此，降阶系统为

$$\dot{\eta}_0 = A_{11}\eta_0 + A_{12}\mu_0 + B_{11}\delta + B_{12}\dot{\delta} + B_{13}\ddot{\delta} \tag{10.98}$$

$$A_{21}\eta_0 + A_{22}\mu_0 + B_{21}\delta + B_{22}\dot{\delta} + B_{23}\ddot{\delta} = 0 \tag{10.99}$$

式中 η_0 和 μ_0 是奇异摄动系统的外层解。

术语"外层"与"内层"或"边界层"和"外层"解的概念有关，都源于普朗特的边界层理论。该系统的"内层"或"边界层"解为

$$A_{11}\eta_i + A_{12}\mu_i + B_{11}\delta + B_{12}\dot{\delta} + B_{13}\ddot{\delta} = 0 \tag{10.100}$$

$$\dot{\mu}_i = A_{21}\eta_i + A_{22}\mu_i + B_{21}\delta + B_{22}\dot{\delta} + B_{23}\ddot{\delta} \tag{10.101}$$

系统的解为

$$\eta = \eta_0 + \eta_i - \eta_{MAE} \tag{10.102}$$

$$\mu = \mu_0 + \mu_i - \mu_{MAE} \tag{10.103}$$

式中 η_{MAE} 和 μ_{MAE} 是将匹配渐近展开法应用到内层和外层解后得到的修正项 [29]。外层解实际上是原系统在 $t \to \infty$ 时的渐近解。

由于闭环系统的渐近特性是稳定性的一个重要考虑因素，所以奇异摄动系统的外层解具有重要意义。因此，我们仅用慢状态向量 $\eta_0(t)$ 的外层解来计算降阶模型的外层解

$$\dot{\eta}_0 = \left(\underbrace{A_{11} - A_{12}A_{22}^{-1}A_{21}}_{\bar{A}_{11}} \right)\eta_0$$

$$+ \left[\underbrace{B_{11} - A_{12}A_{22}^{-1}B_{21}}_{\bar{B}_{11}} \quad \underbrace{B_{12} - A_{12}A_{22}^{-1}B_{22}}_{\bar{B}_{12}} \quad \underbrace{B_{13} - A_{21}A_{22}^{-1}B_{23}}_{\bar{B}_{13}} \right] \begin{bmatrix} \delta \\ \dot{\delta} \\ \ddot{\delta} \end{bmatrix} + \Delta\dot{\eta}_0 \tag{10.104}$$

$$y = \left(\underbrace{C_1 - C_2A_{22}^{-1}A_{21}}_{\bar{C}_1} \right)\eta_0 + \left(\underbrace{D_1 - C_2A_{22}^{-1}B_{21}}_{\bar{D}_1} \right)\delta + \left(\underbrace{D_2 - C_2A_{22}^{-1}B_{22}}_{\bar{D}_2} \right)\dot{\delta}$$

$$+ \left(\underbrace{D_3 - C_2A_{22}^{-1}B_{23}}_{\bar{D}_3} \right)\ddot{\delta} + \Delta y \tag{10.105}$$

接下来，将慢状态向量 $\eta_0(t)$ 作为实际慢状态向量 $\eta(t)$ 的近似值。

现在，考虑一个简化的二阶执行机构模型

$$\ddot{\delta} + 2\zeta\omega_n\dot{\delta} + \omega_n^2\delta = \omega_n^2\delta_c \tag{10.106}$$

那么，状态空间模型变为

$$\underbrace{\begin{bmatrix} \dot{\eta} \\ \dot{\delta} \\ \ddot{\delta} \end{bmatrix}}_{\dot{x}} = \underbrace{\begin{bmatrix} \bar{A}_{11} & \bar{B}_{11} - \bar{B}_{13}\omega_n^2 & \bar{B}_{12} - 2\bar{B}_{13}\zeta\omega_n \\ 0 & 0 & I \\ 0 & -\omega_n^2 & -2\zeta\omega_n \end{bmatrix}}_{A} \underbrace{\begin{bmatrix} \eta \\ \delta \\ \dot{\delta} \end{bmatrix}}_{x} + \underbrace{\begin{bmatrix} \bar{B}_{13}\omega_n^2 \\ 0 \\ \omega_n^2 \end{bmatrix}}_{B} \underbrace{\delta_c}_{u} + \underbrace{\begin{bmatrix} \Delta\dot{\eta} \\ 0 \\ 0 \end{bmatrix}}_{\Delta\dot{x}} \tag{10.107}$$

$$y = \underbrace{[\bar{C}_1 \quad \bar{D}_1 - \bar{D}_3\omega_n^2 \quad \bar{D}_2 - 2\bar{D}_3\zeta\omega_n]}_{C} \underbrace{\begin{bmatrix} \eta \\ \delta \\ \dot{\delta} \end{bmatrix}}_{x} + \underbrace{\bar{D}_3\omega_n^2}_{D}\underbrace{\delta_c}_{u} + \Delta y \tag{10.108}$$

可以将上式写成标准形式

$$\dot{x} = Ax + Bu + \Delta \tag{10.109}$$

$$y = Cx + Du \tag{10.110}$$

式中 Δ 是高频气弹模态的残余高阶项。

例 10.7　为说明模型降阶法，在不同飞行条件下，为耦合机翼反对称模态的柔性机翼 GTM 滚转动力学，建立具有 22 阶模态的 ASE 状态空间模型[30]。在 0.86 Mach、10000 ft 高度下，开环 ASE 模型有两个不稳定的模态。利用上述模型降阶法，由表 10-4 可知，仅使用前 8 阶降阶模型就可以捕捉到所有的不稳定模态，并且能很好地近似高阶 ASE 模型的前 6 阶模态[28]。

表 10-4　**0.86 Mach、10000 ft，ESAC 机翼的反对称模态**

模态	$n = 6$	$n = 7$	$n = 8$	$n = 22$（全阶）
刚体	−2.7392	−2.7395	−2.7385	−2.7385
1	2.7294 ± 19.8683i	2.7512 ± 19.8529i	2.7804 ± 19.8561i	2.7842 ± 19.8513i
2	−0.1553 ± 24.35565i	−0.1557 ± 24.3562i	−0.1547 ± 24.3553i	−0.1549 ± 24.3552i
3	−6.3434 ± 24.0892i	−6.3272 ± 24.0739i	−6.4220 ± 23.9949i	−6.4174 ± 23.9920i
4	−0.3902 ± 37.1580i	−0.3782 ± 37.1461i	0.0571 ± 37.4423i	0.0584 ± 37.4846i
5	−20.0160 ± 32.3722i	−20.2813 ± 32.3013i	−20.4217 ± 32.4999i	−20.4833 ± 32.5445i

■

假设在标称 ASE 状态空间模型中引入不确定性

$$\dot{x} = (A + \Delta A)x + (B + \Delta B)u \tag{10.111}$$

$$y = Cx + Du \tag{10.112}$$

式中 $A \in \mathbb{R}^n \times \mathbb{R}^n$，$B \in \mathbb{R}^n \times \mathbb{R}^m$，$C \in \mathbb{R}^p \times \mathbb{R}^n$，$D \in \mathbb{R}^p \times \mathbb{R}^m$，其中 $p \geqslant m$；$\Delta A = \delta_A A$、$\Delta B = \delta_B B$ 分别是矩阵 A 和 B 的已知扰动，设 δ_A 和 δ_B 是表示乘法不确定性的小量。

由于全状态信息无法测量，所以通常采用基于输出测量的观测器状态反馈控制来进行颤振抑制控制。其核心思想是设计一个自适应增强控制器，该控制器对由模型变化引起的被控对象扰动具有鲁棒性。因此，假设 (A, B) 能控，(A, C) 能观。

一般来说，为多输入多输出系统设计输出反馈控制器比较困难。为设计稳定的自适应控制器，要求多输入多输出系统的传递函数矩阵和单输入单输出系统一样满足严格正实条件。一般情况下，如果系统输入与输出的个数不相同，那么系统从 $u(t)$ 到 $y(t)$ 的传递函数矩阵不是方阵，因此不满足严格正实条件。可通过 Kalman-Yakubovich 引理[31] 并根据如下条件来判断传递函数 $G(s) = C(sI − A)^{-1}B$ 是否满足严格正实条件：

$$PA + A^{\top}P = -Q \tag{10.113}$$

$$PB = C^{\top} \tag{10.114}$$

其中 $P = P^{\top} > 0$，$Q = Q^{\top} > 0$。

根据式（10.114）可以得到判断严格正实传递函数矩阵的充分必要条件[32]：

$$B^{\top}PB = B^{\top}C^{\top} = CB > 0 \tag{10.115}$$

因此，上述条件 $CB > 0$ 要求 CB 是对阵正定方阵。该条件至少需要 $\text{rank}(CB) = m$。这意味着系统输入的个数与输出的个数相等。如果输入与输出的个数不相等，假设输出的个数多于输入的个数，该条件使得输出反馈自适应控制器的设计会相对容易一些，因为可以采用一些方法将非方阵进行方化 [33-34]。这些方法已经被用于多种自适应输出反馈控制方法，如 Lavretsky 和 Wise 的观测器状态反馈自适应控制 [35]。

如 9.13 节和 9.14 节中所示，可以将最优控制修正自适应方案用于具有非最小相位特性或相对阶大于 1 的非严格正实单输入单输出系统的控制。利用最优控制修正的线性渐近特性，可将此方法推广到多输入多输出系统。

LQG 是一种为只有输出或部分状态信息的系统设计控制器的标准方法。利用卡尔曼滤波的最优估计方法构造一个龙伯格状态观测器来估计被控对象模型：

$$\dot{\hat{x}} = A\hat{x} + L(y - \hat{y}) + Bu \tag{10.116}$$

式中 $\hat{x}$ 是观测器状态向量，L 是卡尔曼滤波增益，$\hat{y}$ 是观测器的输出，表示为

$$\hat{y} = C\hat{x} + Du \tag{10.117}$$

可以利用回路传递重构技术来提高观测系统的闭环稳定裕度。

通过假设全状态反馈设计能够为观测系统提供稳定的控制器，采用控制和估计分离原理来设计整个闭环回路。

考虑一个理想的全状态观测控制器

$$u^* = K_x^* \hat{x} + K_y^*(y - \hat{y}) + K_r^* r \tag{10.118}$$

那么，理想的闭环观测器模型可以表示为

$$\dot{\hat{x}} = A\hat{x} + L(y - \hat{y}) + BK_x^* \hat{x} + BK_y^*(y - \hat{y}) + BK_r^* r \tag{10.119}$$

此处的目的是设计一个闭环全状态观测器模型来跟踪如下参考模型：

$$\dot{x}_m = A_m x_m + B_m r \tag{10.120}$$

式中

$$A + BK_x^* = A_m \tag{10.121}$$

$$BK_r^* = B_m \tag{10.122}$$

$$BK_y^* = -L \tag{10.123}$$

那么，可以设计自适应控制器为

$$u = K_x(t)\hat{x} + K_y(t)(y - \hat{y}) + K_r(t)r \tag{10.124}$$

设 $\tilde{K}_x(t) = K_x(t) - K_x^*$、$\tilde{K}_y(t) = K_y(t) - K_y^*$ 和 $\tilde{K}_r(t) = K_r(t) - K_r^*$ 分别是 $K_x(t)$、$K_y(t)$ 和 $K_r(t)$ 的估计误差，那么闭环系统可以写成

$$\dot{\hat{x}} = A_m \hat{x} + B_m r + B\tilde{K}_x \hat{x} + B\tilde{K}_y(y - \hat{y}) + B\tilde{K}_r r \tag{10.125}$$

设 $e_p(t) = x(t) - \hat{x}(t)$ 是状态估计误差，那么状态估计误差动力学方程为

$$\dot{e}_p = A_p e_p + \Delta A \left(e_p + \hat{x} \right) + \Delta B \left(K_x \hat{x} + K_y C e_p + K_r r \right) \tag{10.126}$$

式中 $A_p = A - LC$ 是赫尔维茨矩阵。

设 $e(t) = x_m(t) - \hat{x}(t)$ 是跟踪误差，那么跟踪误差方程为

$$\dot{e} = A_m e - B\tilde{K}_x \hat{x} - B\tilde{K}_y C e_p - B\tilde{K}_r r \tag{10.127}$$

利用最优控制修正方案 [28] 得到 $K_x(t)$、$K_y(t)$ 和 $K_r(t)$ 的自适应律分别为

$$\dot{K}_x^\top = \Gamma_x \hat{x} \left(e^\top P + v_x \hat{x}^\top K_x^\top B^\top P A_m^{-1} \right) B \tag{10.128}$$

$$\dot{K}_y^\top = \Gamma_y (y - \hat{y}) \left[e^\top P + v_y (y - \hat{y})^\top K_y^\top B^\top P A_m^{-1} \right] B \tag{10.129}$$

$$\dot{K}_r^\top = \Gamma_r r \left(e^\top P + v_r r^\top K_r^\top B^\top P A_m^{-1} \right) B \tag{10.130}$$

初始值为 $K_x(0) = \bar{K}_x$, $K_y(0) = \bar{K}_y$, $K_r(0) = \bar{K}_r$, 式中 $\Gamma_x = \Gamma_x^\top > 0$, $\Gamma_y = \Gamma_y^\top > 0$, $\Gamma_r = \Gamma_r^\top > 0$ 是自适应速率矩阵；$v_x > 0$, $v_y > 0$ 和 $v_r > 0$ 是修正系数；$P = P^\top > 0$ 是李雅普诺夫方程

$$P A_m + A_m^\top P + Q = 0 \tag{10.131}$$

的解，式中 $Q = Q^\top > 0$。

由 9.14 节可知，如果参考模型是严格正实而被控对象不是严格正实的，那么无法采用标准模型参考自适应控制来设计自适应控制器，除非将参考模型根据非严格正实被控对象的理想控制器修正为非严格正实的。无论参考模型是否为严格正实的，最优控制修正都能处理非严格正实被控对象。对于自适应增强控制器设计来说，如果采用了鲁棒修正方案或者投影法，那么鲁棒基准控制器还可以降低闭环系统对最小相位特性的灵敏度。

考虑一个具有如下自适应控制器的自适应增强调节器：

$$u = \bar{K}_x \hat{x} + \Delta K_x \hat{x} + K_y (y - \hat{y}) \tag{10.132}$$

式中 $\bar{K}_x$ 由全状态方程的线性二次调节（LQR）计算得到，参数 ΔK_x 和 K_y 的自适应律为

$$\Delta \dot{K}_x^\top = -\Gamma_x \hat{x} \hat{x}^\top \left(P - v_x \Delta K_x^\top B^\top P A_m^{-1} \right) B \tag{10.133}$$

$$\dot{K}_y^\top = -\Gamma_y (y - \hat{y}) \left[\hat{x}^\top P - v_y (y - \hat{y})^\top K_y^\top B^\top P A_m^{-1} \right] B \tag{10.134}$$

自适应律的稳定性证明如下。

证明　选择一个李雅普诺夫候选函数

$$V \left(\hat{x}, e_p, \Delta \tilde{K}_x, \tilde{K}_y \right) = \hat{x}^\top P \hat{x} + e_p^\top W e_p + \mathrm{trace} \left(\Delta \tilde{K}_x \Gamma_x^{-1} \Delta \tilde{K}_x^\top \right) + \mathrm{trace} \left(\tilde{K}_y \Gamma_y^{-1} \tilde{K}_y^\top \right) \tag{10.135}$$

式中

$$W A_p + A_p^\top W = -R < 0 \tag{10.136}$$

然后，计算 $\dot{V} \left(\hat{x}, e_p, \Delta \tilde{K}_x, \tilde{K}_y \right)$ 得到

$$\dot{V}\left(\hat{x}, e_p, \Delta\tilde{K}_x, \tilde{K}_y\right)$$

$$= -\hat{x}^\top Q\hat{x} - e_p^\top Re_p + 2e_p^\top W\Delta A\left(e_p + \hat{x}\right) + 2e_p^\top W\Delta B\left(\bar{K}_x\hat{x} + \Delta K_x\hat{x} + K_y Ce_p\right)$$

$$\quad + 2v_x\hat{x}^\top\Delta K_x^\top B^\top PA_m^{-1}B\Delta\tilde{K}_x\hat{x} + 2v_y e_p^\top C^\top K_y^\top B^\top PA_m^{-1}B\tilde{K}_y Ce_p$$

$$= -\hat{x}^\top Q\hat{x} - e_p^\top Re_p - v_x\hat{x}^\top\Delta K_x^\top B^\top A_m^{-\top}QA_m^{-1}B\Delta\tilde{K}_x\hat{x}$$

$$\quad - v_y e_p^\top C^\top\tilde{K}_y^\top B^\top A_m^{-\top}QA_m^{-1}B\tilde{K}_y Ce_p + 2v_x\hat{x}^\top\Delta K_x^{*\top}B^\top PA_m^{-1}B\Delta\tilde{K}_x\hat{x} \tag{10.137}$$

$$\quad + 2v_y e_p^\top C^\top K_y^{*\top}B^\top PA_m^{-1}B\tilde{K}_y Ce_p + 2e_p^\top W\underbrace{\left(\Delta A + \Delta BK_y^*C\right)}_{\Delta A_p}e_p$$

$$\quad + 2e_p^\top W\underbrace{\left(\Delta A + \Delta B\bar{K}_x + \Delta B\Delta K_x^*\right)}_{\Delta A_m}\hat{x} + 2e_p^\top W\Delta B\Delta\tilde{K}_x\hat{x} + 2e_p^\top W\Delta B\tilde{K}_y Ce_p$$

$\dot{V}\left(\hat{x}, e_p, \Delta\tilde{K}_x, \tilde{K}_y\right)$ 的界为

$$\dot{V}\left(\hat{x}, e_p, \Delta\tilde{K}_x, \tilde{K}_y\right) \leqslant -c_1\|\hat{x}\|^2 - v_x c_2\|\hat{x}\|^2\left\|\Delta\tilde{K}_x\right\|^2$$

$$+ 2v_x c_2 c_3\|\hat{x}\|^2\left\|\Delta\tilde{K}_x\right\| - (c_4 - 2c_7)\left\|e_p\right\|^2 \tag{10.138}$$

$$- v_y c_5\left\|e_p\right\|^2\left\|\tilde{K}_y\right\|^2 + 2v_y c_5 c_6\left\|e_p\right\|^2\left\|\tilde{K}_y\right\| + 2c_8\|\hat{x}\|\left\|e_p\right\|$$

$$+ 2c_9\|\hat{x}\|\left\|e_p\right\|\left\|\Delta\tilde{K}_x\right\| + 2c_{10}\left\|e_p\right\|^2\left\|\tilde{K}_y\right\|$$

式中 $c_1 = \lambda_{\min}(Q)$，$c_2 = \lambda_{\min}(B^\top A_m^{-\top}QA_m^{-1}B)$，$c_3 = \dfrac{\left\|B^\top PA_m^{-1}B\right\|\left\|\Delta K_x^*\right\|}{c_2}$，$c_4 = \lambda_{\min}(R)$，$c_5 = c_2\|C\|^2$，$c_6 = \dfrac{\left\|B^\top PA_m^{-1}B\right\|\left\|K_y^*\right\|\|C\|}{c_5}$，$c_7 = \left\|W\Delta A_p\right\|$，$c_8 = \|W\Delta A_m\|$，$c_9 = \|W\Delta B\|$，$c_{10} = c_9\|C\|$。

根据不等式 $2\|a\|\,\|b\| \leqslant \|a\|^2 + \|b\|^2$，得到

$$\dot{V}\left(\hat{x}, e_p, \Delta\tilde{K}_x, \tilde{K}_y\right) \leqslant -(c_1 - c_8)\|\hat{x}\|^2 - (v_x c_2 - c_9)\|\hat{x}\|^2\left\|\Delta\tilde{K}_x\right\|^2$$

$$+ 2v_x c_2 c_3\|\hat{x}\|^2\left\|\Delta\tilde{K}_x\right\| - (c_4 - 2c_7 - c_8 - c_9)\left\|e_p\right\|^2 \tag{10.139}$$

$$- v_y c_5\left\|e_p\right\|^2\left\|\tilde{K}_y\right\|^2 + 2\left(v_y c_5 c_6 + c_{10}\right)\left\|e_p\right\|^2\left\|\tilde{K}_y\right\|$$

对上式进一步简化，得到

$$\dot{V}\left(\hat{x}, e_p, \Delta\tilde{K}_x, \tilde{K}_y\right) \leqslant -\left(c_1 - c8 - \frac{v_x^2 c_2^2 c_3^2}{v_x c_2 - c_9}\right)\|\hat{x}\|^2$$

$$- (v_x c_2 - c_9)\|\hat{x}\|^2\left(\left\|\Delta\tilde{K}_x\right\| - \frac{v_x c_2 c_3}{v_x c_2 - c_9}\right)^2$$

$$- \left[c_4 - 2c_7 - c_8 - c_9 - \frac{\left(v_y c_5 c_6 + c_{10}\right)^2}{v_y c_5}\right]\left\|e_p\right\|^2 \tag{10.140}$$

$$- v_y c_5\left\|e_p\right\|^2\left(\left\|\tilde{K}_y\right\|^2 - \frac{v_y c_5 c_6 + c_{10}}{v_y c_5}\right)^2$$

选择 Q、R、v_x 和 v_y 以满足如下不等式：

$$c_1 - c_8 - \frac{v_x^2 c_2^2 c_3^2}{v_x c_2 - c_9} > 0 \tag{10.141}$$

$$v_x c_2 - c_9 > 0 \tag{10.142}$$

$$c_4 - 2c_7 - c_8 - c_9 - \frac{\left(v_y c_5 c_6 + c_{10}\right)^2}{v_y c_5} > 0 \tag{10.143}$$

那么，$\dot{V}\left(\hat{x}, e_p, \Delta\tilde{K}_x, \tilde{K}_y\right) \leqslant 0$。因此，自适应调节器是稳定的。

需要注意的是，上述自适应增强控制器是为了容忍被控对象模型变化而产生的不确定性，而不是消除该不确定性。此处的目标是使自适应控制器在面对被控对象的模型变化时具有足够的鲁棒性。如果被控对象模型变化为零，那么 $c_7 = 0$，$c_8 = 0$，$c_9 = 0$，$c_{10} = 0$。这意味着 $v_x \leqslant \dfrac{c_1}{c_2 c_3^2}$，$v_y \leqslant \dfrac{c_4}{c_5 c_6^2}$。另一方面，如果被控对象模型变化很大，可能不存在合适的 v_x 和 v_y 使闭环系统稳定。

李雅普诺夫稳定性分析给出了选择修正系数 v_x 和 v_y 来保证稳定自适应的依据。由 9.5.3 节可知，李雅普诺夫稳定性分析具有很强的保守性，从而无法选择可行的修正系数。因此，可以利用最优控制修正的线性渐近特性来寻找合适的 v_x 和 v_y，以保证闭环系统的稳定性。当 $\Gamma \to \infty$ 时，自适应参数：

396

$$B\Delta K_x \to \frac{1}{v_x} B\left(B^\top A_m^{-\top} PB\right)^{-1} B^\top P \tag{10.144}$$

$$BK_y y \to \frac{1}{v_y} B\left(B^\top A_m^{-\top} PB\right)^{-1} B^\top P\hat{x} \tag{10.145}$$

由 9.13 节和 9.14 节可知，可以根据线性渐近特性来估计闭环系统趋于极限时的稳定裕度。闭环系统会趋近于如下渐近线性系统：

$$\dot{x} = (1+\delta_A)Ax + (1+\delta_B)B\bar{K}_x\hat{x} + \left(\frac{1}{v_x} + \frac{1}{v_y}\right)(1+\delta_B)B\left(B^\top A_m^{-\top} PB\right)^{-1} B^\top P\hat{x} \tag{10.146}$$

$$\dot{\hat{x}} = \left[A - LC + B\bar{K}_x + \left(\frac{1}{v_x} + \frac{1}{v_y}\right)B\left(B^\top A_m^{-\top} PB\right)^{-1} B^\top P\right]\hat{x} + LCx \tag{10.147}$$

因此，可以根据如下闭环系统矩阵

$$A_c = \begin{bmatrix} (1+\delta_A) & A(1+\delta_B)B\bar{K}_x + \left(\dfrac{1}{v_x} + \dfrac{1}{v_y}\right)(1+\delta_B)B\left(B^\top A_m^{-\top} PB\right)^{-1} B^\top P \\[2ex] LC & A - LC + B\bar{K}_x + \left(\dfrac{1}{v_x} + \dfrac{1}{v_y}\right)B\left(B^\top A_m^{-\top} PB\right)^{-1} B^\top P \end{bmatrix} \tag{10.148}$$

来计算稳定裕度。

进而，可以选择 v_x 和 v_y 来保证闭环系统的稳定性。

值得注意的是，$K_y(t)$ 能够应对龙伯格状态观测器设计中的模型变化。另外，如果观测器具有足够的鲁棒性，可以利用回路传递重构技术来消除 $K_y(t)$。那么，具有最优控制修正的观测器反馈自适应控制设计可以归结为选择合适的 v_x 来确保闭环系统的稳定性。

例 10.8   例 10.7 中的 ASE 状态空间模型包含 45 个状态，64 个输出以及 4 个输入。系统状态包含了飞机滚转速率 $p(t)$ 以及每个气弹模态对应的两个广义状态，一共有 22 个气弹模态。系统输出包含飞机的飞行速度 $V(t)$，攻角 $\alpha(t)$，侧滑角 $\beta(t)$，飞机角速率 $[\,p(t) \quad q(t) \quad r(t)\,]^{\mathsf{T}}$，飞机位置 $[\,x(t) \quad y(t) \quad h(t)\,]^{\mathsf{T}}$，飞机姿态 $[\,\phi(t) \quad \theta(t) \quad \psi(t)\,]^{\mathsf{T}}$，在翼尖前后位置沿 3 个轴的加速度 (N_x, N_y, N_z) 以及控制面的 4 个铰链力矩。4 个控制面分别是 VCCTEF 舷外的第 3 弧形段。所有的控制面融合在一起提供一个单一输入，以解决由弹性材料施加的相对约束。在颤振抑制控制中，只使用两个 N_z 加速度测量值作为输出。图 10-41 给出了输入和输出的位置 [28]。

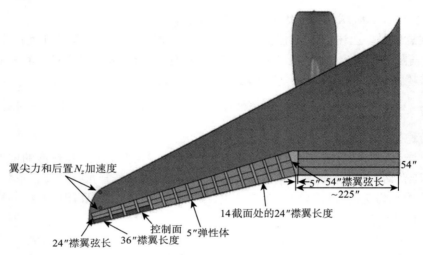

图 10-41   柔性机翼 GTM 反对称模态的阻尼比

由于弹性材料施加的物理约束，控制面在动作时并非完全独立的，而且这种弹性材料有一定的变形大小和速率的约束。因此，任意相邻的控制面也会有相对变形量和速率的约束。这些限制是每个控制面所受法向位置和速率约束的附加约束。所以，这些相对约束会给系统的控制器设计带来困难。

考虑如下相对变形量和速率限制：

$$|\delta_{i+1} - \delta_i| \leqslant \Delta\delta \tag{10.149}$$

$$\left|\dot\delta_{i+1} - \dot\delta_i\right| \leqslant \Delta\dot\delta \tag{10.150}$$

式中 $i = 1，2，3$。

在 VCCTEF 设计中，允许相邻襟翼段之间存在 2° 的相对运动。由于弹性材料施加的速率约束尚未定义，因此假定约束速率很大。将执行机构动力学建模为二阶动力学系统。该执行机构动力学模型是高度简化的模型，因为它没有考虑铰链力矩，而铰链力矩是系统状态和弹性材料动力学的函数。

为解决相对变形量的限制，人们引入 3 虚拟控制的概念 [36]。控制面的偏转角由成型函数来描述，成型函数可以是任意具有平滑渐变斜率的函数，线性函数就是其中的一种简单形式。将控制面偏转角参数化为线性函数

$$\delta_i = \frac{i\delta_v}{4} \tag{10.151}$$

式中 $i = 1$，2，3，4，δ_1 是舱内侧襟翼，δ_4 是舱外侧襟翼，δ_v 是虚拟控制面偏转角。

由于舱内侧襟翼 $\delta_1(t)$ 相对于相邻固定襟翼的偏转角不能超过 $2°$，所以 $\delta_v(t) \leqslant 8\text{deg}$。舱外侧襟翼偏转角 $\delta_4(t)$ 和虚拟控制面偏转角一样。所以，可以认为舱外侧襟翼 $\delta_4(t)$ 是主控制输入，而其他 3 个控制面是从控制输入，并且具有独立于主控制输入的运动。

因此，可以计算得到虚拟控制的导数为

$$B_{jk} = \sum_{i=1}^{4} \frac{iB_{ijk}}{4} \tag{10.152}$$

式中 B_{ijk} 分别是第 j 阶模态相对于第 i 段襟翼变形量（$k = 1$）、速度（$k = 2$）以及加速度（$k = 3$）的控制输入导数。

在 0.86 Mach、10000 ft 的飞行条件下，利用降阶气弹伺服状态空间模型进行仿真。如表 10-4 所示，存在两个不稳定的气弹模态：模态 1 和模态 4。在仿真中利用过程噪声和传感器噪声来模拟大气湍流的结构响应。采用 LQR 控制器优化设计的基准全状态反馈控制器具有良好的性能。然后利用理想的全状态反馈增益设计 LQG 输出反馈控制器，并且开启自适应增强控制器。选择自适应速率矩阵为 $\Gamma_x = \Gamma_y = 1$，修正系数为 $\eta_x = \eta_y = 0.1$。

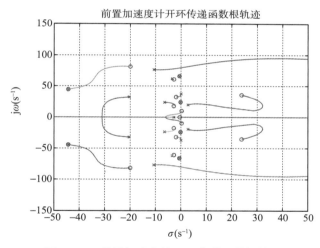

图 10-42　前置加速度计开环传递函数根轨迹

从前置和后置加速度计到虚拟输入的开环传递函数根轨迹分别如图 10-42 和图 10-43 所示。从图中可以看出，单个传递函数在右半平面上有两个对应于不稳定模态的不稳定极点和两个不稳定的零点。然而，多输入多输出系统传递函数的传输零点实际上是稳定的。

给定初始滚转速率为 0.1 rad/s。图 10-44~图 10-46 分别给出了在不考虑过程噪声和传感器噪声的情况下，滚转速率、一阶模态广义变形量和四阶模态广义变形量在基准全状态反馈 LQR 控制器、输出反馈 LQG 控制器以及考虑自适应增强控制器的输出反馈 LQG 控制器作用下的响应曲线。当只有翼尖处的两个加速度计时，无论是否考虑自适应增强控制器，全状态反馈 LQR 控制器的性能都要比输出反馈 LQG 控制器的性能更好，而且 LQG 控制器似乎需要进一步优化。由于输出反馈 LQG 控制器的存在，自适应增强控制器会增大响应中的超调，同时也会在模态响应中引入高频分量。尽管如此，上述控制器都能够抑制两个不稳定的气弹模态。

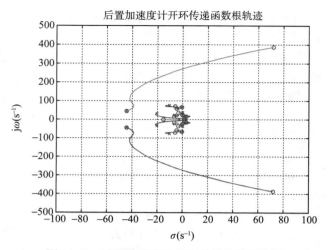

图 10-43　后置加速度计开环传递函数根轨迹

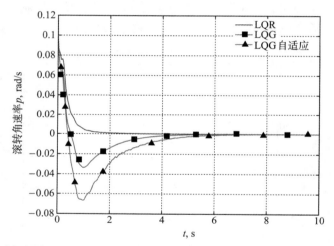

图 10-44　不考虑过程和传感器噪声时，滚转速率在 LQR 和 LQG 控制器作用下的响应

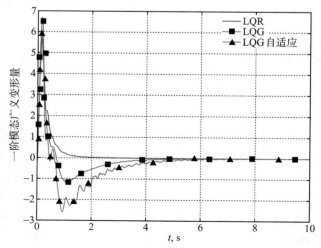

图 10-45　不考虑过程和传感器噪声时，一阶模态广义变形量在 LQR 和 LQG 控制器作用下的响应

此处对过程和传感器噪声的影响也进行了分析。图 10-47~图 10-49 中分别给出了在考虑过程噪声和传感器噪声的情况下，滚转速率、一阶模态广义变形量和四阶模态广义变形量在基准全状态反馈 LQR 控制器、输出反馈 LQG 控制器以及考虑自适应增强控制器的输出反馈 LQG 控制器作用下的响应曲线。所有控制器都能够在考虑过程和传感器噪声的情况下保持良好的控制性能。

图 10-50 和图 10-51 所示分别为两个加速度计闭环传递函数的根轨迹图，其中自适应增强控制器采用最终增益矩阵。从图中可以看出闭环传递函数是完全稳定的。图 10-52 和图 10-53 所示分别为两个加速度计开环和闭环传递函数的频率响应图。最大的频率响应是由四阶模态引起的。闭环频率响应明显小于开环频率响应，这表明了气弹模态抑制控制器的有效性。

接下来，令 $\Delta A = 0.05A$，$\Delta B = -0.1B$，在气动伺服弹性状态空间模型中引入被控对象的模型变化，同时引入过程和传感器噪声。如图 10-54~ 图 10-56 所示，不考虑自适应增强控制器的输出反馈 LQG 控制器是不稳定的。另一方面，当存在被控对象模型变化时，自适应增强

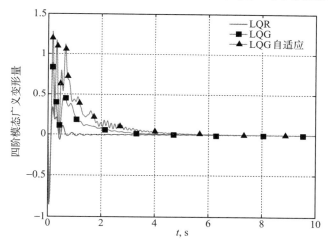

图 10-46　不考虑过程和传感器噪声时，四阶模态广义变形量在 LQR 和 LQG 控制器作用下的响应

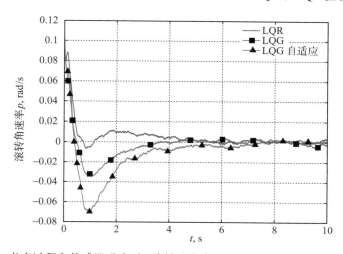

图 10-47　考虑过程和传感器噪声时，滚转速率在 LQR 和 LQG 控制器作用下的响应

控制器能够稳定气弹模态。实际上，不考虑自适应增强控制器的闭环系统矩阵是不稳定的，自适应增强控制器使得闭环系统稳定。

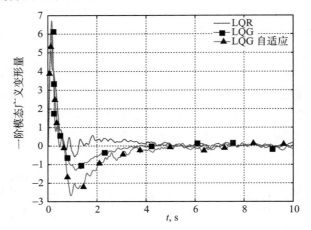

图 10-48   考虑过程和传感器噪声时，一阶模态广义变形量在 LQR 和 LQG 控制器作用下的响应

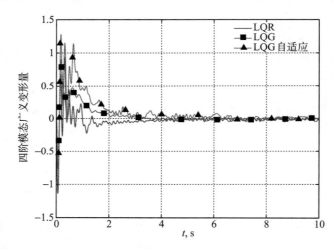

图 10-49   考虑过程和传感器噪声时，四阶模态广义变形量在 LQR 和 LQG 控制器作用下的响应

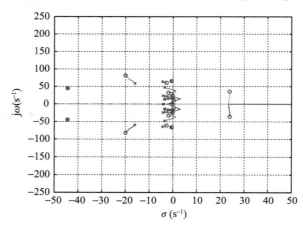

图 10-50   前置加速度计闭环传递函数根轨迹

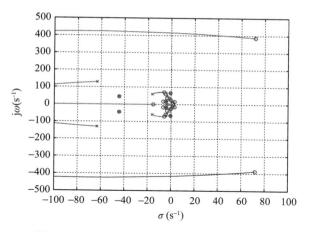

图 10-51 后置加速度计闭环传递函数根轨迹

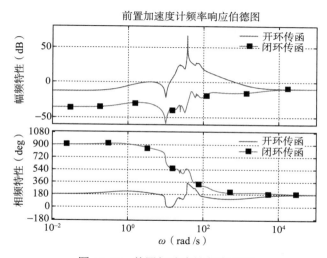

图 10-52 前置加速度计频率响应

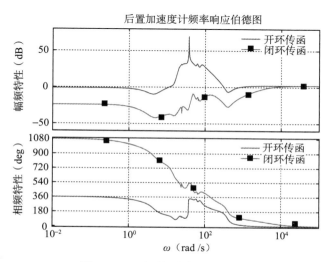

图 10-53 后置加速度计频率响应

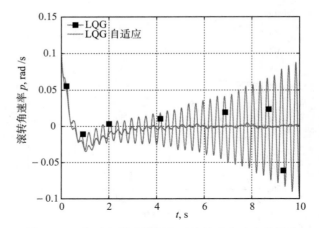

图 10-54　自适应增强控制器对滚转速率响应的影响

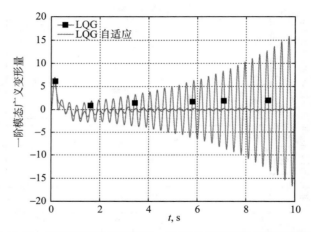

图 10-55　自适应增强控制器对一阶模态广义变形量响应的影响

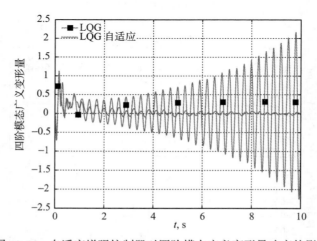

图 10-56　自适应增强控制器对四阶模态广义变形量响应的影响

图 10-57 所示展示了考虑和不考虑自适应增强控制器的输出反馈 LQG 控制器虚拟控制指令随时间变化的曲线。自适应增强控制器稳定虚拟控制指令的最大幅值为 6.22°。虚拟控制指令与物理控制指令之间的线性映射为 1.56°，满足 VCCTEF 的 2° 相对偏转角约束。

405

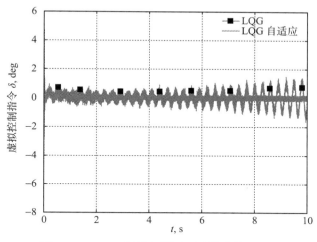

图 10-57 GTM 柔性机翼反对称模态的阻尼比

10.7 自适应飞行控制

飞行控制系统是飞机系统重要的组成部分，其能够为飞机的安全飞行提供众多关键功能。飞行员通过移动控制输入装置（如操纵杆、方向舵油门或者侧滑拉杆）来控制飞行器。飞行员的指令信号进入飞行控制系统后通过进一步处理，转化为执行机构的指令信号。该信号进入执行机构系统来驱动飞行控制面（如副翼、升降舵和方向舵）的偏转。该飞行控制功能称为飞行员指令的跟踪任务。另一个重要的飞行控制功能是通过稳定增强系统（SAS）来保证飞机稳定性。SAS 通过反馈控制为刚性飞机模态提供额外的阻尼，偏航阻尼器是飞机 SAS 的典型代表之一。

在老式飞机中，控制输入装置与飞行控制面之间通过机械连杆进行连接。液压飞行控制系统使用液压流体循环配合部分机械飞行控制系统来驱动飞行控制面。液压飞行控制系统目前仍在许多飞机上使用。现代飞机通常采用电传操纵（FBW）飞行控制系统，用电子设备代替机械系统。驾驶员的指令信号转化为电信号后传到飞行控制系统中进行处理。飞行控制计算设备计算出执行机构的指令信号，然后传递到液压执行机构来驱动飞行控制面。

典型的飞行控制系统包括一个内环增稳系统和一个外环自动驾驶系统，如图 10-58 所示。输入到飞行控制系统的指令可以是飞行员的操纵指令，也可以是自动驾驶仪的指令。当开始工作时，自动驾驶仪会生成姿态角的姿态指令或者根据自动驾驶任务（如巡航或着陆）生成高度指令。这些指令会被当作前馈信号与 SAS 系统的信号相加形成控制信号。SAS 系统利用飞机测量到的角速率（如滚转速率、俯仰速率和偏航速率）作为反馈信号为飞机动力系统提供额外的阻尼。控制信号传输到飞行控制执行机构，进而驱动飞行控制面来改变飞机动力学。

406

大多数传统的飞行控制系统通过查表获得增益调度方案，使得在整个飞行包线内能够实现所需的飞行控制性能。虽然这种方法已被证明非常成功，但是研发过程烦琐并且只适用于特定的飞机。在极少数情况下，当飞机发生故障或者损坏时，传统的飞行控制系统可能无法按照飞行员指令实现预期的跟踪任务，这是因为此时的飞机动力学会偏离其设计特性，从而导致飞行控制系统的性能下降。自适应飞行控制有可能在飞机发生故障或者损坏时依然保证飞行控制系统的性能。

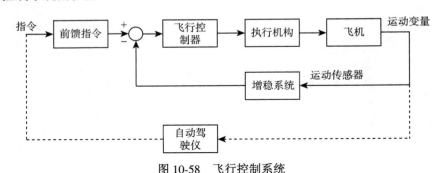

图 10-58　飞行控制系统

飞机发生故障或者损坏时的角运动线性化方程一般可以表示为 [19]

$$\dot{x} = (C + \Delta C)x + (D + \Delta D)u + (E + \Delta E)z \tag{10.153}$$

式中 $x = [p(t)\quad q(t)\quad r(t)]^\mathsf{T}$ 是内环状态向量，包含滚转、俯仰和偏航速率；$u = [\delta_a(t)\quad \delta_e(t)\quad \delta_r(t)]^\mathsf{T}$ 是控制向量，包含副翼、升降舵和方向舵的控制面偏转角；$z = [\phi(t)\quad \alpha(t)\quad \beta(t)\quad V(t)\quad h(t)\quad \theta(t)]^\mathsf{T}$ 是外环状态向量，包含倾斜角、攻角、侧滑角、飞行速度、高度和俯仰角；$C \in \mathbb{R}^3 \times \mathbb{R}^3$，$D \in \mathbb{R}^3 \times \mathbb{R}^3$，$E \in \mathbb{R}^3 \times \mathbb{R}^6$ 是飞机系统内环动力学的标称矩阵；ΔC、ΔD 和 ΔE 是由故障或损坏导致的内环系统矩阵变化。

一般情况下，内环系统状态（即角速率）动力学比外环状态的动力学要快。在飞行控制设计中，这种大的频率差异允许内环动力学与外环动力学解耦，从而大大简化设计过程。外环动力学由如下方程描述：

$$\dot{z} = (F + \Delta F)z + (G + \Delta G)u + (H + \Delta H)x \tag{10.154}$$

式中 $F \in \mathbb{R}^6 \times \mathbb{R}^6$，$G \in \mathbb{R}^6 \times \mathbb{R}^3$，$H \in \mathbb{R}^6 \times \mathbb{R}^3$ 是飞机系统的标称外环矩阵；ΔF、ΔG 和 ΔH 是由故障或损坏导致的外环系统矩阵变化。

考虑如图 10-59 所示的内环速率指令自适应飞行控制系统结构。该控制系统结构包括：①一个将速度指令 $r(t)$ 转化为参考加速度指令 $\dot{x}_m(t)$ 的参考模型；②一个用于增稳和跟踪的比例–积分（PI）反馈控制器；③一个用于计算执行机构指令 $u_c(t)$ 来实现理想加速度指令 $\dot{x}_d(t)$ 的动态逆控制器；④一个自适应增强控制器，用于计算自适应信号 $u_{ad}(t)$ 来辅助参考加速度指令构成动态逆控制器的理想加速度指令。其中自适应增强控制器是考虑鲁棒修正方案（如投影法、σ 修正、e 修正、最优控制修正以及考虑或者不考虑归一化法和协方差调节法的自适应回路重构修正）的标准模型参考自适应控制器。

在速率指令姿态保持（ACAH）飞行控制中，采用一阶参考模型对指令 $r(t)$ 进行滤波处理形成参考加速度指令 $\dot{x}_m$：

$$\dot{x}_m = -\Omega(x_m - r) \tag{10.155}$$

式中 $\omega = \mathrm{diag}\big(\omega_p, \omega_q, \omega_r\big)$ 是由参考模型频率构成的对角矩阵。

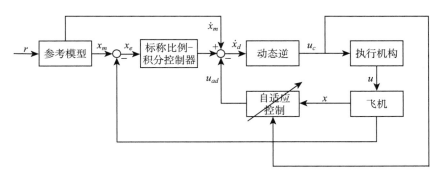

图 10-59　自适应飞行控制系统结构

然后，给定标称控制器为

$$\bar{u} = K_p (x_m - x) + K_i \int_0^t (x_m - x)\,\mathrm{d}\tau \tag{10.156}$$

式中 $K_p = \mathrm{diag}\left(2\zeta_p\omega_p, 2\zeta_q\omega_q, 2\zeta_r\omega_r\right)$ 是比例增益矩阵，$K_i = \mathrm{diag}\left(\omega_p^2, \omega_q^2, \omega_r^2\right)$ 是积分增益矩阵 [37]。

对于运输机，参考模型频率 ω_p、ω_q 和 ω_r 的典型值分别为 3.5、2.5 和 2.6。参考模型阻尼比 ζ_p、ζ_q 和 ζ_r 的典型值为 $\dfrac{1}{\sqrt{2}}$。

|408|

计算得到期望加速度为

$$\dot{x}_d = \dot{x}_m + \bar{u} - u_{ad} \tag{10.157}$$

设计自适应控制信号 $u_{ad}(t)$ 来估计飞机系统中的不确定性。

期望加速度是标称飞机系统动力学的理想响应。因此，理想飞机动力学可以表示为

$$\dot{x}_d = Cx + Du + Ez \tag{10.158}$$

然后，动态逆控制器根据理想飞机动力学的闭环系统计算得到执行机构指令 [37]：

$$u_c = D^{-1}\left(\dot{x}_d - Cx - Ez\right) \tag{10.159}$$

将 $u_c(t)$ 和 $u(t)$ 代入飞机模型中，得到飞机闭环系统模型为

$$\dot{x} = \dot{x}_m + \bar{u} - u_{ad} + \Delta Cx + \Delta Du_c + \Delta Ez \tag{10.160}$$

设 $\Theta^{*\top} = [\,\Delta C \quad \Delta D \quad \Delta E\,]$，$\Phi(x, u_c, z) = [\,x^\top(t) \quad u_c^\top \quad z^\top(t)\,]^\top$。那么，设计自适应信号 u_{ad} 为

$$u_{ad} = \Delta\hat{C}(t)x + \Delta\hat{D}(t)u_c + \Delta\hat{E}(t)z = [\,\Delta\hat{C} \quad \Delta\hat{D} \quad \Delta\hat{E}\,]\begin{bmatrix} x \\ u_c \\ z \end{bmatrix} = \Theta^\top(t)\Phi(x, u_c, z) \tag{10.161}$$

那么

$$\dot{x} = \dot{x}_m + K_p(x_m - x) + K_i \int_0^t (x_m - x)\,\mathrm{d}\tau - \tilde{\Theta}^\top \Phi(x, u_c, z) \tag{10.162}$$

式中 $\tilde{\Theta}(t) = \Theta(t) - \Theta^*$ 是未知矩阵的估计误差。

跟踪误差动力学方程可以表示为

$$\dot{x}_m - \dot{x} = -K_p(x_m - x) - K_i \int_0^t (x_m - x)\,\mathrm{d}\tau + \tilde{\Theta}^\top \Phi(x, u_c, z) \tag{10.163}$$

设 $e(t) = \left[\int_0^t \left[x_m^\top(t) - x^\top(t) \right] \mathrm{d}\tau \quad x_m^\top(t) - x^\top(t) \right]^\top$。那么

$$\dot{e} = A_m e + B\tilde{\Theta}^\top \Phi(x, u_c, z) \tag{10.164}$$

409 式中

$$A_m = \begin{bmatrix} 0 & I \\ -K_i & -K_p \end{bmatrix} \tag{10.165}$$

$$B = \begin{bmatrix} 0 \\ I \end{bmatrix} \tag{10.166}$$

那么，可以使用任意鲁棒自适应控制方案来设计自适应律，如 e 修正：

$$\dot{\Theta} = -\Gamma \left[\Phi(x, u_c, z)\, e^\top P B + \mu \left\| e^\top P B \right\| \Theta \right] \tag{10.167}$$

或者，如果使用最优控制修正，则

$$\dot{\Theta} = -\Gamma \Phi(x, u_c, z) \left[e^\top P - v\Phi^\top(x, u_c, z)\, \Theta B^\top P A_m^{-1} \right] B \tag{10.168}$$

注意，执行机构动力学可以影响飞机闭环系统的稳定性。因此，应该选择适合的修正系数来保证足够的鲁棒性。执行机构系统的频率带宽一定要高于被控对象给定模态的频率。粗略地说，执行机构的频率带宽应该至少比飞机模态的最大频率要高几倍。例如，短周期模态的频率大约为 2.5 rad/s，那么升降舵的频率比其高 10 倍，即 25 rad/s。阻尼比应该足够大，从而能够为控制面的偏转提供良好的阻尼。

例如，二阶执行机构可以建模为

$$\ddot{u} + 2\zeta_a \omega_a \dot{u} + \omega_a^2 u = \omega_a^2 u_c \tag{10.169}$$

式中 $\omega_a \gg \max\left(\omega_p, \omega_q, \omega_r\right)$。

执行机构的响应受到位置和速率的双重限制。由于飞行控制面一般为襟翼式设计，当襟翼偏转角超过一定阈值时，产生的气流分离会导致襟翼的控制性能下降，并导致非线性气动力。因此，一般将飞行控制面的偏转角限制在线性气动力范围内。通常情况下，升降舵和副翼的偏转角限制在 $\pm 20°$ 之间。方向舵的偏转角限制值更小，因为方向舵的控制力较强。当方向舵的偏转角较大时，会在垂直尾翼上产生显著的结构载荷。方向舵偏转角的限制也与飞行高度和飞行速度有关，随着飞行速度和飞行高度的增加，方向舵偏转角的限制值会变小。

通常来说，执行机构的速率限制是由执行机构的设计决定。运输机执行机构速率限制的典型值大约为 60°/s。如果执行机构工作在正常情况下，将会把飞行员指令转化为预期的飞机响应。然而，当执行机构性能下降导致出现速率限制时，执行机构就无法产生足够快的响应来执行飞行员的指令。因此，飞行员会采用更大幅值的指令来克服执行机构延迟带来的问题。这种执行机构的延迟和飞行员的正反馈会导致出现飞行员诱导振荡（PIO）的不良后果，

410 这可能会导致灾难性的飞机失控。

例 10.9　　自适应飞行控制是一种控制受损飞机的有效方法。如图 10-60 所示为一架机翼受损的运输机。将机翼受损建模为左侧机翼 28% 的控制失效[37]。由于损坏是非对称的，因此受损飞机的运动是滚转、俯仰和偏航完全耦合的。

选择飞行条件为 0.6Mach、15000ft。剩下的右侧副翼控制面是唯一可以用于滚转控制的控制面。给定参考模型系数为 $\omega_p = 2.0 \text{ rad/s}$，$\omega_q = 1.5 \text{ rad/s}$，$\omega_r = 1.0 \text{ rad/s}$，$\zeta_p = \zeta_q = \zeta_r = \dfrac{1}{\sqrt{2}}$。

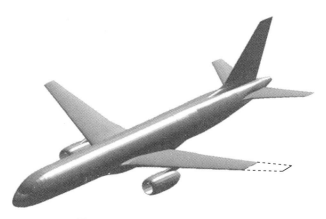

图 10-60　左侧机翼损坏的运输机

对应于平衡态 ±3.81° 的参考俯仰角，飞行员的俯仰速率指令由一系列纵向操纵杆斜坡输入来模拟。将没有自适应过程的标称控制器跟踪性能与标准模型参考自适应控制、$\mu = 0.1$ 的 e 修正和 $v = 0.1$ 的最优控制修正的跟踪性能进行对比。在自适应律数值稳定的极限内尽可能大地选择自适应增益。由此，标准模型参考自适应控制的自适应增益为 $\Gamma = 60$，e 修正的为 $\Gamma = 800$，最优控制的为 $\Gamma = 2580$。因此，可以看出与标准模型参考自适应控制相比，最优控制修正可以采用更大的自适应速率，从而能够实现快速的自适应来更好地适应不确定性。

飞机角速率的响应如图 10-61 所示。没有自适应过程的标称控制器跟踪参考俯仰速率的效果较差。标准模型参考自适应控制和 e 修正都能很好地改善跟踪性能。而最优控制修正（OCM）的跟踪性能要好于标准模型参考自适应控制和 e 修正。非对称的机翼受损对滚转轴的影响最大，在标称控制器作用下，滚转速率高达 20°/s。标准模型参考自适应控制和 e 修正将滚转速率的最大幅值降低到 10°/s 左右。最优控制修正可以进一步将滚转速率的最大值降低到 4°/s 左右。3 种自适应控制器都能够将偏航速率降到非常低的范围内。可以看出，在偏航轴的表现上，e 修正要优于标准模型参考自适应和最优控制修正。

飞机的姿态响应如图 10-62 所示。当没有自适应时，系统不能精确地跟踪参考俯仰姿态。自适应控制能够显著提升跟踪性能，而且最优控制修正的跟踪性能要优于标准模型参考自适应控制和 e 修正。当没有自适应时，跟预期的一样，受损飞机表现出相当严重的滚转行为，倾斜角在 −30° 和 20° 之间。标准模型参考自适应控制和 e 修正都能大大减小倾斜角的幅值。然而，最优控制修正能够极大地改善飞机的滚转运动，使其倾斜角保持在平衡值附近。3 种自适应控制器作用下的攻角响应相似。最优控制修正作用下，侧滑角能够接近于零，而标准模型参考自适应控制和 e 修正仍会产生较大的侧滑角响应。

411

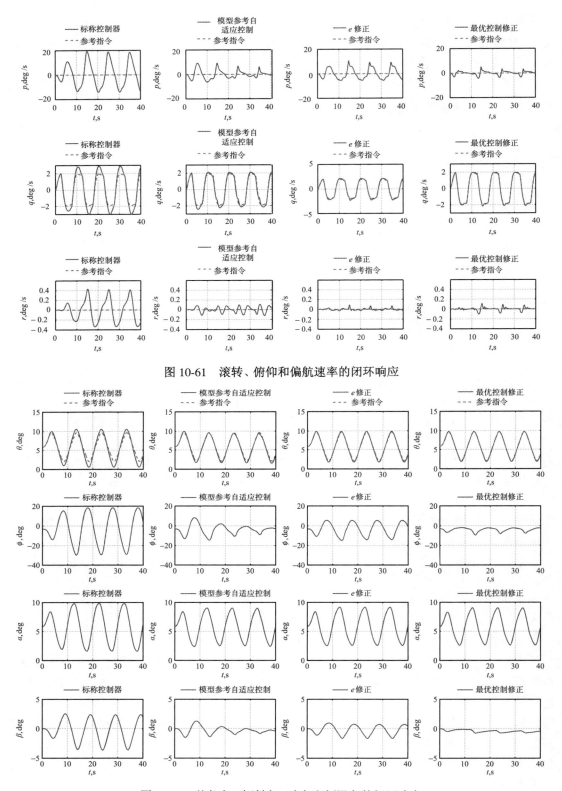

图 10-61   滚转、俯仰和偏航速率的闭环响应

图 10-62   俯仰角、倾斜角、攻角和侧滑角的闭环响应

412

控制面偏转角的响应如图 10-63 所示。由于机翼受损，受损飞机必须使用相当大的副翼偏转角来维持平衡状态。这使得滚转控制受到严重限制。因此，在所有仿真中都出现了滚转控制饱和现象。对于 4 种控制器，升降舵偏转角跟正常情况下相似，并且都在其控制范围内。基准控制器产生的方向舵偏转十分显著。一般情况下，希望在正常操作中保持方向舵的偏转角尽可能小。通常，随着飞行速度和高度的增加，方向舵偏转角的限定值会减小。虽然标准模型参考自适应控制和 e 修正都在一定程度上降低了方向舵的偏转角，但是最优控制修正产生的方向舵偏转角最小。

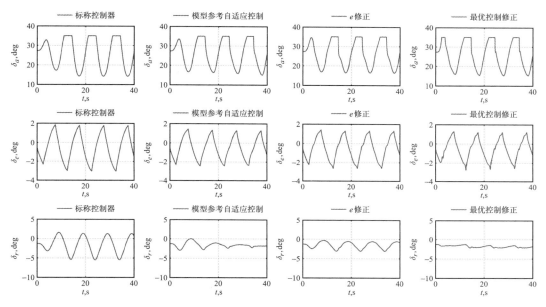

图 10-63　副翼、升降舵和方向舵偏转角的闭环响应

413

10.8　混合自适应飞行控制

在 10.7 节中的自适应飞行控制器设计中，利用模型参考自适应控制来估计由 ΔC、ΔD 和 ΔE 导致的被控对象不确定性。然而，模型参考自适应控制的设计目的是使跟踪误差趋近于零，而不是以参数估计为主要目标。最小二乘法是众所周知的参数估计技术，可以将最小二乘参数估计和模型参考自适应控制两者组合到一种控制结构中。这种飞行控制方法称为混合自适应飞行控制 [37]。

如图 10-64 所示为混合自适应飞行控制系统结构。该结构包含一个间接自适应控制器，该控制器使用最小二乘参数估计技术来估计真实的飞机系统模型，并结合直接模型参考自适应控制来减小跟踪误差。

在混合自适应飞行控制方法中，动态逆控制器是根据飞机动力学的预测器或者飞机动力学的估计模型计算得到执行机构指令，而不是根据理想的被控对象模型计算。将估计的被控对象模型表示为

$$\dot{x} = (C + \Delta\hat{C})x + (D + \Delta\hat{D})u + (E + \Delta\hat{E})z \tag{10.170}$$

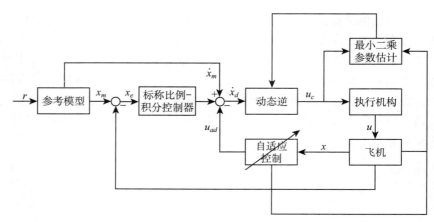

图 10-64   混合自适应飞行控制系统

设所需加速度 $\dot{x}_d(t)$ 等于 $\dot{x}(t)$，由动态逆控制器根据估计的被控对象模型计算得到执行机构指令为

$$u_c = (D + \Delta\hat{D})^{-1}\left[\dot{x}_d - (C + \Delta\hat{C})x - (E + \Delta\hat{E})z\right] \tag{10.171}$$

现在，执行机构指令依赖于被控对象矩阵 ΔC、ΔD 和 ΔE 的估计值，这些矩阵是根据间接自适应控制利用最小二乘参数估计法得到的。从估计被控对象模型中减去被控对象模型，得到被控对象建模误差 ε 为

$$\varepsilon = \dot{x}_d - \dot{x} = (\Delta\hat{C} - \Delta C)x + (\Delta\hat{D} - \Delta D)u_c + (\Delta\hat{E} - \Delta E)z = \tilde{\Theta}^\top \Phi(x, u_c, z) \tag{10.172}$$

参数 Θ 的递归最小二乘（RLS）间接自适应律为

$$\dot{\Theta} = -R\Phi(x, u_c, z)\,\varepsilon^\top \tag{10.173}$$

$$\dot{R} = -R\Phi(x, u_c, z)\,\Phi^\top(x, u_c, z)\,R \tag{10.174}$$

式中 $R = R^\top(t) > 0$ 是协方差矩阵，在自适应律中充当时变自适应速率矩阵。

另外，设 $R(t)$ 为常数，可以得到最小二乘梯度间接自适应控制律。

每一时间步的矩阵 $\Delta\hat{C}(t)$、$\Delta\hat{D}(t)$ 和 $\Delta\hat{E}(t)$ 可根据 $\Theta(t)$ 计算得到，然后在动态逆控制器中利用这些矩阵计算执行机构指令。

利用式（10.157），将闭环系统表示为

$$\dot{x} = \dot{x}_m + K_p(x_m - x) + K_i \int_0^t (x_m - x)\,\mathrm{d}\tau - u_{ad} - \varepsilon \tag{10.175}$$

式中 u_{ad} 是间接自适应控制信号

$$u_{ad} = \Delta\Theta^\top \Phi(x, u_c, z) \tag{10.176}$$

式中 $\Delta\Theta$ 是未知被控对象矩阵的估计残差。

跟踪误差方程表示为

$$\dot{e} = A_m e + B(u_{ad} + \varepsilon) \tag{10.177}$$

用于计算 $\Delta\Theta(t)$ 的直接模型参考自适应律可以选择任意一种鲁棒修正方案，比如 e 修正方案为

$$\Delta\dot{\Theta} = -\Gamma\left[\Phi(x,u_c,z)e^\top PB + \mu\left\|e^\top PB\right\|\Delta\Theta\right] \tag{10.178}$$

混合自适应飞行控制利用递归最小二乘间接自适应控制来估计被控对象的不确定性,该递归最小二乘间接自适应控制的目标是使得被控对象的建模误差趋于零。接着在动态逆控制器中利用该信息计算执行机构指令,根据执行机构指令得到的控制信号会产生飞机闭环系统响应。然后将该响应与参考模型相比较,形成跟踪误差。然而,由于递归最小二乘间接自适应控制降低了被控对象的建模误差,因此产生的跟踪误差要小于不使用递归最小二乘间接自适应控制的情况。模型参考自适应控制律会进一步使跟踪误差的残差趋于零。由于跟踪误差的残差较小,可以将直接模型参考自适应控制的自适应速率设为较小的值,以提高鲁棒性。由于递归最小二乘参数估计法本身具有鲁棒性,因此混合自适应飞行控制可以与直接模型参考自适应控制一起提供一种有效且鲁棒的自适应机制。

例 10.10　考虑例 10.9 中的机翼受损飞机,在仿真中采用混合自适应飞行控制器,该控制器结合了递归最小二乘间接自适应控制和具有 e 修正的直接自适应控制。协方差矩阵的初始值为 $R(0) = 100I$。在混合自适应飞行控制器作用下,受损飞机的闭环系统响应如图 10-65 所示。从图中可以看出,闭环响应表现得非常好。滚转和偏航速率都比只有 e 修正的情况小得多。俯仰速率和俯仰姿态都能很好地跟踪参考模型。倾斜角和侧滑角都降低到零附近,如图 10-66 所示。在副翼的控制信号中仍然存在饱和现象,但是方向舵偏转角比只有 e 修正时要小得多,如图 10-67 所示。因此可得,混合自适应飞行控制器的性能比 e 修正要好得多。

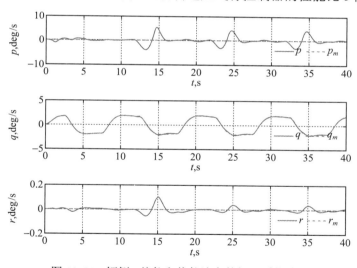

图 10-65　倾侧、俯仰和偏航速率的闭环系统响应

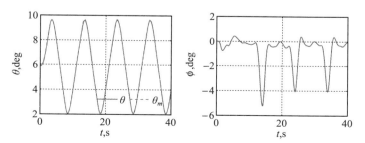

图 10-66　俯仰角、倾斜角、攻角和侧滑角的闭环系统响应

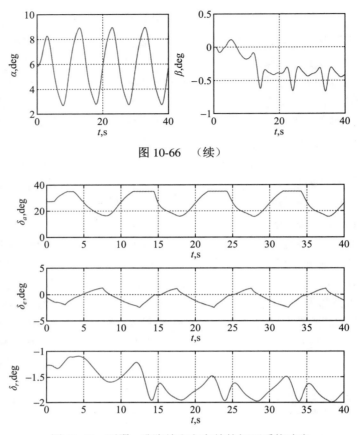

图 10-66   （续）

图 10-67   副翼、升降舵和方向舵的闭环系统响应

10.9   具有最优控制修正的 F-18 飞机自适应控制

自适应飞行控制可用于提供稳定的操控特性，并且能够在故障或损坏等非标称飞行条件下保持飞机的稳定性。假设飞机被控对象模型为

$$\dot{x} = A_{11}x + A_{12}z + B_1 u + f_1(x, z) \tag{10.179}$$

$$\dot{z} = A_{21}x + A_{22}z + B_2 u + f_2(x, z) \tag{10.180}$$

式中 A_{ij} 和 B_i $(i = 1, 2, j = 1, 2)$ 是飞机的标称矩阵，假设已知；$x(t) = [\, p(t) \quad q(t) \quad r(t)\,]^{\top}$ 是包含滚转、俯仰和偏航速率的内环状态向量；$z(t) = [\, \Delta\phi(t) \quad \Delta\alpha(t) \quad \Delta\beta(t) \quad \Delta V(t) \quad \Delta h(t) \quad \Delta\theta(t)\,]^{\top}$ 是包含飞机姿态角、飞行速度和高度的外环状态向量；$u(t) = [\, \Delta\delta_a(t) \quad \Delta\delta_e(t) \quad \Delta\delta_r(t)\,]^{\top}$ 是包含副翼、升降舵和方向舵偏转角的控制向量；$f_i(x, z)$ $(i = 1, 2)$ 是由于非标称状态导致的非结构不确定性，可以近似为

$$f_i(x, z) = \Theta_i^{*\top}\Phi(x, z) + \delta(x, z) \tag{10.181}$$

式中 Θ_i^* 是未知常值理想权重矩阵，$\Phi(x, z)$ 是输入回归函数向量，表示为

$$\Phi(x, z) = [\, x^{\top} \quad px^{\top} \quad qx^{\top} \quad rx^{\top} \quad z^{\top} \quad u^{\top} \quad (x, z)\,]^{\top} \tag{10.182}$$

设计内环速率反馈控制来改善飞机速率（如短周期模态和荷兰滚模态）的响应特性。参考模型是具有良好阻尼和自然频率特性的二阶模型，能够确定所需的操控特性：

$$\left(s^2 + 2\zeta_p\omega_p s + \omega_p^2\right)\phi_m = g_p\delta_{lat} \tag{10.183}$$

$$\left(s^2 + 2\zeta_q\omega_q s + \omega_q^2\right)\theta_m = g_q\delta_{lon} \tag{10.184}$$

$$\left(s^2 + 2\zeta_r\omega_r s + \omega_r^2\right)\beta_m = g_r\delta_{rud} \tag{10.185}$$

式中 ϕ_m、θ_m 和 β_m 分别是参考倾斜角、俯仰角和侧滑角；ω_p、ω_q 和 ω_r 分别是所需操控特性对应的滚转、俯仰和偏航自然频率；ζ_p、ζ_q 和 ζ_r 是所需的阻尼比；δ_{lat}、δ_{lon} 和 δ_{rud} 分别是侧向操控杆输入、纵向操控杆输入和方向舵油门输入；g_p、g_q 和 g_r 为输入增益。

设 $p_m(t) = \dot\phi_m(t)$，$q_m(t) = \dot\theta_m(t)$，$r_m(t) = -\dot\beta_m(t)$，那么参考模型可以表示为

$$\dot{x}_m = -K_p x_m - K_i \int_0^t x_m(\tau)\mathrm{d}\tau + Gr \tag{10.186}$$

式中 $x_m(t) = \begin{bmatrix} p_m(t) & q_m & r_m(t) \end{bmatrix}^\top$，$K_p = \mathrm{diag}\left(2\zeta_p\omega_p, 2\zeta_q\omega_q, 2\zeta_r\omega_r\right)$，$K_i = \mathrm{diag}\left(\omega_p^2, \omega_q^2, \omega_r^2\right) = \omega^2$，$G = \mathrm{diag}\left(g_p, g_q, g_r\right)$，$r = \begin{bmatrix} \delta_{lat}(t) & \delta_{lon}(t) & \delta_{rud}(t) \end{bmatrix}^\top$。

在滚转轴方向，参考模型也可以是一阶模型

$$\left(s + \omega_p\right)p_m = g_p\delta_{lat} \tag{10.187}$$

假设 (A_{11}, B_1) 是能控的，外环状态向量 $z(t)$ 是可稳定的，那么标称比例积分反馈控制器 $\bar{u}$ 为

$$\bar{u} = K_p\left(x_m - x\right) + K_i\int_0^t \left[x_m(\tau) - x(\tau)\right]\mathrm{d}\tau \tag{10.188}$$

自适应控制器 u_{ad} 为

$$u_{ad} = \Theta_1^\top\Phi(x, z) \tag{10.189}$$

假设 B_1 可逆，那么动态逆控制器为

$$u = B_1^{-1}\left(\dot{x}_m - A_{11}x - A_{12}z + \bar{u} - u_{ad}\right) \tag{10.190}$$

在一般情况下，当控制向量的输入个数多于被控状态的个数时，可以根据最优控制分配策略并利用伪逆法来计算动态逆控制器

$$u = B_1^\top\left(B_1 B_1^\top\right)^{-1}\left(\dot{x}_m - A_{11}x - A_{12}z + \bar{u} - u_{ad}\right) \tag{10.191}$$

设 $e(t) = \left[\int_0^t \left[x_m^\top(t) - x^\top(t)\right]\mathrm{d}\tau \quad x_m^\top(t) - x^\top(t)\right]^\top$ 为跟踪误差，那么跟踪误差方程为

$$\dot{e} = A_m e + B\left[\Theta_1^\top\Phi(x, z) - f_1(x, z)\right] \tag{10.192}$$

式中

$$A_m = \begin{bmatrix} 0 & I \\ -K_i & -K_p \end{bmatrix} \tag{10.193}$$

418

$$B = \begin{bmatrix} 0 \\ I \end{bmatrix} \tag{10.194}$$

设 $Q = 2cI$，其中 $c > 0$ 是常值权重，I 是单位阵，可得

$$P = c \begin{bmatrix} K_i^{-1} K_p + K_p^{-1}(K_i + I) & K_i^{-1} \\ K_i^{-1} & K_p^{-1}\left(I + K_i^{-1}\right) \end{bmatrix} > 0 \tag{10.195}$$

$$PB = c \begin{bmatrix} K_i^{-1} \\ K_p^{-1}\left(I + K_i^{-1}\right) \end{bmatrix} \tag{10.196}$$

$$B^\top P A_m^{-1} B = -c K_i^{-2} < 0 \tag{10.197}$$

那么，标称比例-积分反馈控制器的最优控制修正自适应律为

$$\dot{\Theta}_1 = -\Gamma \left[\Phi(x, z) e^\top PB + cv\Phi(x, z)\Phi^\top(x, z)\Theta_1 K_i^{-2} \right] \tag{10.198}$$

上式也可以表示为

$$\dot{\Theta}_1 = -\Gamma \left[\Phi(x, z) e^\top PB + cv\Phi(x, z)\Phi^\top(x, z)\Theta_1 \Omega^{-4} \right] \tag{10.199}$$

假设跟踪误差方程为比例-微分（PD）形式

$$\ddot{e} = -K_d \dot{e} - K_p e + \tilde{\Theta}_2^\top \Phi(x, z) \tag{10.200}$$

式中 $e(t) = x_m(t) - x(t)$。

那么，标称比例微分反馈控制器的最优控制修正自适应律为

$$\dot{\Theta}_2 = -\Gamma \left[\Phi(x, z) e^\top PB + cv\Phi(x, z)\Phi^\top(x, z)\Theta_2 K_p^{-2} \right] \tag{10.201}$$

式中

$$PB = c \begin{bmatrix} K_p^{-1} \\ K_d^{-1}\left(I + K_p^{-1}\right) \end{bmatrix} \tag{10.202}$$

此外，如果跟踪误差方程为比例形式

$$\dot{e} = -K_p e + \tilde{\Theta}_3^\top \Phi(x, z) \tag{10.203}$$

那么，标称比例反馈控制器的最优控制修正自适应律为

$$\dot{\Theta}_3 = -c\Gamma \left[\Phi(x, z) e^\top K_p^{-1} + v\Phi(x, z)\Phi^\top(x, z)\Theta_3 K_p^{-2} \right] \tag{10.204}$$

将自适应飞行控制器应用于图 10-2 所示的 NASA F/A-18 验证机（尾翼编号 853）的 F-18 飞机模型上，该控制器包含标准基准动态逆控制器和具有最优修正自适应律的自适应控制器[11]。设定飞行环境为 0.5Mach 和 15000ft。为了便于比较，仿真中用的驾驶仪输入都是预先选择的控制操纵杆输入，在执行机构处加入 0.01s 的时间延迟来模拟执行机构的延迟。

第一个仿真场景称为 A 矩阵失效，用来模拟由于重心（CG）偏移导致俯仰稳定导数 C_{m_α}（对于在俯仰通道稳定的飞行器，该值通常为负值）的幅值减小。图 10-68 给出了飞机的响应曲线，其中失效发生在第 13s。发生失效后，在标称控制器作用下的闭环系统无法再跟踪参考模型。图中的俯仰速率和攻角响应出现了大的超调。在自适应控制器的作用下，俯仰速率能够很好地跟踪参考俯仰速率，并且超调量显著地减小。

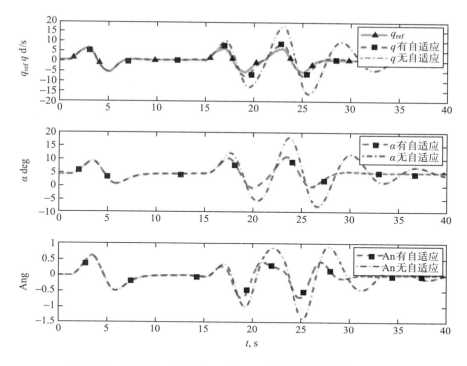

图 10-68　由矩阵 A 失效（C_{m_α} 在 13s 改变）导致的纵向状态响应

图 10-69 给出了滚转、俯仰和偏航方向的跟踪误差曲线以及自适应权重变化曲线。在自适应控制器作用下，滚转速率跟踪误差基本上减小到了零，俯仰速率跟踪误差和偏航速率跟踪误差降低到不超过 2°/s。权重值表现出了大的初始瞬态响应，但在 28s 后迅速收敛到对应的稳态值。

421

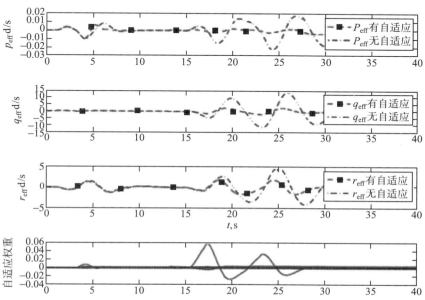

图 10-69　由矩阵 A 失效（C_{m_α} 在 13s 改变）导致的跟踪误差响应

图 10-70 给出了在标称控制器和自适应控制器作用下的控制面偏转角响应曲线。执行机构动力学模型是具有时间延迟的高保真四阶模型。与在标称控制器作用下的控制面偏转角响应相比，在自适应控制器作用下的控制面偏转角响应表现良好，并且幅值较小。

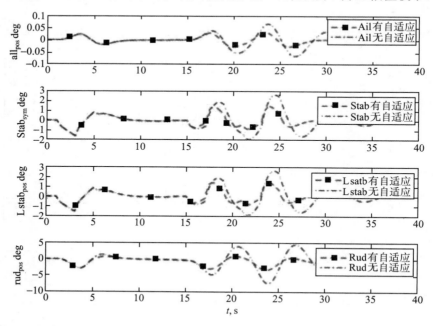

图 10-70　由矩阵 A 失效（$C_{m\alpha}$ 在 13s 改变）导致的控制面偏转角响应

第二个仿真场景称为 B 矩阵失效，用来模拟左侧全动平尾卡在平衡状态的 +2.5° 处的情况。图 10-71 和图 10-72 给出了在俯仰、滚转和偏航方向上的飞机响应。在第 13s，矩阵 B 失

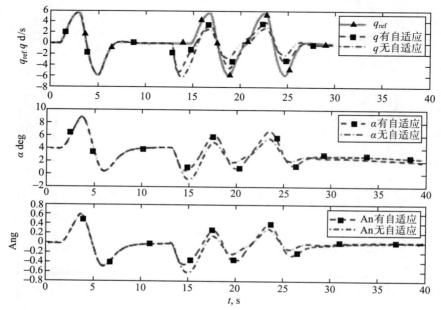

图 10-71　由矩阵 B 失效（全动平尾在 13s 卡在 2.5°）导致的纵向状态响应

效。失效发生后,在标称控制器作用下的闭环被控对象无法跟踪参考模型。俯仰速率可以长时间跟踪参考俯仰速率指令,而滚转和偏航速率很大。在自适应控制器的作用下,俯仰、滚转和偏航速率显著降低。倾斜角也从基准控制器作用下的 12° 下降到了 5° 左右,侧滑角从 8° 降到了 4°。

422

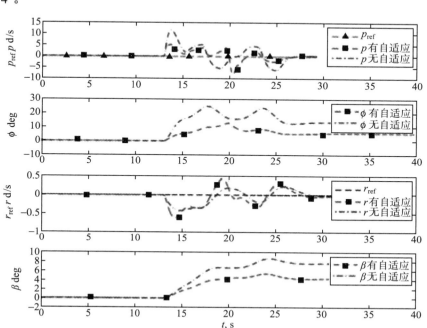

图 10-72　由矩阵 B 失效(全动平尾在 13s 卡在 2.5°)导致的侧向状态响应

图 10-73 给出了滚转、俯仰和偏航方向上的跟踪误差曲线以及自适应权重曲线。自适应

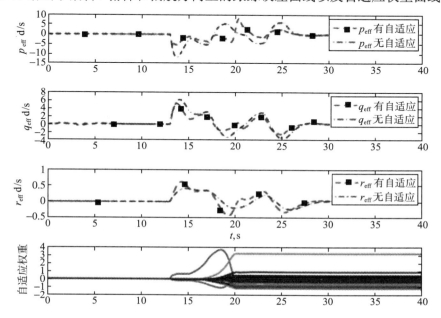

图 10-73　由矩阵 B 失效(全动平尾在 13s 卡在 2.5°)导致的跟踪误差响应

控制器的滚转速率跟踪误差和俯仰速率跟踪误差一般小于标称控制器。标称控制器和自适应控制器的偏航速率跟踪误差基本相同。权重值大约在 20s 后收敛。

最优控制修正自适应控制能够实现具有良好阻尼特性的快速自适应。对具有矩阵 A 失效的仿真场景进行仿真，其中自适应速率从 $\Gamma = 0.5$ 变为 $\Gamma = 50$，保持修正系数 $\nu = 1$ 不变，在 2s 时出现失效现象。图 10-74 给出了在 $\Gamma = 0.5$ 和 $\Gamma = 50$ 的俯仰速率跟踪误差响应。将自适应速率 Γ 从 0.5 增加到 50，能够使跟踪误差显著地减小，这与预期的结果一致。在 $\Gamma = 50$ 时，系统响应较快地衰减，没有出现高频振荡。增加自适应速率 Γ 也使得权重值收敛得更快。因此，仿真表明，在最优控制修正方案作用下，较大的自适应速率会改善跟踪性能并且不会出现高频振荡。

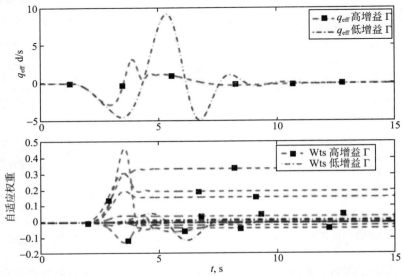

图 10-74   由在最优控制修正（$\Gamma = 0.5$ 和 $\Gamma = 50$，$\nu = 1$ 固定）下，由矩阵 A 失效（$C_{m\alpha}$ 在 2s 改变）导致的俯仰速率误差和权重值响应

修正系数 ν 为自适应控制器提供了阻尼。同样对矩阵 A 失效的场景进行仿真，其中修正系数从 $\nu = 0.25$ 变为 $\nu = 1$，保持自适应速率 $\Gamma = 5$ 不变。图 10-75 给出了在 $\nu = 0.25$ 和 $\nu = 1$ 的俯仰速率跟踪误差。将修正系数 ν 从 0.25 增加到 1，会给自适应控制器增加阻尼。因此，俯仰速率跟踪误差在 $\nu = 1$ 时衰减较快，没有出现高频振荡。增加修正系数 ν 使得权重值收敛得更快。因此，该仿真表明较大的修正系数可以改善自适应控制器的性能。

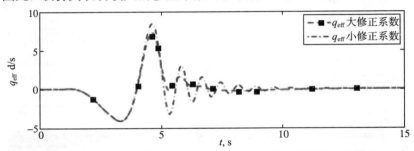

图 10-75   在最优控制修正（$\Gamma = 5$ 固定，$\nu = 0.25$ 和 $\nu = 1$）下，由矩阵 A 失效（$C_{m\alpha}$ 在 2s 改变）导致的俯仰速率误差和权重值响应

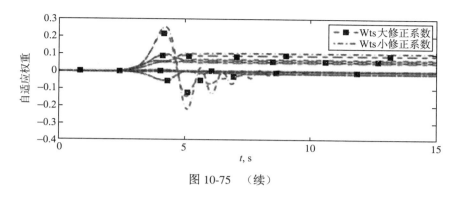

图 10-75 （续）

通过对 F-18 飞机的仿真研究，验证了通用自适应控制器和最优控制修正的有效性，特别是对受损飞机飞行控制性能的改善作用。这项研究连同一项有人驾驶的高保真 F-18 飞行模拟器实验，为 2010 年和 2011 年 NASA F/A-18 验证机 (尾翼编号 853) 的飞行测试项目奠定了基础。 424

10.10 小结

自适应控制在航空航天领域具有众多的应用实例，其历史可以追溯到 20 世纪 50 年代，NASA 首次在 X-15 高超音速飞行器上应用自适应控制系统。自适应控制在其他领域也有广泛的应用。本章介绍了利用双目标最优控制修正和切比雪夫多项式逼近最小二乘自适应控制在飞机纵向动力学控制中的应用。针对考虑气动弹性的柔性飞行器，提出了采用最优控制修正和自适应回路重构修正的自适应飞行控制方法。提出了一种适用于柔性机翼颤振抑制的自适应线性二次高斯控制方法。提出了一种基于动态逆和自适应增强控制器的通用自适应飞行控制框架。在自适应增强控制中，采用基于 σ 修正、e 修正和最优控制修正的鲁棒修正方案来改善系统鲁棒性。混合自适应飞行控制是另外一种鲁棒自适应飞行控制框架，它将直接自适应控制和间接自适应控制相结合，并采用最小二乘进行参数辨识。该技术可以显著改善飞机受损或故障时，在非正常运行状态下的飞行控制系统性能。最后，基于最优控制修正为 NASA 的 F/A-18A 飞机设计了自适应飞行控制器，并通过仿真验证了其有效性，并在之后的 2010 年和 2011 年对该飞行控制器进行了实际飞行测试。 425

10.11 习题

1. 考虑倒立摆的运动模型

$$\frac{1}{3}mL^2\ddot{\theta} - \frac{1}{2}mgL\sin\theta + c\dot{\theta} = u\,(t - t_d)$$

(a) 将 $\sin\theta$ 在 $\theta(t) = 0$ 附近进行泰勒级数展开，保留前两项。然后，将运动方程写为如下形式：

$$\dot{x} = Ax + B\left[u\,(t - t_d) + \Theta^{*\top}\Phi(x)\right]$$

式中 $x = [\,x_1(t) \quad x_2(t)\,]^{\top}$，$x_1(t) = \theta(t)$，$x_2(t) = \dot{\theta}(t)$，$\Phi(x)$ 由 $\sin\theta$ 泰勒级数展开的非线性函数和阻尼函数构成，Θ^* 是关于 $\Phi(x)$ 的参数向量，假定其未知。

(b) 设 $m = 0.1775$ slug，$L = 2$ ft，$c = 0.2$ slug-ft^2/s，$t_d = 0.05$ s，$\theta(0) = \dot{\theta} = 0$。利用 (a) 中的运动公式，根据最优控制修正法设计一个自适应控制器使得闭环系统能够跟踪如下参考模型：

$$\ddot{\theta}_m + 2\zeta_m\omega_m\dot{\theta}_m + \omega_m^2\theta_m = \omega_m^2 r$$

式中 $\zeta_m = 0.5$，$\omega_m = 2$，$r = \dfrac{\pi}{12}$。计算 K_x 和 k_r。

(c) 在 Simulink 中搭建自适应控制器，其中非线性控制系统的参数为 $\Theta^\top(0) = [\theta_1^* \quad 0]$，时间步长 $\Delta t = 0.001$ s，标准模型参考模型的自适应速率 $\Gamma = 100$，最优控制修正的自适应速率 $\Gamma = 100$，修正系数 $v = 0.5$。在同一张图上绘制出 $x(t)$ 和 $x_m(t)$ 在 $t \in [0, 10]$ s 内的变化曲线，并绘制出 $u(t)$ 和 $\Theta(t)$ 在 $t \in [0, 10]$ s 内的变化曲线。将闭环响应与例 10.1 中的最优控制修正闭环响应进行对比。该问题中的线性标称控制器是否与例 10.1 中的非线性标称控制器一样有效？

2. 飞机纵向动力学模型为

$$\dot{x} = Ax + B\left[u(t - t_d) + \Theta^{*\top} x\right]$$

式中 $x = [\alpha(t) \quad \theta(t) \quad q]^\top$，$u = \delta_e(t)$，$\Theta^* = [\theta_\alpha^* \quad 0 \quad \theta_q^*]^\top$，各参数为 $\bar{V} = 795.6251$ ft/s，$\bar{\gamma} = 0$，$Z_\alpha = -642.7855$ ft/s^2，$Z_{\delta_e} = -55.3518$ ft/s^2，$M_\alpha = -5.4898$ s^{-2}，$M_{\delta_e} = -4.1983$ s^{-2}，$M_q = -0.6649$ s^{-1}，$M_{\dot{\alpha}} = -0.2084$ s^{-1}，$\theta_\alpha^* = 0.5$，$\theta_q^* = -0.5$，$t_d = 0.1$ s。

(a) 采用最优控制修正法设计自适应俯仰姿态控制器，使闭环系统能够跟踪俯仰姿态的二阶参考模型，给定参考模型参数为 $\zeta_m = \dfrac{1}{\sqrt{2}}$、$\omega_m = 2$ rad/s。用反馈增益值和参考模型表示出自适应控制器。

(b) 采用如下参数在 Simulink 中搭建自适应控制器：$x(0) = 0$，$\Theta(0) = 0$，时间步长 $\Delta t = 0.01$ s，包括：标称控制器；标准自适应控制器 $\Gamma = 500$；最优控制修正 $\Gamma = 500$，$v = 0.5$。参考指令 $r(t)$ 是图 10-76 给出的对称俯仰姿态信号。

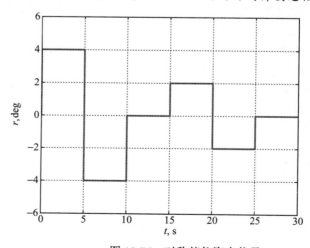

图 10-76 对称俯仰姿态信号

对于每个控制器，在同一张图中绘制出 $x(t)$ 和 $x_m(t)$ 在 $t \in [0, 30]$ s 内的变化曲线，并给出 $u(t)$ 在 $t \in [0, 30]$ s 内的变化曲线。以 deg 为单位绘制 $\alpha(t)$、$\theta(t)$、$\delta_e(t)$ 随时间变化的曲线，以 deg/s 为单位绘制 $q(t)$ 随时间变化的曲线。对仿真结果进行分析。

参考文献

[1] Bosworth, J., & Williams-Hayes, P.S.(2007). Flight test results from the NF-15B IFCS project with adaptation to a simulated stabilator failure. In *AIAA Infotech@Aerospace Conference, AIAA-2007-2818, May 2007*.

[2] Williams-Hayes, P.S. Flight test implementation of a second generation intelligent flight control system. In: *NASA TM-2005-213669*.

[3] Narendra, K. S., & Annaswamy, A. M. (1987). A new adaptive law for robust adaptation without persistent excitation. *IEEE Transactions on Automatic Control, AC-32*(2), 134-145.

[4] Calise, A.J., & Rysdyk, R.T.(1998). Nonlinear adaptive flight control using neural networks. *IEEE Control System Magazine, 18*(6):14-25.

[5] Hanson, C., Johnson, M., Schaefer, J., Nguyen, N., & Burken, J. (2011). Handling qualities evaluations of low complexity model reference adaptive controllers for reduced pitch and roll damping scenarios. In *AIAA Guidance, Navigation, and Control Conference, AIAA-2011-6607, August 2011*.

[6] Hanson, C., Schaefer, J., Johnson, M., & Nguyen, N. Design of low complexity model reference adaptive controllers. In: *NASA-TM-215972*.

[7] Nguyen, N., Hanson, C., Burken, J., & Schaefer, J.(2016). Normalized optimal control modification and flight experiments on NASA F/A-18 aircraft. In: *AIAA Journal of Guidance, Control, and Dynamics*.

[8] Schaefer, J., Hanson, C., Johnson, M., & Nguyen, N. (2011). Handling qualities of model reference adaptive controllers with varying complexity for pitch-roll coupled failures. In *AIAA Guidance, Navigation, and Control Conference AIAA-2011-6453, August 2011*.

[9] Campbell, S., Kaneshige, J., Nguyen, N., & Krishnakumar, K. (2010) An adaptive control simulation study using pilot handling qualities evaluations. In *AIAA Guidance, Navigation, and Control Conference, AIAA-2010-8013, August 2010*.

[10] Campbell, S., Kaneshige, J., Nguyen, N., & Krishnakumar, K. (2010). Implementation and evaluation of multiple adaptive control technologies for a generic transport aircraft simulation. In *AIAA Infotech@Aerospace Conference, AIAA-2010-3322, April 2010*.

[11] Burken, J., Nguyen, N., & Griffin, B.(2010). Adaptive flight control design with optimal control modification for f-18 aircraft model. In *AIAA Infotech@Aerospace Conference, AIAA-2010-3364, April 2010*.

[12] Nguyen, N., Burken, J., & Hanson, C.(2011). Optimal control modification adaptive law with covariance adaptive gain adjustment and normalization. In *AIAA Guidance, Navigation, and Control Conference, AIAA-2011-6606, August 2011*.

[13] Nguyen, N., & Summers, E.(2011). On time delay margin stimation for adaptive control and robust modification adaptive laws. In *AIAA Guidance, Navigation, and Control Conference, AIAA-2011-6438, August 2011*.

[14] Nelson, R.C.(1989). *Flight stability and automatic control*. NewYork: McGraw-Hill.

[15] Nguyen, N., & Balakrishnan, S.N.(2014). Bi-objective optimal control modification adaptive control for systems with input uncertainty. *IEEE/CAA Journal of Automatica Sinica, 1*(4), 423-434.

[16] Nguyen, N.(2013). Least-squares model reference adaptive control with chebyshev orthogonal polynomial approximation. *AIAA Journal of Aerospace Information Systems, 10*(6), 268-286.

[17] Rohrs, C. E., Valavani, L., Athans, M., & Stein, G. (1985). Robustness of continuous-time adaptive control algorithms in the presence of unmodeled dynamics. *IEEE Transactions on Automatic Control, AC-30*(9), 881-889.

427

[18] Ioannou, P., & Kokotovic, P. (1984). Instability analysis and improvement of robustness of adaptive control. *Automatica*, *20*(5), 583-594.

[19] Nguyen, N.(2012). Optimal control modification for robust adaptive control with large adaptive gain. *Systems & Control Letters*, *61*(2012), 485-494.

[20] Calise, A.J., & Yucelen, T.(2012). Adaptive loop transfer recovery. *AIAA Journal of Guidance, Control, and Dynamics*, *35*(3), 807-815.

[21] Nguyen, N., Tuzcu, I., Yucelen, T., & Calise, A.(2011). Longitudinal dynamics and adaptive control application for an aeroelastic generic transport model. In *AIAA Atmospheric Flight Mechanics Conference, AIAA-2011-6319, August 2011*.

[22] Kokotovic, P., Khalil, H., & O'Reilly, J. (1987). *Singular perturbation methods in control: analysis and design*. Philadelphia: Society for Industrial and Applied Mathematics.

[23] Nguyen, N.(2010). Elastically Shaped Future Air Vehicle Concept, NASA Innovation Fund Award 2010 Report, October 2010, Submitted to NASA Innovative Partnerships Program. http://ntrs.nasa.gov/archive/nasa/casi.ntrs.nasa.gov/20110023698.pdf.

[24] Nguyen, N., Trinh, K., Reynolds, K., Kless, J., Aftosmis, M., Urnes, J., & Ippolito, C., Elastically shaped wing optimization and aircraft concept for improved cruise efficiency. In *AIAA Aerospace Sciences Meeting, AIAA-2013-0141, January 2013*.

[25] Urnes, J., Nguyen, N., Ippolito, C., Totah, J., Trinh, K., & Ting, E., Amissionadaptive variable camber flap control system to optimize high lift and cruise lift to drag ratios of future N+3 transport aircraft. In *AIAA Aerospace Sciences Meeting, AIAA-2013-0214, January 2013*.

[26] Jordan, T., Langford, W., Belcastro, C., Foster, J., Shah, G., Howland, G., etal.(2004). Development of a dynamically scaled generic transport model testbed for flight research experiments. In *AUVSI Unmanned Unlimited, Arlington, VA*.

[27] Nguyen, N., Ting, E., Nguyen, D., & Trinh, K., Flutter analysis of mission-adaptive wing with variable camber continuous trailing edge flap. In *55th AIAA/ASME/ASCE/AHS/ASC Structures, Structural Dynamics, and Materials Conference, AIAA-2014-0839, January 2014*.

[28] Nguyen, N., Swei, S., & Ting, E. (2015). Adaptive linear quadratic gaussian optimal control modification for flutter suppression of adaptive wing. In *AIAA Infotech@Aerospace Conference, AIAA 2015-0118, January 2015*.

[29] Ardema, M.(1981). Computational singular perturbation method for dynamical systems. *AIAA Journal of Guidance, Control, and Dynamics, 14*, 661-663.

[30] Dykman, J., Truong, H., & Urnes, J.(2015). Active control for elastic wing structure dynamic modes. In *56th AIAA/ASCE/AHS/ASC Structures, Structural Dynamics, and Materials Conference, AIAA-2015-1842, January 2015*.

[31] Slotine, J.-J., & Li, W. (1991) *Applied Nonlinear Control*. Englewood Cliffs: Prentice-Hall, Inc.

[32] Hsu, L., Teixeira, M.C.M., Costa, R.R., & Assuncao, E.(2011). Necessary and sufficient condition for generalized passivity, passification and application to multivariable adaptive systems. In *18th International Federation of Automatic Control World Congress, August 2011*.

[33] Misra, P. (1993). Numerical algorithms for squaring-up non- square systems part II: general case. In *American Control Conference, June 1993*.

[34] Qu, Z., Wiese, D., Annaswamy, A. M., & Lavretsky, E. (2014). Squaring-up method in the presence of transmission zeros. In *19th International Federation of Automatic Control World Congress, August 2014*.

[35] Lavretsky, E., & Wise, K.(2012). *Robust and adaptive control*. Berlin: Springer.

428

[36] Nguyen, N., & Urnes, J.(2012). Aeroelastic modeling of elastically shaped aircraft concept via wing shaping control for drag reduction. In: *AIAA Atmospheric Flight Mechanics Conference, AIAA-2012-4642, August 2012.*

[37] Nguyen, N., Krishnakumar, K., Kaneshige, J., & Nespeca, P.(2008).Flight dynamics modeling and hybrid adaptive control of damaged asymmetric aircraft. *AIAA Journal of Guidance, Control, and Dynamics*, *31*(3), 751-764.

429
≀
430

考 试 样 题

1. 给出下列各系统的平衡点。利用李雅普诺夫直接法判断每个平衡点的李雅普诺夫稳定性类型。确定所有的不变集及李雅普诺夫函数在其上的值。如果平衡点是稳定的，判断是否为渐近稳定，如果是渐近稳定的，则判断是否为指数稳定。

（a）
$$\begin{bmatrix} \dot{x}_1 \\ \dot{x}_2 \end{bmatrix} = \begin{bmatrix} (x_2 - x_1)(x_1^2 + x_2^2 - 1) \\ -(x_1 + x_2)(x_1^2 + x_2^2 - 1) \end{bmatrix}$$

（b）
$$\begin{bmatrix} \dot{x}_1 \\ \dot{x}_2 \end{bmatrix} = \begin{bmatrix} x_2^2 - x_2 \\ -x_1 - x_2 + 1 \end{bmatrix}$$

（c）
$$\begin{bmatrix} \dot{x}_1 \\ \dot{x}_2 \end{bmatrix} = \begin{bmatrix} x_2 \\ -x_1 - (1 + \sin x_1) x_2 \end{bmatrix}$$

2. 线性化样题 1 中的各系统，并判断平衡点的类型，绘制出相图。

3. 给定如下系统
$$\begin{bmatrix} \dot{x}_1 \\ \dot{x}_2 \end{bmatrix} = \begin{bmatrix} -2 + \sin^2 x_1 & 1 - \sin x_1 \cos x_2 \\ -1 + \sin x_1 \cos x_2 & -2 - \cos^2 x_2 \end{bmatrix} \begin{bmatrix} x_1 \\ x_2 \end{bmatrix}$$

利用如下李雅普诺夫候选函数确定系统原点的稳定性：

$$V(x) = \frac{1}{2} x^\top x$$

如果是渐近稳定的，判断原点是否是指数稳定的并找出 $\|x\|$ 的收敛速度，其中 $x(t) = [\, x_1(t) \quad x_2(t) \,]^\top$。

4. 给定一个线性系统

$$\dot{x} = Ax + Bh(t)$$

式中 $x = [\, x_1(t) \quad x_2(t) \,]^\top \in \mathbb{R}^2$：

$$A = \begin{bmatrix} -1 & 2 \\ -4 & -2 \end{bmatrix}, B = \begin{bmatrix} 1 \\ 1 \end{bmatrix}, h(t) = \left(1 + e^{-t}\right)(\sin t + \cos t)$$

（a）通过求解李雅普诺夫方程计算 P

$$PA + A^\top P = -I$$

并计算 P 的特征值以确保 P 是正定的。

（b）利用如下李雅普诺夫候选函数

$$V(x) = x^\top P x$$

来计算 $\dot{V}(x)$。利用 $\|x\|$ 确定 $\dot{V}(x)$ 的上界，并利用 $\mathscr{L}_\infty$ 范数和 Cauchy-Schwartz 不等式

$$\|CD\| \leqslant \|C\| \|D\|$$

计算使 $\dot{V}(x) \leqslant 0$ 的 $\|x\|$ 下界。

(c) 设 $V(0) = 2$，利用正定函数的如下关系式

$$\lambda_{\min}(P)\|x\|^2 \leqslant V(x) = x^\top P x \leqslant \lambda_{\max}(P)\|x\|^2$$

和变量代换

$$W(t) = \sqrt{V(t)}$$

并根据（b）中的 $\dot{V}(x)$，找到李雅普诺夫函数 $V(t)$ 上界关于时间 t 的解析解。

(d) 通过求得 $t \to \infty$ 时 $V(t)$ 的极限，找到 $\|x\|$ 的最终界。如果存在最终界，那么 $x(t)$ 是一致最终有界的。

5. 考虑一个具有匹配不确定性的一阶非线性单输入单输出系统

$$\dot{x} = ax + b\left(u + \theta^* x^2\right)$$

式中 a 和 θ^* 未知，但 b 已知。

给定参考模型为

$$\dot{x}_m = a_m x_m + b_m r$$

432

式中 $a_m < 0$ 和 b_m 已知，r 为有界的指令信号。

(a) 设计一个直接自适应控制器使得被控对象输出 $x(t)$ 能够跟踪参考模型信号 $x_m(t)$。通过李雅普诺夫稳定性分析说明跟踪误差是渐近稳定的，即当 $t \to \infty$ 时 $e(t) \to 0$。

(b) 设 $b = 2$，$a_m = -1$，$b_m = 1$，$r(t) = \sin t$，在 Simulink 中搭建自适应控制器。给定自适应速率为 $\gamma_x = 1$ 和 $\gamma = -1$。在仿真中假设未知参数的值为 $a = 1$，$\theta^* = 0.2$。绘制出在 $t \in [0, 50]$ s 内 $e(t)$、$x(t)$、$x_m(t)$、$u(t)$ 和 $\theta(t)$ 随时间变化的曲线。

(c) 设 $\gamma_x = 10$，$\gamma = 10$，重复（b）中的仿真，并且绘制出与（b）中相同的曲线。对比（b）和（c）的仿真结果，讨论参考模型的跟踪性能、控制信号中的相对频率分量以及随着自适应速率增加 $k_x(t)$ 和 $\theta(t)$ 的收敛情况。

(d) 设 $r(t) = 1(t)$，重复（b）中的仿真，其中 $1(t)$ 是单位阶跃信号。绘制出与（b）中相同的曲线。讨论 $k_x(t)$ 和 $\theta(t)$ 收敛到对应真实值 k_x^* 和 θ^* 的情况。

6. 给定一个一阶非线性系统

$$\dot{x} = ax + Bu + cx^2$$

式中 $x \in \mathbb{R}$，$u = \mathbb{R}^2$，a 为未知常数，$B = [1 \quad 2]$ 为已知矩阵，c 是未知常数。

给定参考模型为

$$\dot{x}_m = a_m x_m + b_m r$$

式中 $a_m = -1$，$b_m = 1$，$r = \sin t$。

将系统写成匹配不确定性的形式为

$$\dot{x} = ax + B\left[u + \Theta^{*\top} \Phi(x)\right]$$

确定 K_x^*，K_r^* 和 Θ^* 的值。给出参数 $K_x(t)$ 和 $\Theta(t)$ 的自适应律。在 Simulink 中搭建控制器，自适应速率为 $\gamma_x = \gamma_\Theta = 1$，所有初值均为零，$a = 1$，$c = 0.2$。绘制出在 $t \in [0, 40]$ s 内 $e(t)$、$K_x(t)$ 和 $\Theta(t)$ 的变化曲线，在同一张图中给出 $x(t)$ 和 $x_m(t)$ 的变化曲线。

7. 对称 S 型函数

$$\sigma(x) = \frac{1 - e^{-x}}{1 + e^{-x}}$$

可以对经常存在于真实系统中的执行结构饱和现象进行建模。

433

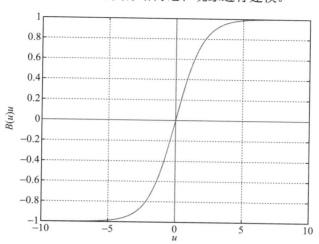

当执行机构不再起作用时，会发生饱和现象。当输入大于指令时，应制定控制分配策略，以最优的方式分配冗余控制效应器，从而产生跟踪指令的输出。定义 $y(u)$ 是控制分配器的输出

$$y = V^\top \sigma\left(W^\top u\right)$$

式中 $y \in \mathbb{R}^n$，$V \in \mathbb{R}^m \times \mathbb{R}^n$，$W \in \mathbb{R}^p \times \mathbb{R}^m$，$u \in \mathbb{R}^p$，$p \geqslant n$。

可以用 V 来指定饱和上限，而 $V^\top W^\top$ 充当非线性 $B(u)$ 矩阵。通过计算如下性能函数相对于 u 的导数（即 ∇J_u）来设计最优控制分配策略

$$J(u) = \frac{1}{2}\varepsilon^\top \varepsilon$$

式中 $\varepsilon = y - r$，$r \in \mathbb{R}^n$ 是指令向量，寻找最优控制向量 u 来最小化性能函数。

设 $r = 1$ 及

$$V = \begin{bmatrix} 0.75 \\ 0.5 \end{bmatrix}, W = \begin{bmatrix} 1.2 & 0.8 \\ 0.5 & 1.5 \end{bmatrix}$$

编写 MATLAB 代码利用最速下降法来计算 u，其中自适应速率为 $\varepsilon = 0.1$，迭代次数为 $n = 1000$。给出 u 的最终值并绘制出 u 与迭代次数的关系。

8. 自适应控制可以用来抑制干扰。干扰通常是指包含多个频率分量的时间信号。与未知函数 $f(x)$ 形式的非结构不确定性不同，未知函数 $f(t)$ 应该近似为一个有界函数，这可以防止自适应信号的发散。S 型函数和径向基函数都是有界函数，但多项式函数不是。考虑一个具有未知干扰的一阶系统

434

$$\dot{x} = ax + b[u + f(t)]$$

式中 a 和 $f(t)$ 未知，但 $b = 2$ 已知。为进行仿真，令 $a = 1$，$f(t) = 0.1\sin(2.4t) - 0.3\cos(5.1t) + 0.2\sin(0.7t)$。

参考模型为

$$\dot{x}_m = a_m x_m + b_m r$$

式中 $a_m = -1$，$b_m = 1$，$r = \sin t$。

在 Simulink 中搭建直接自适应控制器。利用最小二乘梯度法结合 S 型神经网络来近似未知函数 $f(t)$，其中 $\Theta(t) \in \mathbb{R}^5$，$W(t) \in \mathbb{R}^2 \times \mathbb{R}^4$，激活函数 $\sigma(x) = \dfrac{1}{1 + \mathrm{e}^{-x}}$。给出 $k_x(t)$、$\Theta(t)$ 和 $W(t)$ 的神经网络自适应律。所有的神经网络初始值为 0 ~ 1 之间的随机量，$k_x(t)$ 的初始值为零，$\Gamma_x = 10I$。在时间 $t \in [0, 40]\,\mathrm{s}$ 内，给出 $e(t)$、$\varepsilon(t)$、$k_x(t)$、$\Theta(t)$ 和 $W(t)$ 随时间变化的曲线，并分别给出在有干扰抑制和没有干扰抑制条件下的 $x(t)$ 与 $x_m(t)$ 对比曲线。

9. 给定被控对象

$$\dot{x} = -2x - z + u + w$$

$$\dot{z} = -3z + 4u$$

$$y = x$$

式中 x 是被控对象输出，z 是内部状态，$w = 1$ 是常值干扰。

（a）如果采用线性控制器 $u(t) = k_x x(t)$，其中 k_x 为常值，给出从 $w(t)$ 到 $x(t)$ 的传递函数。找出使闭环系统稳定的所有 k_x 值。

（b）根据（a），将平衡状态 $\bar{x}$ 以 k_x 的函数形式给出。假设设计一个具有 σ 修正的自适应调节器

$$u = k_x(t)x$$

$$\dot{k}_x = -\gamma \left(x^2 + \sigma k_x \right)$$

通过计算关于 $\bar{k}_x$ 多项式（其中有一个或多个根满足（a）中的 k_x 值）的根来寻找修正系数 σ 的最小值，要求精度在 0.01 内。计算 $\bar{k}$ 和 $\bar{x}$。

（c）在 Simulink 中搭建自适应控制器，其中 $\sigma = \sigma_{\min} - 0.05$ 和 $\sigma = 0.5$，其他参数值为 $x(0) = 0$，$z(0) = 0$，$k_x(0) = 0$，$\gamma = 10$，时间步长 $\Delta t = 0.001\,\mathrm{s}$。分别绘制出在 σ 两个不同值作用下，$x(t)$ 和 $\theta(t)$ 在 $t \in [0, 10]\,\mathrm{s}$ 内的变化曲线。对得到的仿真结果进行讨论。给出 $\sigma = 0.5$ 时，$\bar{k}_x$ 和 $\bar{x}$ 的解析解，并与仿真结果进行对比。

10. 给定一个具有匹配不确定性的一阶单输入单输出系统

$$\dot{x} = ax + b\left(u + \theta^* x^2 \right)$$

初值为 $x(0) = x_0$，式中 $a = 1$，$b = 1$ 均已知，$\theta^* = 2$ 未知。

使用最优控制修正自适应律设计一个自适应控制器，使得被控对象能够跟踪如下参考模型：

$$\dot{x}_m = a_m x_m + b_m r$$

式中 $a_m = -1$，$b_m = 1$，$r = 1$。

自适应控制器为

$$u = k_x x + k_r r - \theta(t)x^2$$

（a）根据参考模型参数 a_m 和 b_m，给出在标称（非自适应）控制器 $u = k_x x$ 作用下的闭环系统。通过对被控对象模型进行积分求解 $x(t)$，判断在标称控制器作用下的闭环系统是否为无条件（全局）稳定的。如果闭环系统不是全局稳定的，给出施加在 x_0 上的稳定条件。

（b）给出 $\theta(t)$ 的最优控制修正自适应律。根据 9.53 节中的方法来估计修正系数 $v_{\max}$，要求精度在 0.001 之内。如果可行，给出 $\phi(\|x\|, \|x_m\|, v, \theta^*)$ 的表达式。那么，可以通过反复试验令 $\phi(\|x\|, \|x_m\|, v_{\max}, \theta^*) = 0$ 找到 $v_{\max}$，使得 $\|x\| > \|x_m\|$。以 $\|x\|$、v 和 γ 的形式给出 $\|e\|$ 和 $\|\tilde{\theta}\|$ 的最终界，并在 $\gamma = 500$ 时计算该值。

（c）在 Simulink 中分别搭建 $v = 0$ 的模型参考自适应控制器和 $v = v_{\max}$ 的最优控制修正自适应控制器，其中 $v_{\max}$ 是在（b）中得到的值。其他各参数为 $x(0) = 1$，$\theta(0) = 0$，$\gamma = 500$，时间步长 $\Delta t = 0.001$ s。分别绘制出在模型参考自适应控制器和最优控制修正自适应控制器作用下，$x(t)$、$u(t)$ 和 $\theta(t)$ 在 $t \in [0, 10]$ s 内随时间变化的曲线。对仿真结果进行讨论，并对比最大跟踪误差 $\|e\|$ 和最大参数估计误差 $\|\tilde{\theta}\|$。

436

11. 考虑如下由控制力 $u(t)$ 约束水平运动的倒立摆方程：

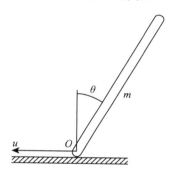

$$\frac{1}{12}mL^2\left(4 - 3\cos^2\theta\right)\ddot{\theta} - \frac{1}{2}mgL\sin\theta + \frac{1}{8}mL^2\dot{\theta}^2\sin 2\theta + c\dot{\theta} = \frac{1}{2}L\cos\theta u(t - t_d)$$

式中 m 是摆杆质量，L 为长度，g 是重力常数，c 是假设未知的阻尼系数，θ 是角位置，u 是控制输入，表示作用在 O 的水平方向上的力，t_d 是表示电机动力学的时间延迟。

（a）设 $x_1(t) = \theta(t)$，$x_2(t) = \dot{\theta}(t)$，$x(t) = [\,x_1(t) \quad x_2(t)\,]^\mathsf{T}$。推导使闭环系统能够跟踪参考模型

$$\ddot{\theta}_m + 2\zeta_m\omega_m\dot{\theta}_m + \omega_m^2\theta_m = \omega_m^2 r$$

或写为一般形式

$$\dot{x}_m = A_m x_m + B_m r$$

的非线性动态逆控制器表达式，以及用来估计未知系数 c 的 σ 修正自适应律表达式。

（b）给定 $m = 0.1775$ slug，$g = 32.174$ ft/s，$L = 2$ ft，$c = 0.2$ slug-ft^2/s，$\zeta_m = 0.75$，$\omega_m = 2$，$r = \dfrac{\pi}{12}\sin(2t)$。在 Simulink 中搭建自适应控制器，其中各参数为 $x(0) = 0$，$\hat{c}(0) = 0$，$\gamma = 100$，时间步长为 $\Delta t = 0.001$ s。并考虑如下 3 种控制器：$t_d = 0$ 的标准自适应控制器；$t_d = 0.001$ s 的标准自适应控制器；$\sigma = 0.1$ 的 σ 修正自适应控制器。对于每种控制器，绘制出在 $t \in [0, 10]$ s 内 $u(t)$ 和 $\hat{c}(t)$ 的变化曲线，并在一张图中绘制出 $x(t)$ 和 $x_m(t)$ 的变化曲线，其中 $x_1(t)$ 的单位为 deg，$x_2(t)$ 的单位为 deg/s，$u(t)$ 的单位为 lb，$\hat{c}(t)$ 的单位为 lb-ft-s。

437

12. 给定如下具有匹配不确定性的飞机纵向动力学

$$
\begin{bmatrix} \dot{\alpha} \\ \dot{q} \end{bmatrix} = \begin{bmatrix} \dfrac{Z_\alpha}{\overline{V}} & 1 \\ M_\alpha + \dfrac{M_{\dot{\alpha}} Z_\alpha}{\overline{V}} & M_q + M_{\dot{\alpha}} \end{bmatrix} \begin{bmatrix} \alpha \\ q \end{bmatrix}
$$

$$
+ \begin{bmatrix} \dfrac{Z_{\delta_e}}{\overline{V}} \\ M_{\delta_e} + \dfrac{M_{\dot{\alpha}} Z_{\delta_e}}{\overline{V}} \end{bmatrix} \left(\delta_e(t - t_d) + \begin{bmatrix} \theta_\alpha^* & \theta_q^* \end{bmatrix} \begin{bmatrix} \theta \\ q \end{bmatrix} \right)
$$

式中各参数值如下：$\overline{V} = 795.6251\text{ft/s}$，$\overline{\gamma} = 0$，$Z_\alpha = -642.7855\text{ft/s}^2$，$Z_{\delta_e} = -55.3518\text{ft/s}^2$，$M_\alpha = -5.4898\text{s}^{-2}$，$M_{\delta_e} = -4.1983\text{s}^{-2}$，$M_q = -0.6649\text{s}^{-1}$，$M_{\dot{\alpha}} = -0.2084\text{s}^{-1}$，$\theta_\alpha^* = -5.4$，$\theta_q^* = -0.3$，$t_d = 0.01\text{s}$。

（a）设计标称比例–积分控制器

$$
\delta_e = k_p \alpha + k_i \int_0^t (\alpha - r)\mathrm{d}\tau + k_q q
$$

使飞机能够跟踪参考模型的攻角

$$
\ddot{\alpha}_m + 2\zeta_m \omega_m \dot{\alpha}_m + \omega_m^2 \alpha_m = \omega_m^2 r
$$

式中 $\zeta_m = 0.75$，$\omega_m = 1.5\text{ rad/s}$。
　　据此给出 k_p、k_i 和 k_q 的表达式，并计算对应值。

（b）设 $z(t) = \int_0^t (\alpha(t) - r(t))\mathrm{d}\tau$，给出如下飞机参考模型的通用表达式以及数值解：

$$
\dot{x}_m = A_m x_m + B_m r
$$

式中 $x = [z(t) \quad \alpha(t) \quad q(t)]^\top$。

（c）设 $\Theta^* = [0 \quad \theta_\alpha^* \quad \theta_q^*]^\top$。采用最优控制修正法设计一个自适应攻角控制器，使得闭环系统能够跟踪参考模型。给出自适应控制器和自适应律的表达式。设 $Q = 100I$，利用最优控制修正的线性渐近特性选择修正系数以保证闭环系统的稳定性，并利用如下公式计算多输入多输出系统的穿越频率和时滞裕度。绘制出在 $v \in [0,5]$ 时，v 与 t_d 的关系曲线，并计算出 $t_d = 0.01\text{ s}$ 时 v 的值，精度在 0.01 之内。
　　时滞系统的一般形式为

$$
\dot{x} = Ax + Bu(t - t_d)
$$

考虑一个线性控制器

$$
u = K_x x
$$

穿越频率和时滞裕度可以由下式进行估计：

$$
\omega = \overline{\mu}(-\mathrm{j}A) + \|BK_x\|
$$

$$
t_d = \frac{1}{\omega}\arccos\frac{\overline{\mu}(A)}{\overline{\mu}(-BK_x)}
$$

式中 $\overline{\mu}$ 是矩阵的测度，定义为

$$\bar{\mu}(C) = \max_{1 \leqslant i \leqslant n} \lambda_i \left(\frac{C + C^*}{2} \right)$$

式中 C 和 C^* 分别为复数矩阵及其共轭矩阵。

（d）在 Simulink 中根据如下信息搭建自适应控制器：$x(0) = 0$，$\Theta(0) = 0$，$\Gamma = 1000I$，v 的值由（c）给出，时间步长为 $\Delta t = 0.001 s$。参考指令信号 $r(t)$ 由下图中的对称俯仰姿态信号给出。

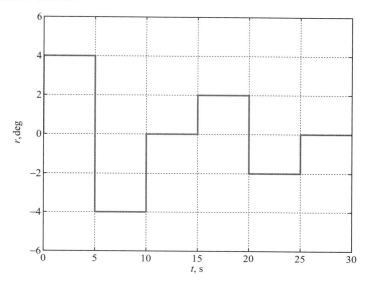

绘制出在 $t \in [0, 30] s$ 内 $u(t)$ 的变化曲线，并在同一张图中对比 $x(t)$ 和 $x_m(t)$。所绘图中 $z(t)$ 的单位为 deg-s，$\alpha(t)$ 和 $\delta_e(t)$ 单位为 deg，$q(t)$ 单位为 deg/s。

13. 给定如下受损飞机的纵向动力学模型

$$\dot{\alpha} = \left(\frac{Z_\alpha}{\overline{V}} + \Delta A_{\alpha\alpha} \right) \alpha + q + \left(\frac{Z_{\delta_e}}{\overline{V}} + \Delta B_\alpha \right) \delta_e (t - t_d)$$

$$\dot{q} = \left(M_\alpha + \frac{M_{\dot\alpha} Z_\alpha}{\overline{V}} + \Delta A_{q\alpha} \right) \alpha + \left(M_q + M_{\dot\alpha} + \Delta A_{qq} \right) q$$

$$+ \left(M_{\delta_e} + \frac{M_{\dot\alpha} Z_{\delta_e}}{\overline{V}} + \Delta B_q \right) \delta_e (t - t_d)$$

（a）为俯仰轴设计一个 ACAH 混合自适应飞行控制器使得飞机能够跟踪参考模型

$$\dot{q}_m = -\omega_q (q_m - r)$$

给出混合自适应控制器的表达式，$\Delta A_{q\alpha}$、ΔA_{qq}、ΔB_q 的最小二乘梯度参数估计表达式，以及处理跟踪误差残差的最优控制修正自适应律表达式。

（b）利用样题 12 中的参数在 Simulink 中搭建混合自适应控制器，其他参数为 $t_d = 0.02s$，$\zeta_q = 0.75$，$\omega_q = 2.5 rad/s$，$\Delta A_{\alpha\alpha} = 0.1616/s$，$\Delta A_{q\alpha} = 2.1286/s^2$，$\Delta A_{qq} = 0.5240/s$，$\Delta B_\alpha = -0.0557/s$，$\Delta B_q = -2.5103/s^2$，$\alpha(0) = 0$，$q(0) = 0$，$\Delta \hat{A}_{q\alpha}(0) = 0$，$\Delta \hat{A}_{\alpha\alpha}(0) = 0$，$R = 1000I$，$\Gamma = 1000I$，$v = 0.1$，时间步长为 $\Delta t = 0.001s$。参考指令信号 $r(t)$ 由下图中的对称俯仰速率给出。

439

（c）　对如下 3 种情况进行仿真：① 标称控制器；② 直接模型参考自适应控制器；③ 结合直接模型参考自适应控制和间接最小二乘梯度自适应控制的复合自适应控制器。对于每种情况，在 $t \in [0, 30]$ s 内绘制出 $\alpha(t)$、$\theta(t)$ 和 $u(t)$ 中各元素的变化曲线，并在同一张图中对比 $q(t)$ 和 $q_m(t)$ 的变化曲线。此外，绘制第 2 种情况中 $\Theta(t)$ 的变化曲线和第 3 种情况中 $\Delta\hat{A}_{q\alpha}$、$\Delta\hat{A}_{qq}(t)$ 和 $\Delta\hat{B}_q(t)$ 的变化曲线。所绘图中 $\alpha(t)$、$\theta(t)$ 和 $\delta_e(t)$ 的单位为 deg，$q(t)$ 的单位为 deg/s。

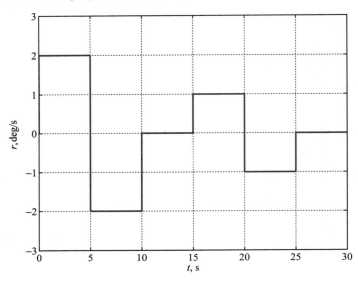

索 引

索引中的页码为英文原版书的页码，与书中页边标注的页码一致。

非线性控制

书号：978-7-111-52888-3　作者：[美] 哈森 K.哈里尔（Hassan K. Khalil ）著

译者：韩正之 等译 出版日期：2016年03月28日 定价：79.00元

　　本书是非线性控制的入门教程，内容既严谨，又能让广大读者容易接受。主要内容包括：非线性模型、非线性现象、二维系统、平衡点的稳定性、时变系统和扰动系统、无源性、输入–输出稳定性、反馈系统的稳定性、特殊形式的非线性系统、状态反馈镇定、状态反馈鲁棒镇定、非线性观测器、输出反馈镇定、跟踪和调节。本书可以帮助读者理解和掌握稳定性的各种定义和对应的Lyapunov判据，以及三种系统设计方法与各自的设计特点和适用范围。尤其最后给出的单摆、质量–弹簧系统、隧道二极管电路、负阻振荡器、生化反应器、磁悬浮系统、机械臂等实操案例，可以让读者既加强原理内容的掌握，又明晰它们在具体实践中的应用。书中计算是用MATLAB和Simulink完成的，便于上机学习。